高职高专系列教材

石油化工催化剂及应用

（第二版）

陈淑芬　张春兰　主编

中国石化出版社

内 容 提 要

本书全面介绍了催化剂与催化作用基础知识、固体催化剂的制备方法、性能评价及使用技术，石油炼制催化剂的催化反应原理、组成、结构、制备方法、使用性能及使用技术，以及石油化工催化剂和其他催化剂的催化反应原理、组成及使用性能等方面的内容。

本书可以作为高职高专院校石油炼制技术、石油化工、应用化工、煤化工、精细化工、石化产品营销及相关专业的教学用书，也可供相关专业的培训和同等学力自学参考用书，另外对从事工业催化剂生产的工程技术人员、石油炼制和化工生产的技术人员也有一定的参考价值。

图书在版编目(CIP)数据

石油化工催化剂及应用 / 陈淑芬，张春兰主编 .
—2 版 . —北京：中国石化出版社，2021. 1(2023.9重印)
ISBN 978-7-5114-6105-6

Ⅰ. ①石… Ⅱ. ①陈… ②张… Ⅲ. ①石油化工-催化剂-高等职业教育-教材 Ⅳ. ①TE624. 9

中国版本图书馆 CIP 数据核字(2021)第 001886 号

中国石化出版社出版发行

地址：北京市东城区安定门外大街 58 号
邮编：100011 电话：(010)57512500
发行部电话：(010)57512575
http://www. sinopec-press. com
E-mail：press@ sinopec. com
北京富泰印刷有限责任公司印刷
全国各地新华书店经销

*

787×1092 毫米 16 开本 15 印张 367 千字
2021 年 2 月第 2 版　2023 年 9 月第 2 次印刷
定价：45. 00 元

Preface

前 言

《石油化工催化剂及应用》(第二版)是基于石油炼制和石油化工等行业相关催化剂的发展，在2013年1月出版的原同名教材基础上进行的重新整合、改编和修订。

本书第一版出版至今，一直作为高职院校石油炼制、石油化工和其他化工类专业的技能拓展课程教材。本书的编写正是基于高等职业教育的特点，本着“实用、实际、实践”的原则，在保持本课程必要的系统性前提下，理论知识方面以“必须和够用”为度，体现高职特色。注重理论联系生产、生活实际，力求做到内容丰富、由浅入深、重点突出、难点分散、语言简洁、通俗易懂、简明精练，有利于教师教学的同时也便于学生自学。

本次改编和修订融入了使用本书第一版、多年从事石油炼制和石油化工催化剂理论和实践教学一线老师的教学经验，并应学习者的需求，更加切合高职高专化工类“石油化工催化剂及应用课程标准”。在改编和修订的过程中，对多个章节内容做了增删和调整，但仍然保持第一版的定位。对第一版原有的笔误进行了改正，补充和完善了一些催化剂方面的基本知识和应用技术，删除了部分偏深和过时内容，使知识体系更贴近工业现实，更加具有条理性。

第一章中对催化剂的主要性质(稳定性和寿命)的内容进行了具体的说明，增加了工业催化剂的基本要求。第二章中的内容进行了重新编排，如催化剂制备方法中删除了天然资源的加工和典型催化剂制备工艺实例；第五节工业催化剂的使用技术改为第三节。第三章的催化裂化催化剂中增加分子筛催化剂的详细内容，且每一节后面增加石油炼制催化剂的发展和展望。第四章和第五章在保留原来架构的前提下，侧重增加了石油化工催化剂使用技术方面的知识，并对石油化工催化剂和其他催化剂的发展和展望予以关注。为了便于学生更好地理解、巩固所学知识并及时复习，每一章后面增加了综合性较强的课后习题内容。

本书由兰州石化职业技术学院陈淑芬和张春兰执笔修订，陈淑芬编写第一章、第二章、第五章，张春兰编写第三章、第四章。全书统稿工作由陈淑芬完成。本书在编写过程中得到本校石油化学工程学院、机械工程学院等学院老师的指导、帮助和支持，在此表示衷心感谢。

此外，本书借鉴和采纳了许多专家和学者的研究成果，在此一并表示衷心感谢和崇高敬意。

由于编者能力、水平、经验和时间有限，书中疏漏甚至错误在所难免，恳请专家和读者批评指正。

目录

Contents

第一章 催化剂与催化作用基础知识

第一节 催化作用的基本概念

一、催化剂和催化作用的定义

早在19世纪末20世纪初，人们就发现，许多化学反应的反应速率会因某种“外来”物质(通常是少量的)的加入而显著改变，这种外来物质不出现在反应的化学计量式中，被称为催化剂。最早定义催化剂的是德国化学家W. Ostward(1853~1932)，他认为“催化剂是一种可以改变一个化学反应速率，而不存在于产物中的物质”。后来又有人将其定义为“自身在化学反应方程式中并不出现，少量却可以控制反应的速度、选择性、产物立体规整性的物质”。长期以来，文献中多使用如下定义：“催化剂是一种能够改变化学反应速率，而本身不参与最终产物的物质。催化剂的这种作用叫催化作用。”和以往的定义一样，这个定义把催化剂对化学反应速率的影响扩大到正、负两个方面。使化学反应速率加快的现象称为正催化作用，而使化学反应速率减慢的现象称为负催化作用。

从催化作用的理论可以得出一条基本概念，即一个催化反应是一个循环过程，在这一过程中催化剂的表面活性部位可与反应物形成一个活性中间物种或配合物，这个活性中间物种或配合物再进一步转化成产物，并使催化剂表面部位复原。催化反应可用简单的“假设循环”(图1-1)表示出来。图中R、P分别代表反应物和产物，而催化剂-R则代表由反应物和催化剂反应生成的中间物种或配合物。

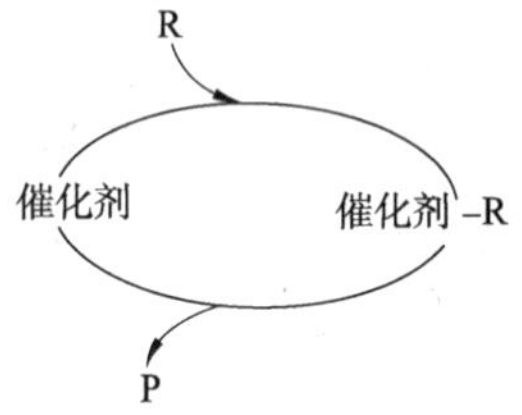

图1-1 催化反应循环图

催化剂是一种物质，许多类型的材料，包括金属、化合物(如金属氧化物、硫化物、氮化物、沸石分子筛等)、有机金属配合物和酶等都可以作为催化剂。工业上使用的催化剂的量与催化剂在寿命期间所处理的反应物和得到的产物数量相比是很小的，而催化剂并非所有部分都参与反应物到产物的转化，那些参与化学反应的部分称为活性中心。可以说，催化作用是催化活性中心对反应物分子的激发与活化，使反应物分子反应性能大大增加，从而加快化学反应速率。

现代对催化剂的定义是：“催化剂是一种能够改变一个化学反应的反应速率，却不改变化学反应热力学平衡位置，本身在化学反应中不被明显消耗的物质。”

催化作用是指催化剂对化学反应所产生的效应。1976年，IUPAC(国际纯粹及应用化学协会)公布的催化作用的定义是：“催化作用是一种化学作用，是靠用量极少而本身不被消耗的一种叫作催化剂的外加物质来加速化学反应的现象。”

二、催化剂和催化作用的特征

（一）催化剂只加速热力学可行的反应，不能改变化学平衡

对某一个化学反应，如：

$$A \rightarrow B$$

我们想知道的是：一定条件下该反应能否发生，即 A 能否转变成 B；若反应能发生，B 的最高收率是多少？根据热力学有关知识，化学反应体系吉布斯自由能变化 ΔG 是一个化学反应能否发生的标志。对某一化学反应，ΔG 是一个定值，只与反应体系的始态和终态有关，不管催化剂是否存在，只要始态和终态确定，体系自由能的变化 ΔG 都可根据化学方程式，查物理化学手册热力学数据表，再通过计算而得到。

当 $\Delta G<0$ 时，反应能自发进行，即 A 能转变成 B，而且 ΔG 的负值越大，A 转变成 B 的可能性越大。

当 $\Delta G>0$ 时，反应不能自发进行，即 A 不可能转变成 B，相反 B 可能转变成 A。

当 $\Delta G=0$ 时，反应达到平衡状态，反应体系中反应物的浓度和产物的浓度已不再随时间而变化。也就是说，在该反应条件下产物的收率最高。其数值大小是根据化学热力学规律，$\Delta G^{\ominus}=-RT\ln k$，$\Delta G^{\ominus}$算出后，可求出化学平衡常数 k，利用平衡常数可计算出反应达到平衡时反应物的转化率或产物的收率。

$$k=\frac{\text{产物浓度}}{\text{反应物浓度}} \tag{1-1}$$

应当指出，要使某个化学反应应用于工业生产，必须具备两个条件：首先，$\Delta G<0$；其次，应有适宜的反应速度。如果该反应速度很慢，我们可使用催化剂来加快反应速度。但如果 $\Delta G>0$，则不必浪费时间去寻找催化剂。

综上所述，催化剂只能加速一个或几个热力学可行的反应达到化学平衡状态，它既不能实现热力学不可行的反应，也不改变化学热力学平衡位置。由表 1-1 结果可以看出，对三聚乙醛解聚反应不管使用什么催化剂，产物的平衡浓度都是相同的。

表 1-1　在不同催化剂存在下三聚乙醛解聚的平衡浓度

催化剂	催化剂在反应体系中的含量	达到平衡时的体积增量
SO_2	0.02	8.19
SO_2	0.063	8.34
SO_2	0.079	8.20
$ZnSO_4$	2.7	8.13
HCl	0.15	8.15
草酸	0.52	8.27
磷酸	0.54	8.10
平均		8.19

因此，在判定某个反应是否需要采用催化剂时，首先要了解这个反应在热力学上是否允许。如果是可逆反应，就要了解反应深度，确定反应平衡常数的数值以及它与外界条件的关系。只有热力学允许，平衡常数较大的反应加入适当的催化剂才有意义。

（二）催化剂使正反应速率常数和逆反应速率常数以相同倍数增加

既然催化剂的作用是加速反应达到平衡，而不改变平衡常数，则可逆反应的速率常数之比 $k_{正}/k_{逆}$ 必定不变，即催化剂在提高正反应速率常数的同时，也必然以相同的倍数提高逆反应速率常数。所以，对正方向反应有效的催化剂也应该对其逆方向反应同样有效。例：

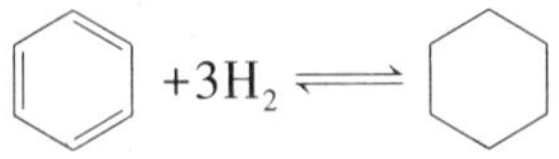

若采用 Pt、Pd 或 Ni 作催化剂，200～240℃苯几乎完全加氢生成环己烷，而在 260～300℃，环己烷则脱氢生成苯。

理解这一概念时应注意两个问题：

第一，某一催化反应进行正反应和逆反应的操作条件（温度、压力、进料组成）往往会有很大差别，这对催化剂可能会产生一些影响。比如，反应温度高易引起金属催化剂晶粒变大，导致活性随反应时间延长而迅速下降；反应压力高会引起催化剂表面吸附物种数量增加，导致催化剂活性和选择性发生变化。

第二，注意正反应或逆反应在进行中所引起的副反应，因为这些副反应会引起催化剂性能变化。比如，有机化合物的加氢-脱氢反应中，镍催化剂对加氢非常活泼，但对脱氢反应效果较差，这是因为脱氢反应中伴随的有机物积炭副反应会使催化剂迅速失活。

应该指出，上面讨论的催化剂对平衡体系的影响，是针对平衡或接近平衡的体系，催化剂以同样的倍数提高正逆反应速率常数。在离平衡很远时，催化剂对正逆反应速率的影响当然是不同的。

利用上述原则可以减少科研人员的研究困难和工作量。例如实验室评价合成氨催化剂，必须使用高压设备，但若研究它的逆反应——氨的分解，则可在常压下进行。因此，至今仍不断有关氨分解的研究报道，其目的在于改进它的逆过程——氨的合成。在研究 CO 和 H_2 为原料合成 CH_3OH 时，也曾用常压甲醇分解反应来逐步筛选催化剂。对甲醇分解有效的催化剂对合成甲醇也有效。不过，在利用这一原理时，还需要考虑其他因素。例如，加氢反应主要用金属作催化剂，而脱氢反应在高温下进行有利，但此时有机物容易裂解成炭物质而使金属失活，所以脱氢反应往往不是利用金属而是用氧化物作催化剂。

（三）催化作用通过改变反应历程而改变反应速度

催化剂能够改变反应途径，降低反应活化能，加快化学反应速率，这是催化剂的共性。催化剂参加化学反应，它与反应物作用生成中间物种或配合物，最后得到产品，催化剂恢复到原来的化学状态而被循环使用。催化作用使每一步需要的反应活化能都比原来无催化剂参与时的反应活化能小，从而加快了反应速率。图 1-2 为 N_2 和 H_2 反应生成 NH_3 的催化反应和非催化反应的变化图。

由图 1-2 可见，在非催化反应过程中欲使 N_2 分子和 H_2 分子解离生成 N+3H 活化态，需要克服 1129kJ/mol 活化能垒（其中 N_2 分子的解离需要 942kJ/mol）。如此高的活化能使反应物分子难以具有足够的能量克服反应能垒而发生反应，因此，在没有催化剂参与的情况下，反应难以进行。当在反应体系中加入熔铁催化剂时，吸附在催化剂表面的 N_2 分子只需克服约 31kJ/mol 活化能垒，就可以解离为原子态 N，形成 N+3H 活化吸附态所需能垒只有 276kJ/mol。根据反应速率与活化能的指数关系式估算，催化反应由于反应活化能降低，其反应速率比非催化反应速率约高 10^{60} 倍，使合成氨实现工业化。

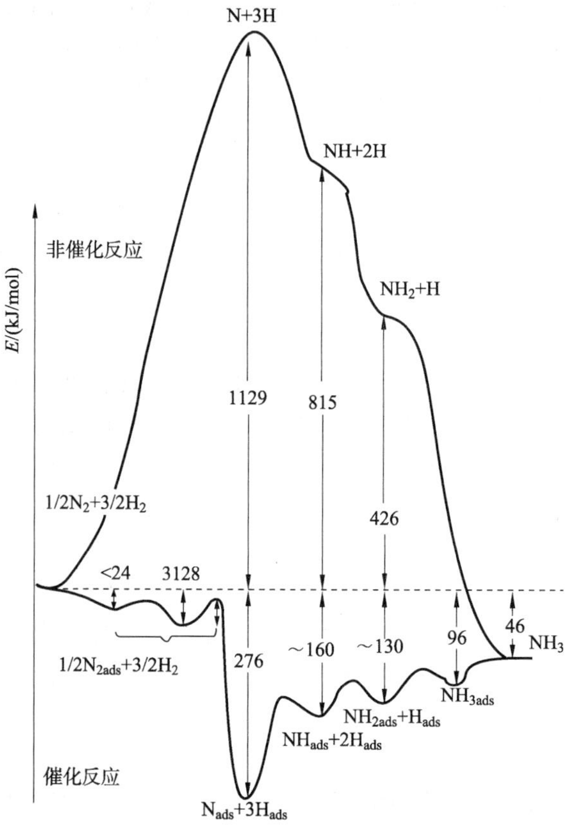

图 1-2　合成氨过程非催化和催化反应变化示意图

(四) 催化剂对加速化学反应具有选择性

催化剂并不是对热力学上允许的所有化学反应都能起催化作用，而是特别有效地加速平行反应或串联反应中的某一个反应，这种特定催化剂只能催化加速特定反应的性能，称为催化选择性。例如，以合成气($CO+H_2$)为原料在热力学上可以沿着几个途径进行反应，但由于使用不同催化剂，得到表 1-2 给出的不同产物。

表 1-2　催化剂对可能进行的特定反应的选择催化作用

反应物	催化剂及反应条件	产物
$CO+H_2$	Rh/Pt/SiO_2，573K，7×10^6Pa	乙醇
	Cu-Zn-O，Zn-Cr-O，573K，1.0133×10^7~2.0266×10^7Pa	甲醇
	Rh 络合物，473~563K，5.0665×10^7~3.0399×10^8Pa	乙二醇
	Cu，Zn，493K，3×10^6Pa	二甲醚
	Ni，473~573K，1.0133×10^5Pa	甲烷
	Co，Ni，473K，1.0133×10^5Pa	合成汽油

不同催化剂之所以能促使某一反应向特定产物方向进行，其原因是这种催化剂在多个可能同时进行的反应中，使生成特定产物的反应活化能降低程度远远大于其他反应活化能的变化，使反应容易向生成特定产物的方向进行。从甲醇氧化反应可以看出，甲醇可以部分氧化

生成甲醛和水，也可以完全氧化生成 CO_2 和 H_2O。

$$CH_3OH+\frac{1}{2}O_2 \rightleftharpoons HCHO+H_2O$$

$$CH_3OH+\frac{3}{2}O_2 \rightleftharpoons CO_2+2H_2O$$

若使甲醇按部分氧化反应进行必须加入银催化剂，银催化剂改变上述反应的活化能垒，从而改变其选择性。

(五) 大多数催化剂对于杂质十分敏感

有的杂质可以使催化作用大大加强(助催化剂)，有的却能使催化作用大大减弱(毒物)。

在区分某种物质是不是催化剂(或某种作用属不属于催化作用)时，需特别注意以下几点：

① 催化剂首先被定义为一种物质实体，各种通过能量如光、热、电、磁等物理因素而加速的反应都不是催化反应，其作用也不是催化作用。

② 新近的催化作用均为正方向，而在 20 世纪 70 年代以前，对于能使反应速率降低的物质称为负催化剂，通常针对自由基形成和消失进行的反应，这类所谓的“负催化剂”称为“阻聚剂”更贴切。

③ 在自由基聚合反应中所用的引发剂，虽然引发了快速的传递反应，但在聚合反应时本身也被消耗，所以有别于催化剂。

④ 均相反应所存在的体系环境有时能对反应起着举足轻重的作用，即“溶剂效应”，这种“类似催化作用”通常是纯粹的物理作用，不是化学催化作用。

第二节　催化反应和催化剂的分类

一、催化反应的分类

(一) 按催化反应系统物相的均一性分类

按催化反应系统物相的均一性进行分类，可将催化反应分为均相催化、非均相催化和酶催化反应。

1. 均相催化反应

均相催化反应是指反应物和催化剂居于同一相态中的反应。催化剂和反应物均为气相的催化反应称为气相均相催化反应。如：

$$2SO_2+O_2 \xrightleftharpoons{NO} 2SO_3$$

反应物和催化剂均为液相的催化反应称为液相均相催化反应。如：

$$CH_3CH_2OH+CH_3COOH \xrightleftharpoons{H_2SO_4} CH_3COOCH_2CH_3+H_2O$$

2. 非均相(又称多相)催化反应

非均相催化反应是指反应物和催化剂居于不同相态的反应。由气体反应物与固体催化剂组成的反应体系称为气固相催化反应。如乙烯与氧在负载银的固体催化剂上氧化生成环氧乙烷的反应。

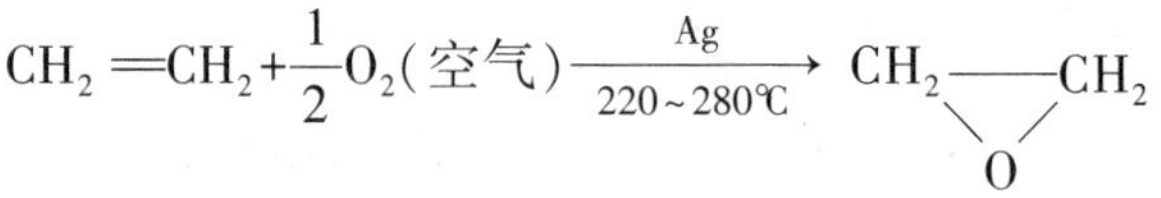

由液态反应物与固体催化剂组成的反应体系称为液固相催化反应。如在 Zigler-Natta 催化剂作用下的丙烯聚合反应。

$$n\ \underset{\displaystyle CH_3}{CH}=CH_2 \xrightarrow[50℃、1MPa]{(CH_3CH_2)_3Al-TiCl_4} \left[\underset{\displaystyle CH_3}{CH}-CH_2\right]_n$$

由液态和气态两种反应物与固体催化剂组成的反应体系称为气液固相催化反应。如苯在雷尼镍催化剂上加氢生成环己烷的反应。

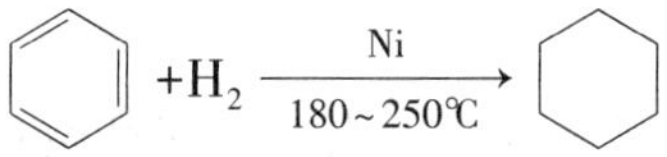

由气态反应物与液相催化剂组成的反应体系称为气液相反应。如乙烯与氧气在 $PdCl_2$-$CuCl_2$水溶液催化剂作用下氧化生成乙醛的反应。

$$CH_2=CH_2+\frac{1}{2}O_2 \xrightarrow[100\sim125℃]{PdCl_2-CuCl_2} CH_3CHO$$

3. 酶催化反应

酶催化反应更具有特点。酶本身呈胶体均匀分散在水溶液中(均相)，但反应却从反应物在其表面上积聚开始(多相)，因此同时具有均相和多相的性质。

(二) 按反应类型分类

这种分类方法不是着眼于催化剂，而是着眼于化学反应。因为同一类型的化学反应具有一定的共性，催化剂的作用也具有某些相似之处，这就有可能用一种反应的催化剂来催化同类型的另一反应。例如，$AlCl_3$催化剂是苯与乙烯烷基化反应的催化剂，同样也可用作苯与丙烯烷基化的催化剂。按反应类型分类的反应和常用催化剂见表 1-3。

表 1-3 某些重要的反应单元及常用催化剂

反应类型	常用催化剂
加氢	Ni，Pt，Pd，Cu，NiO，MoS_2，WS_2
脱氢	Cr_2O_3，Fe_2O_3，ZnO，Ni，Pd，Pt
氧化	V_2O_5，MoO_3，CuO，Co_3O_4，Ag，Pd，Pt，$PdCl_2$
羰基化	$Co_2(CO)_8$，$Ni(CO)_4$，$Fe(CO)_5$，$PdCl(Pph_3)_3$，$RhCl_2(CO)Pph_3$
聚合	CrO_3，MoO_3，$TiCl_4$-$Al(C_2H_5)_3$
卤化	$AlCl_3$，$FeCl_3$，$CuCl_2$，$HgCl_2$
裂解	SiO_2-Al_2O_3，SiO_2-MgO，沸石分子筛，活性白土
水合	H_2SO_4，H_3PO_4，$HgSO_4$，分子筛，离子交换树脂
烷基化，异构化	H_3PO_4/硅藻土，$AlCl_3$-BF_3，SiO_2-Al_2O_3，沸石分子筛

(三) 按反应机理进行分类

按催化反应机理分类，可分为酸碱型催化反应、氧化还原型催化反应和配位催化反应。

1. 酸碱型催化反应

通过催化剂和反应物的自由电子对，或在反应过程中由反应物分子键非均裂形成的自由电子对，使反应物与催化剂形成非均裂键，这类反应属于离子型机理。可从广义的酸碱概念来理解催化剂的作用。其催化剂有主族元素的简单氧化物或其复合物以及有酸碱性质的盐。这类催化反应包括水合、脱水、裂化、烷基化、异构化、歧化、聚合等。如烯烃与质子酸作用，烯烃双键发生非均裂，与质子配位形成碳碳 σ 键，生成碳正离子。

$$CH_2=CH_2+HA \rightleftharpoons CH_3-CH_2^++A^-$$

这种机理可以看成质子转移的结果，所以又称为质子型反应或碳正离子型反应。烯烃若与路易斯酸作用也可生成碳正离子，它是通过形成 π 键合物并进一步异裂为碳正离子。

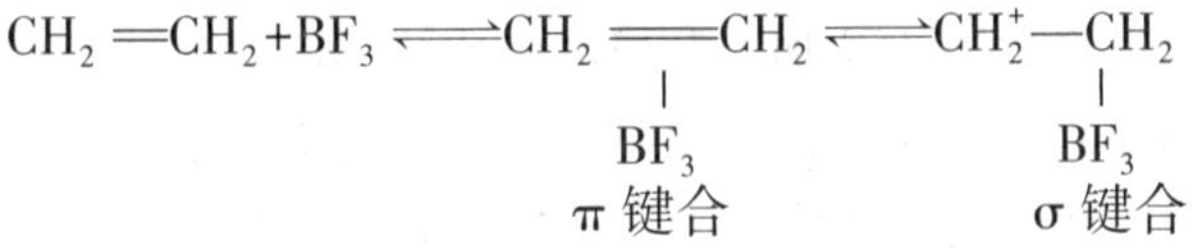

2. 氧化还原型催化反应

这类反应的机理是催化剂和反应物之间通过单个电子交换，形成活性中间物种进行的催化反应。如在金属镍催化剂上的加氢反应，氢分子均裂与镍原子产生化学吸附，在化学吸附过程中氢原子从镍原子中得到电子，以负氢金属键键合。负氢金属键合物即为活性中间物种，它能进一步进行加氢反应。

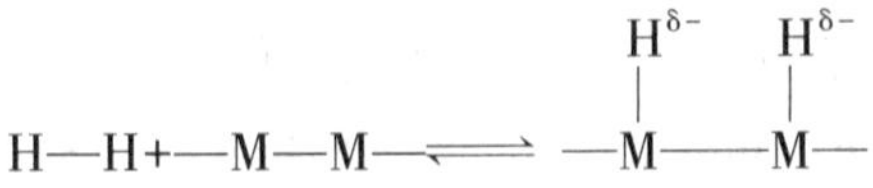

3. 配位催化反应

催化剂与反应物分子发生配位作用而使反应物分子活化。所用的催化剂是有机过渡金属化合物。这类反应有烯烃氧化、烯烃氢甲酰化、烯烃聚合、烯烃加氢、烯烃加成、甲醇羰基化、烷烃氧化、芳烃氧化、酯交换等。

有的催化过程包含了两种或两种以上具有不同反应机理的反应。例如，用于催化重整的 Pt/酸性 Al_2O_3。Pt 是氧化还原机理类型反应的催化剂，酸性 Al_2O_3 是酸碱催化机理类型反应的催化剂，称为双功能(或多功能)催化剂。

二、催化剂的分类

(一) 按催化剂的元素及化合态分类

1. 金属催化剂

多为过渡金属元素，如用于催化加氢的 Fe、Ni、Pt、Pd 等催化剂。

2. 氧化物或硫化物催化剂

如用于催化氧化的 V-O、Mo-O、Cu-O 等催化剂；用于催化脱氢的 Cr-O 等催化剂；用于催化加氢的 Mo-S、Ni-S、W-S 等催化剂。

3. 酸、碱、盐催化剂

主族元素的氧化物、氢氧化物、卤化物、含氧酸及氢化物等，由于在反应中容易形成离子键，主要用作酸碱型催化剂，如 H_2SO_4、HCl、HF、H_3PO_4、KOH、NaOH、$CuSO_4$、$NiSO_4$ 等。

4. 金属有机化合物

多为配合催化机理反应中的催化剂。如用于烯烃聚合的 $Al(C_2H_5)_3$，用于羰基合成的 $Co_2(CO)_8$等催化剂。

(二) 按催化剂的来源分类

1. 非生物催化剂

(1) 天然矿物

如天然黏土经破碎后，通过酸处理除去某些金属离子后，可获得具有 Si-O-Al 骨架的固体酸催化剂，早期的催化裂化装置就使用酸性白土催化剂。

(2) 合成产物

通过一定的化学方法和物理方法加工制成的特定化学品。其对原料纯度及制备程序和要求都要严格控制，如将水玻璃与铝盐混合得到凝胶，经洗涤、老化、干燥和造型，即可获得微球状的 Si-Al 催化剂，其催化裂化性能比天然黏土催化剂好得多。绝大多数工业催化剂均为合成产物。

为了降低成本或达到某些特殊性能要求，有时也以天然矿物为主要原料，经过一定的化学方法处理制成催化剂，称为半合成产物。如从天然黏土经水热合成可制得沸石分子筛。

2. 生物催化剂

生物体本身合成的酶是一类重要的催化剂。酶是一类蛋白质，它的活性中心可以是其结构中的金属离子，也可是其他部分。在小分子活化的催化反应中(如 O_2、N_2、CO_2的活化)一般涉及金属活性中心，如 Fe、Mo、Zn、Cu 等。酶催化具有高活性、高选择性、反应条件温和、可自动调节活性等特点。正是由于酶具有这些特点，它才能在复杂的生命过程中担负起形形色色化学反应催化剂的作用。这些特征的催化功能对于生物体外的化学反应是非常富有吸引力的。

酶催化剂的实际应用目前还有很大限制。这是因为：第一，酶的分离、提纯很昂贵。第二，许多酶从活细胞中分离出后很不稳定，易变质失活。第三，多数酶都是以很稀的水溶液形式应用，因此其回收不经济。在操作上，酶催化只能采用间歇式，生产效率不如连续式。此外，许多酶还要与非蛋白质的辅酶配合使用才行。

(三) 按催化单元反应分类

按照所催化单元反应类型不同，可分为氧化催化剂、加氢催化剂、脱氢催化剂、聚合催化剂等多种类型。

(四) 按工业类型分类

(1) 石油炼制催化剂

包括催化裂化、催化重整、加氢裂化、加氢精制、烷基化、异构化、醚化等催化剂。

(2) 无机化工催化剂

包括脱硫、转化、变换、甲烷化、硫酸制造、硝酸制造、硫回收、氨分解等催化剂。

(3) 有机化工(石油化工)催化剂

包括加氢、脱氢、氧化、氧氯化、烯烃反应等催化剂。

(4) 环境保护催化剂

包括硝酸尾气处理、内燃机排气处理等催化剂。

(5) 其他催化剂

包括制氮、纯化(脱微量氧、微量氮)等催化剂。

第三节 催化剂的组成和结构层次

在石油化工生产过程中使用固体催化剂最为普遍。固体催化剂的组成从成分上可分为单组分催化剂和多组分催化剂。单组分催化剂指催化剂由一种物质组成，如用于氨氧化制硝酸的铂网催化剂。由于单一物质难以满足工业生产对催化性能多方面的要求，单组分催化剂在工业中应用较少。多组分催化剂指催化剂由多种物质组成，根据这些物质在催化剂中的作用可分为主催化剂、共催化剂、助催化剂和载体。现代石油化工生产中广泛使用多组分催化剂。

一、催化剂的组成

(一) 主(共)催化剂(活性组分)

主催化剂又称为活性组分，是催化剂的主要成分，是起催化作用的根本性物质，没有它就缺乏所需要的催化作用。例如，加氢常用的 Ni/Al_2O_3催化剂，其中 Ni 为主催化剂，没有 Ni 就不能进行加氢反应。

有些主催化剂是由几种物质组成，但其功能有所不同，缺少其中之一就不能完成所要进行的催化反应。如重整反应所使用的 Pt/Al_2O_3催化剂，Pt 和 Al_2O_3均为主催化剂，缺少其中任何一个组分都不能进行重整反应。这种多活性组分使催化剂具有多种催化功能，所以又称为双功能(多功能)催化剂。

有的催化剂活性组分不止一个，且能和主催化剂同时起催化作用，这种催化剂叫作共催化剂。共催化剂是反应中不可或缺的第二组分。例如，丙烯氨氧化反应生成丙烯腈所用的 MoO_3和 Bi_2O_3两种组分，两者单独使用时都只有很小的活性，但二者组合起来，表现出很高的催化活性，所以 MoO_3和 Bi_2O_3互为共催化剂。

$$2CH_2=CHCH_3+2NH_3+3O_2 \xrightarrow{\text{催化剂}} 2CH_2=CHCN+6H_2O$$

(二) 助催化剂

助催化剂是加到催化剂中的少量物质，这种物质本身没有活性或者活性很小，甚至可以忽略，但与活性组分共同存在时，却能显著地改善和提高主催化剂的性能，包括主催化剂的活性、选择性、耐热性、抗毒性、机械强度、稳定性及寿命等。根据助催化剂的功能可将其分为以下 4 种。

1. 结构型助催化剂

通常工业催化剂都在较高反应温度下使用，使催化剂的粒度变大、比表面积减小，导致催化剂活性降低。

结构型助催化剂的加入能阻止或减缓微晶的增长速度，增加催化剂活性组分微晶的稳定性，延长催化剂寿命。如合成氨催化剂中的 Al_2O_3、CO 高温(中温)变换铁-铬系催化剂中的 Cr_2O_3都是结构型助催化剂。

有时在催化剂中加入结构型助催化剂是用来提高载体结构稳定性，并间接提高催化剂的稳定性。例如，用 Al_2O_3 做载体时活性组分 MoO_3 对载体 Al_2O_3 结构稳定性有不良影响，当加入适量 SiO_2 时可使载体 Al_2O_3 结构稳定，SiO_2 就是一种结构型助催化剂。

2. 调变型助催化剂

调变型助催化剂又称电子型助催化剂。其作用是改变主催化剂的电子状态，从而使反应分子的化学吸附能力和反应的总活化能发生改变，提高催化性能。例如，合成氨催化剂 $Fe-K_2O-Al_2O_3$ 中加入 K_2O，可以降低铁表面的电子逸出功，通过改变主催化剂的电子结构提高反应活性和选择性，K_2O 就是一种调变型助催化剂。

3. 扩散型助催化剂

扩散型助催化剂常称为致孔剂，它可以改善催化剂的孔结构，改变催化剂的扩散性能。这类助催化剂多为含有加热或氧化时能逸出 CO_2、H_2O 等成分的物质，如矿物油、淀粉和有机高分子等。例如固定床反应催化剂，工业应用时往往加工成球形或柱形，催化剂的有效利用率将显著下降。为了增大催化剂体相中的孔，常加入一些在焙烧时可以分解的有机物或硝酸盐，使催化剂保持一定的孔性。

4. 毒化型助催化剂

毒化型助催化剂是利用一些强吸附组分与催化剂中一些有害活性中心作用，消除有害活性中心所造成的一些副反应，留下目的反应所需的活性中心，从而提高催化剂的选择性和寿命。例如，固体酸催化剂中加入少量碱性物质，毒化引起积炭副反应的强酸中心，防止积炭反应发生。这种碱性物质即为毒化型助催化剂。

（三）载体

载体是固体催化剂所特有的组分。载体可赋予催化剂基本的物理结构和性能，如孔结构、比表面积、宏观外形、机械强度等，使其具有适宜的形状和粒度，以满足工业反应器的操作要求。同时，由于载体的使用既可减少贵金属用量，又可提高活性，从而降低了催化剂的生产成本。另外，载体有时还能担当共催化剂和助催化剂的角色。

把活性组分、助催化剂等多种组分负载在载体上所制成的催化剂称为负载型催化剂。负载型催化剂的载体（如图 1-3 所示），其物理结构和性质往往对催化剂有决定性的影响。

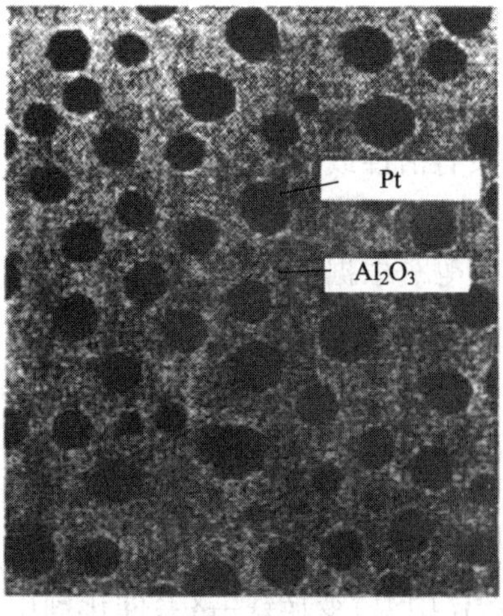

图 1-3　负载型催化剂示意图
（活性组分 Pt 负载于载体 Al_2O_3）

从这种意义上说，载体与助催化剂没有明显的界线，区别在于载体的用量大，作用缓和；助催化剂的用量小，作用显著。

载体在催化剂中的作用是多方面的，可以归纳为以下几个方面。

1. 增加有效表面积和提供合适的孔结构

催化剂所具有的孔结构及有效表面积是影响催化活性以及选择性的重要因素，这也是载体最基本的功能。良好的分散状态还可以减少活性组分的用量。例如将贵金属 Pt 负载于 Al_2O_3 载体上，使 Pt 分散为纳米级粒子，成为高活性催化剂，从而大大提高贵金属的利用率。但并非所有催化剂都是比表面积越高越好，而应根据不同反应选择适宜的比表面积和孔结构的载体。

2. 提高催化剂的机械强度

固体催化剂在使用过程中抵抗摩擦、冲击、受压及由于温度变化、相变等原因引起的各种应力的能力，统称为机械强度或机械稳定性。无论是固定床或流化床用催化剂，都要求催化剂具有一定机械强度，在使用过程中使之不破碎或粉化，以避免催化剂床层阻力增大，从而使流体分布均匀，保持工艺操作条件稳定。

3. 改善催化剂的导热性和热稳定性

工业上许多催化反应都是在高温条件下进行，如重油加氢裂化、催化燃烧、汽车尾气净化等反应用的催化剂必须具有良好的热稳定性。所以，无论是强放热或强吸热反应，在实际应用中通过选用导热性好的载体，可以及时移走反应热量，防止催化剂表面温度过高。

4. 提供反应活性中心

一般催化剂活性中心的形成与载体性质关系不大，但具有固体酸或固体碱结构的载体可能提供某种功能的活性中心。如铂重整反应中，正构烷烃的异构化是通过活性中心 Pt 和促进异构化的载体 Al_2O_3酸性中心进行的。

5. 载体与活性组分间发生相互作用，改善催化剂的性能

载体与活性组分作用形成新的化合物或固溶体。如镍催化剂对 C═C 双键具有高的加氢活性，也具有 C—C 键的氢解活性。但在 Ni-Al_2O_3加氢催化剂中，由于载体 Al_2O_3和 Ni 生成了 $NiAl_2O_4$，它只有 C═C 双键的加氢活性，对于 C—C 的氢解没有活性。在 SiO_2-Al_2O_3催化剂中，它们单独存在时酸性很弱，而两种组分相互作用，就可形成强酸中心，具有较高的裂化活性。

除了选择合适载体类型外，确定活性组分与载体量的最佳配比也是很重要的。一般活性组分的含量至少应能在载体表面上构成单分子覆盖层，使载体充分发挥其分散作用。若活性组分不能完全覆盖载体表面，载体又是非惰性的，载体表面也可以引起一些副反应。

工业催化剂大多数采用固体催化剂，而固体催化剂通常是由多组分组成的，要严格区别每个组分的单独作用是很困难的。人们所观察到的催化性能，常常是这些组分间相互作用所表现的总效应。

(四) 其他

多相固体催化剂的组成中，除活性组分、助催化剂和载体以外，在工业催化剂中通常还要加入其他一些组分，如为了增加催化剂强度用的黏结剂，还有稳定剂、抑制剂、导热剂等。

稳定剂的作用与载体相似，也是某些催化剂中的常见组分，但稳定剂的含量比载体小得多。如果固体催化剂是结晶态(多数如此)，依催化剂活性要求，活性组分应保持足够小的结晶粒度以及足够长的时间。从晶体结构角度考虑，导致较小结晶表面积减少的主要因素，是由于相邻的较小结晶的扩散、聚集而引起的结晶长大。像金属或金属氧化物一类简单的固体，如果以细小的结晶形式存在，尤其是在温度超过熔点一半时，特别容易烧结。

抑制剂的作用正好与助催化剂相反。如果在主催化剂中添加少量的物质，便能使主催化剂的催化活性适当降低，甚至在必要时大幅度下降，这种少量的物质即为抑制剂。一些催化剂配方中添加抑制剂，是为了使工业催化剂的诸性能达到均衡匹配，整体优化。有时，过高的活性反而有害，会影响反应器散热而导致“飞温”或者导致副反应加剧，选择性下降，甚至引起催化剂积炭失活。几种催化剂的抑制剂举例见表 1-4。

表 1-4　几种催化剂的抑制剂

催化剂	反应	抑制剂	作用效果
Fe	氨合成	Cu、Ni、P、S	降低活性
V_2O_5	苯氧化	氧化铁	引起深度氧化
SiO_2，Al_2O_3	柴油裂化	Na	中和酸点、降低活性

综上所述，固体催化剂在化学组成方面，包括活性组分、助催化剂、载体以及稳定剂、抑制剂等其他的一些组分。但大多数是由活性组分、助催化剂以及载体三大部分构成。

二、工业催化剂的命名

大多数催化剂都是多组分的复合物，实际结构十分复杂。一般情况下，说明催化剂的品种时，只列出其活性元素和载体，并没有指定催化剂在制造时或在反应条件下这些元素的化合物形式，其原因多半是不能明确知道反应条件下的实际组成及化合物状态。工业催化剂的组成见表 1-5。例如，加氢脱硫催化剂 Co-Mo/Al_2O_3，活性组分是 Co 和 Mo，Al_2O_3是载体，两部分用斜线隔开，商品形式是金属氧化物，在使用前转化为硫化物。

表 1-5　工业催化剂的组成

名称	符号	功能
氧化铝催化剂	Al_2O_3	脱水
铂(网)催化剂	Pt	氧化
钯分子筛催化剂	Pd/分子筛	异构、加氢
硫化钴-硫化钼-氧化铝催化剂	Co-Mo/Al_2O_3(硫化型)	加氢脱硫
硫钼酸铋-氧化硅催化剂	Bi-Mo-P-Si-O	氧化
硅酸铝催化剂	SiO_2-Al_2O_3	裂化
亚铬酸铜催化剂	Cu-Cr-O	加氢
铂-氧化铝催化剂	Pt/Al_2O_3或 Pt-Al_2O_3	重整

在多组分催化剂中，物种的实际化学状态常常不是命名所表示的。例如，常用加氢催化剂“亚铬酸铜”或氧化催化剂“磷钼酸铋”，其真实化合状态并非命名所示，而是相当复杂的体系，包含多种氧化物。所以有时就直接用下列符号来表示，如 Cu-Cr-O、Bi-Mo-P-Si-O。

对于含载体的催化剂，通常应指出主体和载体的质量比，或指出主体在催化剂中的百分含量，如含 10%镍的 Ni-Al_2O_3催化剂。在多组分催化剂中，为了表明相对含量，可用质量比或原子比。

三、催化剂的结构层次

固体催化剂的结构层次与其组成有直接关系，但是化学组成不是决定催化剂结构的唯一条件。用不同制备方法可制得组成相同而结构不同的催化剂，这些催化剂所表现出的催化性能差异很大。图 1-4 说明了固体催化剂的组成与结构的关系。

大多数工业用固体催化剂为多组分并具有一定外形和大小的颗粒，这种颗粒是由大量的细粒聚集而成。由于聚集方式不同，可造成催化剂表面的粗糙度不同，而在颗粒内部形成孔隙构造。这些分别表现为催化剂的微观结构特征，即表面积、孔体积、孔径大小和孔分布。催化剂的微观结构特征不但影响催化剂的反应性能，还会影响催化剂的颗粒强度和反应系统中质量传递过程。

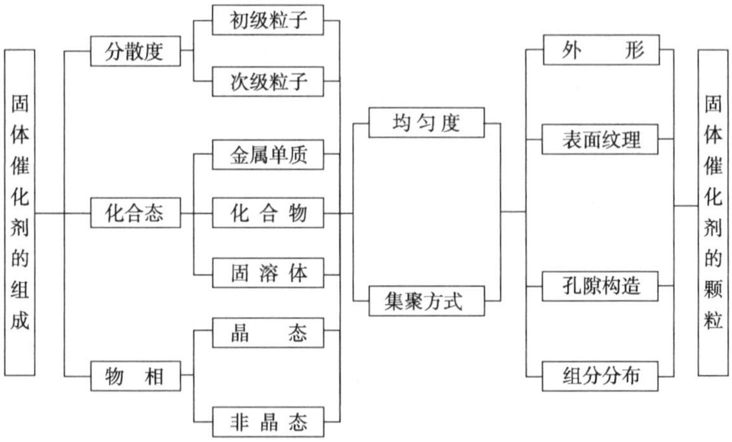

图 1-4　固体催化剂的组成与结构关系

（一）分散度

分散度影响催化剂的纹理构造，亦影响催化剂的催化特性。可将组成颗粒的细度按其形成次序分为两类：一类为初级粒子，其尺寸多为埃级（10^{-10}m），其内部为紧密结合的原始粒子；另一类为次级粒子，大小为微米级（10^{-6}m），由初级粒子以较弱的附着力聚集而成。次级粒子再聚集成催化剂颗粒，大小为毫米级（10^{-3}m）。图 1-5 形象地说明初级粒子、次级粒子与催化剂颗粒的构成。催化剂的孔隙大小和形状取决于初级粒子、次级粒子的大小和聚集方式。初级粒子聚集时，在颗粒中造成细孔，而次级粒子聚集时则造成粗孔。因此，在催化剂制备时调节初、次级粒子的大小和聚集方式，就可以控制催化剂的表面积和孔结构。

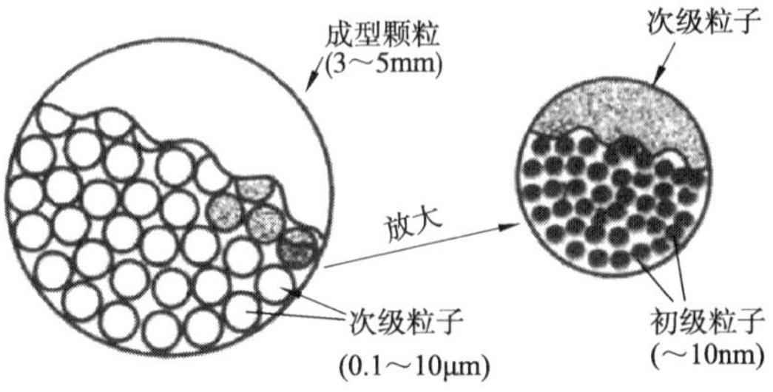

图 1-5　成型催化剂颗粒的构成

（二）化合态

固体催化剂中活性组分以金属单质、化合物和固熔体的形式存在，化合状态主要指初级粒子中物质的化合状态。具有不同化合态的活性组分以不同催化机理催化各种反应。例如，过渡金属单质（Ni、Pt、Pd）、过渡金属氧化物和硫化物（V_2O_5、MoO_3、NiS、CoS）及过渡金属固熔体（Ni-Cu 合金、Pd-Ag 合金）都可进行氧化还原型反应。而氧化物（Al_2O_3、$SiO_2-Al_2O_3$）、分子筛和盐类（$NiSO_4$、$AlPO_4$）则催化酸碱型反应。

有时制备的催化剂化合态并不是反应所需要的，但通过催化剂预处理可以转化为所需要的化合态。如硫化物催化剂出厂时以氧化物的状态，使用前须经硫化预处理即可变为硫化状态，才具有较高的活性。催化剂中组分的化合态与催化剂制备方法有直接关系。因此，通过选择适宜的制备方法可以满足催化剂对各组分化合态的要求。

(三) 物相

固体催化剂各组分的物相很重要。因为当同一物质处于不同物相时，其物化性质不同，致使其催化性能也不同。通常催化剂物相可分为非晶态相(无定形相)和晶态相(晶相)两种，结晶相物质又可分为不同晶相。例如，Al_2O_3有多种相态，其中α-Al_2O_3比表面积甚小，对于多数反应缺乏催化活性；但γ-Al_2O_3对许多反应都有催化活性。在一定条件下非晶态物质可转变成晶态物质，各种晶相之间也可以相互转变，温度与气氛对这种晶相转变起重要作用。固体催化剂由于晶相的转变而改变催化剂的性能。

(四) 均匀度

在研究多组分固体催化剂时必须考虑物系组成的均匀度，包括化学组成和物相组成。通常希望整个物系具有均匀的组成。例如，合金催化剂要求各部分组成一致，但是，由于制备方法与物质的固有特性常常出现组分不均一现象。合成氨用的α-Fe-Al_2O_3-K_2O 催化剂 K 在表面上的浓度高于体相浓度。在 Ni-Cu 合金催化剂中，由于 Cu 的表面富集，表面层 Cu 的浓度也高于体相浓度。因此，必须注意组分在催化剂的某部分集中分布带来的效应。

在有些场合人们有意识地制造不均匀分布的催化剂，例如，加氢精制用的催化剂 Pd-Al_2O_3，为提高 Pd 的利用率，可用专门方法使活性组分 Pd 集中分布在催化剂颗粒表面的薄层中。

综上所述，固体催化剂的组成和结构都是影响催化性能的主要因素。人们在设计和制造固体催化剂时，除关注催化剂的组成配方外，找出适宜的制备方法也是至关重要的。

第四节　催化剂的反应性能和宏观性质

一、催化剂的反应性能

催化剂的反应性能是评价催化剂好坏的主要指标，包括催化剂的活性、选择性和稳定性。

(一) 活性

催化剂的活性又称催化活性，是指催化剂加快反应速率的一种量度。换言之，就是催化反应速率与非催化反应速度之差，相比之下非催化反应速率小到可以忽略不计。所以，催化活性实际上就等于催化反应的速率，一般用以下几种方法表示。

1. 反应速率

对反应 A→P 的反应速率有三种计算方法：

$$r_m=\frac{-dn_A}{m dn_t}=\frac{dn_P}{m dn_t}[\mathrm{mol/(g\cdot h)}] \qquad (1-2)$$

$$r_V=\frac{-dn_A}{V dn_t}=\frac{dn_P}{V dn_t}[\mathrm{mol/(L\cdot h)}] \qquad (1-3)$$

$$r_S=\frac{-dn_A}{Sdn_t}=\frac{dn_P}{Sdn_t}[\mathrm{mol/(m^2 \cdot h)}] \tag{1-4}$$

式中，反应速率 r_m、r_V、r_S分别代表在单位时间内单位质量、体积、表面积催化剂上反应物的转化量(或产物的生成量)；m、V 和 S 分别代表固体催化剂的质量、体积和表面积；t 是反应时间(接触时间)；n_A和 n_P分别代表反应物和产物的物质的量。

上述三种反应速率可以相互转换，三者关系为：

$$r_V=\rho r_m=\rho S_g r_S \tag{1-5}$$

式中，ρ 和 S_g分别代表催化剂堆密度和比表面积。

用反应速率表示催化活性时，要求反应温度、压力及原料气组成相同，以便于比较。

2. 时空收率

为方便起见，工业上常用一个与反应速率相近的时空收率来表示活性。时空收率有平均反应速率的含义，表示每小时单位体积或单位质量催化剂所得到的产物量。用时空收率表示活性时，除要求温度、压力、原料气组成相同外，还要求接触时间(空速)相同。

收率可分为单程收率和总收率。单程收率是指反应物一次通过催化反应床层所得到的产物量。当反应物没有完全反应，再循环回催化床层，直至完全转化时，所得到产物总量称为总收率。

3. 转化率

用转化率表示催化剂活性是工业和实验室中经常采用的方法。转化率表达式为：

$$x_A=\frac{\text{反应物 A 转化掉的量}}{\text{反应物 A 的总量}}\times 100\% \tag{1-6}$$

转化率(%)可用物质的量、质量或体积表示。用转化率比较催化活性时，要求反应条件(温度、压力、接触时间、原料气浓度)相同。

4. 反应速度常数表示法

对某一催化反应，如果知道反应速度与反应物浓度(或压力)的函数关系及具体数值，即 $r=k\times f(c)$ 或 $R=k\times f(p)$，则可求出反应速度常数 k。用速度常数比较催化剂活性时，只要求反应温度相同，不要求反应物浓度和催化剂用量相同。

5. 转换频率

为了避免速率常数的不足，有人用转换频率来描述催化剂的活性。转换频率是指单位时间内每个催化活性中心上发生反应的次数。作为真正催化活性的一个基本度量，转换频率是很有用的。但是，目前对催化剂活性中心数目的测量还有一定困难。尽管用化学吸附方法可测定出金属催化剂表面裸露的原子数，但仍不能确定多少处于活性中心状态；同样，用碱吸附或碱中毒方法测量的酸中心数也不是十分确切。因此，这个概念的应用受到限制。

此外，还可用催化反应活化能高低、一定转化率下所需反应温度的高低来比较催化剂活性大小。通常，反应活化能越低，或者所需反应温度越低，催化剂活性越高。

(二) 选择性

催化剂的选择性是指特定催化剂对某一特定反应起加速作用的性能。催化剂的选择性和催化剂的功能、制备方法及反应条件等因素有关。催化剂选择性的表示方法有以下两种。

1. 选择性(*S*)

$$S=\frac{\text{目的产物的产率}}{\text{转化率}}\times 100\% \tag{1-7}$$

目的产物的产率是指反应物消耗于生成目的产物的量与反应物进料总量的百分比。选择性是转化率和反应条件的函数。通常产率、选择性和转化率三者关系为：

产率＝选择性×转化率

催化反应过程中不可避免会有副反应的产生，因此选择性总是小于100%。产率是指反应器在总的运转中，消耗单位数量的原料(反应物)所生成产物的数量。在总的运转中分离出产物后，各种反应物再循环回反应器中进行反应。

2. 速率常数之比(选择度)

$$J=\frac{k_1}{k_2} \tag{1-8}$$

式中 J——反应中主、副反应的表观速度常数或真实速度常数之比。

对于一个催化反应，催化剂的活性和选择性是两个最基本的性能。人们在催化剂研究开发过程中发现催化剂的选择性往往比活性更重要，也更难解决。因为一个催化剂尽管活性很高，若选择性不好，会生成多种副产物，这样给产品的分离带来很多麻烦，大大地降低催化过程的效率和经济效益。反之，一个催化剂尽管活性不是很高，但是选择性非常高，仍然可以用于工业生产中。

(三) 稳定性与寿命

催化剂的稳定性是指在反应条件下，催化剂的活性、选择性以及其他性能保持其原来较高水平的能力。对于工业催化剂来说，稳定性是至关重要的，其涵盖面广。这里主要介绍以下几个方面：

1. 化学稳定性

催化剂在使用过程中保持其稳定的化学组成和化合状态，活性组分和助催化剂不产生挥发、流失或其他化学变化，保持较长的稳定活性时间。

2. 耐热稳定性

催化剂在反应和再生条件下，在一定温度范围内不发生烧结、微晶长大和晶相变化。

衡量催化剂的耐热稳定性是从使用温度开始逐渐升温，考察其能够忍受多高温度和维持多长时间而活性不变。耐热温度越高，时间越长，则催化剂寿命越长。

3. 抗毒稳定性

由于有害杂质(毒物)对催化剂的毒化作用，使催化剂活性、选择性和稳定性降低、寿命缩短的现象，称为催化剂中毒。催化剂对有害杂质毒化的抵制能力称为催化剂的抗毒稳定性。

4. 机械稳定性

固体催化剂颗粒在反应过程中要具有抗摩擦、冲击、重压及温度骤变等引起的种种应力，使催化剂不产生粉碎破裂、不导致反应床层阻力升高或堵塞管道，使反应过程能够平稳进行。

催化剂稳定性是显示其活性和选择性随时间变化的情况，通常以寿命表示。寿命是指催化剂在一定反应条件下维持一定反应活性和选择性水平的时间(单程寿命)，或者每次下降后经再生又恢复活性、继续使用而累积的总反应时间称为总寿命。

催化剂在长期使用的过程中，由于加入或失去某些物质导致其组成的改变，或由于它的结构和纹理组织发生变化，都会使其活性随时间的改变逐渐变化，这可以用所谓的“寿命”

曲线来表示。图 1-6 表示催化剂的寿命曲线。

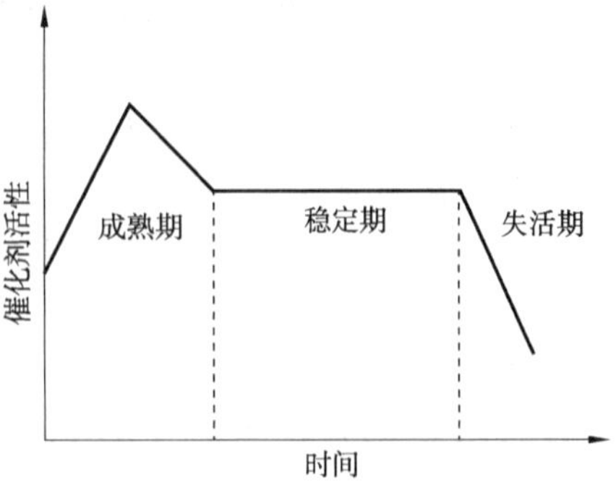

图 1-6　催化剂的寿命曲线

① 成熟期。新鲜的催化剂通常要进行预处理，也称为活化，才能使之具有高活性。预处理可在反应体系之外进行。例如，将催化剂在真空中加热以除去吸附的或溶解的气体；也可在反应体系中进行。例如，将出厂的钝态催化剂在一定的反应条件下进行还原或硫化改变其化学状态，使其转化成活化态的催化剂。经过活化后的催化剂初始活性很高，随着使用时间的延长，催化剂活性开始下降，这个活化过程和初始活性先升高后下降的过程称为催化剂的成熟期。

② 稳定期。催化剂在使用初期，活性先升高后下降，然后在较长时间内活性维持不变，这个阶段称为催化剂的稳定期，这是工业催化剂使用的主要阶段。

③ 失活期。随着催化剂使用时间的继续增加，催化剂由于受到反应介质和使用环境的影响，结构或组成发生变化，导致催化剂活性显著下降，必须更换或再生才能继续使用，这个阶段称为催化剂的失活期。

实际工业生产中更注重有效、经济地利用原料和能源，就以上三个因素评估催化剂反应性能时，其重要性的顺序是：选择性$>$稳定性$>$活性。

二、工业催化剂的基本要求

对于一个能商业化应用的化学工业生产过程必须是技术路线、经济效益和安全环保三方面可行。“技术路线可行”是指采用的化学过程是热力学允许的反应，采用的反应条件工业上能够满足。“经济效益可行”是指采用低附加值的原料生产高附加值的产品，能够产生足够的经济效益。“安全和环保可行”是指反应条件尽量避免在爆炸极限内，操作规程有足够的安全保障措施，并且过程中尽量减少有毒有害物质的产生，对不可避免产生的毒物要有环保的处理措施，避免污染环境。

催化剂为化学工业的重要技术之一，除上述要求外，从工业装置使用的角度来说，工业催化剂要求具备适宜的活性、高选择性、长寿命和低成本。

为了提高工业生产的效率，通常希望催化剂的活性高一些，即转化原料的能力强一些。但这不是绝对的，对有些热效应较大的反应必须选择适宜的转化率。例如，氧化反应多为强放热反应，催化剂活性过高，反应中放出的热量不能及时有效地从反应器中移走，就会引起床层温升剧烈，从而破坏最适宜的操作条件，甚至使催化剂烧结失活。因此，要求工业催化剂活性适宜，以保持反应床层的热平衡。

对于所有的催化剂而言，高选择性是技术进步的目标，是生产装置节能降耗的重要技术保障。一方面催化剂的选择性高，生产需要的原料消耗降低；另一方面催化剂的选择性高，副产品少，降低了产物分离的操作成本。

稳定性是催化剂影响工业生产效率的一个主要因素。催化剂稳定性差，使用时间短，寿命就短。为了恢复催化剂的活性，就要反复进行再生，或者更换新催化剂，这些操作会造成生产工时的延误，导致生产效率降低，对大规模生产装置是极其不利的。

因此，要求工业催化剂具有优良的稳定性和良好的再生重复性，以保证催化剂寿命长。但是有些催化剂的单程寿命很短，例如，催化裂化催化剂非常容易积炭，使催化剂失活，为此工业生产操作采用流化床反应器，以适应频繁再生的需要。

工业催化剂的活性、选择性和寿命除取决于催化剂的组成结构外，与操作条件也有很大关系。这些条件包括原料的纯度、生产负荷、操作温度和压力等。因此，在选择或研制催化剂时要充分考虑到操作条件的影响，并选择适宜的配套装置和工艺流程。

此外，随着工业化过程的进展，化学资源日益减少，原材料价格不断上涨，催化剂的生产成本被越来越多的催化剂使用厂家所关心，特别是对于催化剂使用数量大而使用寿命短和使用贵金属作为活性组分的两类催化剂。例如催化裂化催化剂、渣油加氢处理催化剂和汽车尾气处理催化剂等，研究者正努力提高催化剂活性组分的使用效率、提高催化剂处理负荷或降低活性组分的使用量，以降低催化剂的使用成本。

从催化剂使用角度来看，还要求在其使用时有配套的开工、活化和再生等方案。近年来，由于环保要求日益严格，对催化剂的废弃也提出了限制，所以工业上已经开始开发废催化剂的回收利用技术。

三、催化剂的宏观性质

催化反应的活性和选择性与催化剂的宏观结构和内表面利用率有很大的关系。催化剂的性能虽然取决于其化学组成和性能，但宏观结构(表面积、孔结构、密度等)对反应的活性和选择性同样也会有很大影响。

固体催化剂的宏观性质主要包括宏观结构和宏观性能。固体催化剂宏观结构主要包括：催化剂密度，如颗粒密度(假密度)、骨架密度(真密度)和堆积密度；比表面积；孔结构，如孔径、孔隙分布、孔容和孔隙率；颗粒形状和尺寸。固体催化剂宏观性能主要包括：机械强度，如耐压、耐磨、耐冲击强度；比热容；导热系数；扩散系数等。

(一) 宏观结构

1. 比表面积

催化剂的表面积由外表面积和内表面积组成。内表面积是指孔隙内部的表面积，孔隙外部的表面积叫外表面积。一般内表面积往往占很大的比例，外表面积只占很小的一部分。

催化剂的比表面积是指单位质量催化剂所具有的表面积，以符号 S_g 表示，单位 m^2/g。一般来说，比表面积越大，催化剂活性越高。比表面积是催化剂的一种重要性能。

2. 孔结构

固体催化剂是多孔性的。孔的结构不仅影响催化剂的反应性能，而且还能影响催化剂的机械强度、寿命及耐热性等。与孔结构有关的物理性能有密度、孔容、平均孔半径及孔隙分布等参数。下面分别加以讨论：

(1) 密度

催化剂的密度是指单位体积内含有的催化剂的质量，常以符号 ρ 表示，单位是 g/mL。

$$\rho = \frac{M}{V_{堆}} \tag{1-9}$$

式中 M——催化剂的质量；

$V_{堆}$——催化剂的表观体积。

对于多孔性催化剂，其表观体积 $V_{堆}$ 实际上由三部分组成；堆积时颗粒与颗粒之间的孔隙体积，以 $V_{隙}$ 表示；催化剂颗粒内部实际的孔所占的体积，以 $V_{孔}$ 表示；催化剂颗粒骨架所占的体积，以 $V_{骨}$ 表示。因此，根据催化剂表观体积含义不同，密度常分为堆积密度、颗粒密度(假密度)以及真密度(骨架密度)。分别以下面各式表示：

$$\rho_{堆}=\frac{M}{V_{隙}+V_{孔}+V_{骨}} \tag{1-10}$$

$$\rho=\frac{M}{V_{孔}+V_{骨}} \tag{1-11}$$

$$\rho_{真}=\frac{M}{V_{骨}} \tag{1-12}$$

(2) 比孔容

单位质量催化剂颗粒内部的真正孔体积的总和叫比孔容。常以符号 V_g 表示，单位是 mL/g。

$$V_g=\frac{V_{孔}}{M} \tag{1-13}$$

式中 $V_{孔}$——颗粒内部的孔所占的体积；

M——催化剂的质量。

(3) 平均孔半径

在固体催化剂中孔的大小、形状和孔的长度是不均匀的。如果采用简化的模型把所有的孔看成是圆柱形的孔，则可用平均孔半径 r 来描述孔的平均大小。

假设催化剂孔的平均长度为 L，则每个孔的平均内表面为 $2\pi rL$，若每个样品有 n 个孔，则 1g 样品的总孔面积为 $2\pi rLn$。因为内表面积的总和比外表面积的总和大得多，外表面积可以忽略不计，所以 1g 样品的内孔面积就可以看作比表面积 S_g，即：

$$S_g=2\pi rLn \tag{1-14}$$

每一个孔的容积平均等于 πr^2L，若每 1g 样品共有 n 个孔，则 1g 样品的总孔体积(即比孔容) V_g 为：

$$V_g=\pi r^2Ln \tag{1-15}$$

以上两式相除，得平均孔半径 r 为：

$$r=\frac{2V_g}{S_g} \tag{1-16}$$

(4) 孔隙分布

在预测孔结构对催化剂活性的影响时，只知道孔的总体积和平均孔半径是不够的，还应知道孔径的分布情况，即孔体积随孔径大小变化而变化的情况，或者说，在总的孔体积中，各类大小的孔所占的比例为多少，这就是所谓的孔隙分布。

3. 颗粒形状与粒度

(1) 颗粒形状

固体催化剂的几何形状随制备方法及成型条件不同而有所不同。常见的催化剂形状是球状、条状、柱状、三叶草状、片状、齿球状，还有网状、粉末状、微球状、纤维状、蜂窝状及无规则颗粒等，如图 1-7 所示。几何尺寸小至几个微米，大到几十毫米不等。

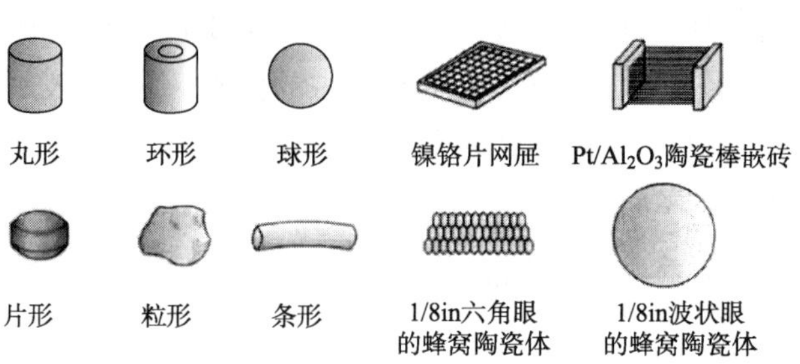

图 1-7　不同形状的催化剂

催化剂成型颗粒的形状及大小，一般是根据制备催化剂的原料性质及工业生产所用反应器要求确定的。

固定床反应器常用球状、圆柱状、三叶草状及片状催化剂；流化床反应器常采用直径 2~150μm 或更大粒径的微球催化剂；移动床反应器常采用直径 2~4mm 或更大直径的球形催化剂；悬浮床反应器则要求颗粒在液体中易悬浮循环流动，常采用微米级颗粒催化剂。

具有合适几何形状和尺寸的理想催化剂，应使流体通过由它构成的床层时阻力小，并呈均匀的流动分布，以获得较好的传热传质效果。

(2) 粒度

催化剂的粒度大小既与反应器的结构及单元设备的生产能力有关，还取决于催化反应的宏观动力学。例如，管式反应器为降低反应床的阻力降，可采用粒度较大的环状催化剂。

当反应速度受内扩散控制时，一般选择粒度较小的催化剂，以提高内表面利用率。工业用球形催化剂以 1~20mm 居多，其中以大于 3mm 的应用较广；条状催化剂常用直径 1~6mm，长为 5~20mm；圆柱状催化剂常用直径为 2~25mm，高与直径大致相同；圆片状催化剂直径常为 2~10mm；无规则催化剂颗粒 8~14 目至 2~4 目(相当于 1.17~9.5mm)。

流化床催化剂的颗粒通常在 20~30μm 之间，一般小于 100μm。在流化床中，若颗粒过细，则难以防止细的催化剂粉末夹带出旋风分离器；若颗粒过粗，则流化性不好，并有可能出现扩散控制。

催化剂粒度大，固然可使其制造成本降低，但同时也使流体向颗粒内部的扩散阻力增大，从而使在颗粒中心的反应速度低，降低催化剂的利用率，有时对选择性也不利。

(二) 宏观性能

催化剂的宏观性能(如磨损率、压碎强度)和热性质(如热导率、抗热冲击性能)是其工程性能的一个重要方面。

催化剂在使用前要经过运输过程和装料过程。装置开工后，温度升高引起反应器的膨胀，催化剂下陷。在停工时，反应器由于冷却而收缩，催化剂就受到严重的侧向应力，因为催化剂床没有足够的流动性，不能向高处移动。在正常运转时，催化剂还会受到空隙中的压力，这就是反应器工作时所受的压力，它倾向于缓冲上述各种应力的作用。

上述各种过程会导致同样的后果，即形成细粉和碎粒。它们堵塞了较大颗粒之间的空隙，造成流体流动不均匀、局部阻塞和压力降增大，这些反过来使反应状况恶化。

有的催化剂在使用过程中要经受非常高的温度和剧烈的温度变化，有的在高温和一定的气氛下再生，这些都要求催化剂具备相应的机械性质和热性质。

第五节 多相催化反应历程

一、多相催化反应过程的主要步骤

多相催化反应由一连串的物理过程与化学过程所组成，图 1-8 为多孔固体催化剂上气-固相催化反应所经历的各步骤。其中反应物和产物的外扩散和内扩散属于物理过程，物理过程主要是质量和热量传递过程，不涉及化学过程。反应物的化学吸附、表面反应及产物的脱附属于化学过程，涉及化学键的变化和化学反应。

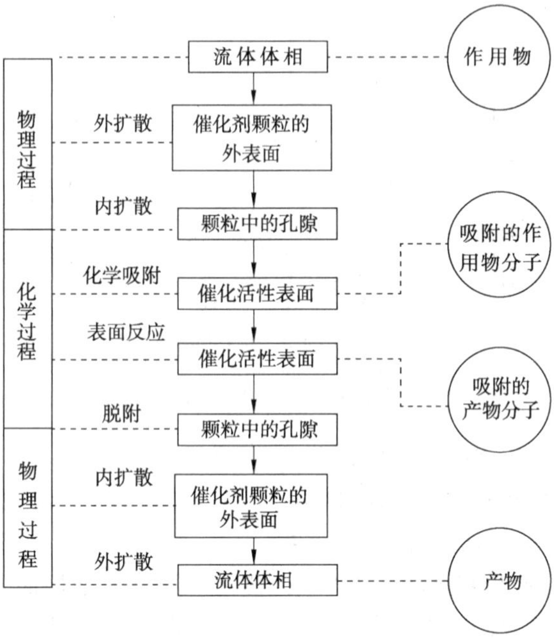

图 1-8 在多孔固体催化剂上气-固催化反应的步骤

二、多相催化反应中的物理过程

(一) 外扩散和内扩散

反应物分子从气流体相通过附在气、固边界层的静止气膜(或液膜)达到颗粒外表面，或者产物分子从颗粒外表面通过静止层进入气流体相的过程，称为外扩散过程。外扩散的阻力来自流体体相与催化剂表面之间的静止层，流体的线速度将直接影响外扩散过程。

反应物分子从颗粒外表面扩散进入到颗粒孔隙内部，或者产物分子从孔隙内部扩散到颗粒外表面的过程，称为内扩散过程。内扩散的阻力大小取决于孔隙内径粗细、孔道长短和弯曲度。催化剂颗粒大小和孔隙内径粗细将直接影响内扩散过程。

虽然物理过程(内外扩散)与催化剂表面化学性质关系不大，但是扩散阻力造成的催化剂内外表面的反应物浓度梯度也会引起催化剂外表面和孔内不同位置的催化活性的差异。因此，在催化剂制备和操作条件选择时应尽量消除扩散过程的影响，以便充分发挥催化剂的化学作用。

(二) 扩散控制的判断和消除

外扩散的阻力来自气固(或液固)边界的静止层，流体的线速度将直接影响静止层的厚度。通过改变反应物进料线速度(空速)对反应转化率影响的实验，可以判断反应区是否存在外扩散影响。

图 1-9 表明在 V_2O_5-K_2SO_4-SiO_2工业催化剂上，不同线速度使 SO_2氧化成 SO_3转化率的变化。

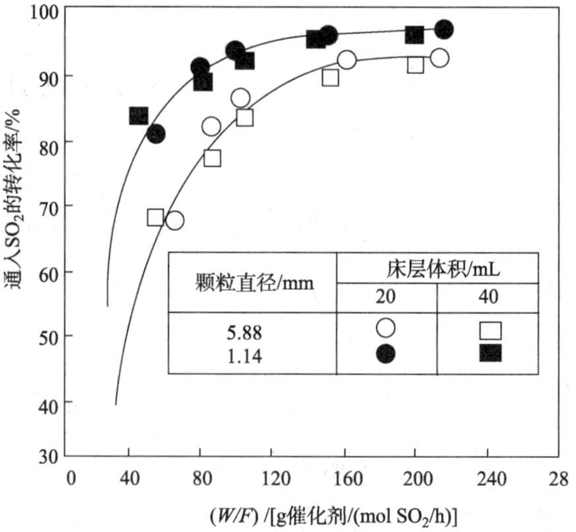

图 1-9 粒度和线速对转化率的影响(SO_2 氧化成 SO_3)

反应是在两个不同催化剂床层厚度及催化剂颗粒分别为 5.88mm 和 1.14mm 的情况下进行的。在考察外扩散影响时改变质量速度的同时改变床层厚度，使流体停留时间(即 *W/F*)相同，两个不同床层厚度仍得到相同的转化率。

由图 1-9 可见，在 *W/F*(线速)小于 120，转化率随线速增加而增加，这说明反应区存在外扩散的影响；当 *W/F* 大于 120，转化率不随线速改变而改变，这说明反应区内消除了外扩散影响。所以当流体线速达到足够高时，外扩散的影响可以消除。

在固定床反应器中改变流体质量空速，接触时间也随之变化。故为了保持接触时间不变，应按比例同时改变空速及床层填充高度。

内扩散阻力来自催化剂颗粒孔隙内径和长度，所以催化剂颗粒大小将直接影响分子内扩散过程。通过催化剂颗粒度大小变化对反应转化率影响的实验，可以判断反应区内是否存在内扩散的影响。图 1-9 比较了催化剂颗粒度变化对反应转化率的影响。

由图 1-9 可知，颗粒小的催化剂(1.14mm)转化率明显高于颗粒大的催化剂(5.88mm)，而颗粒直径为 2.36mm 的催化剂与颗粒直径为 1.14mm 的基本相同(图中略)，这说明催化剂颗粒等于或小于 2.36mm 时反应区内消除了内扩散影响。

同样，增大催化剂孔隙直径也可消除内扩散的影响，反应区的内扩散效应不仅影响催化剂的转化率，还会影响催化剂的选择性。人们有时利用这种内扩散阻力造成形状大小不同产物分子扩散速率的差异，进行产物择形催化。例如，HZSM-5 择形催化剂上乙苯和乙烯(或乙醇)烷基化反应直接生成对二乙苯就是其中一例。

三、多相催化反应的化学过程

对于多相催化反应除上述物理过程外，更重要的是化学过程。化学过程包括：反应物化学吸附生成活性中间物种；活性中间物种进行化学反应生成产物；吸附的产物通过脱附得到产物，同时催化剂得以复原等多个步骤。其中关键是活性中间物种的形成和建立良好的催化循环。

（一）活性中间物种的形成

活性中间物种是指在催化反应的化学过程中生成的物种。这些物种虽然浓度不高，寿命也很短，却具有很高的活性，可以导致反应沿着活化能降低的新途径进行。

大量研究结果表明，在多相催化中反应物分子与催化剂表面活性中心是靠化学吸附生成活性中间物种的。反应物分子吸附在活性中心上产生化学键合，化学键合力会使反应物分子键断裂或电子云重排，生成一些活性很高的离子、自由基，或反应物分子被强烈极化。例如，氢分子在金属镍催化剂上的化学吸附：

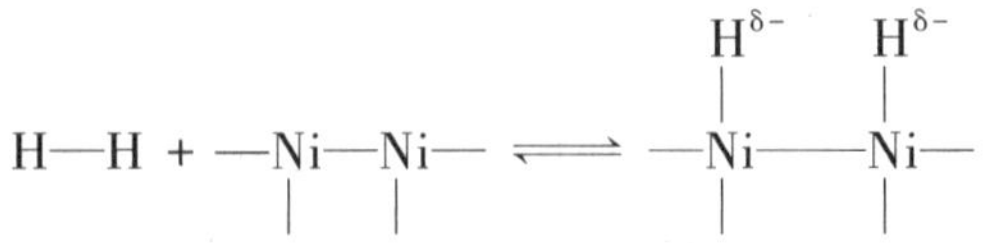

H_2分子在金属 Ni 上产生化学吸附，H_2被解离为两个 H 原子吸附在 Ni 原子上。由于 H 与 Ni 的电负性不同，吸附时会有部分电子由 Ni 转移到 H 上，形成负氢-金属键合，后者非常活泼，很容易进行加氢反应。又如，乙烯分子在固体酸催化剂上的化学吸附：

$$CH_2=CH_2+H^+(\text{固体酸})\rightleftharpoons CH_3-\overset{+}{C}H_2(\text{固体酸})$$

固体酸表面活性中心 H^+与乙烯双键配位键合，形成活性很高的乙基碳正离子，很容易进行烷基化、聚合、水合等反应。

化学吸附可使反应物分子均裂生成自由基，也可以异裂生成离子（正离子或负离子）或者使反应物分子强极化为极性分子，生成的这些表面活性中间物种具有很高的反应活性。

值得注意的是，生成的活性中间物种有些对反应有利，有些对反应不利。这些不利的活性中间物种会导致副反应发生，或者破坏催化循环的建立，因此必须设法消除不利于反应的活性中间物种生成。生成的活性中间物种除可加速主反应外，有时也会由此引出平行的副反应。此时要注意控制形成活性中间物种的浓度，抑制平行副反应的发生。

（二）催化循环的建立

由于催化剂参加催化作用，使反应遵循新的途径进行，而反应终了催化剂的始态与终态并不改变，这说明催化系统中存在着由一系列过程组成的催化循环，它既促使了反应物的活化，又保证了催化剂的再生。

催化反应与化学计量反应的差别就在于催化反应可建立起催化循环。在多相催化反应中催化循环表现为：一个反应物分子化学吸附在催化剂表面活性中心上，形成活性中间物种，并发生化学反应或重排生成化学吸附态产物，再经脱附得到产物，催化剂复原并进行再一次反应。

一种好的催化剂从开始到失活可进行百万次转化，这表明该催化剂建立起良好的循环。若反应物分子在催化剂表面形成强化学吸附键，就很难进行后继的催化作用，结果成为仅有一次转换的化学计量反应。

由此可见，多相催化反应中反应物分子与催化剂化学键合不能结合得太强。键合太强会使催化剂中毒，或使其不活泼，不易进行后继的反应，或使生成物脱附困难。但键合太弱也不行，因为键合太弱，反应物分子化学键不易断裂，不足以活化反应物分子进行化学反应。

只有中等强度的化学键合，才能保证化学反应快速进行，构成催化循环并保证其畅通，这是建立催化反应的必要条件。

根据催化反应机理和催化剂与反应物化学吸附状态，可将催化循环分为非缔合活化催化循环和缔合活化催化循环两种类型。

1. 非缔合活化催化循环

在催化反应过程中催化剂以两种明显的价态存在，反应物的活化经由催化剂预反应物分子间明显的电子转移过程，催化中心的两种价态对于反应物的活化是独立的，这种催化循环称为非缔合催化循环。如 N_2O 在镍催化剂上的分解反应：

$$N_2O \xrightarrow[\text{Ni}]{} N_2 + \frac{1}{2}O_2$$

反应机理为：

$$\underset{A}{N_2O} + \underset{K}{2Ni^{2+}} \rightleftharpoons \underset{P_1}{N_2} + \underset{K'}{O^{2-}\cdots\cdots 2Ni^{3+}}$$

$$\underset{K'}{O^{2-}\cdots\cdots 2Ni^{3+}} \rightleftharpoons \underset{P_2}{\frac{1}{2}O_2} + \underset{K}{2Ni^{2+}}$$

式中，A、P_1、P_2、K 和 K′分别表示反应物、产物和不同价态催化剂。

在上述反应中，N_2O 在 Ni 上化学吸附，Ni^{2+}被氧化为 Ni^{3+}，$2N^+$被还原为 N_2^0，随后 Ni^{3+}又被还原为 Ni^{2+}，O^{2-}被氧化为$\frac{1}{2}O_2$。该反应的催化循环如图 1-10 所示。

2. 缔合活化催化循环

在催化反应过程中催化剂没有价态的变化，反应物分子活化经由催化剂与反应物配位形成络合物，再由络合物或其衍生出的活性中间物种进一步反应生成产物，并使催化剂复原，反应物分子活化是络合物配位层中发生的，这种催化循环称为缔合催化循环。例如，固体酸催化剂作用下的乙烯水合反应：

$$\underset{A}{CH_2{=}CH_2} + \underset{K}{H^+} \rightleftharpoons \underset{AK}{CH_3{-}\overset{+}{C}H_2}$$

$$\underset{AK}{CH_3{-}\overset{+}{C}H_2} + \underset{B}{H_2O} \rightleftharpoons \underset{P}{CH_3CH_2OH} + \underset{K}{H^+}$$

在上述反应中，催化剂 H^+与 $CH_2{=}CH_2$配位，但却没有发生价态变化，H^+使配位乙烯分子的双键产生异裂，生成正碳离子，后者进一步与反应物水分子作用生成乙醇，并使催化剂 H^+复原。该反应的催化循环如图 1-11 所示。

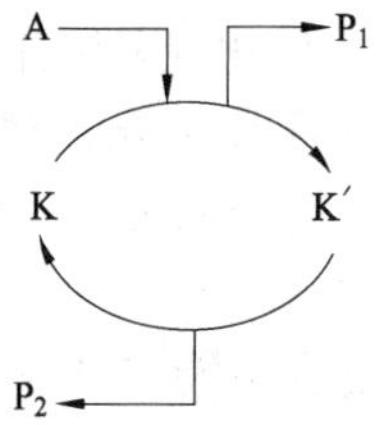

图 1-10　非缔合活化催化循环

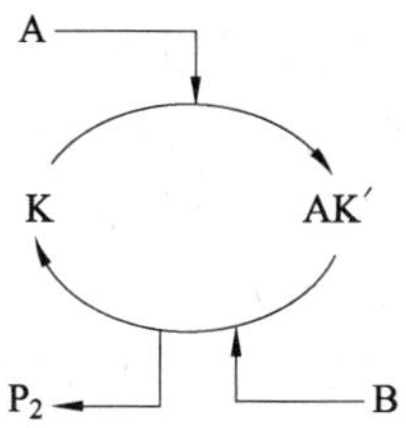

图 1-11　缔合活化催化循环

四、多相催化反应的控制步骤

多相催化反应由一连串物理过程和化学过程所构成，由于各步骤的阻力大小不同，催化反应的总速度将取决于阻力最大的步骤，或者说固有反应速度最小的步骤，这一步骤称为催化反应的控制步骤。下面给出了气固相催化反应7个串联步骤，即：

外扩散⟶内扩散⟶吸附⟶表面反应⟶脱附⟶内扩散⟶外扩散

总的可分为两类控制步骤：扩散控制与化学反应控制，后者又称为动力学控制。

当催化反应为扩散控制时，催化剂的活性无法充分显示出来，即使改变催化剂的组成和微观结构，也难以改变催化过程的效率。只有改变操作条件或改善催化剂的颗粒大小和微孔构造，即只有消除内、外扩散的影响，才能提高催化效率。

反之，催化反应若为动力学控制时，从改善催化剂组成和微观结构入手，可以有效地提高催化效率。动力学控制对反应操作条件也十分敏感。特别是反应温度和压力对催化反应的影响比对扩散过程的影响大得多。

因此，人们千方百计在催化反应过程中消除扩散控制，以便更好地发挥催化剂的作用。

总之，对于快速化学反应或者在高催化活性的催化剂上进行反应时，由于化学过程阻力很小，就容易出现扩散控制；当使用细孔催化剂进行反应时，就要考虑可能会出现内扩散控制。

特别值得一提的是，催化反应的控制步骤不是一成不变的，原来为动力学控制的反应，由于反应温度提高，尽管扩散速率增加，但是较小，而本征速率常数则按指数增加，这样，整个反应区内，在颗粒孔内就会产生显著的反应物浓度梯度。此时由动力学控制转变为内扩散控制。

因此，对多相催化反应体系要进行辩证的分析和认识，才能找到适宜的操作条件，以便充分发挥催化剂的作用。

习　　题

一、判断题

1. 催化剂只能是纯净物。(　　)
2. 催化剂都是固体的。(　　)
3. 催化剂可划分为生物催化和非生物催化两大领域，后者可简称为化学催化。(　　)
4. 炼油工业中的催化裂化、催化重整、加氢精制、加氢裂化都属于均相催化反应。(　　)
5. 工业上应用最多的是负催化作用。(　　)
6. 助催化剂的量越多，则催化剂的活性越高。(　　)
7. 在催化剂中加入助催化剂不仅可以改善活性组分的性能，甚至还可以帮助载体控制稳定性。(　　)
8. 一个多组分的催化剂只能加入一种助催化剂。(　　)
9. 载体最重要的功能是分散活性组分，使活性组分保持大的表面积。(　　)
10. 载体不仅使催化剂增大了活性表面，也增强了催化剂对毒物的敏感性。(　　)
11. 所有的多组分催化剂都是必定要有载体的。(　　)

12. 有时载体和活性组分之间也可能发生化学作用，从而改善了活性组分的催化活性。(　　)

13. 催化剂只能加快反应速度。(　　)

14. 催化剂能改变化学反应的标准自由能变化值。(　　)

15. 化学方程式与催化剂量无关，反应速度与催化剂量成反比。(　　)

16. 催化作用的本质是催化剂参与反应，改变了反应的途径，降低了反应的活化能，使反应沿着一条更为省力的途径进行，从而使反应速度加快。(　　)

17. 根据催化剂的作用机理，催化反应可分为氧化还原、酸碱催化及配位催化三类。

18. 对正方向反应有效的催化剂也应该对其逆方向反应同样有效。(　　)

19. 发生化学反应的首要条件是反应物分子要互相碰撞，因此只要碰撞就能导致化学反应的发生。(　　)

20. 催化剂的活性是催化剂效能大小的衡量标准。(　　)

21. 达到同样的转化率时，反应温度及压力越低，空速越高，则催化剂活性越高。(　　)

22. 催化剂的稳定性是指在反应条件下，催化剂保持活性和选择性的能力。(　　)

23. 炼油工业中，催化剂的稳定性常用催化剂的活性来表示。(　　)

24. 催化剂的机械强度是指催化剂在制备过程中能抵抗各种应力而不致破碎的能力。(　　)

25. 催化剂只有具有较高的机械强度才能保证生产正常进行。(　　)

26. 催化剂密度的相互关系为堆密度>颗粒密度>骨架密度。(　　)

27. 多相催化反应的物理过程只有内扩散。(　　)

28. 在多相催化反应过程中，提高线速度可以消除外扩散的影响。(　　)

29. 减小催化剂颗粒直径，增大催化剂孔隙直径也可消除内扩散的影响。(　　)

30. 多相催化反应的化学过程只包括吸附和脱附两个步骤。(　　)

二、单选题

1. 一般用于填充床的球形催化剂的颗粒直径为(　　)。

A. 1~20mm　　B. 2~10mm　　C. 20~40mm　　D. 8~14 目

2. 关于催化剂描述不正确的是(　　)。

A. 催化剂量与化学计量方程式无关　　B. 反应速度通常与催化剂量成正比

C. 加速反应但不参加反应者也是催化剂　　D. 参加反应后催化剂会有变化但很微小

3. γ-Al_2O_3是(　　)

A. 酸性载体　　B. 两性载体　　C. 中性载体　　D. 碱性载体

4. 浓硫酸催化甲酸与甲醇的酯化反应是(　　)。

A. 液-液多相催化反应　　B. 酶催化反应

C. 液固多相催化反应　　D. 均相催化反应

5. 正丁烯异构为异丁烯选用的催化剂是(　　)。

A. 过渡金属催化剂　　B. 过渡金属氧化物催化剂

C. 酸性催化剂　　D. 碱性氧化物催化剂

6. 工业上用于空气氧化乙烯制环氧乙烷的 $Ag/\alpha-Al_2O_3$ 催化剂中 Ag 和 $\alpha-Al_2O_3$ 分别作为(　　)。

A. 主催化剂和助催化剂　　B. 主催化剂和载体

C. 载体和主催化剂　　D. 助催化剂和主催化剂

7. 合成氨催化剂 $Fe-K_2O-Al_2O_3$ 中对各组分作用描述正确的是(　　)

A. Fe 是主催化剂，K_2O 是电子助催化剂，Al_2O_3 是结构助催化剂

B. Fe 与 K_2O 是主催化剂，Al_2O_3 是结构助催化剂

C. Fe 是主催化剂，K_2O 是结构助催化剂，Al_2O_3 是电子助催化剂

D. K_2O 是主催化剂，Fe 是电子助催化剂，Al_2O_3 是结构助催化剂

8. Pt/Al_2O_3 重整催化剂中各组分所起的催化作用是(　　)。

A. Pt 起脱氢催化作用，Al_2O_3 起酸催化与载体作用

B. Pt 起氧化催化作用，Al_2O_3 起酸催化与载体作用

C. Pt 起脱氢催化作用，Al_2O_3 只作为载体而没有催化作用

D. Pt 起脱氢催化作用，Al_2O_3 只起酸催化作用

9. 苯加氢变环己烷反应所使用的催化剂是(　　)。

A. Al_2O_3　　B. V_2O_5　　C. Ni/Al_2O_3　　D. CuO

10. 乙醇在 $\gamma-Al_2O_3$ 催化下脱水生成乙烯的反应属于(　　)。

A. 气液多相催化反应　　B. 气固多相催化反应

C. 液固多相催化反应　　D. 均相催化反应

11. MgO 载体是(　　)。

A. 酸性载体　　B. 两性载体　　C. 中性载体　　D. 碱性载体

12. 下列选项中关于物理吸附的描述正确的是(　　)。

A. 物理吸附前后分子结构发生变化　　B. 物理吸附涉及的是价键力

C. 物理吸附热一般较小　　D. 物理吸附总是吸热的

13. 载体不可用于(　　)。

A. 改进催化剂的机械强度

B. 改变由于温度变化引起的各种应力的能力

C. 改变由于温度相变引起的各种应力的能力

D. 改变催化剂的活性组分

三、简答题

1. 论述催化剂是如何加速反应速率的？
2. 催化作用有哪些基本特征？
3. 说明催化剂为什么不能改变平衡反应的平衡位置？
4. 请解释为什么具有加氢功能的催化剂往往对脱氢反应也有活性？
5. 通常固体催化剂由哪几个部分组成？载体和助催化剂的功能分别是什么？
6. 什么是助催化剂？分为哪几种？
7. 请说明理想的催化剂载体应具备的条件。
8. 什么叫催化剂的活性？表示方法的活性有哪些？
9. 什么叫催化剂的选择性？

10. 催化剂的稳定性包括哪几个方面?

11. 在甲烷催化氧化偶联反应研究中，如果反应物进料为甲烷和氧气，反应产物经气相色谱分析结果(摩尔分数)组成如下：$CH_4$20%、C_2H_4 30%、C_2H_6 20%、CO_2 20% 、CO 10%。不考虑反应过程中的积炭问题。试计算：(1)甲烷的转化率；(2)乙烯的选择性。

12. 试说明催化剂稳定性与寿命的区别与联系。

13. 在估量一个催化剂的工业价值时，哪三个因素最重要?考虑的顺序是什么?

14. 多相催化反应通常包括哪个连续的步骤?物理过程和化学过程分别是哪几步?

第二章　催化剂制备、表征及使用技术

固体催化剂的使用性能主要取决于其化学组成和物理结构，由于制备方法不同，尽管成分、用量完全相同，制得的催化剂的性能仍可能有很大差异。在科学技术日益发达的今天，弄清一种催化剂的组成并不困难，只要获得少量工业催化剂样品，就能弄清其主要化学成分和基本物理结构。但仅此还不够，还要对催化剂的形状、颗粒大小、密度、比表面积、孔结构等物理结构进行研究，才能了解催化剂的作用机理，这就涉及催化剂的制备工艺。不同制备工艺得到的催化剂的结构差别很大，因而其性能也差别很大。可以说，催化剂的发明和创新，首要和核心便是催化剂制造技术的发明和创新。

在化学工业中可用作催化剂的材料很多，可以是无机材料，如金属、金属氧化物、硫化物、酸、碱和盐等；也可以是金属有机化合物生物酶等。不同的材料有不同的制备方法，但基本上都是化工生产中单元操作的组合，即溶解、熔融、沉淀、浸渍、离子交换、过滤、干燥、混合、成型、煅烧、还原等。

本章主要介绍多种常用的固体催化剂制备方法和催化剂使用技术。

第一节　催化剂制备方法

固体催化剂的制备方法很多，一般经过三个步骤：一是选择原料及原料溶液的配制，选择原料必须考虑到原料的纯度(尤其是毒物的最高限量)及催化剂制备过程中原料互相起化学作用后的副产物的分离或去除的难易；二是通过诸如共沉淀、浸渍、离子交换、化学交联中的一种或几种方法，将原料转变为微粒大小、孔结构、相结构、化学组成合乎要求的基本材料；三是通过物理方法(如洗涤、过滤、干燥、成型)及化学方法(如分子间缩合、加热分解、氧化还原)把基本材料中的杂质去除，并转化为宏观结构、微观结构以及表面化学状态都符合要求的成品。

目前，工业上常用的固体催化剂制备方法有沉淀法、浸渍法、溶胶-凝胶法、混合法和离子交换法等，下面分述之。

一、沉淀法

沉淀法是制备固体催化剂最常用的方法之一，广泛用于制备高含量非贵金属、金属氧化物、金属盐催化剂和载体。

沉淀法是在含金属盐类的水溶液中加入沉淀剂，以便生成水合氧化物、碳酸盐的结晶或凝胶；再将后者过滤、洗净、干燥和焙烧，制得相应的催化剂粉状前驱物。这种方法与无机化学、分析化学中的沉淀操作相似，但由于要得到具有一定活性的化合物，所以在操作上必须更加严格。

（一）沉淀原理

沉淀作用是沉淀法制备催化剂过程中的第一步，也是最重要的一步，它给予催化剂基本的催化属性。沉淀物实际上是催化剂或载体的“前驱物”，对所得催化剂的活性、寿命和强度有很大影响。

沉淀过程是一个复杂的化学反应过程，当金属盐类水溶液与沉淀剂作用，形成沉淀物的离子浓度的聚积大于该条件下的溶度积时产生沉淀。要得到结构良好而纯净的沉淀物，必须了解沉淀形成的过程和沉淀物的性状。

沉淀物的形成包括两个过程：一是晶核的生成；二是晶核的长大。前一过程是形成沉淀物的离子相互碰撞生成沉淀的晶核，这些晶核在水溶液中处于沉淀与溶解的平衡状态，比表面积大，因而溶解度比晶粒大的沉淀物的溶解度大，形成过饱和溶液。晶核的生长是溶液达到一定的过饱和度后，生成固相的速率大于固相溶解的速率，瞬时生成大量的晶核。然后，溶质分子在溶液中扩散到晶核表面，晶核继续长大成为晶体，如图 2–1 所示。

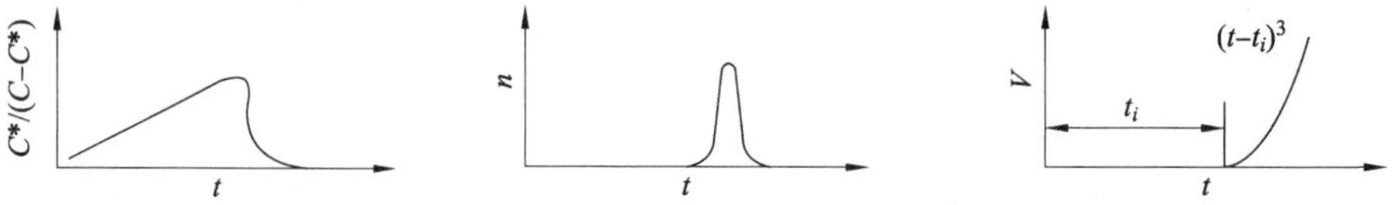

(a)溶液过饱和度[（C–C*）/C*]和时间(t)的关系　(b)晶核生成数目(n)和时间(t)的关系　(c)晶核生成体积(V)和时间(t)的关系

图 2–1　难溶沉淀的生成速率

从图 2–1 可以看出，晶核生成是从反应后 t_i 开始，t_i 称为诱导时间，在 t_i 瞬间生成大量晶核，随后新生成的晶核数目迅速减少。

应当指出，晶核生成速率和晶核长大速率的相对大小直接影响到生成的沉淀物的类型。如果晶核生成的速率大大超过晶核长大的速率，则离子很快聚集为大量的晶核，溶液的过饱和度迅速下降，溶液中没有更多的离子聚集到晶核上，于是晶核迅速聚集成细小的无定形颗粒，这样就会得到非晶形沉淀，甚至是胶体。反之，如果晶核长大的速率大大超过晶核生成的速率，溶液中最初形成的晶核不是很多，有较多的离子以晶核为中心，依次排列长大而成为颗粒较大的晶形沉淀。由此可见，得到什么样的沉淀，取决于沉淀形成过程中两个速率之比。

（二）沉淀法的工艺过程

沉淀法制备催化剂包括原料金属盐溶液配制、中和沉淀、过滤、洗涤、干燥、焙烧、粉碎、混合和成型等工艺过程。

1. 金属盐溶液的配制

除在实验室或少量生产场合采取已经制成的金属硝酸盐和硫酸盐外，一般盐类大多用酸溶解金属和金属氧化物制取。由于硝酸盐易溶于水，在后续工序中易于除去，不影响催化剂质量，所以多用硝酸溶解金属。使用硝酸时，溶解通常在不锈钢溶解槽中进行，溶解过程产生的 NO_2 气体对人体有害，故要求溶解槽尽量封闭，安装排气管，并对尾气进行处理。

2. 中和沉淀

中和沉淀是催化剂制备的常用单元操作，在制备催化剂过程中起着重要作用。沉淀的生成过程实际是晶核形成和长大的过程。沉淀顺序（如加料顺序）、温度、pH 值、溶液浓度和搅拌程度等对催化剂组成、结构和性能影响显著，制备条件是否得当，都会使催化剂表面结构、活性、选择性、稳定性、机械强度及成型性能产生很大差别。

3. 沉淀的陈化

沉淀反应终了后，将沉淀物与溶液在一定条件下接触一段时间(在这段时间内发生一些不可逆变化)，称为沉淀物的陈化(又称老化)。最简单的陈化操作不是沉淀形成后并立即过滤，而是将沉淀物与其母液一起放置一段时间。陈化的时间、温度及母液的 pH 值等对陈化都有影响。例如，CaC_2O_4在室温下沉淀，得到 $CaC_2O_4 \cdot 2H_2O$ 与 $CaC_2O_4 \cdot 3H_2O$ 混合沉淀物，它们与母液在高温下放置一段时间，则会形成稳定的水合物 $CaC_2O_4 \cdot H_2O$。

陈化阶段的变化(或作用)是：使小的晶粒进一步长大；晶粒与晶粒之间进一步黏结；使结构稳定。

4. 过滤洗涤

沉淀过滤后要进行洗涤，主要目的是除去沉淀中的杂质。沉淀带入杂质的原因是表面吸附、形成混晶(固溶体)和机械包藏等。后两者在老化过程中一般都可以除去，前者主要靠洗涤除去。

洗涤常用蒸馏水或去离子水及洗涤液。洗涤液应该是可分解和易挥发的，不能引入新的杂质，如可用$(NH_4)_2C_2O_4$溶液洗涤其他草酸盐沉淀。对于溶解度较小的非晶形沉淀，应该选择易挥发的稀电解质溶液，以减少形成胶体的可能。温热的洗涤液洗涤后易过滤，且可防止形成胶体，但沉淀的损失较多。所以，溶解度小的非晶形沉淀宜用温热洗涤液洗涤，而溶解度大的晶形沉淀宜用冷洗涤液进行洗涤。

5. 干燥、焙烧、活化

干燥是固体物料的脱水过程，通常在60~300℃下的空气中进行，一般对化学结构没有影响，但对物理结构，特别是孔结构及机械强度会产生影响。焙烧是使催化剂具有活性的重要步骤，在焙烧过程中既发生化学变化也发生物理变化。

焙烧的目的：一是通过物料的热分解，除去化学结合水和挥发性物质(CO_2、NO_2、NH_3等)，使之转化成所需的化学成分和化学形态。气体逸出后在催化剂中留下空隙，使内表面积增加；二是通过控制焙烧温度，使基体物料向一定晶形或固溶体转变；三是在一定气氛和温度条件下，通过再结晶与烧结过程，控制微晶数目与晶粒大小，从而控制催化剂的孔径和比表面积等，控制其初活性，还可以提高机械强度。

焙烧后的产品，某些不需要还原就已经具有催化活性，而另一些既不具备催化剂所需的化学状态，也不具备合适的物理结构，还没有完备的催化作用，此时称为催化剂钝态。把钝态催化剂经过一定方法转变为活泼催化剂的过程，称为催化剂的活化。如大多数催化剂焙烧后还不具备催化活性，必须用氢或其他还原性气体还原才具有活性，这个过程也称为还原或活化。另外一些催化剂的活化状态是氧化态、硫化态和其他非金属状态，相应的氧化、预硫化过程也称为该催化剂的活化。

(三) 金属盐类和沉淀剂的选择

沉淀作用给予催化剂基本的催化属性，沉淀物实际上是催化剂或载体的前驱物，对所制得的催化剂的活性、寿命和强度有很大影响。

在沉淀过程中，沉淀反应和沉淀剂的选择是沉淀工艺首要考虑的问题。同一催化剂可以从不同的原料开始制造，如镍，可以制成 $Ni(OH)_2$沉淀或 $NiCO_3$ 沉淀；同一种离子可以正离子状态存在，也可以负离子状态存在，如 Cr^{3+} 与 CrO_4^-。原料形态的选择应根据生产过程特点加以选择。

1. 金属盐的选择原则

金属盐一般首选硝酸盐来提供无机催化剂材料所需的阳离子；金、铂、钯等贵金属不溶于硝酸，但可溶于王水。溶于王水的贵金属，经加热驱赶硝酸后可得到相应的金属氯化物，这些氯化物的浓盐酸溶液，即为相应的氯金酸、氯铂酸、氯钯酸等，可以获得相应的阳离子。

2. 沉淀剂选择原则

选择合适的沉淀剂是沉淀工艺的重要环节。选择原则如下：

① 尽可能使用易分解并含易挥发成分的沉淀剂。常用的沉淀剂有氨气、氨水和铵盐[如 $(NH_4)_2CO_3$、CH_3COONH_4、$(NH_4)_2C_2O_4$]、二氧化碳和碳酸盐(如 Na_2CO_3、NH_4HCO_3)、碱类(如 NaOH、KOH)以及尿素等。在沉淀反应完成之后，经洗涤、干燥和焙烧，有的可以被洗涤除去(如 Na^+、SO_4^{2-})，有的能转化为挥发性的气体而逸出(如 CO_2、NH_3、H_2O)，一般不会遗留在催化剂中，为制备高纯度催化剂创造了有利条件。

② 沉淀便于过滤和洗涤。沉淀可以分为晶形沉淀和非晶形沉淀，晶形沉淀中又细分为粗晶和细晶。晶形沉淀带入的杂质少，也便于过滤和洗涤，特别是粗晶粒。因此，应尽量选用能形成晶形沉淀的沉淀剂。盐类沉淀剂原则上可以形成晶形沉淀，而碱类沉淀剂都会生成非晶形沉淀。

③ 沉淀剂自身的溶解度要足够大。溶解度大的沉淀剂，可能被沉淀物吸附的量较少，洗涤脱除残余沉淀剂等也较快。这种沉淀剂可以制成较浓溶液，沉淀设备利用率高。

④ 沉淀物的溶解度应很小。沉淀物溶解度愈小，沉淀反应愈完全，原料消耗量愈少，这对于铝、镍、银等贵重或比较贵重的金属特别重要。

⑤ 沉淀剂必须无毒，不造成环境污染。

(四) 沉淀条件的影响

1. 浓度

在溶液中生成沉淀过程是固体(即沉淀物)溶解的逆过程。当溶解和生成沉淀的速度达到平衡状态时，则溶液达到饱和状态。溶液中生成沉淀的首要条件之一是其浓度超过饱和浓度。

如以 C^* 表示溶液饱和浓度，C 表示溶液浓度，则：

溶液的饱和度：

$$\alpha=\frac{C}{C^*} \tag{2-1}$$

溶液的过饱和度：

$$\beta=\frac{C-C^*}{C^*} \tag{2-2}$$

溶液浓度对沉淀过程的影响表现在对晶核生成和晶核生长的影响上。

① 晶核的生成。沉淀过程要求溶液中的溶质分子或离子进行碰撞，以便凝聚成晶体的微粒——晶核，这个过程称为晶核的生成或结晶中心的形成。溶液中生成晶核是产生新相的过程，只有当溶质分子或离子具有足够的能量以克服它们之间的阻力时，才能相互碰撞而形成晶核。

② 晶核的生长。晶核生成后更多的溶质分子或离子向这些晶核的表面扩散，使晶核长大，此过程称为晶核的生长。晶核生长时，要求溶液同晶核表面之间有一定的浓度差，作为溶质分子或离子向晶核表面扩散的动力。晶核长大的过程与化学反应的传质过程相似，包括扩散和表面反应两步。溶质粒子先扩散至固-液界面上，然后经表面反应而进入晶格。

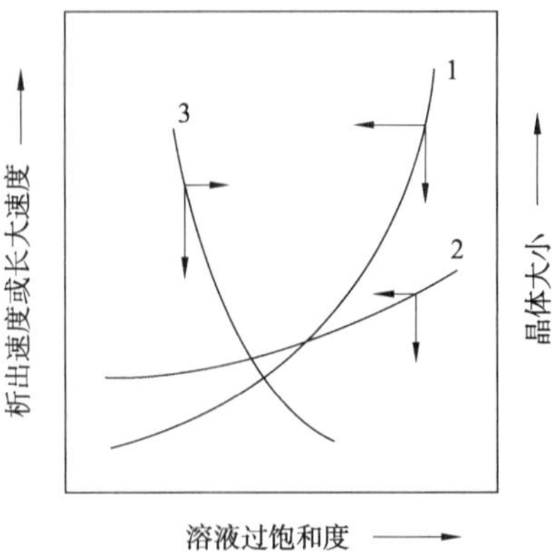

图 2-2　过饱和度与晶核生成和长大速率及晶粒大小的关系
1—晶核生成速度；2—晶核长大速度；3—晶体大小

图 2-2 为晶核析出速率和晶核生长速率与溶液过饱和度的关系。浓度对晶核生成速率影响更大，溶液浓度提高，即过饱和度增大，更有利于晶核生成，晶粒数目增多。曲线 1 表示晶核生成速率与溶液过饱和度的关系，随着过饱和度增加，生成速率急剧增大；曲线 2 表示晶体长大速率随过饱和度增加缓慢增大；总结果是曲线 3 表示，随着过饱和度增加，晶体颗粒尺寸减小。

对于晶形沉淀，应当在适当稀的溶液中进行沉淀反应。这样，沉淀开始时溶液的过饱和度不至于太大，可以使晶核生成的速率降低，因而有利于晶体长大。

对于非晶形沉淀，宜在含有适当电解质的较浓的热溶液中进行沉淀。由于电解质的存在，能使胶体颗粒胶凝而沉淀；又由于溶液较浓，离子的水合程度较小，这样就可以获得比较紧密的沉淀，而不至于成为胶体溶液。胶体溶液的过滤和洗涤都相当困难。

2. 沉淀温度

溶液的过饱和度与晶核的生成和长大有直接关系，而溶液的过饱和度又与温度有关。

当溶液中溶质数量一定时，温度高则过饱和度降低，使晶核生成的速率减小；温度低使溶液过饱和浓度增大，使晶核生成速率提高。一般温度与晶核生成速率关系曲线存在极大值，如图 2-3 所示。

晶核生成速率最大时对应的温度低于晶核生长速率最大对应的温度。可见低温有利于晶核生成，但不利于晶核长大，所以低温沉淀时，一般得到细小的颗粒。

对于晶形沉淀，沉淀应在较高温度下进行。因为高温时沉淀的溶解度略有增大，过饱和度相对降低，有利于晶核长大。同时，温度越高，吸附的杂质越少。但这时为了减少已沉淀晶体溶解度增大而造成的损失，沉淀完毕，应待熟化、冷却后过滤和洗涤。

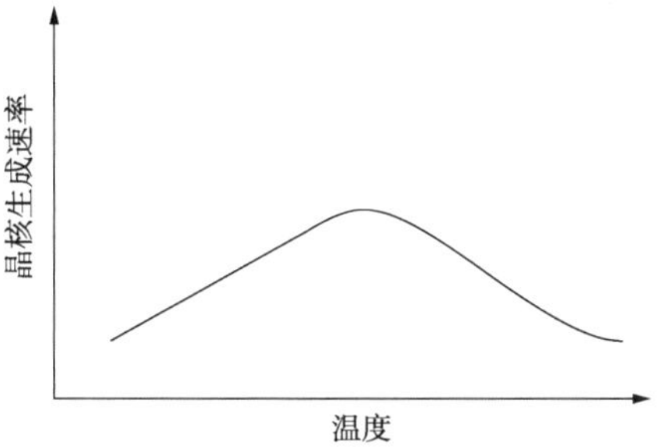

图 2-3　温度对晶核生成速率的影响

对于非晶形沉淀，在较热的溶液中沉淀也可以使离子的水合程度较小，获得比较紧密凝聚的沉淀，防止形成胶体溶液。

此外，较高温度下操作可以缩短沉淀时间，有利于提高生产效率，降低料液黏度。但温度受介质水沸点的限制，多数沉淀操作均在 70～80℃之间进行温度选择。

3. pH 值

沉淀法常用碱性物质作沉淀剂，因此沉淀物的生成在相当程度上必然受溶液 pH 值的影响，特别是制备活性高的混合物催化剂更是如此。

由盐溶液用共沉淀法制备氢氧化物时，各种氢氧化物一般并不是同时沉淀下来，而是在不同的 pH 值下先后沉淀下来的(见表 2-1)。即使发生共沉淀，也仅限于形成沉淀所需 pH 值相近的氢氧化物。

这是由于各组分的溶度积不同，如果不考虑形成氢氧化物沉淀所需 pH 值相近，很可能制得不均匀的产物。例如，当把氨水溶液加到含两种金属硝酸盐的溶液中时，氨将首先沉淀一种氢氧化物，然后再沉淀另一种氢氧化物。在这种情况下，欲使所得的共沉淀物更均匀些，可以采用如下两种方法：第一种是把两种硝酸盐溶液同时加到氨水溶液中去，这时两种氢氧化物就会同时沉淀；第二种是把一种原料溶解在酸性溶液中，而把另一种原料溶解在碱性溶液中。例如 SiO_2-Al_2O_3的共沉淀可以由 $Al_2(SO_4)_3$与 $Na_2SiO_3 \cdot 9H_2O$(水玻璃)的稀溶液混合制得。

由表 2-1 可知，利用共沉淀法制备催化剂的过程中，尽可能消除由于 pH 值不同引起的沉淀时间差。如用碱来沉淀铝盐时，由于沉淀条件不同会得到三种不同的晶形：

当 pH<7 时，得到 $Al_2O_3 \cdot mH_2O$(无定形胶体)；

当 pH=9 时，得到 α-$Al_2O_3 \cdot H_2O$(针状胶体)；

当 pH>10 时，得到β-$Al_2O_3 \cdot nH_2O$(球状晶体)。

表 2-1　形成氢氧化物所需的 pH 值

氢氧化物	形成氢氧化物所需的 pH 值	氢氧化物	形成氢氧化物所需的 pH 值
$Mg(OH)_2$	10.5	$Be(OH)_2$	5.7
AgOH	9.5	$Fe(OH)_2$	5.5
$Mn(OH)_2$	8.5~8.8	$Cu(OH)_2$	5.3
$La(OH)_3$	8.4	$Cr(OH)_3$	5.3
$Ce(OH)_3$	7.4	$Zn(OH)_2$	5.2
$Hg(OH)_2$	7.3	$U(OH)_4$	4.2
$Pr(OH)_3$	7.1	$Al(OH)_3$	4.1
$Nd(OH)_3$	7.0	$Th(OH)_4$	3.5
$Co(OH)_2$	6.8	$Sn(OH)_2$	2.0
$U(OH)_3$	6.8	$Zr(OH)_4$	2.0
$Ni(OH)_2$	6.7	$Fe(OH)_3$	2.0
$Pd(OH)_2$	6.0		

4. 加料方式和搅拌强度

沉淀剂和待沉淀组分进行沉淀反应时，加料方式主要有三种：

① 正加法。将沉淀剂加入金属盐溶液中，其溶液 pH 值由低到高，沉淀物是在 pH 值逐渐增加的酸性介质中被沉淀出来。

② 倒加法。将金属盐溶液加入沉淀剂中，其溶液 pH 值由高到低，沉淀物是在 pH 值逐

渐减少的碱性介质中被沉淀出来。

③ 并加法。金属盐溶液与沉淀剂同时加入沉淀槽中，其溶液 pH 值维持一定值，操作比较稳定，产品质量比较均匀。

应当注意，当有几种组分共沉淀时，由于各组分沉淀的 pH 值和溶度积互不相同，正加法得到的沉淀最不均匀；倒加法在整个沉淀过程中 pH 值是一个变值；倒加法和并加法的沉淀颗粒都比较均匀。应根据具体情况选用适宜的方法。

加料顺序通过溶液 pH 值的变化而影响沉淀物的性质，通过影响沉淀物的结构而改变催化剂活性，还影响粒径分布。制备催化剂 Cu-ZnO-Cr_2O_3加料顺序对其比表面积和粒度的影响如图 2-4 所示。

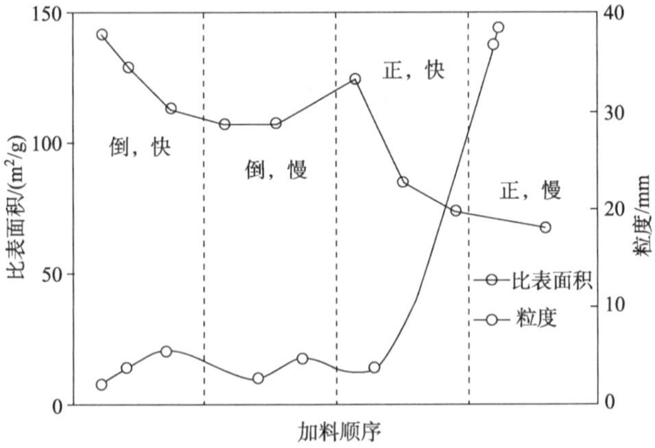

图 2-4 制备催化剂 Cu-ZnO-Cr_2O_3加料顺序对其比表面积和粒度的影响

由图 2-4 可知，正加法所得铜的碳酸盐比较稳定，而逆加法得到的碳酸盐由于来自较强的碱性溶液而易于分解为氧化铜；正加慢加得到的催化剂比表面积较小，而其他方法所得催化剂的比表面积较大；正加慢加得到的催化剂粒子大且不均匀，其他方法能得到较均匀的沉淀颗粒。它们的粒度大小变化与比表面积大小变化有相反的趋势。

搅拌强度对催化剂及载体结构有较大影响，不管形成何种形态的沉淀，搅拌都是必要的。沉淀过程中必须不断搅拌，使沉淀槽中各组分处处均匀，避免发生局部过浓现象，导致沉淀不均匀。同时，搅拌强度大时，液体分布均匀，但长大的沉淀粒子可能被搅拌桨打碎；搅拌强度小时，液体不能很好地混合均匀。所以应根据具体情况选择具体的搅拌强度。

总之，影响沉淀的因素很多也很复杂。在实际生产操作中，应根据催化剂性能与结构的不同要求，选择合适的沉淀条件，控制沉淀的类型和晶粒大小，以便得到预定的结构和理想的催化性能。

（五）沉淀法的分类

沉淀法可分为多类。随着工业催化剂实践的进展，沉淀方法已由单组分沉淀法发展到共沉淀法、均匀沉淀法、浸渍沉淀法和导晶沉淀法等，使沉淀法更趋完善。

1. 单组分沉淀法

单组分沉淀法是通过沉淀剂与一种待沉淀组分溶液作用以制备单一组分沉淀物的方法。既可以用来制备非贵金属单组分催化剂或载体，如与机械混合或其他操作单元相配合，又可用来制备多组分催化剂。

如最常见的载体氧化铝的制备是以此方法制得的。采用碱法制备，用 HNO_3 作沉淀剂，从 $NaAlO_2$ 中沉淀出 $Al_2O_3 \cdot nH_2O$，再经过后续处理制得 Al_2O_3。

2. 共沉淀法(多组分共沉淀法)

共沉淀法是将催化剂所需的两个或两个以上组分同时沉淀的方法。其特点是一次可以同时获得几个组分，而且各个组分的分布比较均匀。如果各组分之间能够形成固溶体，那么分散度和均匀性更为理想。所以共沉淀法常用来制备高含量的多组分催化剂或载体。

例如，低压合成甲醇用的 $CuO-ZnO-Al_2O_3$ 三组分催化剂，就是通过一定比例的 $Cu(NO_3)_2$、$Zn(NO_3)_2$、$Al(NO_3)_3$ 的混合盐溶液，以 Na_2CO_3 为沉淀剂制得。

3. 均匀沉淀法和超均匀沉淀法

(1) 均匀沉淀法

均匀沉淀法是在沉淀溶液中加入某种试剂，此试剂可在溶液中以均匀的速率产生沉淀剂离子或者改变溶液 pH 值，从而得到均匀的沉淀物。如在铝盐中加入尿素，加热到 363~373K，溶液中有如下反应，并生成均匀的 $Al(OH)_3$ 沉淀：

$$(NH_2)_2CO+3H_2O \longrightarrow 2NH_4^++CO_2+2OH^-$$

此操作过程的关键是调节温度，改变尿素的水解速率，从而控制沉淀反应所需的 OH^- 浓度。

除尿素外，常用的沉淀剂母体有尿素磷酸三甲酯、尿素与草酸二甲酯或草酸、硫酸二甲酯、磺酰胺、硫代乙酰胺、硫脲、尿素与 $HCrO_4^-$ 等。

(2) 超均匀沉淀法

超均匀沉淀法也是针对沉淀法、共沉淀法等所得沉淀粒度大小和组分分布不够均匀的缺点提出的。这些粒子之所以分布不够均匀，其原因在于它们在逐渐加料中先后形成沉淀时，相互间不可避免的时间差和空间差，其形成过程中的反应时间、pH 值、温度、浓度也有不可避免的差异。均匀沉淀法在克服此差异方面已有所突破，而超均匀沉淀法则更进一步。

超均匀沉淀法的基本原理是将沉淀操作分成两步进行：首先制成盐溶液的悬浮层，并将这些悬浮层(一般是 2~3 层)立即瞬间混合成为过饱和的均匀溶液；然后由过饱和溶液得到超均匀的沉淀物。两步操作之间所需的时间，随溶液中的组分及其浓度而不同，通常需要数秒钟或数分钟，少数情况下也有用数小时的。这个时间是沉淀的引发期。在此期间，所得的超饱和溶液处于不稳定状态，直到形成沉淀的晶核为止。瞬间立即混合是此法的关键操作，以此防止形成不均匀的沉淀。

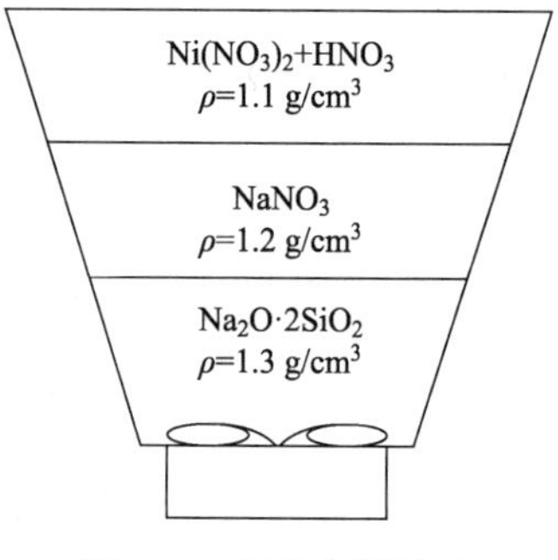

图 2-5 超均匀沉淀法

图 2-5 是以超均匀沉淀法制备硅酸镍催化剂的过程。先将 Na_2SiO_3 溶液($1.3g/cm^3$)放入混合器，再将 20% 的 $NaNO_3$($1.2g/cm^3$)溶液慢慢倒至 Na_2SiO_3 溶液之上，最后将含 $Ni(NO_3)_2$ 和 HNO_3 的溶液($1.1g/cm^3$)慢慢倒于前两个溶液之上。立即开动搅拌机，使其成为超饱和溶液。放置数分钟至几小时，便能形成超均匀的水凝胶或胶冻。用分离方法将水凝胶自母液分出或将胶冻破碎成小块，经水洗、干燥和煅烧即得所需催化剂。这样得到的催化剂结构与由 $Ni(OH)_2$ 和水合硅胶机械混合制得的催化剂相比，在结构性能上有很大不

同。原因是立即混合缩小了沉淀的时间差与空间差。

4. 浸渍沉淀法

浸渍沉淀法是在浸渍法的基础上辅以均匀沉淀法发展起来的一种新方法，即在浸渍液中预先配入沉淀剂母体，待浸渍单元操作完成之后，加热升温使待沉淀组分沉积在载体表面上。可以用于制备比浸渍法分布更加均匀的金属或金属氧化物负载型催化剂。

5. 导晶沉淀法

导晶沉淀法是借助晶化导向剂(晶种)引导非晶形沉淀转化为晶形沉淀快速而有效的方法。现今普遍用来制备以廉价的水玻璃为原料的高硅钠型分子筛，包括丝光沸石、Y 型、X 型合成分子筛。

6. 络合共沉淀法

络合共沉淀法是一种新的有效方法。它是先在活性组分溶液中加入络合剂，形成活性组分络合溶液，然后与沉淀剂一起加到沉淀槽中进行沉淀。此方法的优点是由于络合剂的加入，控制了活性组分离子的浓度，使得沉淀物粒径分布更加均匀。

二、浸渍法

浸渍法是制备负载型催化剂最常用的方法。将一定形状尺寸的载体浸泡在含有活性物质(或助催化剂)的液体或气体中进行浸渍，达到浸渍平衡后分离剩余液体(此时活性组分以离子或化合物形式附着在固体上)，再经干燥、焙烧、活化等后续处理，即可得到所需要的催化剂。工艺流程如下：

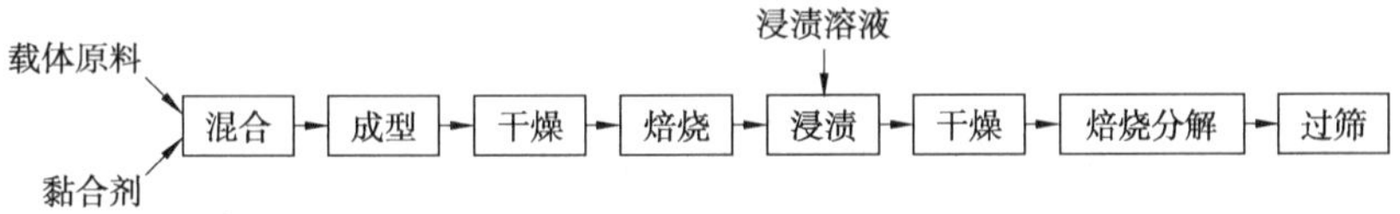

浸渍法制备催化剂的一般程序包括载体预处理(抽真空或干燥)、配制浸渍液、浸渍、除去过量液体、干燥、焙烧、催化剂活化处理等过程。

(一) 浸渍基本原理

当多孔载体与溶液接触时，由于表面张力作用而产生的毛细管压力，使溶液进入毛细管内部，然后溶液中的活性组分再在细孔内表面吸附。当水分蒸发后，活性物质就留在载体表面上，再经干燥和焙烧，活性组分的盐类发生分解，转变成金属或金属氧化物，这样就制得了负载型催化剂。

浸渍法制备催化剂有很多优点：首先，浸渍的各组分主要分布在载体表面，用量少，利用率高，从而降低了成本，这对于贵金属催化剂是非常重要的。其次，市场上有各种载体供应，可以用已成型的载体，省去了催化剂成型的步骤。再次，载体的种类很多，且物理结构比较清楚，可以根据需要选择合适的载体。

(二) 浸渍过程

用浸渍法制备负载型催化剂，整个浸渍过程按时间顺序分为三个阶段：

1. 干浸渍阶段

当干燥的载体和浸渍液接触后，溶液立刻通过微孔被吸入载体，直到载体完全润湿为止。

2. 湿浸渍阶段

从载体被浸渍液完全润湿开始直到浸渍结束，载体与浸渍液分离为止。

3. 干燥阶段

浸渍结束后，对载体立即进行干燥处理，以使浸渍组分在载体内完全固定下来，避免组分的再次分布。

(三) 载体与浸渍液的选择

1. 载体的选择

负载型催化剂的物理性能在很大程度上取决于载体的物理性质，载体甚至还影响到催化剂的化学活性。因此，正确地选择载体和对载体进行必要的预处理，是采用浸渍法制备催化剂时首先要考虑的问题。载体种类繁多、作用各异，载体的选择要从物理因素和化学因素两方面考虑。

(1) 从物理因素考虑

首先是颗粒大小、比表面积和孔结构。通常采用已成型好的具有一定尺寸和外形的载体进行浸渍，省去催化剂成型。浸渍载体的比表面积和孔结构与浸渍后催化剂的比表面积和孔结构之间存在着一定关系，即后者随前者的增减而增减。例如，银催化剂与载体的比表面积的关系如表 2-2 所示。对于 Ni/SiO_2催化剂，Ni 组分的比表面积随载体 SiO_2的比表面积增大而增大，而 Ni 晶粒的大小则随 SiO_2的比表面积增大而减小。

表 2-2　银催化剂及其载体 $\gamma-Al_2O_3$比表面积对照

载体比表面积/(m^2/g)	170	120	80	10
催化剂比表面积/(m^2/g)	100	73	39	6

以上事实告诉我们，第一要根据催化剂成品性能的要求，选择载体颗粒的大小、比表面积和孔结构。第二要考虑载体的导热性，对于强放热反应，要选用导热性能良好的载体，可以防止催化剂因内部过热而失活。第三要考虑催化剂的机械强度，载体要经得起热波动、机械冲击等因素的影响。

(2) 从化学因素考虑

根据载体性质的不同区分成以下三种情况。

① 惰性载体。这种情况下载体的作用是使活性组分得到适当的分布，使催化剂具有一定的形状、孔结构和机械强度。小表面积、低孔容的 $\alpha-Al_2O_3$就属于这一类。

② 载体与活性组分有相互作用。载体使活性组分有良好的分布并趋于稳定，从而改变催化剂的性能。例如，丁烯气相氧化反应，分别将活性组分 MoO_3载于 SiO_2、Al_2O_3、MgO、TiO_2载体上。结果发现，用前三种载体负载的催化剂活性都很低，而用 TiO_2作载体时，都获得了较高的活性和稳定性。经分析表明，MoO_3与 TiO_2发生作用生成了固溶体。

③ 载体具有催化作用。载体除有负载活性组分的功能外，还与所负载的活性组分一起发挥自身的催化作用。如用于重整的 Pt 负载于 Al_2O_3上的双功能催化剂就是一例，用氯处理过的 Al_2O_3作为固体酸性载体，本身能促进异构化反应，而 Pt 则促进加氢、脱氢反应。

常用的载体有硅胶、氧化铝、分子筛、活性炭、硅藻土、碳纤维、碳酸钙等。

在工业生产中，根据实际要求对活性组分与载体的物化性能进行选择，具体原则如下：

① 载体具有足够的机械强度。因为反应大多是在一定压力下进行，在流化床反应器中，

催化剂还处于流动状态，不可避免地发生碰撞和摩擦，所以催化剂载体需要具有一定的机械强度和耐磨性能；

② 载体应具有适宜的密度，使其达到最佳工艺要求；

③ 载体应具有合适的孔道、表面结构及最佳孔径分布；

④ 载体应具有一定的粒径与形状；

⑤ 载体应具有足够的热稳定性，并具有合适的导热系数、比热容与热膨胀系数；

⑥ 应注意载体对催化剂活性的影响。载体中特别容易引起催化剂活性组分中毒的杂质含量应该控制在一定范围之内；

⑦ 载体原料来源广泛、价格便宜、无污染。

2. 浸渍液的选择

通常用活性组分金属的易溶盐配成溶液，所用的活性组分化合物应该是易溶于水(或其他溶剂)，且在焙烧时能分解成所需的活性组分，或在还原后变成金属活性组分；同时还必须是无毒组分，特别是对催化剂有毒的物质在热分解或还原过程中挥发除去。最常用的是含有活性组分的硝酸盐、氯盐、铵盐、有机酸盐(乙酸盐、乳酸盐等)配制浸渍液，一般以去离子水为溶剂，但当载体能溶于水或活性组分不溶于水时，则可用醇或烃作为溶剂。对于金、铂、钯等贵金属，常利用王水使其形成氯金酸、氯铂酸与氯钯酸溶液再使用。

浸渍液的浓度必须控制恰当：溶液过浓不易渗透粒状催化剂的微孔，造成活性组分在载体上分布不均，而且高浓度浸渍液容易得到较粗的金属晶粒；溶液过稀，一次浸渍达不到所要求的负载量，要采用反复多次浸渍。

(四) 浸渍过程的影响因素

影响浸渍效果的因素主要是浸渍液性质、载体特性和浸渍条件等。浸渍过程有溶液浸透、溶质吸附、溶质与载体反应、溶质迁移等现象发生。

1. 载体表面性质

载体对于活性组分溶质都具有一定的吸附能力，所以浸渍过程伴随着吸附。由于载体表面性质与活性组分的不同，在给定条件下，同一载体对各种活性组分的溶质都有一确定的饱和吸附量。各种载体的比表面积和孔容差异较大，对同一种活性组分的溶质，其吸附能力也不一样。实验结果表明，载体的比表面积和孔容越大，活性组分的饱和吸附量越大。

2. 浸渍时间

浸渍时间不等于渗透时间。如果载体对溶质没有吸附作用，负载全靠溶质浓缩结晶沉积，则可认为渗透时间等于浸渍时间；如果有吸附作用，要使溶质在载体表面分散均匀，溶质必须在孔内建立吸附平衡，这需要一段比渗透时间长得多的浸渍时间。

通常随着浸渍时间的延长，负载量增加，活性组分在孔内分布也逐渐趋于均匀。以 Al_2O_3浸渍 $Ni(NO_3)_2$溶液为例，浸渍时间对浸渍量的影响见表 2-3。

表 2-3　浸渍时间对浸渍量的影响

浸渍时间/h	吸附的 Ni(以 NiO 的质量分数计)/%	浸渍时间/h	吸附的 Ni(以 NiO 的质量分数计)/%
0.25	2.34	3.00	4.38
0.50	3.53	20.0	4.46
1.00	4.12		

由表 2-3 可知，适当延长浸渍时间，一般可以提高活性组分的负载量，但当浸渍达到饱和后，再延长浸渍时间，对提高催化剂的性能影响不大。

3. 浸渍液浓度

从动力学角度可知，活性组分的总负载量及其在催化剂载体孔道内的分布取决于浸渍液的浓度。仍以 Al_2O_3浸渍 $Ni(NO_3)_2$溶液为例，浸渍液浓度对活性组分负载量的影响见表 2-4。由表 2-4 可知，浸渍液浓度越高，活性组分在载体上的负载量越大。

表 2-4 浸渍液浓度的影响

浸渍液浓度/(mol/L)	吸附的 Ni(以 NiO 的质量分数计)/%	浸渍液浓度/(mol/L)	吸附的 Ni(以 NiO 的质量分数计)/%
0.04	0.18	0.63	2.96
0.08	0.74	0.98	4.05
0.29	1.54		

注：浸渍时间 0.5h，干燥载体。

4. 浸渍液性质

浸渍液是许多金属盐类的水溶液加各种竞争吸附剂所组成，组分越多，相互之间的干扰越大，容易造成浸渍液不稳定，出现沉淀或结晶等现象，导致活性组分在载体上分布不均。因此，浸渍时对浸渍液的最起码要求就是至少在浸渍期间不应出现沉淀或结晶现象，最好应长期稳定，以利于重复使用。另外，要求浸渍液的黏度小，流动性好，这样有利于浸渍均匀和缩短达到吸附平衡所需的时间。

5. 浸渍前载体状态

在浸渍前，将载体干燥或润湿会产生不同的浸渍效果。当浸渍液浓度相同时，干燥载体内浸渍组分的分布比湿载体时均匀。

载体为多孔性物质，会吸附空气中的水蒸气。在浸渍前对载体进行抽真空处理，可以提高吸附容量，保证活性组分负载量。

一些载体在浸渍前用水蒸气进行热处理或化学改性处理，以改善载体的表面结构、晶形结构和表面化学性能，提高活性组分的催化活性与稳定性。

(五) 活性组分分布对催化活性的影响

在催化反应中，为了充分发挥活性组分的作用，往往希望活性组分均匀地分布在载体上以获得有效的活性表面。实际上，如前所述，在固体催化剂表面上进行的催化反应要经历内扩散、吸附、脱附及外扩散等步骤，由于存在着扩散阻力，催化剂内表面的活性组分不能全部有效利用。因此，在制备催化剂时，对活性组分在载体表面上的不均匀分布提出了不同要求。特别是根据反应控制步骤、中毒和烧结行为、耐磨性要求，以及制备过程的经济性(如节约贵金属活性组分用量)等多种因素，对活性组分的浓度分布作出特别设计的负载型催化剂均属于这种类型。

浸渍过程中，由于存在着溶质迁移、扩散及竞争吸附等现象，因而可以使活性组分在载体上产生各种不同分布的状况。以球形载体浸渍为例，可产生如图 2-6 所示的四种分布形态。

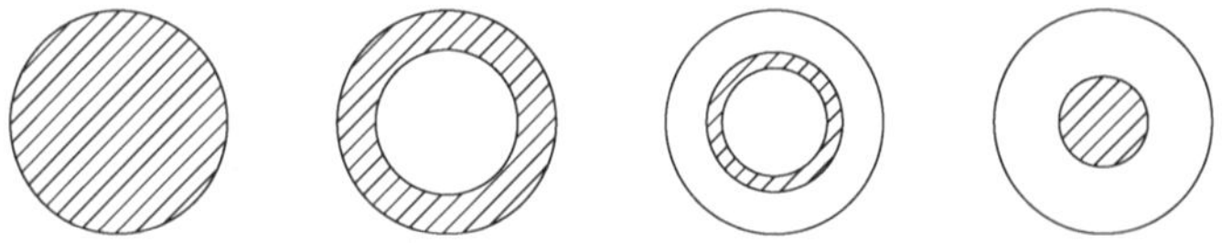

图 2-6　在载体内的活性组分的分布情况

① 均匀型分布，如图 2-6(a)所示，是一种理想制备的催化剂，因为催化剂的内表面也得到利用。尤其当催化反应是由动力学控制时，这种分布形式更为有利。而在要求催化剂活性不太高时，这种分布也最为有利，它无扩散限制。此外，由于催化反应是表面化学反应，表面积越大，活性中心越多，催化活性也相应越高，而且活性组分均匀分布还有利于提高催化剂的抗烧结性能，即在高温下反应和再生时，活性组分也不易发生凝聚。

② 蛋壳型分布，如图 2-6(b)所示，活性组分主要浓集在颗粒的外表面上。由于活性组分分布在颗粒外表面及外表面的浅处，反应物分子易于到达并相接触，因此呈现出催化反应活性高，尤对外扩散控制的催化反应有利，也即有利于快反应和提高反应的选择性。

③ 蛋黄型分布，如图 2-6(c)所示，活性组集中在载体颗粒中心，当载体孔隙足够大，催化剂又可能接触有毒物质或受强烈腐蚀时，其外层的载体可以起到毒物“过滤器”的作用，防止催化剂发生中毒，从而延长催化剂使用寿命。

④ 蛋白型分布，如图 2-6(d)所示，活性组分集中于远离载体颗粒中心和外表面的某一区域中。其分布介于蛋壳型分布与蛋黄型分布之间，当向颗粒中心的扩散受到限制和外表面处于有毒的环境中或受到腐蚀时可采用这种形式的分布。

通常将蛋壳型、蛋黄型及蛋白型三种分布情况，称为活性组分的不均匀分布；而将由蛋黄型及蛋白型分布方法制成的催化剂称作隐匿型催化剂。

制备活性组分不均匀分布的催化剂一般都采用浸渍法。但对不同的活性组分及不同的载体要制成各种不均匀分布状态都有其特殊的制备方法。

（六）浸渍颗粒的热处理

1. 干燥过程中活性组分的迁移

用浸渍法制备催化剂时，毛细管中浸渍液所含的溶质在干燥过程中会发生迁移，造成活性组分的不均匀分布。这是由于在缓慢干燥过程中，热量从颗粒外部传递到其内部，颗粒外部总是先达到液体的蒸发温度，因而孔口部分先蒸发使一部分溶质析出，由于毛细管上升现象，含有活性组分的溶液不断地从毛细管内部上升到孔口，并随溶剂的蒸发溶质不断地析出，活性组分就会向表层集中，留在孔内的活性组分减少。

因此，为了减少干燥过程中溶质的迁移，常采用快速干燥法，使溶质迅速析出。有时亦可采用稀溶液多次浸渍法来改善。

2. 焙烧与活化(还原)

负载型催化剂中的活性组分(例如金属)是以高度分散的形式存在于高熔点的载体上的。这种催化剂在焙烧过程中活性组分表面积会发生变化，一般是由于金属晶粒大小的变化导致活性组分表面积的变化。也就是说，由于比较小的晶粒长成比较大的晶粒，并在此过程中表面自由能也有相应的减小。图 2-7 示出了 Pd/Al_2O_3催化剂金属的活性表面积与温度的关系。

从图 2-7 中可以看到，随着热处理温度的升高，金属 Pd 的表面积下降。对于金属 Pt 催化剂，也得到了类似的结果，如图 2-8 所示，随着焙烧温度的升高，铂平均晶粒大小增加。由图中还看出，用离子交换法制备的催化剂，在同样焙烧条件下比浸渍法制备的更为稳定。对于金属微晶烧结的机理还存在许多争论，到目前为止还没有一种理论能够完全解释这类催化剂烧结过程所观察到的现象。有些情况下载体和金属微晶都可能发生烧结，但更多的情况下，只有活性金属总面积减少，而载体的表面积并不因此降低。

在实际使用中，为抑止活性组分的烧结，可加入耐高温作用的稳定剂起间隔作用，防止容易烧结的微晶相互接触。易烧结物在烧结后的平均结晶粒度与加入稳定剂的量及其晶粒大小有关。在金属负载型催化剂中，载体实际上也起着间隔的作用，图 2-9 表明，分散在载体中的金属含量愈低，烧结后的金属晶粒愈小；载体的晶粒愈小，则烧结后的金属晶粒也愈小。

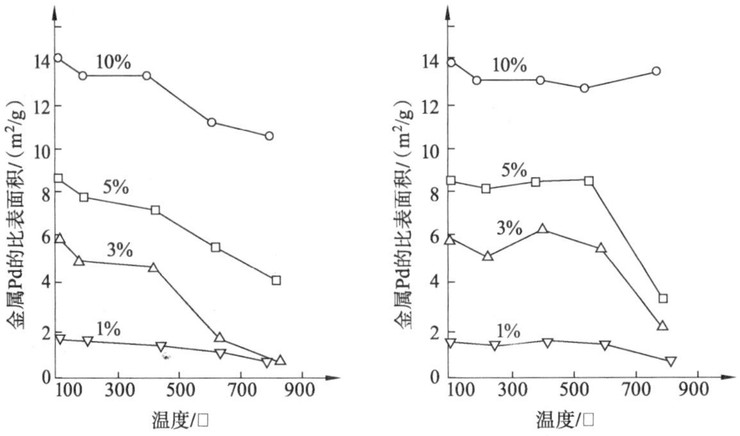

(a) 在空气中　　(b) 在氢气中

图 2-7　Pd/Al_2O_3催化剂金属 Pd 的活性比表面积在热处理时的变化

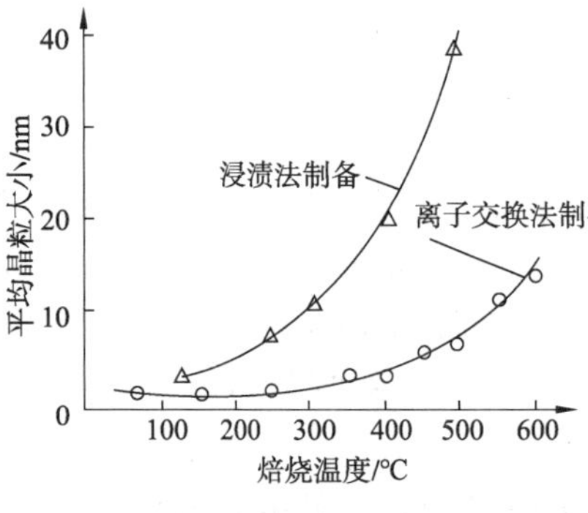

图 2-8　在热处理过程中 Pt 晶粒长大的情况

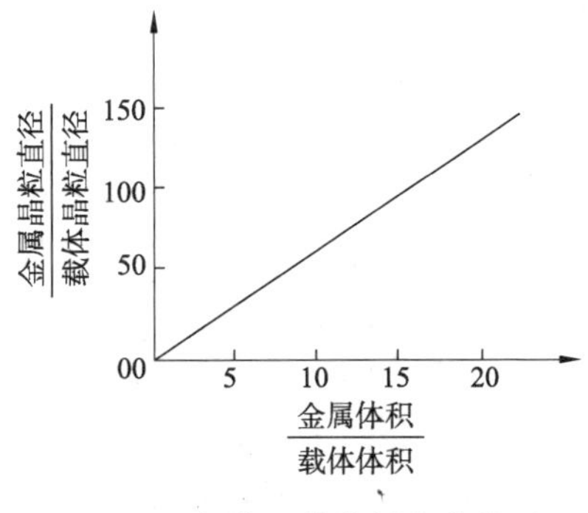

图 2-9　负载型催化剂中载体对金属晶粒烧结的影响

对于负载型催化剂，除了焙烧可影响晶粒大小外，还原条件对金属的分散度也有影响。在实际操作中，可采用下面方法提高还原速率，以获得金属的高分散度。

① 在不发生烧结的前提下，尽可能高地提高还原温度。提高还原温度可以大大提高催化剂的还原速率，缩短还原时间，而且由于还原过程中有水产生，可以减少已还原的催化剂暴露在水汽中的时间，减少反复氧化、还原的机会。

② 使用较高的还原气空速。高空速有利于还原反应平衡向右移动，提高还原速率。另外，空速大，气相水汽浓度低，水汽扩散快，催化剂孔内水分容易逸出。

③ 尽可能降低还原气体中水蒸气的分压。一般来说，还原气体中水分和氧含量愈多，还原后的金属晶粒愈大。因此，可在还原前先将催化剂进行脱水，或用干燥的惰性气体通过催化剂层等。

催化剂中金属含量低，还原气体中氢气含量高，水汽分压低，还原所得的金属晶粒小，即金属分散度大。

3. 互溶与固相反应

在热处理过程中，活性组分和载体之间可能生成固溶体或化合物，可以根据需要采用不同的热处理条件，促使或避免它们生成。

（七）浸渍法分类

1. 过量溶液浸渍法

将载体浸入过量浸渍溶液中(浸渍液体积超过可吸收体积)，待吸附平衡后，沥去过剩溶液，干燥、焙烧、活化，得催化剂成品。

2. 等体积溶液浸渍法

当某些载体能从溶液中选择性地吸附活性组分时，不宜用过量溶液浸渍。在这种情况下，可预先测定载体吸收溶液的能力，然后加入正好能使载体完全浸透所需的溶液量，这种方法称为等体积溶液浸渍法。此法可省去废浸渍液的过滤和回收操作。

3. 多次浸渍法

该法是将浸渍、干燥和焙烧反复进行多次。通常以下两种情况下采用此法：一是载体的孔容较低；二是活性组分在液体中的溶解度甚小，或者载入活性组分量过大时，一次浸渍不能达到最终成品中所需要的活性组分含量。多组分溶液浸渍时，各组分的竞争吸附会严重影响催化剂的性能。每次浸渍后将固体干燥(或焙烧)，使溶质固定下来，再进行下一次浸渍。为防止活性组分分布不均匀，可用稀溶液进行多次浸渍。

多次浸渍法工艺过程复杂，劳动效率低，生产成本高，除非必须的特殊情况，应尽量避免采用。

4. 蒸气相浸渍

蒸气浸渍法是借助浸渍化合物的挥发性，以蒸气相的形式将其负载于载体上。例如，制备正丁烷异构化催化剂 $AlCl_3$/铁钒土时，预先在反应器内装入铁钒土，然后以热的正丁烷气流将活性组分 $AlCl_3$升华，并带入反应器，当负载量足够时，便进行异构化反应。此法制备的催化剂的活性组分容易流失，须随时通入活性组分蒸气维持催化剂的稳定性。

5. 流化喷洒浸渍法

浸渍溶液直接喷洒到反应器中处于流化状态的载体上，完成浸渍后，进行干燥和焙烧。该法只适用于流化床反应器所使用的细粉状催化剂。

6. 浸渍沉淀法

即先浸渍后沉淀的制备方法。先将载体浸渍在含有活性组分的溶液中一段时间后，再加入沉淀剂进行沉淀，此法常用来制备贵金属催化剂。贵金属催化剂的浸渍液多用氯化物的盐酸溶液(如氯铂酸、氯金酸、氯钯酸等)，这些浸渍液在被载体吸附达到饱和后，再加入沉淀剂 NaOH 溶液等中和氯铂酸中的盐酸，并使金属氯化物转化为氢氧化物，而沉淀于载体的内孔和表面。

这种先浸渍而后再沉淀的方法，有利于除去液体中的氯离子，并可使生成的贵金属化合物在较低温度下用肼、甲醛、过氧化氢等含氢化合物水溶液进行预还原。这种条件下所制得的催化剂粒度较细，而且还不产生高温焙烧分解氯化物所造成的废气污染。

三、溶胶-凝胶法

溶胶-凝胶法是20世纪70年代出现的一种新型催化剂制备方法。此法常用来制备金属氧化物催化剂、杂多酸催化剂、非晶态催化剂等，制备工艺如图2-10所示。其主要步骤是将易于水解的金属化合物(金属盐、金属醇盐或酯)在某种溶剂中与水发生反应，通过水解生成金属氧化物或水合金属氧化物，胶溶得到稳定的溶胶，再经缩聚(或凝结)作用而逐步胶凝化，最后经干燥、焙烧等后处理制得催化剂。

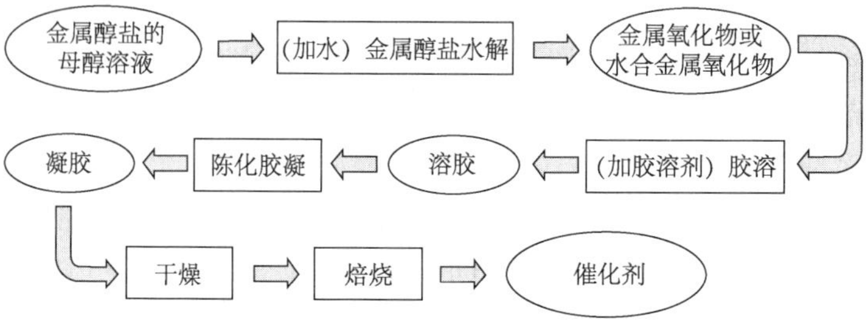

图2-10 金属醇盐溶胶-凝胶法制备催化剂过程

溶胶-凝胶法的主要步骤为：溶胶的制备、溶胶-凝胶的转化、凝胶的干燥和后处理。

该方法存在工艺流程长、成本高、残留小孔洞和炭等缺点。

(一) 溶胶的制备

胶体是物质存在的一种特殊状态。当分散相颗粒大小为$10^{-9}\sim10^{-7}$m时，这种溶液称为胶体溶液，简称溶胶；介质为水时称为水溶胶。

溶胶的制备方法有分散法和凝聚法。

1. 分散法

分散法是利用机械设备、气流粉碎机、超声波、电弧和胶溶等方法把较大的颗粒分散成胶体物系。其中胶溶法是在某些新生成的沉淀中，加入适量电解质或置于某一温度下，使沉淀分散成溶胶。

2. 凝聚法

凝聚法是用物理或化学方法使分子或离子聚集成胶体粒子的方法。物理凝聚法在催化剂制备过程中使用较少，目前在催化剂生产中应用最多的是化学凝聚法，根据化学反应类型不同，又可分为四类：

还原法：主要用于制备各种金属溶胶，如：

$$Au^{3+}\text{单宁(还原剂)}\xrightarrow{\text{少量}K_2CO_3}Au\text{(溶胶)}$$

氧化法：用硝酸等氧化剂氧化硫化氢水溶液可得硫溶胶，如：

$$2H_2S+O_2\longrightarrow 2S\text{(溶胶)}+2H_2O$$

水解法：多用于制备金属氢氧化物溶胶，如：

$$FeCl_3+3H_2O \xrightarrow{煮沸} Fe(OH)_3+3HCl$$

复分解法：常用来制备盐类或硫化物溶胶，如：

$$AgNO_3(稍过量)+KI \longrightarrow AgI(溶胶)+KNO_3$$

$$As_2O_3(饱和或过饱和)+3H_2S \longrightarrow As_2S_3(溶胶)+3H_2O$$

催化剂工业生产中常用的硅溶胶、铝溶胶都是采用化学凝聚法制备的。

（二）溶胶-凝胶的转化

溶胶-凝胶的转化全过程可以用图 2-11 描述。从均匀的溶胶，经适当处理可得粒度均匀的颗粒 1。溶胶 2 经凝胶转变得湿凝胶 3，经萃取除去溶剂或蒸发，分别得到气凝胶 4 或干凝胶 5。后者经烧结得致密陶瓷体 6。从溶胶 2 直接可以纺丝成纤维，或者作涂层，再凝胶化和蒸发得干凝胶 7，加热后得致密薄膜制品 8。全过程揭示了从溶胶经不同处理过程可得到不同的制品。

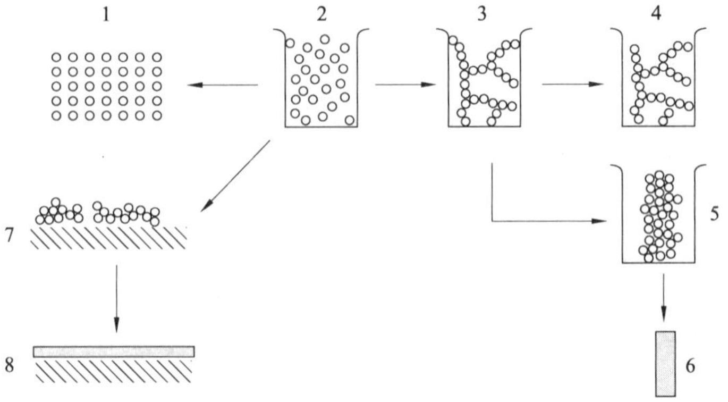

图 2-11　溶胶-凝胶法过程示意图

当溶胶的稳定条件被破坏时，胶粒就会聚集、长大，最后从介质中沉淀出来，形成具有三维网状结构的凝胶。如在催化剂生产中常用的硅溶胶是先由硅酸聚合，再经胶凝过程形成硅酸水凝胶，水凝胶在干燥过程中，粒子进一步靠近，使骨架收缩形成具有三维网状结构的 SiO_2 干凝胶，即通常所说的硅胶。

凝胶按分散相介质不同可分为水凝胶、醇凝胶和气凝胶。

凝胶与沉淀的区别在于，沉淀是分散相粒子从分散相介质中沉降出来的，明显分为固液两相。而凝胶中却带有大量或全部的分散介质，被机械地包藏于具有多孔结构的凝胶孔中。

（三）凝胶的干燥过程

1. 一般干燥法

凝胶的一般干燥过程中可以观察到三个现象，即持续的收缩与硬化、产生应力和破裂。这是因为在干燥过程中，孔中气液两相共存，由于表面张力作用产生毛细管力。毛细管力将颗粒挤压而团聚，而且由于各处毛细管力不等，使得凝胶孔壁塌陷、网状结构破坏。

要保持凝胶结构或得到没有裂纹的焙烧前驱体，最简单的方法就是在空气中自然干燥。

2. 超临界干燥法

超临界状态是流体的温度和压力处于临界点(临界温度和临界压力)以上的无气液界面而兼有气体性质和液体性质的物质状态。它具有特殊的溶解度、易调节的密度、较低的黏度和较高的传质速率，对于溶剂和干燥介质有独特的优点和实际应用价值。

超临界干燥一般是在高压釜中进行，使被除去液体处于超临界状态，从而消除了表面张力和毛细管力，凝胶中的流体可缓慢脱除，不影响凝胶骨架结构，从而得到小粒径、大孔容、高比表面积的超细氧化物(CO_2常作超临界干燥介质)。

3. 冷冻干燥法

冷冻干燥法应用于制备活性高、反应活性强的微粉，此干燥过程是一种稳定的物料干燥过程。将湿物料冻结成固态，然后在较高真空下使冰直接升华变成气态排除。

4. 微波干燥法

微波加热是一种深入到物料内部由内向外的加热方法。与传统方法相比，该方法的主要优点是加热速度快、无温度梯度、加热均匀、热效率高等。由于微波加热的这些特点，使得微波干燥效率高，能防止凝胶在干燥过程中开裂。

5. 真空干燥法

该方法是在负压条件下对样品进行加热干燥。因为压力低，所以可以在较低的温度下干燥，同时也降低了样品的表面张力，防止颗粒聚集。

(四) 溶胶-凝胶法制备催化剂应用实例

溶胶-凝胶法用于制备光催化剂、环境友好催化剂、金属氧化物催化剂、汽车尾气催化剂、杂多酸催化剂等方面。如罗耀亚等通过溶胶-凝胶法、水热法、共沉淀法合成了不同的$Zn_xCe_{2-y}Zr_yO_4$金属氧化物，考察不同合成方法对合成气制低碳烯烃性能的影响。结果表明，采用溶胶-凝胶法制备的$Zn_xCe_{2-y}Zr_yO_4$/SAPO-34组成的双功能催化剂具有最高的低碳烯烃($C_2^= \sim C_4^=$)选择性(79.5%)，同时甲烷和CO_2的选择性分别仅为5.5%和10.7%。实现了低温、低压条件直接转化合成气制低碳烯烃，同时大幅降低了甲烷和CO_2的释放，为无毒、无污染、高活性和高选择性的新型环境友好催化剂。

四、混合法

混合法是工业上制备多组分催化剂最简单的方法。其原理是将组成催化剂的各种组分以粉状粒子的形态在球磨机或碾合机内边磨细边混合，使各组分粒子之间尽可能均匀分散。混合法又分为干法和湿法两种。固体磷酸催化剂和转化吸收型锌锰系脱硫剂的制备是这两种方法的典型案例。

1. 湿混法——固体磷酸催化剂的制备

固体磷酸催化剂属于强酸型催化剂，具有促进链烯烃的聚合、异构化、水合、烯烃烷基化及醇类的脱水等各种反应功能。

将磷酸用作催化剂有三种方式：一是以液态方法使用，其次是涂于石英等表面而形成薄膜后使用，再者就是载于硅藻土等吸附性载体上形成所谓固体磷酸。

湿混法制备固体磷酸催化剂是在100份硅藻土中加入300~400份90%正磷酸、30份石墨。石墨使催化剂易于成型，且传热快，能防止局部过热。充分搅拌使之混合均匀，放在平瓷盘中干燥，用成型机成型，然后在马弗炉中焙烧活化后，即得催化剂成品。

2. 干混法——转化吸收型锌锰系脱硫剂的制备

该催化剂主要用于某些合成氨厂的原料气净化，目的是将气体中所含的有机硫(噻吩除外)转化并吸收，以保证一氧化碳低温变换催化剂和甲烷化催化剂的正常使用。也可以在天然气制氢等其他流程中用于脱除有机硫。

此催化剂可以直接采用市售的活性 ZnO(或 $ZnCO_3$)、MnO_2、MgO 为原料制备。$ZnCO_3$ 也可以由 Zn 锭、H_2SO_4、Na_2CO_3 碳酸钠通过沉淀反应自行制备。按规定配比将 $ZnCO_3$、MnO_2、MgO 依次倒进混合机混合 10~15min，然后恒速送入一次焙烧炉，在 350℃左右进行第一次焙烧，使大部分 $ZnCO_3$ 分解为活性 ZnO。将初次焙烧过的混合物慢慢地加到回转造球机中，喷水滚制成小圆球。小圆球进入二次焙烧炉，在 350℃左右第二次焙烧、过筛、冷却、气密包装即得产品。这种典型干混法制备的催化剂，由于分散性差，脱硫效果不甚理想。

混合法方法简单，操作方便，产品化学组成稳定，可用于制备高含量的多组分催化剂，尤其是混合氧化物催化剂，适宜大批量催化剂的生产。该法不足之处是由于机械混合是物理混合过程，催化剂粉粒呈微团形态，组分之间的分散度与均匀性不如其他方法；此外，生产过程中粉尘大，劳动环境恶劣，对操作人员身体有一定损害。

为改善这种制备方法分散性差的弱点，一则尽量采用湿混法以改善组分间的混合均匀程度，二则可以加入表面活性剂、分散剂与胶黏剂等一起混合，或改善催化剂后处理工艺。

五、热熔融法

熔融法是在高温条件下进行催化剂组分的熔合，使之成为均匀的混合体、合金固溶体或氧化物固溶体，再配合必要的后续加工手段，制得性能优异的催化剂。例如，合成氨工业使用的熔铁催化剂、氨氧化制硝酸使用的 Pt-Pd-Rh 催化剂、甲醇氧化使用的 Zn-Ga-Al 合金催化剂、烃类加氢使用的雷尼镍型骨架催化剂。

熔融法的制备过程一般为：固体的粉碎；高温熔融或烧结；冷却、破碎成一定的粒度；活化。例如，目前合成氨工业中使用的熔铁催化剂，就是将磁铁矿(Fe_3O_4)、K_2CO_3、α-Al_2O_3 于 1600℃高温熔融，冷却后破碎到几毫米的粒度，然后在氢气或合成气中还原，制得 α-Fe-K_2O-Al_2O_3 催化剂。图 2-12 是制备合成氨催化剂的工艺流程。

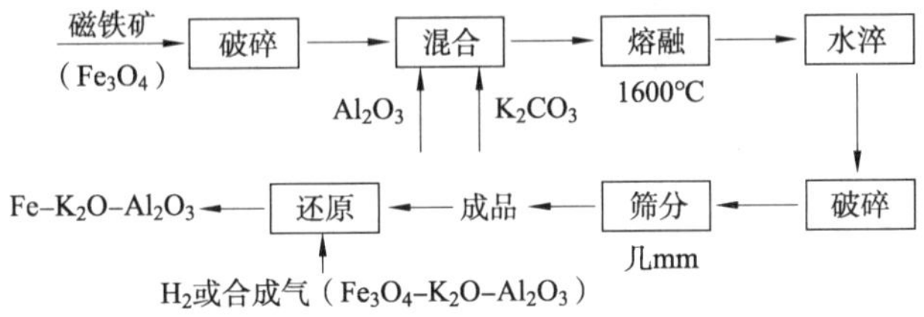

图 2-12　合成氨催化剂生产流程

熔融法制备催化剂时熔融温度对催化剂性能影响较大。其主要优点是助催化剂组分在主活性相中的分布达到高度分散，以混晶或固溶体形态出现。此方法制备的催化剂活性好、机械强度高，且生产能力大。局限性是通用性不强。

六、沥滤法

沥滤法是利用物理或化学的方法完全或部分地除去固体物质中的某些组分，从而获得活性表面与孔隙结构的方法。用沥滤法制备催化剂的典型实例是加氢催化剂雷尼镍(Raney nickel)。

雷尼镍型骨架催化剂的制备过程，主要包括 Ni-Al 合金的制备及 Ni-Al 合金的沥滤和水洗两部分。

① Ni-Al 合金的制备：按照给定 Ni-Al 合金配比，在电熔炉中放入 Al，加热到熔融（熔点 658℃），升温加热到 1000℃左右时加入小片金属 Ni（熔点 1452℃）进行混熔，继续升温至 1500℃，熔炼后将熔浆倾入浅盘冷却固化，再将合金粉碎成 200 目以下的粉末。

② Ni-Al 合金的沥滤和水洗：将制得的 Ni-Al 合金粉末缓慢投入 20%的碱液中，用碱溶液溶出合金中非活性组分 Al，称为沥滤。在沥滤过程中主要反应为：

$$2Al+2NaOH+2H_2O \longrightarrow 2NaAlO_2+3H_2$$

碱液处理后滤去碱液，再经多次水、乙醇洗涤，以除去过量碱液，并存放在乙醇或其他溶液中，以防止干燥催化剂与空气直接接触而自燃着火。

用滤沥法制备催化剂时，滤沥温度和碱浓度直接影响催化剂晶粒大小。随滤沥温度提高，碱液浓度增大，晶粒变小。

把熔融法与滤沥法结合起来除可制备一种金属骨架催化剂外，还可将几种活泼金属适当组合制得二元、三元及四元等多组分金属骨架催化剂。常用活性金属有 Co、Cu、Fe、Mo、Ni、W、Ag、Ru，非活性的溶去组分有 Al、Zn、Sn、Mg 等。其中比较重要的是三元合金（如 Al、Fe、Ni），将 Al 溶去，制成多组元骨架催化剂，如 Fe—Ni、Ni—Cu、Fe—Co、Ni—Co、Ni—W、Ni—Mo、Ni—Al 等。这种多组元金属骨架催化剂可以进一步调节金属骨架催化剂的活性或选择性。

七、离子交换法

离子交换法是利用离子交换反应作为主要制备工序制得催化剂的方法。此方法是将活性组分通过离子交换负载到载体上，然后经适当的处理如洗涤、干燥、焙烧等制得催化剂。

20 世纪 60 年代初期以来，沸石分子筛作为无机离子交换剂，在催化反应中得到越来越多的应用。石油化工工业上广泛使用的稀土 Y 型催化裂化催化剂、柴油临氢降凝催化剂、乙烯与苯烷基化合成苯乙烯的 HZSM-5 催化剂都是由离子交换法制得的。

例如，硅酸铝（SA）表面带有羟基，有很强的酸性。这些离子（H^+）不能直接与过渡金属离子或金属络合离子进行交换，若将表面的质子先以 NH_4^+离子代替，离子交换就能进行（见图 2-13）。得到的催化剂经还原后所得的金属微粒极细，催化剂活性和选择性极高。

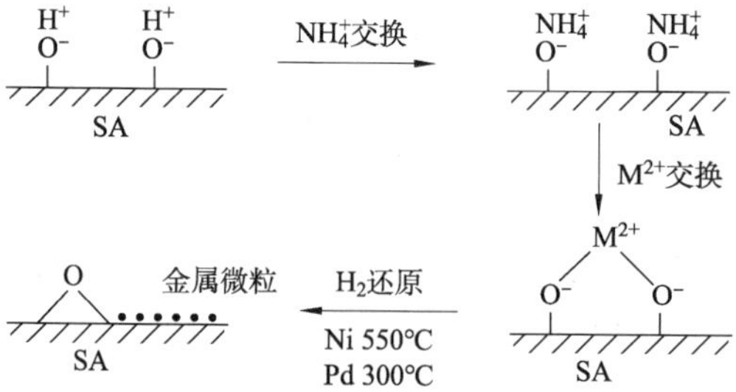

图 2-13　离子交换法制备负载型金属催化剂原理示意图

钠型分子筛和钠型离子交换树脂也可通过离子交换反应来制得所需的催化剂。例如，氢离子与钠离子交换树脂进行交换反应，得到的氢型离子交换树脂可用作某些酸、碱反应的催化剂。用 NH_4^+、碱土金属离子或贵金属离子与分子筛发生交换反应，都可以制得相应的分子筛催化剂。

离子交换反应发生在交换剂表面固定而有限的交换基团上，是化学计量的、可逆的(个别交换反应不可逆)、温和的过程。该方法制备的催化剂分散度高、表面积大、活性高，尤其适用于低含量、高利用率的贵金属催化剂的制备。

第二节　催化剂成型

催化剂成型也是制备催化剂的关键步骤之一。对于固体催化剂，无论以何种方法制备，最终要以不同形状和尺寸的颗粒在工业催化反应器中应用。催化剂的形状对其机械强度、活性和寿命等有重要影响。催化剂颗粒大小和形状应根据原料性质和反应床层的需要决定。常用的反应床层为固定床和流化床，其他尚有移动床和悬浮床。工业上，固定床使用柱状、片状及球状等大小在 4mm 以上的催化剂，流化床使用直径在 20~150μm 的球形催化剂，移动床催化剂颗粒为 3~4mm 大小。悬浮床催化剂颗粒最小，直径为 1μm~1mm。除柱状、片状、球状外，催化剂还有粉状、环状、膜状及网状等。

催化剂的成型是各类粉体、颗粒、溶液或熔融原料在一定外力作用下互相聚集，制成具有一定形状、大小和强度固体颗粒的单元操作过程。

一、催化剂成型概述

早期的催化剂成型方法是将块状物质破碎，然后筛分出适当粒度的不规则形状的颗粒使用。这样制得的催化剂，因其形状不定，在使用时易产生气流分布不均匀现象。同时大量被筛下的小颗粒甚至粉末状物质不能利用，造成浪费。随着成型技术的发展，许多催化剂大都改用其他成型方法。但也有个别催化剂因成型困难目前仍沿用这种方法，如合成氨用熔铁催化剂、加氢用的骨架金属催化剂等，因为这类催化剂不便采用其他方法成型。

催化剂的形状必须服从使用性能的要求，而催化剂的形状和成型工艺，又反过来影响着催化剂的性能。为加工不同形状的催化剂，便有不同的成型设备和成型方法。有时同一形状也可选用不同的成型方法。从不同的角度出发，可以对成型方法进行不同的分类。例如，从成型的形式和机理出发，可以把成型方法分为自给造粒成型(滚动成球等)和强制造粒成型(如压片与压环、挤条、滴液、喷雾等)。

成型方法的选择，主要考虑两方面的因素：一是成型前物料的物理性质；二是成型后催化剂的物理、化学性能。无疑后者更重要，当两者有矛盾时，在大多数情况下宁可去改变前者，而尽可能照顾后者。

从催化剂使用性能的角度，应考虑到下列一些因素的影响：

① 催化剂颗粒的外形尺寸影响到气体通过催化剂填充床层的压力降 Δp，Δp 随颗粒当量直径的减少而增大；颗粒的外形尺寸和形状影响到催化剂的孔径结构(孔隙率、孔径结构、比表面积)，从而对催化剂的容积活性和选择性有影响。

② 某些强制造粒成型方法，如压片或挤条，有时能使物料晶体结构或表面结构发生变化，从而影响催化剂物料的本征活性和本征选择性。这种情况下，成型对催化剂性能的影响常常是机械力和温度的综合作用，因为成型时摩擦力极大，被成型物料往往瞬间有剧烈的温升。

③ 催化剂需要适当的机械强度，以适应诸如包装、运输、储存、装填等操作的要求，以及使用中的一些特殊要求，如操作中改变反应气体流量时的突然压降变化和气流冲击等。催化剂的机械强度与物料性能有关，也与成型方法有关。当催化剂在使用条件下的机械强度是薄弱环节，而改变物料成型前的物料性质又有损于催化剂的活性或选择性时，压片成型常是较可靠的增强机械强度的方法。必要时，在催化剂(或载体)配方中增加黏结剂，或在催化剂(或载体)的制备工艺中增加烧结工艺，也是提高催化剂强度的常用方法。

二、成型对催化剂性能的影响

催化剂成型是工业制备催化剂的重要工序和提高催化剂性能的重要内容之一。

对一种工业多相催化剂而言，必须具备活性好、选择性高、稳定性好、寿命长、适宜的物理性质(孔体积、孔径、孔径分布及比表面积等)、床层压降和导热能力、必要的强度(压碎强度、磨损强度)和适当的形状(粒径或粒度分布)等性能。这些使用性能都与催化剂成型方法有不同程度的关系。

工业常用催化剂的形状有无定形粒状、圆柱形(包括拉西环及多孔环)、球形、条形和其他形状(如蜂窝形、内外齿轮形、三叶草形、小球及微球形、菊花形等)，如图 2-14 所示。

图 2-14　工业催化剂外形

形状、尺寸不同，甚至催化剂的表面粗糙程度不同，都会影响到催化剂的活性、选择性、强度、阻力等性能。一般而言，最核心的影响是对活性、床层压力降和传热三个方面的影响。

改变各种催化剂形状的关键问题，是在保证催化剂机械强度及压降允许的前提下，尽可能提高催化剂的表面利用率，就要改变催化剂的形状。因为许多工业催化反应是内扩散控制过程，单位体积反应器内所容纳的催化剂外表面积越大，则催化剂活性越高。如烃类水蒸气转化催化剂的异形化，就是由传统的拉西环形催化剂改为七孔形、车轮形等。异形的结果是其活性提高，压降减小，导热性能也得到改善，但并不改变催化剂的化学性质和物理结构。典型数据见表 2-5。

表 2-5　车轮状与拉西环状转化催化剂性能的比较

形状	尺寸/mm	相对热传递	相对活性	相对压力降
传统拉西环	ϕ16×6.4×16	100	100	100
车轮状	ϕ17×17	126	130	83

除了转化催化剂外，还有甲烷化催化剂及硫酸生产用催化剂的异形化、氨合成催化剂的球形化等，都有许多新进展。新近公开的我国炼油加氢用四叶蝶形催化剂，具有粒度小、强度高和压力降低等优点，特别适于扩散控制的催化过程。但目前在固定床催化剂中，圆柱形及其变体、球形催化剂仍使用最广。

三、成型助剂

成型过程中根据粉体性能，常添加少量的某些物质，以改善成型粉体的附着性、凝集性，达到满意的成型效果，这些物质称为成型助剂，可分为黏结剂、润滑剂、孔结构改性剂。这些物质起到提高催化剂强度，降低成型时物料内部或物料与模具之间的摩擦力，以及改进孔结构的作用。

1. 黏结剂

黏结剂的主要作用是增加催化剂的强度，一般分为基体黏结剂、薄膜黏结剂及化学黏结剂三类。黏结剂的分类与举例见表 2-6。

表 2-6　黏结剂的分类与举例

基本黏结剂	薄膜黏结剂	化学黏结剂	基本黏结剂	薄膜黏结剂	化学黏结剂
沥青	水	$Ca(OH)_2+CO_2$	干淀粉	树胶	HNO_3
水泥	水玻璃	$Ca(OH)_2$+糖蜜	树胶	皂土	铝溶胶
棕榈蜡	塑料树脂	$MgO+MgCl_2$	聚乙烯醇	糊精	硅溶胶
石蜡	动物胶	水玻璃+$CaCl_2$		糖蜜	
黏土	淀粉	水玻璃+CO_2		乙醇等有机溶剂	

（1）基本黏结剂

基本黏结剂填充于成型物料空隙中，一般情况下成型物料空隙体积为总体积的 2%～10%，黏结剂用量应能占满这种空隙。在成型时，足以包围粉粒表面不平处，增大可塑性，提高粒子间的结合强度，同时兼有稀释及润滑作用，减少内摩擦作用。

（2）薄膜黏结剂

薄膜黏结剂多数为液体，呈薄膜状覆盖在原料粉体粒子表面上，成型后经干燥而增加成型产品的强度。其用量一般为原料粉体的 0.5%～2%，可使物料表面达到适当的湿度。

（3）化学黏结剂

化学黏结剂的作用是借助组分之间发生化学反应或黏结剂与物料之间发生化学反应，从而增加物料粒子间的黏结强度。

无论选用哪种黏结剂，都必须能润湿物料的颗粒表面，具备足够的湿强度，而且不会污染催化剂产品，在干燥或焙烧过程中可挥发或被分解掉。

2. 润滑剂

常用的液体润滑剂有水、润滑油、甘油、可溶性油和水、硅树脂等；固体润滑剂有滑石粉、石墨、石蜡、硬脂酸、二硫化钼等。润滑剂可降低成型时物料与模具间的摩擦力。

3. 孔结构改性剂

在成型中加入少量孔结构改性剂可改善孔结构。例如，氢氧化铝干胶粉在成型的混捏过程中加入少量(通常为1%左右)表面活性剂，包括阳离子型、阴离子型、非离子型和两性型表面活性剂。

四、几种重要的成型方法

（一）压片成型

压片成型是广泛采用的一种成型技术，它是利用类似西药工业制造药片的压片机来进行的。一般将许多粉末物料制成外形一致、大小均匀、机械强度高的片状圆柱体或环柱体。主要应用于由沉淀法制得的粉末中间体、粉末状催化剂或粉末催化剂与水泥等黏结剂混合物的成型，也应用于浸渍法制得的载体的预成型。

压片成型的特点是：产品颗粒形状一致，大小均匀，表面光滑，堆密度较高，机械强度好等，适宜于高压高流速的固定床反应器。主要缺点是：生产能力较低，设备较复杂，直径3mm以下的片剂不易制造，成品率低，压片机冲头及冲模磨损大，成型费用较高。

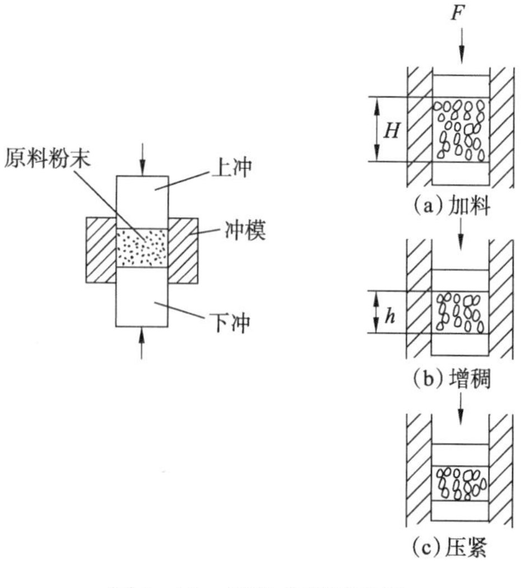

图 2-15　压缩成型示意图

常用成型设备是压片(打片)机或压环机。压片机的主要部件是若干对上下冲头、冲模，以及供料装置、液压传输系统等。待压粉料由供料装置预先送入冲模，经冲压成型后，由上升的下冲头排出。压片机的成型原理示意图如图2-15所示。

有许多因素影响压片成型所得催化剂的质量和生产效率，如模具的材质和加工精度、原料粉体的组成和性质、成型压力与压缩比、预压条件、助剂或添加剂种类和用量等。对催化剂性能影响最大的是成型压力，成型压力升高，在一定范围内，催化剂的抗压强度随之升高，比表面积先升高后逐渐减小，并在出现极小值后回升。回升是由于高压使压缩密实后的粒子重新破碎为更小的微粒所致。平均孔半径和总孔体积会有所降低，而孔径分布更为平均化，主要原因是过高的压力可能“弥合”小孔，同时大孔被破坏。

（二）挤条成型

挤条成型是一种常用的成型方法。它是将催化剂粉体和适量助剂经充分捏和后，湿物料送入挤条机，在外部挤压力作用下，粉体以与模具孔板开孔相同的截面形状(圆柱形、三叶形、四叶形)从另一端排出，再经过适当切粒、整形，可获得一定直径、长度的催化剂产品。用于塑性好的泥状物料如铝胶、硅胶、硅藻土、盐类和氢氧化物的成型，若成型原料为粉状时，则在原料里加入适量的黏结剂，并碾压捏合成塑性良好的泥料。黏结剂一般是水，也可根据物料的性质，选用表面张力适应的乙醇、磷酸溶液、聚乙烯醇，或加入膨润土等固体黏结剂。

影响挤条成型所得催化剂性能的因素有原料性质、粒度、流动性、触变性、加热变性性、黏结剂种类及用量、加液方式和捏和周期、成型机的结构等。一般来说，触变性小的产品难成型；原料粒度均匀的粉末，经过润湿成为均一的泥状物易成型，有硬粒的混合不均的物料常因粒子堵塞多孔板的孔眼而使挤条无法进行；原料的可塑性与黏结剂的种类及加入量决定所得催化剂的强度。水粉比是影响催化剂强度的重要因素，在其他条件相同的情况下，水粉比越低，挤出压力越大，成型速率越慢，甚至挤不出来；水粉比过大，挤出的条形极易变形。因此水粉比要控制在适宜的范围之内。

此方法的主要优点是成型机能力大，设备费用低，对于可塑性很强的物料来说，这是一种较为方便的方法。对于不适于用压片成型的 1~2mm 的小颗粒，采用此方法更为有利。但是这种方法制得的成品强度一般较低，必要时成型后可辅以烧结补强。

挤条成型一般在圆筒形容器中进行，其过程大致可以分为原料的输送、压缩、挤出、挤条四个步骤。首先，料斗把物料送入圆筒后，旋转的叶片将物料向前推动，在输送段筒内压力较低且均匀；在压缩阶段，物料受到活塞推进或螺旋挤压力受到压缩，并向塑模推进；之后，物料经多孔板挤出成条状，再用特制的切条装置将条切成等长的条主体。

挤条成型的设备主要有螺杆挤压机、螺旋挤条机、滚轮挤条机、环滚筒式挤条机与双轴混捏机等。最常见的是螺旋挤条机(单螺杆)，其结构如图 2-16 所示。

（三）油中成型

油中成型常用于生产纯度较高的氧化铝、微球硅胶和硅酸铝球等。这种方法是在适当的 pH 值及浓度下，将催化剂溶胶以一定大小的小滴形式，喷入加热了的矿物油(如煤油、轻油、润滑油等)中，由于表面张力的作用，溶胶小滴收缩成球状凝胶。制得的球状凝胶经冷却、硬化、水洗、干燥，并在一定的温度下加热处理，以消除干燥引起的应力，最后制得球状硅胶或铝胶，微球粒度约为 50~500μm，小球的粒度约为 2~5mm。

该法的优点是制得的催化剂球圆度均匀，表面光滑，具有良好的机械强度。

油中成型的原理流程如图 2-17 所示。

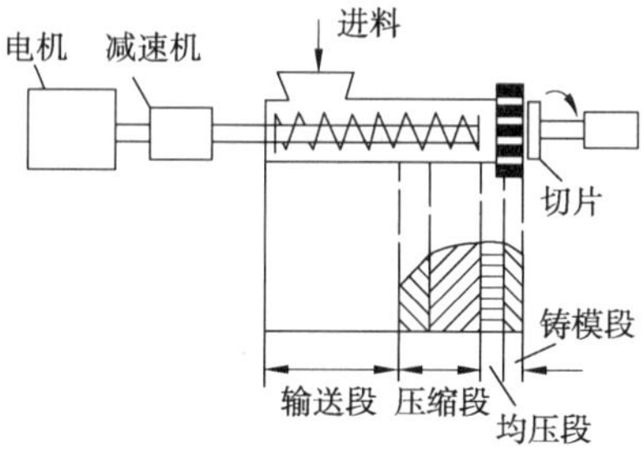

图 2-16　单螺杆挤压机

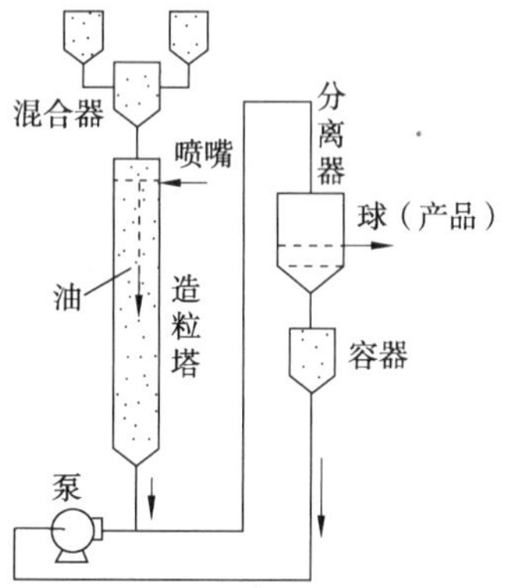

图 2-17　油中成型原理流程图

催化剂油中成型的影响因素有溶胶的稳定性、形成溶胶小球的滴头直径、pH 值、油品种类与油温以及热处理条件等，其中溶胶的稳定性是主要影响因素。为了滴球顺利进行，必须将酸化后的浆液溶胶黏度控制在一定范围内，使溶胶具有一定的流动性，并且能够稳定维持一定时间。成型油的黏度越大，小球的粒度越大，成型油温度越高，小球粒度越小。除此之外，成型所得湿球的热处理条件(温度、pH 值、时间)也是影响产品孔结构的关键因素之一。

(四) 喷雾干燥成型

喷雾干燥成型是利用喷雾干燥原理，采用雾化器将悬浮物或膏状物原料分散成雾滴，在热风中干燥而获得微球形催化剂。这种成型方法所得的催化剂适用于流化床反应器。

喷雾干燥成型的主要优点是：物料干燥时间短，一般只需几秒到几十秒；水分蒸发快，因为雾化成几十微米大小的雾滴，单位质量的表面积很大；催化剂的粒径、粒度分布和最终湿含量易控制，因改变操作条件，选用适当的雾化器，可以方便地调节或控制产品结构；简化工艺流程，根据要求可以将产品制成粉末状，干燥后不需要进行粉碎，在成型塔内直接制成微球状产品。

喷雾干燥成型工艺流程如图 2-18 所示。

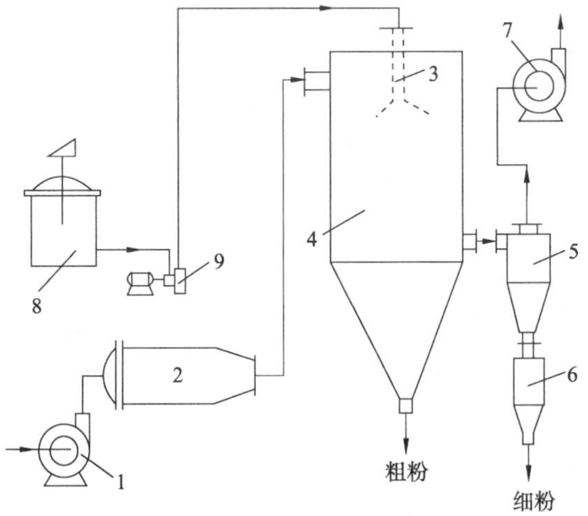

图 2-18　喷雾干燥成型工艺过程

1—送风机；2—热风炉；3—雾化器；4—喷雾成型塔；5—旋风分离器；6—集料斗；7—抽风机；8—浆液罐；9—送料泵

(五) 转动成型

转动成型是常用的一种方法。该法是将干燥的粉体与适量水(或黏结剂)送入低速转动的转盘中，粉体微粒由于毛细管力的作用，润湿的局部粉末先黏结为粒度很小的颗粒(称为核)，随着转盘的继续运动，核逐渐滚动长大，最后成为一定大小的球形颗粒而离开转盘。转动成型的优点是：处理量大，设备投资少，运转率高，适于球形催化剂的大规模生产。其缺点是：产品颗粒表面比较粗糙，密度与机械强度不高，难以制备粒径较小的颗粒，操作时粉尘较大。

转动成型的影响因素主要有原料粉体性质、黏结剂、转盘的操作条件等。原料粉体性质包括粉体颗粒大小与粒径分布。粉体颗粒越细，成型物机械强度越高，但粉体太细，成球困难，且粉尘较大。

转动成型用的黏结剂分为固体黏结剂与液体黏结剂。固体黏结剂预先与粉体混合，液体黏结剂是直接喷洒在转动粉体上。黏结剂用量与其性质、粉体性质和操作条件有关。

转动成型的设备主要有转盘式滚球机、转筒式成球机与整形机。图 2-19 是转盘式滚球机示意图。

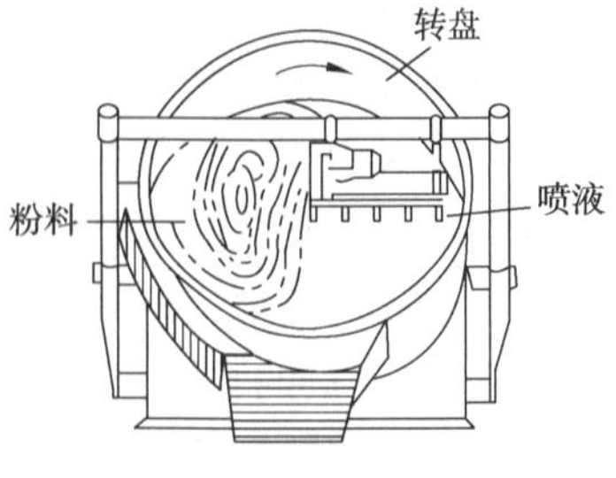

图 2-19　转盘式滚球机

以上催化剂的制备方法在工业生产中得到广泛应用。但大型工业催化剂的制造方法比较复杂，往往需要与专门的设备配套，工艺过程又是多种基本制备方法的综合应用。随着工艺的改革和进步，新催化剂的生产方法还处在层出不穷的变化中。本书将在第三章中选择几个典型工业催化剂生产案例，结合上述催化剂制备方法、生产原理及工艺加以重点介绍。

第三节　工业催化剂使用技术

一、催化剂的运输和储存

在装运中防止催化剂的磨损污染对每种催化剂都是必要的。许多催化剂使用手册中为此做出了严格规定。装填运输中往往还规定使用一些专用设备，如图 2-20~图 2-22 所示。

图 2-20　搬运催化剂的装置

图 2-21　装填催化剂的装置

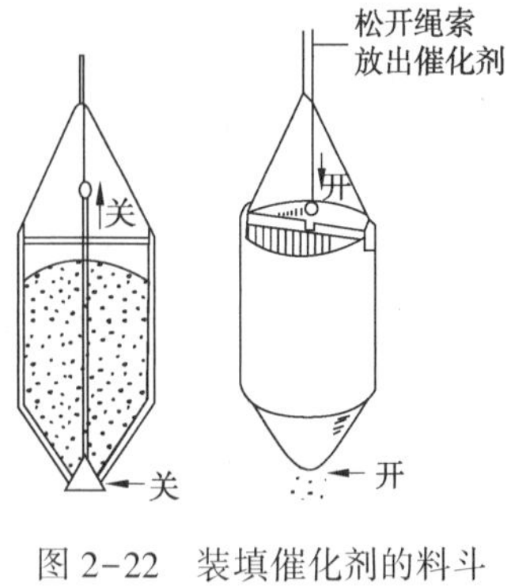

图 2-22　装填催化剂的料斗

催化剂通常是装桶供应，有金属桶或纤维板桶包装。用纤维板桶装时，桶内有一塑料袋，以防止催化剂吸收空气中的水分。装有催化剂的桶在运输时，应尽量轻搬轻运，严禁摔、碰、滚、撞击，以免催化剂破碎。

催化剂的储藏要求防潮、防污染。如 SO_2 接触氧化使用的钒催化剂，在储藏过程中不与空气接触可保存数年，性能不发生变化。如催化剂受潮，催化剂的颜色由淡黄色变为绿色，是因为钒催化剂很容易与还原性物质作用，还原成四价钒。催化剂在储藏期间，如有雨水浸入，则不宜使用。

二、催化剂的筛分与装填

（一）催化剂的筛分

新出厂的催化剂已经过严格过筛，粒度大小符合用户要求。但由于运输过程中包装桶受到各种冲击会产生一些碎粉，特别是固定床催化剂在运输过程中产生过多细粉时，在装填前通常要进行过筛处理。

简单的过筛方法是将催化剂通过一个由适当大小网眼制成的倾斜溜槽，或者是在催化剂倒入装料斗时用压缩空气喷嘴将细粉吹掉，也可使用简单的人工过筛。一般不再使用振动筛，因为强烈振动及摩擦会造成催化剂更多的破碎及损失。

对于运输距离短、碰撞不多的催化剂，装填前可不必再筛分。

(二) 催化剂的装填

催化剂装填的好坏对催化剂床层气流的均匀分布、床层压降以及有效地发挥催化剂效能有重要作用，所以催化剂的装填是一项非常重要的工作。除前述过筛外，在装填前要认真检查催化剂支撑蓖条或金属支网，因为这方面的缺陷在装填后很难矫正。

装填固定床催化剂时，要注意两个问题：一是要避免催化剂从高处(不应小于等于0.5~1m)落下造成破损；二是装填一定要分布均匀。否则，如果在装填时造成催化剂严重破碎或出现不均匀情况，形成反应器断面各部分催化剂颗粒大小不均，小颗粒或粉尘集中的地方空隙率小、阻力大；反之，大颗料集中的地方空隙率大、阻力小，气体就更多地从该处通过，致使气流分布不均，影响催化剂利用率。

理想的装填常采用装有加料斗的布袋，加料斗架于人孔外面，当布袋装满催化剂时，便缓缓提起使催化剂有控制地流进反应器，并不断移动布袋以防止总是卸在同一地点，移动时应避免布袋扭结，催化剂每装一层布袋就要缩短一段，直到催化剂装满为止。也可使用金属管代替布袋，这样更易于控制方向，更适合装填密度大、磨损较严重的催化剂(如合成氨 Fe 系催化剂)。

另一种装填方法叫绳斗法，斗的底部有一活动开口，上部则有双绳装置，一根绳子吊起料斗，另一根绳子控制下部开口，当料斗装满催化剂后，吊绳向下移动使料斗到达反应器底部，再放松另一根绳子松开活动开口，催化剂即从斗中流出。

此外，装填这一类反应器也可用人工使用小桶或塑料袋将催化剂逐一递进反应器内，小心倒入并分散均匀。

催化剂装填好后，在催化剂床顶要安放固定栅条或一层重的惰性物质，以防止高速气流引起催化剂移动。

对于固定床列管式反应器，有的列管高达10m。装填催化剂时，催化剂不能直接从高处落下加到管中，因为这样会造成催化剂大量破碎，易形成“桥接”现象，使床层形成空洞，出现沟流，不利于催化反应，严重时会造成管壁过热。因此，装填要特别小心，管内装填可采用“布袋法”或“多节杆法”。

布袋法是在一个直径比管子直径稍小的细长布袋内装入催化剂，布袋顶端系一绳子，底端折起30cm左右，将折叠处朝下放入管内，当布袋落入管底时轻轻抖动绳子，折叠处受管内催化剂冲击自行打开，催化剂便慢慢堆放在管中，如天然气蒸汽转化一段转化炉就用此法装填。

多节杆法是采用多节杆顶住管底的蓖条板，然后将其推举到管顶，倒入催化剂抽去短杆，蓖条慢慢落下时催化剂就不断加入，直到蓖条落到原来管底的位置。为检查每根管的装填量是否相同，催化剂在装填前应称重；为防止“桥接”，在装填过程中应定时振动管子，装填后应仔细测量催化剂的料面，以确保在操作条件下管子的全部加热长度均有催化剂；最后，对每根管子应进行压降测试，控制每根管子压降相对误差$<5\%$，以保证在生产运行中

各根管子气量分配均匀。

三、开、停车及钝化

（一）开车

若催化剂为点火开车，应先用纯 N_2 或惰性气体置换整个系统，然后用气体循环加热到一定温度，再通入工艺气体或还原性气体。对于某些催化剂，还必须通入一定量蒸汽进行升温还原。当催化剂不采用工艺气体还原时，应在还原后期逐步加入工艺气体。如合成甲醇催化剂，常用 H_2 和 N_2 混合气还原，然后逐步换入工艺气体。

若是停车后再开车，催化剂只是表面钝化，可用工艺气直接升温开车，不再需要长时间的还原操作。

（二）停车及钝化

临时性短期停车，只需关闭催化反应器的进、出口阀门，保持催化剂床层温度，维持系统正压即可。当短时停车检修时，为防止空气漏入引起催化剂剧烈氧化，可采用氮封。氮封时严禁操作人员进入反应器。停车期间若床层温度不低于催化剂起燃温度，可直接开车，否则需开加热炉用工艺气体升温。

当系统停车时间较长，使用的催化剂又是具有活性的金属或低价金属氧化物时，为防止催化剂氧化，放热烧坏催化剂和反应器，就要对催化剂进行钝化处理。用含有少量 O_2 的 N_2 或 $H_2O(g)$ 处理，使催化剂缓慢氧化，N_2 或 $H_2O(g)$ 作为热载体带走热量，逐步降温。钝化操作的关键是通过控制适宜的配氧浓度来控制催化床层温度，开始钝化时 O_2 浓度宜小些，在床层无明显升温时才逐渐提高氧含量。

对于更换催化剂停车，应包括催化剂降温、氧化和卸出几个步骤。先将催化剂床层降到一定温度，用惰性气体或过热蒸汽置换床层，并逐步配入空气进行氧化，氧化温度应低于正常操作温度，空气量要逐步加大。当床层进、出口空气中氧含量不变时，氧化即结束，将反应器温度降至 $<50℃$。有些床层采用惰性气体循环降温，催化剂可不氧化。当温度降到 $<50℃$ 时，加入少量空气，观测温度是否上升，若无，则可加大空气量吹一段时间，再打开人孔卸出催化剂。

四、催化剂的活化

绝大部分催化剂产品在包装出厂时处于钝化状态，即还未达到催化过程所需的化学状态和物理结构，还没有一定性质和质量的活性中心，必须用还原、氧化、硫化、热处理等方法在一定的条件下处理后，才能起到良好的催化作用。

在一定压力和温度下，用一定组成的气体对催化剂进行处理，使其中以某种氧化物、氢氧化物、盐的形态存在的活性组分得到还原或发生相变，而获得催化反应所必需的活性组分和相组成的过程称为催化剂活化。

活化实际上是活性催化剂制造的最后一个操作单元，通常在催化剂使用装置上按催化剂制造厂提供的技术进行。这是由于活化后的催化剂再暴露于空气中容易失活，某些甚至会引起燃烧，须一经活化立即投入使用。

活化操作的工艺及条件，会直接影响催化剂的性能和寿命。

例 1：用于烃类加氢脱硫的钼酸钴催化剂 $MoO_3 \cdot CoO$，其活性状态为硫化物，而不是氧化物或单质，因此使用前须进行硫化处理：

$$MoO_3+CS_2+5H_2 \longrightarrow MoS_2+CH_4+3H_2O$$

$$9CoO+4CS_2+17H_2 \longrightarrow Co_9S_8+4CH_4+9H_2O$$

例 2：烃类水蒸气转化反应及其逆反应甲烷化反应，其催化剂的活性态为金属镍，而非其氧化物，因此使用前可用 H_2、CO、CH_4等还原气进行还原：

$$NiO+H_2 \longrightarrow Ni+H_2O$$

$$NiO+CO \longrightarrow Ni+CO_2$$

$$3NiO+CH_4 \longrightarrow 3Ni+CO+2H_2O$$

例 3：工业 CO 中温变换催化剂，催化剂在出厂时是以 Fe_2O_3的形态存在，而具有活性成分的是 Fe_3O_4，因此在使用前必须在有水蒸气的条件下，用 H_2或 CO 进行还原：

$$3Fe_2O_3+H_2 \longrightarrow 2Fe_3O_4+H_2O$$

$$3Fe_2O_3+CO \longrightarrow 2Fe_3O_4+CO_2$$

催化剂的还原有时也在制造厂进行，即所谓的预还原(预活化)。这是因为催化剂还原时间较长，需占用反应器的生产时间长；由于催化剂要在特殊条件下还原，可以获得最好的还原质量；由于还原与使用条件相差太大，无法在反应器内进行还原，要求在专用设备内预先还原并稍加钝化。提供预还原的催化剂，使用时只要略加活化即能投入使用。

例 4：工业合成氨催化剂，主催化剂 Fe_3O_4在还原前无活性，还原为活性组分 α-Fe 晶粒需 5~10 天，影响使用厂家有效开工时间。催化剂制造厂预先用 H_2或 N_2-H_2将其还原为 α-Fe。

$$Fe_3O_4+4H_2 \longrightarrow 3Fe+4H_2O$$

再用含微量氧的惰性气体使 α-Fe 上覆盖一层氧化铁膜，被氧化的 α-Fe 只占总的铁原子的 10%左右。这样既保证运输、装填过程的安全，又可节约使用厂还原时间。

五、催化剂的失活与再生

(一) 催化剂失活

工业催化剂随着运转时间的延长，催化剂活性逐渐降低，或者完全失去活性，这种现象称为催化剂失活。工业催化剂在使用时各种失活过程引起催化剂性能变化的分类大致情况见表 2-7。

表 2-7 催化剂失活类型、原因和结果

类型	原因	结果
化学的	结焦 金属污染 毒物吸附	表面积减少，堵塞 表面积和反应过程均受影响 活性位减少
热的	烧结 生成化合物 相转变和相分离 活性组分被包围 组分挥发	表面积减少 活性组分和表面积减少 催化剂组分改变，表面积减少 活性位减少 活性组分减少
机械的	颗粒破裂 结污	催化剂床沟流，堵塞 表面积减少

1. 结焦

催化剂表面上含炭沉积物称为结焦。不管哪种类型催化剂在催化烃类转化反应时，都会由于生成积炭而覆盖催化剂的表面或堵塞催化剂的孔道，导致催化剂失活。在有机催化反应系统中，积炭是除毒化外导致催化剂活性衰退的主要原因。

在固体酸(如硅酸铝、沸石分子筛)催化剂和双功能催化剂的酸性载体上的酸中心都可导致积炭。生成积炭的程度与酸性有直接关系。

酸性积炭来源于芳烃和烯烃，它们有时存在于原料中，有时是反应过程生成的中间物种。这些分子很容易在酸中心上形成碳正离子，进而与烯烃聚合或者裂解脱氢，生成积炭聚集体。增加酸中心的强度或浓度都会促使积炭的生成。

由于生成积炭的反应与酸催化反应的主要机理是相同的，因而很难控制酸催化剂的积炭，通常采用沸石催化剂通过抑制中间物种的大小来降低积炭生成速率。催化裂化催化剂 ZSM-5 沸石分子筛具有不易积炭特性就是其中一例。通过碱中毒处理也是有效的，通常用少量钾或碱土元素处理可得到较好效果。最为有效的是通过烧炭使催化剂再生。

在具有脱氢功能的金属、金属氧化物催化剂上，烃类会逐步脱氢，导致生成炭，其结焦形式与酸催化剂结焦形式不同。脱氢作用和缔合氢解作用会使生成的积炭以表面碳化物形式或以假石墨形式存在。

为了抑制金属-酸多功能催化剂的积炭，可采用临氢操作，或采用少量的硫进行预硫化处理金属，使氢解部位中毒，从而减少积炭生成。最为有效的是采用双金属来调节金属催化剂的晶面结构，减少有利于积炭的晶面结构，从而降低积炭生成速率。例如，双金属 Pt-Re 重整催化剂，Pt 与 Re 的结合使催化剂稳定性得到大大改善，Re 显示出既可以抑制积炭，又可抑制烧结的双重作用，使催化剂的失活速率和再生频率大大降低了。

2. 金属污染

主要的金属杂质包括：V、Ni、Fe 以卟啉形式存在的金属杂质。

主要危害：高度分散的金属，封闭了催化剂的表面部位和孔，使其活性下降。更大的危害是其脱氢活性导致结焦的生成加快，而在再生过程中这些金属被氧化，它们的氧化物起氧化催化剂作用，导致过大的燃烧速率，造成催化剂烧结。

消除方法：一是用化学或吸附处理，以除去加工原料中的卟啉，保护催化剂；二是在加工用原料中添加钝化剂(例如锑的化合物)，它沉积在催化剂表面，与上述金属杂质形成合金，从而使后者钝化。

3. 催化剂中毒

催化剂中毒是指原料中极微量的杂质吸附在催化剂的活性位上，导致催化剂活性迅速下降的现象。毒化催化剂的毒物大致有两类：一是强烈地化学吸附在催化剂的活性中心上；另一种是与构成活性中心的物质发生化学作用，造成催化剂活性衰退。

按照毒物的作用特性，催化剂的中毒过程可以分为可逆中毒、不可逆中毒及选择性中毒三种。

可逆性中毒也称为暂时性中毒，毒物在催化剂活性中心上吸附或化合后，因生成键较弱，采用适当的方法除去这些毒物后，可使催化剂性能基本恢复甚至完全恢复。如合成氨反应混合气中含有少量水蒸气会使铁催化剂中毒。水蒸气与金属催化剂作用生成无活性的氧化铁($4H_2O+3Fe \rightarrow Fe_3O_4+4H_2$)，后者只有在一定浓度的水汽存在下才是稳定的，因此，只要彻底干燥反应混合气，就可以使催化剂的活性恢复，此谓可逆中毒。

不可逆中毒也称永久性中毒，毒物与催化剂活性组分相互作用，使活性中心形成稳定化合物，或造成其结构的破坏，难以用一般方法将其除去，从而使催化剂发生永久性失活。如合成氨反应混合气中含有少量硫化氢也会使铁催化剂中毒。由于硫化氢与铁生成的硫化铁($H_2S+Fe \rightarrow FeS+H_2$)在反应条件下很稳定，要使催化剂复原不易，此谓不可逆中毒。

如果从反应混合物中除去毒物后，被毒化的催化剂与纯反应物接触一段时间后，就恢复了初始的化学组成和活性，则通常认为中毒是可逆的，如图 2-23(a)所示。在这种情况下，一定的毒物浓度就与一定的活性损失百分数相对应。发生不可逆中毒时，催化剂的活性不断降低，直到完全失活，从反应介质中除去毒物后活性仍不恢复，如图 2-23(b)所示。

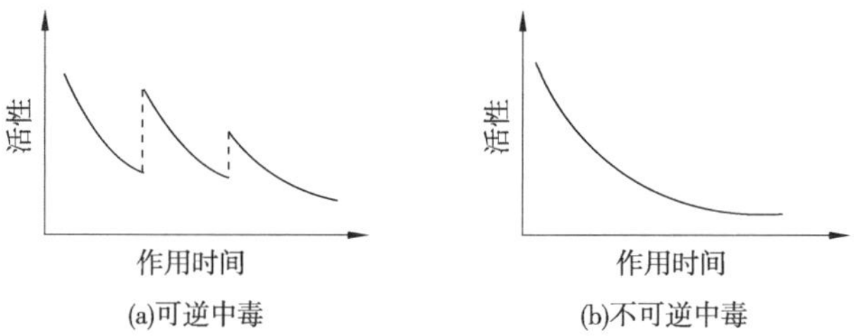

图 2-23　可逆中毒与不可逆中毒的区别

例如，烯烃用镍催化剂加氢时，如果原料中含有炔烃，由于炔烃的强化学吸附而覆盖活性中心，故炔烃对烯烃的加氢催化剂为毒物。如果提高原料气的纯度、降低炔烃的含量，则吸附的炔烃在高纯原料气的流洗下将脱附，催化活性得以恢复，这种中毒属于可逆中毒。如果原料气中含有硫时，硫与镍催化剂的活性中心强烈结合，原料气脱硫后已毒化的活性中心亦不能恢复，这种中毒属于不可逆中毒。

选择性中毒是指一种催化剂中毒之后，可能失去对某一反应的催化活性，但对别的反应仍有催化活性。在某种情况下，可利用选择性中毒提高自身反应物的选择性。如用 Pt-Re 双金属催化剂进行链烷烃轻油的催化重整时，对催化剂进行预硫化处理，即向催化剂床层注入一定量的硫化物(通常用 CS_2或 RSH)，以降低催化剂过高的裂解活性，并提高重整产品的产率。

催化剂中毒的预防：工业催化剂应该具有强的广泛的抗毒性能，但是实际上制得的催化剂，对一些杂质仍很敏感。为了避免催化剂中毒，一种新型催化剂在投入工业生产以前，在给出的催化剂性能表中，通常都列出哪些是毒物，以及这些毒物在原料中允许的最高含量，要求严格的低至 10^{-6}，甚至 10^{-9}数量级。

当原料中有害杂质超过规定浓度时，必须对原料进行精制。精制方法很多，根据杂质的性质和浓度，可以用酸碱溶液吸收、固体吸附剂吸附或者化学方法进行精制。如果催化剂在制备时混进毒物，应在制备过程中把毒物除去。此外，还可以使用保护反应器和设计能够减小中毒效应的反应器，来减少杂质产生的中毒效应。

对同一催化剂，要弄清楚毒物种类、中毒机理、原料中允许存在毒物的最高浓度，对保证催化剂催化性能的稳定性十分重要。毒物不仅针对催化剂，还针对该催化剂所催化的反应。反应不同，毒物不同。表 2-8 列出了在一些催化剂上进行某些催化反应时的有毒、有害物质。其中有些是暂时性毒物，可以用一定的方法解除，恢复催化剂活性；有些则是永久性毒物，很难恢复催化剂活性。

表 2-8 几种催化剂的毒物

催化剂	反应	毒物
Ni、Pt、Pd、Cu	加氢脱水	S、S 化合物、Se、Te、P、As、Sb、Bi、Zn、卤化物、Hg、P、NH_3、O_2、CO(<180℃)
	氧化	铁的氧化物、银化合物、C_2H_2、H_2S、砷化合物
Co	氢化裂化	NH_3、S、Se、Te、P 的化合物
Ag	氧化	CH_4、C_2H_6
V_2O_5、V_2O_3	氧化	砷化合物
Fe	氨合成	O_2、CO、H_2O、C_2H_2、S 化合物
	加氢	Bi、Se、Te、H_2O、P 化合物
	氧化	Bi
	合成汽油	S 化合物
活性白土、硅铝、硅镁	烃的裂解、烷基化、异构化、聚合	喹啉、有机碱、水、重金属化合物
铬铝催化剂	烃类芳构化	H_2O
Fe_3O_4	$CO+H_2O \rightarrow CO_2+H_2$	灰尘

4. 催化剂的烧结

催化剂在高温下长期使用，活性组分的晶粒长大，比表面积缩小，这种现象称为催化剂烧结。催化剂烧结是因为在高温下，负载在载体上的高分散的活性组分的小晶粒具有较大自由能，加之表面晶格质点的热振动产生位移，逐渐由小晶粒聚集为大晶粒，导致活性表面积减小，活性降低，甚至失去活性。如表 2-9 所示，随温度升高，Pt/SiO_2催化剂的表面积和活性下降，直到消失。

表 2-9 温度对 Pt/SiO_2催化剂的表面积和活性的影响

温度/℃	100	250	300	400	500	600	800
比表面积/(m^2/g)	2.06	0.74	0.47	0.30	0.03	0.02	0.02
转化率/%	52.0	16.6	11.3	4.7	1.9	0	0

由图 2-24 可见，金属烧结一方面是微晶迁移相互碰撞聚结在一起；另一方面，较小微晶具有很大自由能，增加了小微晶的蒸气压和蒸发性，产生表面扩散(粒子间传递)，而在较大微晶表面上冷凝，使晶粒长大。

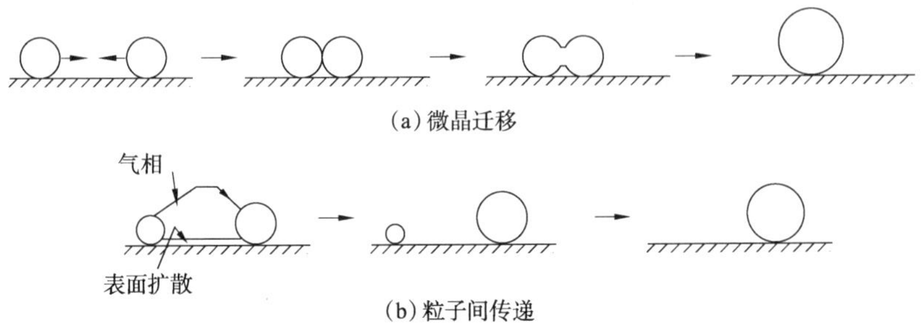

图 2-24 高分散态金属烧结机理

催化剂因烧结引起的失活是负载型金属催化剂失活的主要原因。催化剂烧结不仅影响催化剂的活性，而且影响选择性。通常烧结失活是不可逆性的，是永久性失活，无法再生。催化剂的烧结不仅发生在催化剂的运行过程中，而且在催化剂制造过程的焙烧阶段、还原过程及催化剂再生过程中都会发生。

引起催化剂烧结的主要原因有反应温度及气氛、金属组分的特性及含量、毒物及助剂的作用、金属活性组分和载体的相互作用等。其中反应温度是主要因素，温度越高烧结越快，对于负载型金属催化剂来说，金属组分的烧结温度往往比载体烧结的温度低。而催化毒物的毒化作用常常会加剧催化剂的烧结，甚至会引发低温烧结。

改善催化剂烧结作用的最根本方法还是从催化剂的设计和制备入手。

除上述各因素之外，还有如下因素也可以导致催化剂失活：

① 催化剂颗粒破碎会导致催化剂失活。由于催化剂机械强度较差，或使用中操作不当，都会导致催化剂破碎，出现反应器管道堵塞、产生沟流、压力降增加和不规则的床层特性，从而引起反应器出现局部过热，破坏正常催化反应进行。因此，如前所述，工业催化剂必须具有良好的机械强度，才能保证催化剂的使用寿命。

② 使用过程中形成污垢。这里所说的形成污垢是指反应器中的各种碎屑或上游设备带来的水锈等污垢沉积，在催化剂颗粒表面上覆盖催化中心，堵塞催化剂孔道，致使催化剂失活。遇到这种情况只能更换催化剂，并采取屏蔽和保护装置来防止污垢的沉积。

③ 助催化剂有效组分流失和挥发。催化剂在长期使用过程中，在温度、压力以及各种氧化还原气氛作用下，某些活性组分发生挥发和剥落，造成活性组分的流失，导致催化剂的活性和选择性下降。

由浸渍法制备的催化剂在使用中易发生活性组分的流失。例如，乙烯水合反应中，H_3PO_4/硅藻土催化剂使用较长时间后，H_3PO_4流失，使催化活性下降。

其他类型催化剂因组分流失失活的情况也很常见。例如，丙烯氨氧化催化剂，在高温下操作时，Bi 和 Mo 的流失造成催化剂失活；乙烯氧化制环氧乙烷的负载银催化剂，在使用中则会出现银剥落的现象；合成氨催化剂中的 K_2O 的流失会导致其失活，新鲜的和失活的催化剂中 K_2O 含量分别为 0.45% 和 0.043%；CO 变换用 Fe_2O_3-CrO_3-K_2O 催化剂也发现有 K_2O 流失，活性明显下降。

(二) 催化剂再生

催化剂再生是指催化剂经使用后活性和选择性下降到一定程度后，通过适当的处理使其活性和选择性恢复的一种操作过程。催化剂再生是延长催化剂使用寿命、降低生产成本的一种重要手段。根据催化剂类型、失活原因和再生目的的不同，催化剂有不同的再生方法。

1. 再生方法

(1) 氧化烧炭法

积炭失活的催化剂可通过烧焦使催化剂再生。在烧焦前通常用惰性气体或水蒸气吹扫催化剂，将吸附的有机物解吸吹出；然后将炭燃烧转化为 CO_2 或 CO 除去，恢复催化剂的活性。主要反应为：

$$C+O_2 \longrightarrow CO_2-395.4kJ/mol$$

$$2C+O_2 \longrightarrow 2CO-220.8kJ/mol$$

$$2CO+O_2 \longrightarrow 2CO_2-570.0kJ/mol$$

$$C+H_2O \longrightarrow CO+H_2-41.0kJ/mol$$

上述反应均为放热反应，结焦催化剂再生过程最主要的是将所放出的热量及时移出床层，避免床层“飞温”而引起催化剂烧结。

(2) 补充组分法

对于因组分流失而失活的催化剂，最适宜的再生方法是针对催化剂所流失的组分进行补充。其补充的数量可以是过量补充，也可以是适量补充；补充的方式可以是连续补充或一次性补充；可以在反应器内补充，也可以将失活催化剂卸出反应器后进行补充。

在催化剂再生过程中，催化剂的机械强度已受到损害时，可结合补充有效组分等再生手段，适当地添加一些造孔剂，如硅溶胶、木薯粉之类的黏结剂重新成型，以提高再生催化剂的比表面积，改善其孔结构。

(3) 洗涤法

对于因催化剂表面被沉积的金属杂质，金属盐类或有机物覆盖引起的失活，可采用洗涤法将表面沉积物除去后使催化剂再生。根据催化剂表面沉积物的性质，可以用水洗、酸洗或碱洗，或采用有机溶剂进行萃取洗涤，甚至使用超临界 CO_2流体进行洗涤，还可利用超声波来强化这种洗涤效果。例如，对苯二甲酸精制用的 Pd/C 催化剂常用碱洗法再生；甲烷化催化剂上的脱炭液污染物可用原位水洗法除去。

(4) 可逆性中毒的再生方法

① 毒物的解析再生法。对于一些可逆性中毒，只要通过减少或除去原料气中的毒物，就有可能使中毒催化剂上的毒物解析除去。但在实际工业上，由于毒物从催化剂孔隙中解析的速率很缓慢，毒物脱除的速率随着时间逐渐减少，因此毒物解析再生法是一种缓慢的再生过程。

② 还原再生法。某些金属催化剂被进料流体中所含的微量氧逐渐氧化失活，其再生处理时首先要除去原料中的氧，然后在高温下用氢气使催化剂还原活化，使催化剂活性基本恢复到初始水平。

③ 氧化再生法。如果再生过程不包括解析过程，可以通过催化剂被氧化的化学反应就会提高毒物的脱除速率。如硫中毒的镍催化剂在蒸汽中的氧化。

④ 吹扫法。对于不很严重的积炭，有机副产物、机械粉尘和杂质等堵塞催化剂细孔或覆盖了催化剂表面活性中心时，可以用高压蒸汽或氮气吹扫的方法加以再生。一些不是很严重的可逆性中毒也可在原位用吹扫的方法再生。

2. 再生技术

催化剂再生操作可以在固定床、移动床或流化床中进行。再生操作方式取决于许多因素，但首要取决于催化剂活性下降的速率。一般说来，催化剂活性下降比较缓慢，可允许数月或一年再生，可采用设备投资少、操作也容易的固定床再生。但对于反应周期短、需进行频繁再生的催化剂，最好采用移动床或流化床连续再生。

例如，催化裂化反应装置，使用的催化剂几秒钟后就会产生严重积炭，只能采用连续烧焦方法清除。即在一个流化床反应器中进行催化反应，随即气固分离，连续地将已积炭的催化剂送入另一个流化床再生器，在再生器中通入空气，用烧焦方法进行连续再生。最佳再生条件应以催化剂在再生中的烧结最小为准。显然，这种再生方法设备投资大，操作也复杂。但连续再生方法使催化剂始终保持新鲜表面，提供了催化剂充分发挥催化效能的条件。

六、催化剂活性衰退的防治

1. 在不引起衰退的条件下使用

选择适当的工艺条件是防止催化剂活性衰退的重要手段。如在有析碳的反应中(烃的裂解、异构化等),可通入高压氢气,以抑制析碳,使之达到最小程度,催化剂不必再生可长期使用。

若原料中混有微量杂质,可在经济允许范围内将原料精制,去除杂质。

2. 增加催化剂自身的耐久性

把催化剂制备成负载型催化剂,或同时使用助催化剂,以提高催化剂的稳定性。

3. 衰退催化剂的再生

① 使催化剂在反应过程中连续再生。即在反应过程中逐渐添加催化剂活性组分,以补充反应过程中损失的组分。

② 反应后再生。若反应过程中催化剂表面积炭,应在反应后进行烧炭处理,也可以利用水煤气反应或用水蒸气将积炭转化。

③ 采用容易再生催化剂的反应条件。一般反应条件与催化剂再生的条件不同,为此应选择在便于催化剂再生的条件下进行反应,使两者同时得到满足。

例如,石油催化裂化的沸石催化剂,反应过程导致催化剂表面积炭,可以用燃烧法再生。但在再生过程中放出大量 CO 产生环境污染。为此有人设计将 Pt 负载在 4A 型沸石分子筛上,使其与催化裂化催化剂共同用于催化反应,此时 4A 型分子筛可促进 CO 转化为 CO_2 的反应,而油分子又不能进入 4A 分子筛的孔内,因而不致产生裂化反应,这样就达到了反应和再生兼顾的目的。

七、催化剂的寿命和判废

催化剂投入生产后,生产人员最关心的问题是催化剂能够使用多久时间,即寿命多长。工业催化剂的寿命随种类而不同,如表 2-10 所示。表中数据仅是一个统计的、经验性的范围。

表 2-10 工业催化剂及其寿命

反应	催化剂	条件	寿命
异构化 $nC_4H_{10} \longrightarrow iC_4H_{10}$	$Pt/SiO_2 \cdot Al_2O_3$	150℃ 1.5~3MPa	2 年
脱氢 $CH_3OH \rightarrow HCHO + H_2$	Ag, $Fe(MoO_4)_3$	600℃	2~8 月
氧化 $C_2H_4 + HOAc + O_2 \rightarrow C_2H_3OAc$	Pd/SiO_2	180℃, 8MPa	2 年
重整 制苯	$Pt-Re/Al_2O_3$	550℃	8 年
氨氧化 $C_3H_6 + NH_3 + O_2 \rightarrow CH_2 = CH-CN$	V, Bi, MoO, 氧化物/Al_2O_3	435~470℃ 0.05~0.08MPa	1~3 年

催化剂并非在任何情况下都追求尽可能长的使用寿命,事实上,恰当的寿命和适时的判废往往牵涉很多技术经济问题。例如,运转晚期带病操作的催化剂,如果带来工艺状况恶化甚至设备破损,延长其操作周期便得不偿失。

八、催化剂的回收利用

通常，催化剂可再生三次或更多次，而在某些场合，根本就不能再生。当催化剂再生后，活性低于可接受的程度，就要安排对废催化剂加以处理。

Mo、Co、Ni、V 这些金属是催化剂的常用活性组分，但也大量用于制造合金、颜料及其他化学品，因此需要量每年都在增长。由于经济原因，回收诸如 Pt、Pd、Re、Ru 等贵金属的废催化剂已有几十年历史，特别是近年来，回收贵金属废催化剂的要求日益增加，其主要原因是已获得改进的回收工艺、废催化剂中金属组分或其纯盐的价格日益增长，以及出于对环境污染问题的考虑。由于回收产品有很高的价值，所以装置的回收费用也可以提高。

为了有利于废催化剂的处理和回收，无论是催化剂研究单位、生产厂或用户都应认识到废催化剂回收的重要性和社会经济效益，并从下述方面进行考虑：

① 催化剂在实验室开发阶段，除选择性能好的催化剂以外，还必须全面考虑到资源和排污控制，使用后怎样回收。

② 使用催化剂的工厂，在排放的催化剂中如夹杂其他不同类型的金属和某些杂质，会给回收工作带来困难。所以，在排放废催化剂时应注意清理环境，仔细预防外界物质混入，废催化剂应存放在专业地点，并加以覆盖。

③ 目前，一些废催化剂的最佳回收技术已可回收废催化剂中存在的所有金属。为了使废催化剂回收具有明显的经济效益，应该建立废催化剂的集中回收处理装置，改进废催化剂的分配结构和增加储量，以便于集中回收。

④ 由于经济和技术上的原因，有时废催化剂必须储放在地下。有些催化剂回收方法还有待于技术开发或对现有技术进行改进，因此也需要在某些地方建立废催化剂地下储放处。

⑤ 过去回收处理废催化剂都是由一些小企业进行，回收的数量较小，类型又较多，回收技术也不多，主要着重贵金属废催化剂。随着石油化工的发展，脱硫、脱砷及烃类氧化等所用催化剂数量已大大增加，随之产生的废催化剂量也大幅度上升，因此有必要建立有一定规模的正规回收工厂，既能提高回收经济效益，又能随时处理或回收废催化剂。

表 2-11 列举了部分回收利用贵金属催化剂的方法。

表 2-11　回收利用贵金属催化剂的方法

废催化剂种类	处理方法	产品
Ag 催化剂	硝酸溶解法、混酸溶解法、酸碱法、硫化物法、置换法、还原法、离子交换法、电解法	Ag
Pt 催化剂	金属置换法、氯化铵沉淀法、全溶金属置换法、空气氧化浸 Pt 法、溶剂萃取法、全溶离子交换法、分步浸出-离子交换法	Pt
汽车排气催化剂	湿式溶解或抽提法、氰化物沥滤法、还原法、等离子熔融法、电解分解法、氯化法、湿式置换法、氧化浸出法、铜捕集法、高温熔融法、盐化焙烧-水浸法	Pt，Pd，Rh
Pd/C	王水浸出法、配合净化法、甲酸浸出法、湿式还原法、焚烧法	Pd
Pd/Al_2O_3	焙烧浸出法、溶炭法、盐酸浸出法、离子交换法	
Rh 催化剂	离子交换法	Rh

第四节　催化剂性能评价、测试和表征

评价工业催化剂性能的指标有活性、选择性、稳定性与寿命、机械强度、价格以及对这些性能有直接影响的一些因素，如制备方法、物理结构、再生条件等。催化剂的性能不但与其宏观物性(如催化剂比表面积、堆积密度、孔结构等)有关，而且与其化学组成、活性组分、微晶大小及分布、金属-载体间的相互作用、表面元素的种类及含量等微观性质密切相关。

评价催化剂是指对适用于某一反应的催化剂进行全面的考察，其主要的考察项目见表 2-12。

表 2-12　催化剂的评价项目

项目	主要影响因素
活性	活性组分、助剂、载体、化学结合状态、结构缺陷、有效表面、表面能、孔结构等
选择性	
寿命	稳定性、耐热性、抗毒性、耐污性、再生性
物理性质	形状、粒径、粒度分布、密度、导热性、成形性、机械强度、吸水性、流动性等
制法	制造设备、制备条件、难易性、重现性、活化条件、保存条件
使用方法	反应装置、催化剂装填方法、反应操作条件、安全程度、腐蚀性、再活化条件、分离回收
价格	原料的价格、制备工序
毒性	操作过程的毒性、废物的毒性

评价工业催化剂，一般是对筛选确定的、用于某一类型反应的催化剂进一步考察，使其越出实验室范围，经受放大、扩试和中试规模工艺条件的考验，直至成为工业上大规模生产所用的定性催化剂。这是一个深入、细致、比较系统而全面的研究工作。本节简单介绍催化剂的性能评价、宏观物理性质的测定和近代物理方法在催化剂表征中的应用。

一、催化剂活性评价

催化剂活性是判断其性能好坏的重要指标，是对催化剂加快反应速率程度的一种度量。工业上对催化剂活性最直观的指标就是转化率。一般说来，催化剂的活性不仅取决于催化剂的化学本性，而且取决于催化剂的结构和纹理组织等，而催化剂的制备方法不同，对它们会有很大的影响。

催化剂活性评价的主要目的：

① 催化剂产品质量检验；

② 筛选催化剂，评价其优劣；

③ 确定过程参数，以确定各种催化剂的最佳操作区域；

④ 研究特定催化剂上的反应机理、失活机理和失效催化剂的诊断。

催化剂活性的测定方法可分为两大类，即流动法和静态法。流动法的反应系统是开放的，供料连续或半连续；静态法的反应系统是封闭的，供料不连续。半连续法，如某些气-液-固三相反应所用的，原料气体连续进出，而原料液体和催化剂固体则相对封闭。流动法中，用于固定床催化剂测定的有一般流动法、流动循环法(无梯度法)、催化色谱法等。

催化剂评价方法本质上是对工业催化反应的模拟。而由于工业生产中的催化反应多为连续流动系统，所以一般流动法应用最广。流动循环法、催化色谱法和静态法主要用于研究反应动力学和反应机理。

(一) 催化剂活性的测定

催化剂的活性可有多种表述方法(详见第一章)，其中常用的有：给定反应条件下原料的转化率；原料达到给定转化率所需的温度；原料达到给定转化率时产物的选择性和催化剂的稳定性。催化剂活性的测定实际上就是通过特定的反应器获得这些参数，从而衡量催化剂的性能。

催化剂活性的测定通常是在实验室的反应器中进行，实际上，实验室的反应器就是大型工业催化反应器的微型化，是工业催化反应过程的基础。常用的评价催化剂活性的实验室反应器有如下几种。

1. 固定床反应器

固定床反应器是流动法测定催化剂活性常用的反应器，由不锈钢管或石英玻璃管制成，可用于积分或微分操作方式。用于积分操作方式的称为积分反应器，用于微分操作方式的称为微分反应器。

固定床反应器用于积分操作方式时，催化反应可达到较高的转化率。由于在反应器进口和出口处物料的组成有显著不同，不能用一个数学上的平均值代表整个反应器中物料的组成，因此，催化剂床层首尾两端的反应速率变化较大，并且沿催化剂床层有较大的温度梯度和浓度梯度。可见，这时获取的反应速率只能代表转化率对时空的积分结果，故名积分反应器。

积分反应器与工业管式反应器非常接近，并且常常是将工业管式反应器按比例缩小。对于一些催化反应可以很方便地得到催化剂活性评价数据的直观结果。并且由于催化剂床层一般较长，对数据分析的精度要求也不是很高，因此，是实验室广泛使用的一种催化剂活性测定的反应器。

在催化剂活性评价时，固定床反应器大多是垂直安装的，反应物料自上而下地通过催化剂床层。由于催化剂床层中靠近反应器壁处的空隙率要高于反应器中心处，因此，反应物料在反应器壁处的线速率和流速会大于反应器的中心部位，这种现象称为管壁效应。提高反应器直径与催化剂颗粒直径的比值能有效消除管壁效应，通常这个比值在 5~12 的范围内较好。

另外，固定床反应器在积分操作时，催化剂床层高度和床层直径的比例也合适。一般情况下，催化剂床层的高度为床层直径的 2~3 倍较为合适。

2. 釜式反应器

釜式反应器是静态法测定催化剂活性的常用反应器，也称作高压釜反应器，可间歇式操作或连续流动式操作，一般可用于各种温度、压力条件下的液-固、气-液-固催化反应中催化剂活性的评价与测试。

间歇操作釜式反应器的特点是：催化剂活性测试非常方便，可以在较短时间内大量评价、筛选催化剂；同时，操作过程中催化剂和反应物料的装卸很容易，反应稳定的时间短再加上大多使用电磁搅拌，反应器的密封性能较好，因此，活性评价结果的重复性较好。另外，这种反应器的辅助设备较少，很容易搭建起催化剂活性评价装置。因此，也是一般实验室采用的催化剂活性评价的反应器之一。

使用釜式反应器进行催化剂活性测试要注意以下两点：

① 由于高压釜的热容量一般都较大，很难做到快速升温和降温。因此，对一些温度敏感的催化反应来说，可能会造成产物分布变宽、选择性降低等问题。

② 在反应过程中，反应物和产物等物料的分压较难控制，同时，物料的取样和分析比较麻烦。因此，一般情况下得到的是反应完成后物料的组成，这只能代表一段时间内的平均值。

除了固定床反应器和釜式反应器以外，用于催化剂活性测定的反应器还有流化床反应器、脉冲微型反应器、连续流动釜式反应器、滴流床反应器等。实际应用时要根据具体的催化反应特点选择反应器，这样才能准确快速地获得催化剂活性测定的结果。

(二) 催化反应动力学的测定

催化反应动力学的测定与催化剂活性的测定目的是不同的。催化剂活性的测定通常是在相同的操作条件(如相同的反应温度、压力、进料空速、原料配比等)下测定催化剂的活性、选择性，从而比较催化剂性能的差异，筛选出性能优异的催化剂。而催化反应动力学的测定，则是对筛选出的性能最优的催化剂在不同的操作条件下，测定其操作条件变化对催化剂性能影响的定量关系，为催化剂工程设计和催化反应器设计提供指导。常用于催化反应动力学测定的反应器有微分反应器、无梯度反应器。

1. 微分反应器

微分反应器是一种与积分反应器结构类似的固定床反应器，催化剂床层非常短，催化剂颗粒很细，催化剂装量也很少。因此，催化反应的转化率比积分反应器要低得多。当通过催化剂床层的催化反应的转化率很低时，催化剂床层进口和出口物料的组成差别就会小得足以用其平均值来代表全床层的组成，这样，只要用精确的分析方法确定催化剂床层进出口的浓度差，便可以求得反应速率与物料浓度、反应温度的微分数据，获得催化反应的动力学方程。

微分反应器的特点是结构简单、操作方便、催化反应的转化率很低、反应过程的热效应很小、易达到恒温要求。反应器中物料组成的浓度沿催化剂床层的变化很小，可看作近似于恒定，整个催化剂床层内反应温度也可看作近似恒定，并且可以从实验上直接测到与确定反应温度相对应的反应速率。因此，实验室中常用来测定催化反应的动力学。

采用微分反应器获得的动力学数据，常常是在低转化率条件下物料组成的催化反应动力学方程，难以给出与该反应在高转化率条件下相同物料组成的物料作为反应器的进料，同时，物料分析的精度要很高，否则实验数据的重复性和准确性较差。因此，采用微分反应器进行动力学研究有一定的局限性。

2. 无梯度反应器

在微分反应器中，催化剂床层中不可避免地会存在温度和浓度梯度，故而通常情况下所测得的动力学数据精度较低。若要得到比较精确的催化反应动力学方程，特别是要详细研究某一催化反应动力学规律时，需要用无梯度反应器。简单地讲，无梯度反应器就是在催化反应过程中，能消除温度和浓度梯度的一类反应器。在反应器内流动相达到了等温和理想混合，相间近乎无传质阻力，因此，是一类比较理想的测定催化反应动力学的反应器。按流动相的流动方式，无梯度反应器大致可分为外循环式、内循环式、连续搅拌釜式。

(1) 外循环式无梯度反应器

这种反应器的特点是：催化剂不动，反应后的物料绝大部分通过反应器体外回路进行循环，在反应系统中，反应后的物料大部分返回，小部分导出，返回的物料与补充的新鲜反应物混合后再进入催化剂床层反应，导出的反应后的物料与补充的新鲜反应物要匹配好，使系统维持恒压并稳定运行。当循环物料的量与新鲜反应物的量之比(循环比)足够大时(通常为 20~40 时)，通过催化剂床层的转化率很低，床层温度变化很小，混合物料在催化剂床层进出口处浓度差别也很小，因此，在催化剂床层中可以认为不存在浓度梯度和温度梯度。

外循环式无梯度反应器对循环泵的要求非常高，在运行过程中，不能污染反应物料，循环量要大，滞留量要小。另外，反应器出口的物料通常需要冷却后才能进入循环泵，而经过循环泵后又要再被加热到反应温度，因此，实验时操作比较复杂。

(2) 内循环式无梯度反应器

这种反应器的特点是：借助反应器中搅拌叶轮的转动，使反应混合物回流通过静止的催化剂床层作内部循环流动，达到反应器内的理想混合，从而消除了其中的浓度梯度和温度梯度。由于内循环式无梯度反应器的循环组件是在反应器的内部，而搅拌器通常是静密封的磁驱动，因此特别适合于高压条件下的催化反应动力学研究。

(3) 连续搅拌釜式反应器

这种反应器的特点是：催化剂床层与搅拌器一体化，在搅拌器高速旋转下，固体催化剂与反应物会充分接触及混合，从而消除了反应体系内的温度和浓度梯度。如将催化剂填装在与搅拌轴一体的金属丝网筐篮内的转篮反应器，当转篮篮筐高速旋转(有时可高达 2000r/min)时，反应物料就会充分混合，并以高线速通过催化剂床层，基本没有传质和传热效应，因此，反应器内基本没有温度和浓度梯度。

连续搅拌釜式反应器特别适合于气、液、固共存的多相催化反应体系的动力学研究。在这种反应器中，物料中的气体在流体中的分散效果非常好。但操作要求较为严格，催化剂筐篮要十分均衡，搅拌器的密封性也要很好。

二、催化剂宏观性质测定

固体催化剂的宏观性质主要包括宏观结构和宏观性能。宏观结构主要包括比表面积、孔结构、颗粒形状和尺寸等。宏观性能主要包括机械强度、比热容、导热系数和扩散系数等。以下将选择性地对上述几个方面进行介绍。

(一) 催化剂比表面积

一般认为，催化剂比表面积越大，其上所含活性中心越多，活性也越高。在某些情况下，催化剂活性甚至与比表面积成线性关系。例如，表 2-13 为 2,3-二甲基丁烷在硅酸铝催化剂上 527℃时裂解反应的数据。由不同方法制备得到的硅酸铝的比表面积，相差最大为 10 倍，而裂解活性随比表面积增大而线性增加，活化能几乎保持不变，活性与比表面积成正比关系，如图 2-25 所示。

表 2-13　工业硅酸铝催化剂比表面积的大小与 2,3-二甲基丁烷裂解反应的关系(527℃)

催化剂编号	比表面积/(m^2/g)	转化率/%	活化能/(kJ/mol)
1	42	2.0	92.11
2	117	20.5	92.11
3	190	31.5	87.92
4	310	53.5	87.92
5	425	69.5	87.92

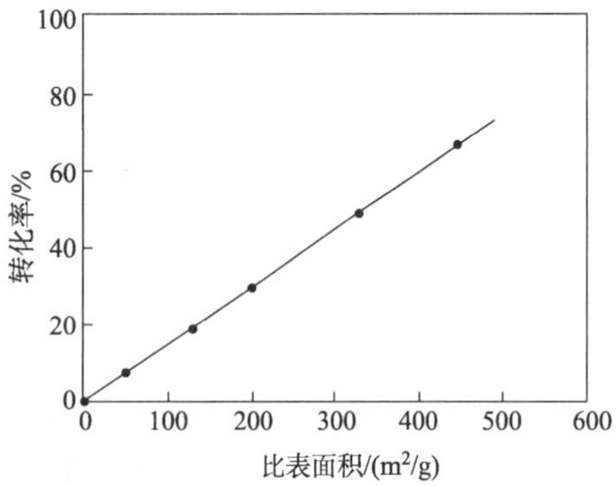

图 2-25　硅酸铝比表面积与 2,3-二甲基丁烷转化率的关系

催化剂的比表面积可以分为总比表面积和活性比表面积。总比表面积可用物理吸附的方法测定，目前最常用的是 BET 法。活性比表面积则可采用化学吸附的方法测定，包括 H_2 吸附法、O_2 吸附法、CO 吸附法、N_2O 吸附法、吸附-滴定法和电子显微镜法等。

1. 总比表面积测定——BET 法

BET 法测定催化剂比表面积是根据多层吸附理论及 BET 方程式进行测定和计算。物理吸附的多分子层理论是由 Brunauer、Emmett 和 Teller 三人在 1938 年提出的，是至今 N_2 物理吸附研究中应用最多的等温式。

根据多层吸附模型推导出的 BET 等温式如下：

$$\frac{p}{V(P_s-p)}=\frac{1}{V_mC}+\frac{C-1}{V_mC}\cdot\frac{p}{p_s} \tag{2-3}$$

式中　V——平衡压力为 p 时吸附气体的总体积；

V_m——催化剂表面覆盖单分子层气体时所需气体的体积；

p——被吸附气体在吸附温度下平衡时的压力；

P_s——被吸附气体在吸附温度下的饱和蒸气压；

C——与被吸附气体种类有关的常数。

从式(2-3)可以看出，如果以 $P/V(P_s-P)$ 为纵坐标，P/P_s 为横坐标作图，就可得一条直线。直线的斜率为 $(C-1)/CV_m$，其截距为 $1/CV_m$，根据直线的斜率和截距就可以求出形成单分子层的饱和吸附量 V_m。

$$V_m=\frac{1}{斜率+截距}$$

假设一个吸附质气体分子的横截面积用 A_m 表示，那么每克催化剂的表面积(比表面积) S_g 即可用下式求出：

$$S_g=\frac{V_mA_mN_{AV}\times10^{-22}}{22.4\times10^3m}$$

式中　N_{AV}——阿伏加德罗常数，其值为 6.023×10^{23}；

m——吸附剂固体质量。

此方法基于这样的假设：对于一个给定的吸附质和温度，A_m值保持不变，且与吸附剂性质无关。

当吸附质气体的分子截面积A_m数据缺乏时，可按下式计算：

$$A_m = 1.091\left(\frac{M}{\rho_L N_{AV}}\right)^{\frac{2}{3}} \times 10^6$$

式中 M——吸附质的分子量；

ρ_L——液态吸附质的密度，g/cm^3；

N_{AV}——阿伏加德罗常数。

2. 活性比表面测定——化学吸附法

化学吸附法即某些探针分子气体（CO、H_2、O_2等）能够选择性地、瞬时地、不可逆地化学吸附在金属表面上，而不吸附在载体上。如负载型金属催化剂，其上暴露的金属表面是有催化活性的，以CO、H_2为吸附质进行选择化学吸附，所吸附的气体在整个金属表面上生成一单分子层，并且这些气体在金属表面上的化学吸附有比较确定的计量关系，通过测定这些气体在金属表面上的化学吸附量，即可计算出金属表面积即为活性金属表面积。同样，用碱性气体的选择化学吸附可测定催化剂上酸性中心所具有的表面积。

（二）孔结构

催化剂孔结构参数主要有密度、比孔容、孔隙率、平均孔半径、孔径分布等。

1. 密度

如第一章所述，催化剂的密度有堆积密度、颗粒密度、真密度。

（1）堆积密度

催化剂的$V_{堆}$通常采用振动法测定，即将催化剂放入适当直径的量筒中，敲打至体积不变时测得的体积。

$$\rho_{堆} = \frac{M}{V_{堆}} = \frac{M}{V_{隙} + V_{孔} + V_{骨}}$$

（2）颗粒密度

颗粒密度通常用汞置换法测定。颗粒密度通常又称为汞置换密度或假密度。由于在常压下，汞只能进入孔半径大于5×10^4nm的孔中，所以用汞置换法可测得半径大于5×10^4nm的大孔和空隙的体积。

$$\rho_{颗} = \frac{M}{V_{孔} + V_{骨}}$$

（3）真密度

骨架密度通常又称为氦置换密度或真密度。氦气既可进入颗粒之间的空隙，又可以进入颗粒内部的孔，所以用氦置换法可以测得$V_{孔}+V_{隙}$。

$$\rho_{真} = \frac{M}{V_{骨}}$$

2. 比孔容（V_g）

V_g可用四氯化碳法直接测定。一定压力下，四氯化碳在催化剂内孔内凝聚并充满，此时四氯化碳的体积即为催化剂的内孔体积。

3. 孔隙率(θ)

根据前面孔容的定义可知：

$$\theta = V_g \rho_{颗}$$

4. 平均孔半径(r)

根据前面所述，平均孔半径是从简化模型得到的：

$$r = \frac{2V_g}{S_g}$$

5. 孔径(d_p)分布

根据 IUPAC 对孔结构的分类，孔一般可分为三类：

① 微孔：$d_p \leq 2.0$nm，如活性炭、沸石分子筛等；

② 中孔：$2.0 < d_p \leq 50$nm，多数催化剂；

③ 大孔：$d_p > 50$nm，如 Fe_2O_3、硅藻土等。

孔径分布是指催化剂孔容积随孔径变化的关系，即催化剂内微孔、中孔和大孔所占的体积分数，决定于组成催化剂物质的固有性质和催化剂制备条件，是非常重要的信息。

测定孔径分布的方法很多，通常有压汞法、电子显微镜法、吸附曲线计算法(也叫毛细管凝聚法)、分子探针法等。

(三) 催化剂宏观性能测定

1. 催化剂机械强度的测定

工业催化剂除活性、选择性和稳定性合格外，还要有足够的机械强度，以经受搬运时的滚动磨损、装填时冲击和自身重力、还原使用时的相变以及压力、温度或负荷波动时产生的各种应力。因此，催化剂机械强度性能常被列为催化剂质量控制的主要指标之一。

影响催化剂机械强度的因素主要有催化剂的化学物理性能、制备方法、制备工艺流程与制备条件。

测定强度的方法根据使用条件而定。一般情况下，固定床反应器使用的催化剂床层下部要承受上部的重力及输送反应物料的压力，故常用抗压碎强度来衡量固定床用催化剂的强度。流化床催化剂则常用抗磨损强度来衡量。

(1) 抗压碎强度的测定

抗压碎强度的测定方法，是将催化剂单个颗粒置于特定的活塞芯下，逐渐加压直到颗粒破碎，此时活塞芯所加压力即为催化剂颗粒的耐压极限。测量时应根据催化剂形状，对颗粒的侧向和轴向分别进行测试。

测试压碎强度的方法有以单颗粒为试样，也有以一定量的颗粒为试样，见图 2-26(c)。

抗压碎强度(σ_D)以颗粒的单位横截面上承受的载荷(kgf)表示。即：

$$\sigma_D = \frac{P}{S}$$

式中 P——压碎载荷，kgf；

S——原试样承受载荷的面积，cm^2。

(2) 抗磨损强度的测定

① 旋转碰撞法：是测试固定床催化剂耐磨性的典型方法。其基本原理是：将催化剂装入旋转容器内，催化剂在容器旋转过程中上下滚动而被磨损；经过一段时间，取出样品，筛

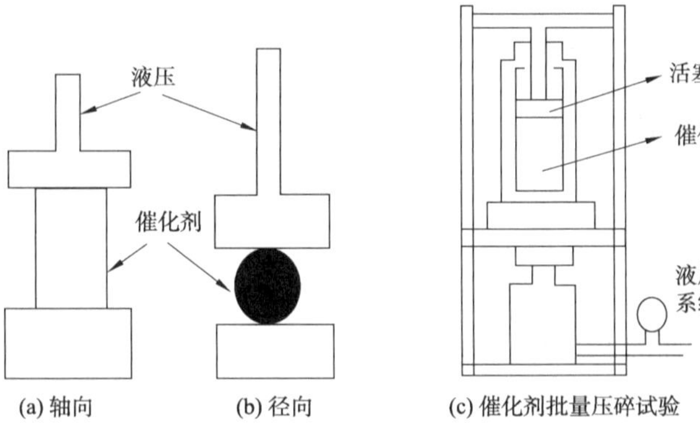

图 2-26　固体催化剂颗粒及批量压碎试验

出细粉，以单位质量催化剂样品所产生的细粉量，即磨损率来表示强度数据。

② 高速空气喷射法：是测定流化床催化剂磨损强度典型方法。其基本原理是：在高速空气流的喷射作用下使催化剂呈流化态，颗粒间摩擦产生细粉，规定取单位质量催化剂样品在单位时间内所产生的细粉量，即磨损指数作为评价催化剂抗磨损性能的指标。

具体方法是将一定量的催化剂装入流化塔内，从塔底送入净化空气，使催化剂在塔内流化，隔一段时间后，测定磨损后剩余催化剂的量，将其除以初始装入催化剂的量，即得催化剂的磨损强度。

磨损强度 $M(t)$ 表示催化剂的抗破损能力，以磨损前后质量比来表示，即：

$$M(t)=\frac{M_t}{M_0}$$

式中　M_t——t 时间内经磨损后剩余试样的质量；

M_0——原来样品的质量。

显然，M_t 愈大，试样的抗磨损能力就愈大。

2. 催化剂热性质的测定

催化剂的热传导控制着热量从催化剂传出或向催化剂传入。关于热传导性能的知识对于分析催化剂床偏离等温状态的程度是重要的，通常希望催化剂床在等温状态下(包括恒定的床温度分布)运行。它对催化反应器的设计和操作都很重要。

当温度循环变化或者其他形式的非稳定温度操作时，催化剂的抗热冲击性能直接关系到其在使用时的机械稳定性。

(1) 热导率

测定催化剂热导率的方法取决于样品的形状。如果是均匀的片状，可用稳态法，从温差直接测得通过已知大小的片的传热速率。将一堆待测的样品片与一堆已知热传导率的片内的温度分布进行比较，也可以测量热导率。

实用的催化剂大多不是均匀的片状，这时可将催化剂颗粒以单层形式埋入已知热导率的快硬树脂平板中。设平行的热传导通路具有加和性，则从所测得的复合平板的热导率可以计算出催化剂的热导率。

(2) 抗热冲击性能

在催化剂制备、使用、再生过程中，温度的剧烈变化使它受到热冲击。由热冲击造成催化剂破坏有两种典型情况：一种是一次性的灾难性破坏；另一种是由热反复作用，使催化剂颗粒经由小规模逐渐剥落而最终解体。

三、催化剂微观结构表征

催化剂的宏观性能是由其组织结构决定的。从近代发展的观点来看，为了比较透彻地描述或鉴定催化剂的组织结构，必须对它的化学成分、元素分布、组成相的形貌(包括形状、大小和分布)和晶体结构、各个组成相之间的取向关系和界面状态以及晶体缺陷的密度和组态等，有一个正确和全面的了解，因为所有这些方面的特征，都对催化剂的宏观性能有重要影响。

催化剂微观结构表征的方法有很多，例如电子显微分析、热分析技术、X射线衍射分析方法、电子能谱分析、程序升温分析技术、红外光谱方法、漫反射紫外-可见光谱方法、拉曼光谱方法、核磁共振及几种方法的联用等。这些表征方法各有其优点和局限性，有时需要通过多种方法，从不同角度对催化剂进行表征。

(一) 程序升温分析技术

1. 程序升温脱附(TPD)

程序升温脱附是将已吸附了吸附质的吸附剂或催化剂按预定的升温程序(如等速升温)加热，得到吸附质的脱附量与温度关系图的方法。主要用于考察吸附质与吸附剂或催化剂之间的相互作用情况，可获得催化剂表面性质、活性中心、表面反应等方面的信息。

2. 程序升温还原(TPR)

程序升温还原是指催化剂在升温过程中被还原。这里的催化剂主要是氧化物，在还原过程中，金属离子从高价态变成低价态直至变成金属态，对催化剂最常用的还原剂是 H_2和CO。利用TPR可以提供负载型催化剂在还原过程中活性组分和载体间或金属组分之间的相互作用信息，而且可以根据还原峰消耗的氢气量来判断还原前后金属的价态。

3. 程序升温氧化(TPO)

催化剂使用过程中，活性逐渐下降，其中原因之一是催化剂表面有炭生成。TPO法主要是研究催化剂表面积炭、积炭生成机理和发生部位的有效手段。此外，通过TPO法还可以对催化剂的吸氢性能、晶格硫的状态、氧化性能及钝化再生过程进行研究，从而可以进一步了解助剂、载体、杂质、制备方法和使用条件等对催化剂的影响。

4. 程序升温硫化(TPS)

程序升温硫化技术是一种研究催化剂物种是否容易硫化的简便有效方法，广泛用于获得加氢处理催化剂硫化过程信息，揭示在硫化处理过程中各种氧化物的硫化度，更能接近原位状态表征催化剂的硫化过程。TPS技术还可以提供载体对活性组分相互作用从而影响活性组分硫化性能和加氢脱硫(HDS)性能的信息。如因环保要求石油制品中允许的含硫量越来越苛刻，从而进一步推动和发展了HDS催化剂的研究。对于HDS催化剂，几十年来已研究得比较详细，现在对HDS催化剂的研究基本上朝两个方向进行：一个是寻找新的活性组分，已发现 Mo_2C、Mo_2N 具有相当高的HDS活性；另一个是寻找替代 Al_2O_3的适宜载体材料，以水滑石为前驱物制成的 $MgO-Al_2O_3$复合氧化物和介孔载体MCM-41分子筛，成为人们关注的载体材料。

5. 程序升温表面反应(TPSR)

升温过程中固体表面发生分解反应，固体表面吸附物和另一种物质发生催化反应或吸附物发生反应(如脱氢、氢解、脱氢芳构化等)都属于 TPSR 的研究对象。通过这些研究可以揭示活性中心的性质和考察表面反应机理。

(二) 热分析技术

热分析技术是一种动态温度技术，研究物质在受热或冷却过程中其性质和状态的变化，并将此变化作为温度或时间的函数来研究其变化规律的一种技术。

热分析方法种类很多，涉及的内容也很广泛，但在催化剂研究方面应用最为广泛的是热重法(TG)、差热分析法(DTA)和差失扫描量热法(DSC)。TG、DTA 和 DSC 均为可以跟踪显示在催化反应中热量和重量变化以及状态的变化等，是催化剂研究的重要手段之一。从催化剂制备、催化反应、催化剂失活到催化剂再生整个过程，热分析技术均提供有价值的信息和数据，且热分析的定量性为其他分析方法所不及。

热分析技术在催化剂制备条件的选择、催化剂组成及活性组分价态的确定、活性组分与载体间的相互作用、活性组分分散阈值及分散度的测定、固体催化剂表面酸碱性测定、催化剂老化及失活机理的研究等方面得到了广泛的应用。

(三) 多晶 X 射线衍射分析方法(XRD)

多晶 X 射线衍射的基础理论是：X 射线是一种电磁波，是交变振荡的电磁场，当它照射到晶体上时，构成晶体的原子内的电子会在交变电场的作用下振动，成为一个新的振源，从而将入射的电子波向各方散射，这些散射波与入射波具有相同的频率。基于晶体结构的周期性，晶体中各个电子的散射波可相互干涉、相互叠加，称为衍射现象。X 射线衍射在催化剂物相组成、晶胞常数、平均粒径大小、分子筛结构的测定等方面得到广泛应用。

(四) 光谱法

1. 红外光谱法(FTIR)

红外光谱又称分子振动转动光谱，属分子吸收光谱。样品受到频率连续变化的红外光照射时，分子吸收其中一些频率的辐射，分子振动或转动引起偶极矩的净变化，使振-转能级从基态跃迁到激发态，相应于这些区域的透射光强减弱，记录透过率 $T(\%)$ 对波数或波长的曲线，即为红外光谱。

红外光谱在吸附分子的研究、分子筛骨架的研究、固体表观酸性的测定和积炭组成分析等方面有广泛应用。

2. 拉曼光谱(LSR)

拉曼光谱分析技术是以拉曼效应为基础建立起来的分子结构表征技术。其信号来源与红外光谱相同，均来源于分子的振动和转动。拉曼光谱适用于分子骨架测定，能观察低频振动信息，不受水的干扰，适合水溶液。但分子的极化率发生变化时才能产生拉曼活性，而红外光谱只有分子的偶极矩发生变化时才具有红外活性，因此二者有一定程度的互补性，而不能相互替代。在某些实验条件下拉曼光谱具有优于红外光谱的特点。

拉曼光谱被广泛应用于催化剂领域，在负载型金属氧化物催化剂表征、沸石分子筛催化剂结构表征、吸附物种与吸附表面等研究中取得了丰富的成果。

(五) 显微分析法

电子显微分析是以电子光学的方法将具有一定能量的电子(或离子)汇聚成细小的入射

束，通过与样品物质的相互作用激发表征材料微观组织结构特征的各种信息，监测并处理这些信息，从而提供有关物质的形貌、微区成分和结构方面的有价值的信息和资料。由于电子显微镜能够获得微小物体的体相成分、表面形貌和几何结构的有关信息，并可以在原位进行观察操作，因此电子显微镜是一种能在原子、分子尺度上并可以在原位进行催化剂表征的有效工具。

电子显微分析仪器主要有透射电子显微镜(TEM)、扫描电子显微镜(SEM)、电子探针X射线显微分析仪(MA)、离子探针(SIMS)、俄歇电子能谱仪(AES)等表面分析仪器。在催化剂研究中，应用较多的是透射电子显微镜(TEM)和扫描电子显微镜(SEM)。

TEM是一门具有微分成分分析和显微形貌观察与二维几何结构研究功能的新技术。TEM的成像原理与光学显微镜类似，是通过材料内部的散射和干涉或衍射作用成像，一般能给出极薄样品所有深度同时聚集的投影像。样品在高能电子束照射下，由于样品厚度、元素、缺陷、晶体结构等的不同，透过样品的电子会产生不同的花样或图像衬度，由此可以推测样品的相关信息。由于电子束要能透过样品，因此要求样品厚度很薄，一般要小于100nm。

TEM常用于观测催化剂粉末的形态、尺寸、粒径大小和分布。可用于催化剂的物性检测、活性催化剂表面形态、催化剂制备过程的跟踪与观察以及在催化剂处理、使用中的失活、中毒、再生的观察研究等领域。

SEM的工作原理与电视机的扫描方式相似，依据电子与物质的相互作用，将一细聚焦的电子束在样品表面上逐点扫描成像。SEM的试样为块状或粉末颗粒，成像信号可以是二次电子、背散射电子或吸收电子，其中二次电子是最主要的成像信号。由电子枪发射的电子源，经二级聚光镜及物镜的缩小形成具有一定能量、一定束流强度和束斑直径的微细电子束，在扫描线圈驱动下，于试样表面按一定时间、空间顺序进行栅网式扫描。聚焦电子束与试样相互作用，产生二次电子发射，二次电子发射量随试样表面形貌而变化。二次电子信号被探测器收集转换成电信号，经视频放大后输入到显像管栅极，调制与入射电子束同步扫描的显像管亮度，得到反映试样表面形貌的二次电子像。

由于SEM可以直接观察物体的表面，因此，通过催化剂表面形貌分析可以对催化剂的表面晶粒形状大小、活性表面的结构与催化活性的关系、催化剂的制备、催化剂的失活等方面进行研究。但是由于SEM分辨力较差而导致其在许多应用方面受到一定限制。

第五节　固体催化剂制备方法新进展

一、稀土元素与催化剂

稀土元素在工业上的实际应用是从催化剂开始的，以稀土为主体的一系列工业催化剂在石油化工、汽车尾气净化等领域得以应用。根据美国地质调查局2020年报告，2019年全球稀土储量为120Mt，其中中国储量达44Mt，占比达37.96%。另外，值得强调的是，中国中重稀土资源的储量优势尤为突出，查明储量占世界90%以上。无疑中国是全球稀土储量最为丰富的国家，是名副其实的稀土资源大国。

稀土在催化剂中的作用是：①提高催化剂载体的机械强度；②提高催化剂的热稳定性，

提高载体的耐热性能；③催化剂中加入稀土以助催化剂的形式增加催化活性，提高催化剂的活性；④节约贵金属，降低催化剂成本。

稀土在石油裂化中的应用是催化裂化催化剂的重大突破。这类催化剂与普通硅铝催化剂相比，主要优点是具有较高的活性、较好的选择性，使用寿命提高 2 倍以上。在石油裂化中使用稀土催化剂，原油转化率增加 35%，汽油转化率提高 10%，产油率增加 25%~50%，炼油成本降低 20%。

稀土除在石油裂化中得到应用外，还在汽车尾气净化催化剂中得到广泛应用。随着汽车工业的发展，汽车尾气已成为当今世界环境的最大污染源。汽车尾气中的有害成分主要为一氧化碳(CO)、碳氢化合物(HC)、氮氧化物(NO_x)。安装催化净化转化器(三效催化剂)是降低汽车尾气污染物的主要措施，而转化器的主要催化活性成分是贵金属。20 世纪 70 年代，钙钛矿型稀土催化剂已用于汽车尾气污染治理，稀土催化剂比铂催化剂具有更高的活性、化学稳定性、高温稳定性和更长的寿命，同时也是还原氮氧化物(NO_x)的有效催化剂。

稀土在汽车尾气催化剂中的应用，主要体现在以下三个方面：①用含钇 0.5%~4%的铬铝钇的不锈钢基体代替陶瓷基体；②将氧化铈(CeO)加到以铂、钯、铑为催化剂的氧化铝载体内；③将 La_2O_3 直接加到铂族催化剂内。

稀土在汽车尾气净化催化剂中的关键作用是提高载体的耐热性能，以助催化剂的形式增加催化活性，节约贵金属，通过对含氧量的调节作用，使催化剂的氧化还原作用能够顺利进行。

二、纳米技术与催化剂

多相催化剂及载体尺寸对催化活性有很大影响。在许多情况下，对于给定的催化剂，其比表面积和催化剂颗粒直径成反比，颗粒越小，催化剂的比表面积越大，多相催化反应的反应速率越大。如果将颗粒直径由 10μm 降到 10nm，则反应速率有可能增加 10^3 倍。换句话说，当颗粒直径减小到纳米尺度，则会使某些原来速度极慢的反应得以快速进行。

纳米微粒通常指其颗粒尺寸在 1~100nm 之间，处于原子簇和宏观物体交界过渡区域的一种体系。纳米微粒的制备有固相法、液相法和气相法。工业上比较典型的方法是液相法。其方法是选择一种或多种合适的可溶性金属盐类，按照所制备材料组成的化学计量比配制成溶液，使各组成单元呈离子态或分子态，再选择一种合适的沉淀剂(也可以用蒸发、升华、水解等方法)，使金属离子均匀沉淀或结晶出来，最后将沉淀物或结晶物脱水或分解而得到纳米微粒。这样对于复杂材料也可以获得化学均匀性很高的纳米材料，不但成本很低，制备方便，且产量很大。

三、超临界技术与催化剂

(一) 用超临界场对催化剂改性

甲醇与异丁烯气相合成甲基叔丁基醚(MTBE)反应中，改性β-浮石具有极高活性。采用超临界技术制备的改性沸石催化剂在酸性和催化性能方面得到明显改善，制备的 B_2O_3-H-β-Al_2O_3 和 SO_4^{2-}-Fe_2O_3-H-β-Al_2O_3 催化剂在反应温度为 100℃、醇烯物质的量比为 1.6∶1、空速为 $5600h^{-1}$ 条件下的反应结果可知，超临界场制备的催化剂的活性明显高出普通方法制备的催化剂；超临界方法制备的 B_2O_3-H-β-Al_2O_3 催化剂，异丁烯最高转化率可达 35.5%，比普通制备方法高出 9.8%；超临界制备的 SO_4^{2-}-Fe_2O_3-H-β-Al_2O_3 催化剂，异丁烯最高转化率可达 34.8%，比普通制备方法高出 11%。通过寿命实验考察 B_2O_3-H-β-Al_2O_3 和 SO_4^{2-}-Fe_2O_3-H-β-Al_2O_3 催化剂的稳定性，超临界方法制备的硼改性催化剂的初始活性较普通方法高，活性稳定期长，在 70h 左右活性开始明显下降，到 90h 以后异丁烯转化率还能达到 10%，比普通硼改性催化剂至少高出 5%。这说明利用超临界场对催化剂的稳定性有促进作用。

(二) 利用超临界流体特性制备催化剂

利用超临界流体(Supercritical fluid, SF)的特性制备催化剂，一方面通过调节温度和压力可显著改变溶解度的特性，将超临界流体作为负载型催化剂的溶剂；另一方面利用高扩散和低黏度特性可使超临界流体作为向微孔中输送活性组分的溶剂。

用超临界流体结合化学法制备金属和金属氧化物微粒的例子很多。Armor 等使溶解在超临界醇中的金属盐反应析出成功地合成出了金属(合金)微粒，在 275℃、15MPa 条件下，用含有 10%水的超临界甲醇溶解醋酸铜，并通过减压操作制得铜微粒。

目前，超临界流体下的多相催化反应的研究发展迅速，特别是环境友好的超临界多相催化反应更为人们关注。相对于液体，超临界流体的扩散系数大、黏度小，张力也小，有利于扩散；超临界流体的溶解度比气体大，又具有液体所不具备的溶解选择性，因此可以提高反应物浓度，加速反应；超临界流体允许人为地控制相行为，只要微小地改变温度和压力，就可以实现反应物的溶解、产物和催化剂的析出以及提高反应速率和反应的选择性。例如，在超临界流体丙烯催化聚合生成聚丙烯的反应中，调节压力、温度，使得聚丙烯的相对分子质量达到一定值，其在超临界流体中的溶解度就会发生变化，于是就会从超临界流体中析出，简化了产物的分离过程。利用超临界流体优良的溶解能力可去除催化剂表面上的积炭、结焦和毒物，使催化剂恢复活性，延长催化剂的使用寿命。

在超临界反应中，CO_2、H_2O 等环境友好流体可代替有机溶剂，其效果与有机溶剂相近，而且廉价、无毒、惰性、来源丰富。超临界水的催化反应温度多在 200~350℃，随着温度、压力的改变，它具有许多有机溶剂的特性。

另外，超临界流体相转移催化和超临界流体酶催化过程也为环境友好多相催化提供了新途径，在烷基化反应、氨基化反应、裂解反应、酯化反应、费托反应、加氢反应、异构化反应、氧化反应等都有广泛的应用。

随着酶催化剂的发展，传统水溶剂受限制，非水溶剂的使用逐渐增多，利用超临界流体作为酶催化反应介质，可增加水溶剂的可调节性，因为超临界流体的密度随压力、温度的改变而改变。从而与密度有关的常数，如介电常数、溶解度、分配系数等就会随压力、温度的调节而发生变化，使得酶反应人为可控制。超临界技术应用到酶催化反应体系的例子很多，目前研究的重点是在超临界流体条件下如何保持酶的活性。

四、膜技术与催化剂

膜分离技术是近 40 年迅速兴起的分离技术，将其与催化技术结合，诞生了各种膜催化反应器。20 世纪 80 年代初，出现了耐高温的无机膜材料，它们既具有催化功能，又具有高温热稳定性和化学稳定性。近年来，在多相催化中将催化反应和膜分离技术结合起来，为膜催化反应器与膜催化剂的应用提供了条件。

组成膜催化反应器与膜催化剂的膜多数为无机膜，主要有金属合金膜，最常用的是 Pd

合金膜，这种膜可使 H_2 完全有选择性地透过；固体电解质膜，例如 H_2 与 O_2 选择性透过 ZrO_2、ThO_2 与 CeO_2 氧化物膜等；多孔膜，这种膜材料比致密膜材料可透过的化合物多，从分子透过此膜的机理来看，这与孔隙尺寸、温度、压力、膜及透过分子自身性质有关。

膜与催化剂一般有 4 种组合形式：膜与催化剂是两个分离的部分；催化剂装在膜反应器中；膜材料本身具有催化作用；膜作为催化剂载体。其中后两种形式称为膜催化剂或催化膜，它与常规催化剂相比，其优点是扩散阻力小，温度易控制，选择性高，反应生成副产物较少，产物纯度高。

催化剂膜可用微孔陶瓷、玻璃粒子、分子筛烧结作基料，造孔可用溶胶浸涂加化学刻蚀等方法制备。例如 SiO_2 与 $Na_2O-B_2O_3$ 制模成管后，用酸溶解后者，而成无机膜载体，再用沉淀、浸渍或气相沉积加入其他催化成分。

膜催化反应器的主要优势在于：由于膜催化反应器同时具有分离功能，所以可以及时实现反应产物的分离，使化学平衡向生成主反应产物的方向移动，从而大大提高转化率，降低反应条件的苛刻度，如降低反应温度、压力、改善选择性、降低能耗等；由于反应产物迅速离开反应体系，可避免副产物的产生，提高反应的选择性；由于取消了反应后复杂的分离工序，使工艺简单，节省投资。这样的过程，对那些通常条件下平衡转化率较低以及放热的反应，尤其具有宝贵的价值。

膜催化剂当前开发的重点是突破成膜技术，使其商品化、系统化，要研制适用于石油化工、石油炼制、有机化工和精细化工用的工业催化剂用膜，如陶瓷材料、碳素材料、沸石材料、各种金属氧化物复合材料、玻璃材料等无机材料膜。

五、气相沉积法

所谓气相沉积就是利用气态物质在固体表面上进行化学反应，在该固体表面上形成固态沉淀物，进而制得固体材料的工艺技术。即利用气相反应，在高温、等离子或激光辅助等条件下，控制反应气压、气流速度、基片材料温度等因素，从而获得超细结构的薄膜材料。

气相沉积法已成功地用于制取各种特殊的高新材料，如超电导材料 Nb_3Ga、微电子材料中的单晶硅、金属硬质保护层碳化钛、太阳能电池板 SiO_2/Si 等。由于这些材料超细或超纯，或由于特殊的微观晶体构造，赋予它们特异性能，如碳晶的单位强度高于钢、光纤导管的光通量大而损失少等。另外，在制备选择性通过氢的复合致密型 Pd 膜和 Pd 合金膜方面有着广泛的应用前景。

以下沉积反应，机理已比较成熟，有一定应用价值，其中有些反应可望用于催化剂制备。

$$SiH_4(\text{气}) \xrightarrow{800\sim1000℃} Si\downarrow +2H_2$$

$$Pt(CO)_2Cl_2(\text{蒸气}) \xrightarrow{600℃} Pt\downarrow +2CO+Cl_2$$

$$Ni(CO)_4(\text{蒸气}) \xrightarrow{140\sim240℃} Ni\downarrow +4CO$$

六、微乳化技术与催化剂

微乳液是由水、油、表面活性剂和助表面活性剂在适当的比例下形成的透明或半透明、各向同性的热力学稳定体系。微乳化技术是一种全新技术，用于制备催化剂的关键是在微乳液中形成催化剂活性组分或载体。由于催化剂组分被分散得十分均匀，所以采用微乳化技术制造出的催化剂将有非常小的颗粒直径、巨大的比表面积和极高的催化活性。

在乳液的制备过程中，乳化剂的选择是至关重要的。它必须具备的条件有：好的表面活性和低的界面张力；必须能形成一个被压缩的界面膜；必须在界面张力降到最低时能及时迁移到界面，即有足够的迁移速率。

目前，在工业上已采用微乳化技术制备聚合物微球，可用作催化剂载体，或用以制作高效离子交换树脂型催化剂。一个典型的例子是用微乳化技术制备 Rh/ZrO_2催化剂。活性组分铑盐与溶剂环己烷、表面活性剂一起，在高速搅拌下混合，形成铑盐的微乳分散体，其中的铑盐被还原剂肼还原成纳米级铑细晶。同时，正丁醇锆也被分散于环己烷中，当加入 $NH_3 \cdot H_2O$ 沉淀剂后，在 40℃下形成氢氧化锆，再通过加热、还原处理，即得催化剂成品。

习　题

一、判断题

1. 催化剂比表面积的大小由一次粒子的大小决定。一次粒子大，则比表面积大。(　　)

2. 催化剂孔容的大小由一次粒子的大小决定。一次粒子大，则孔容大。(　　)

3. 催化剂的孔径分布由一次粒子的大小决定。一次粒子大，则孔径分布集中。(　　)

4. 溶液浓度大时形成的一次粒子也大。(　　)

5. 老化过程中，小的胶球粒子会逐渐变大。(　　)

6. 老化过程中，胶球粒子之间的缩聚作用不再进行。(　　)

7. 几乎所有固体催化剂至少都有一部分是由沉淀法制得的。(　　)

8. 在缓慢沉淀过程中，溶液的过饱和度愈大，得到的晶粒越大。(　　)

9. 溶液浓度大时形成的一次粒子也大。(　　)

10. 一般说来，极性强的盐类如 $NiCO_3$、$MgNH_4PO$、CaC_2O_4等，具有较大的定向速度，容易形成晶形沉淀。(　　)

11. 同一金属离子的硫化物比其氢氧化物容易形成晶形沉淀。(　　)

12. 一般选用盐类沉淀剂时容易形成非晶形沉淀，不便于沉淀物的洗涤和过滤。(　　)

13. 沉淀的溶解度大时，会形成无定形沉淀，甚至胶体。(　　)

14. 沉淀洗涤的目的是为了除去混杂在沉淀中的母液，并洗去沉淀表面吸附的部分杂质。(　　)

15. 在用共沉淀法制备多组分催化剂时，若组分之间形成固熔体，则分散度不够理想。(　　)

16. 浸渍型催化剂好坏的最终判断标准是活性组分分布得均匀与否。(　　)

17. 浸渍法适用于稀有贵金属催化剂或活性组分含量很少的催化剂的制备。(　　)

18. 进行离子交换时，交换当量越大越好。(　　)

19. 在催化剂床层压力降许可的情况下，使用颗粒较粗的催化剂，可以减轻水分对催化剂的反复氧化还原作用，从而减轻水分的毒化作用。(　　)

20. 催化剂的组成与催化剂的还原行为无关。(　　)

21. 同一种还原气，因组成含量或分压不同，还原后催化剂的性能也不同。(　　)

22. 溶液浓度是影响硅酸缩聚反应速度的最重要因素。(　　)

23. 催化剂的表面积与催化剂的活性成正比。(　　)

24. 催化剂煅烧时会使平均孔径增大。(　　)

25. 在沉淀法制备催化剂时，以尿素代替常用的碱是为了得到颗粒大小宽分布的催化剂。(　　)

26. 有时载体和活性组分之间也可能发生化学作用，从而改善活性组分的催化活性。(　　)

27. 载体也称担体，它是催化活性物质的分散剂、黏合物或支持物。(　　)

28. 载体不能提高催化剂的机械强度。(　　)

29. 焙烧对催化剂或载体的表面酸性会产生影响。(　　)

30. 对多孔性催化剂来说，孔的结构不会影响催化剂的机械强度、寿命和耐热性。(　　)

二、单选题

1. 下列催化剂制备方法中，只能制备低含量金属负载型催化剂的是(　　)。

A. 沉淀法　　B. 机械混合法　　C. 离子交换法　　D. 浸渍法

2. 用沉淀法制备窄分布的小颗粒催化剂时，应控制(　　)。

A. 成核速率比长大速率快　　B. 成核速率比长大速率慢

C. 成核速率与长大速率相当　　D. 与成核速率和长大速率无关

3. BET 方程式的导出是基于(　　)。

A. 化学吸附的多分子层理论，借用 Langmuir 的理想表面吸附模型推导出来的

B. 物理吸附的多分子层理论，借用 Langmuir 的理想表面吸附模型推导出来的

C. 物理吸附的单分子层理论，借用 Langmuir 的理想表面吸附模型推导出来的

D. 物理吸附的多分子层理论，借用 Freundlich 的非理想表面吸附模型推导出来的

4. 下列选项中关于物理吸附描述正确的是(　　)。

A. 物理吸附前后分子结构发生变化　　B. 物理吸附涉及的是价键力

C. 物理吸附热一般较小　　D. 物理吸附总是吸热的

5. 用沉淀法制备窄分布的大颗粒催化剂时，应控制(　　)。

A. 长大速率比成核速率快　　B. 长大速率比成核速率慢

C. 长大速率与成核速率相当　　D. 与成核速率和长大速率无关

6. 用浸渍法制备 $NiO/\gamma-Al_2O_3$催化剂时，当焙烧温度为 500~600℃时，会发生(　　)。

A. $\gamma-Al_2O_3$的晶相转变　　B. $\gamma-Al_2O_3$孔结构破坏

C. NiO 与 $\gamma-Al_2O_3$固态反应生成 $NiAl_2O_4$　　D. NiO 的挥发损失

7. 下列(　　)制备方法是控制均匀沉淀的有效方法。

A. 在金属盐溶液中加入 NaOH 作沉淀剂　　B. 在金属盐溶液中加入尿素作沉淀剂

C. 在金属盐溶液中加入 Na_2CO_3作沉淀剂　　D. 在金属盐溶液中加入醋酸作沉淀剂

8. 在用压汞法测孔结构时，(　　)。

A. 样品孔半径越大，所需汞压越大　　B. 样品孔半径越小，所需汞压越小

C. 样品孔半径越大，所需汞压越小　　D. 样品孔半径与所需汞压无关

9. 关于化学吸附描述不正确的是(　　)。

A. 化学吸附发生在比吸附物沸点高得多的温度

B. 化学吸附的吸附量总是随着温度的升高而单调地减少

C. 化学吸附与吸附活化能有关
D. 化学吸附可有较大的温度范围变动
10. 下列关于结污描述不正确的是(　　)。
A. 结污是指物理的封闭
B. 结污是指催化剂表面上的含碳沉积物
C. 结污是指反应器中的各种碎屑在催化剂颗粒上的沉积
D. 结污遮盖了催化剂表面，封锁了活泼表面
11. 下列催化过程中，因活性组分挥发流失造成催化剂失活的是(　　)。
A. 用于催化重整反应的 Pt-Re/γ-Al_2O_3催化剂
B. 用于催化酯化反应的固体酸催化剂
C. 用于催化醋酸和乙炔合成醋酸乙烯的醋酸锌/活性炭催化剂
D. 用于催化加氢反应的骨架镍催化剂
12. 催化剂因烧结而发生的变化有(　　)。
A. 催化剂微晶长大　　B. 催化剂孔径分布发生变化
C. 催化剂活性位减少　　D. 以上变化都有可能发生
13. 下列催化剂中(　　)对毒物最敏感。
A. 用还原法制得的金属催化剂　　B. 金属氧化物催化剂
C. 金属硫化物催化剂　　D. 分子筛催化剂
14. 下列(　　)与毒物分子在催化剂表面上的覆盖程度即覆盖因子关系不大。
A. 毒物分子的性质　　B. 毒物分子的结构
C. 毒物分子在空间运动占有的有效体积　　D. 毒物分子的物理吸附能力
15. 以下属于催化剂装填方法的是(　　)。
A. 普通装填　　B. 密相装填
C. 分级装填　　D. 以上三项都是
16. 催化剂发生中毒时，(　　)。
A. 同一催化剂，其毒物是确定的
B. 同一类型的反应，催化剂的毒物也是确定的
C. 催化剂的活性不可能再恢复
D. 有时可利用中毒提高催化剂的选择性
17. 与孔结构有关的物理性能有(　　)、孔容、平均孔半径及孔隙分布等。
A. 颗粒大小　　B. 密度　　C. 比表面积　　D. 颗粒形状
18. 溶液中生成沉淀的首要条件是(　　)。
A. 溶液浓度很大　　B. 溶液浓度为饱和浓度
C. 溶液的饱和度 $\alpha=1$　　D. 溶液的过饱和度 $\beta>0$
19. 制备沉淀物最基本的要求是(　　)。
A. 沉淀剂的溶解度很小　　B. 沉淀物的溶解度很小
C. 沉淀剂不易分解　　D. 沉淀物的溶解度很大
20. 共沉淀法是用来制备高含量的多组分催化剂或(　　)。
A. 活性组分　　B. 助催化剂　　C. 催化剂载体　　D. 主催化剂

21. 沉淀法的基本原理是借助于(　　)来制得催化剂成品。

A. 分解反应　　B. 中和反应　　C. 还原反应　　D. 氧化反应

22. 对球形催化剂，能防止催化剂中毒，并能减少其在使用过程中因冲蚀和磨损而造成活性组分流失的是(　　)。

A. 蛋白型和蛋黄型　　B. 蛋壳型和蛋白型

C. 均匀型和蛋壳型　　D. 均匀型和蛋黄型

23. 对球形催化剂，若活性组分的扩散性能大于竞争吸附剂的扩散性能，则活性组分在载体上的分布类型为(　　)。

A. 蛋白型　　B. 蛋壳型　　C. 均匀型　　D. 蛋黄型

三、简答题

1. 多相催化剂常用哪些方法来制备？为什么制备固体催化剂都需要经过热处理？其目的是什么？

2. 沉淀法制备催化剂的原理是什么？金属盐和沉淀剂的选择原则是什么？

3. 沉淀法分为哪几类？在沉淀反应中，溶液中生成沉淀的首要条件是什么？

4. 生成晶形沉淀和非晶形沉淀的条件是什么？

5. 沉淀法制备催化剂过程中，加料方式有哪几种？

6. 制备催化剂时，沉淀物为何要陈化？沉淀物的后处理过程有哪些？

7. 制备催化剂时，干燥和焙烧的目的是什么？

8. 浸渍法分为哪几类？其制备催化剂的原理和过程是什么？

9. 简述干燥速度对活性组分在载体颗粒中分布的影响。

10. 制备 $Pt/\gamma\text{-}Al_2O_3$ 催化剂时，采用什么方法可使 Pt 更多地分散在载体的孔内？简述其制备原理。

11. 试分别解释混合法、热熔融法和离子交换法。

12. 请简述 Raney 镍催化剂的制备方法及其过程。

13. 催化剂成型的含义是什么？成型方法有哪几种？

14. 如何对催化剂进行评价？简述催化剂活性评价的目的。

15. 表征催化剂可提供的信息有哪些？一般来说表征催化剂物理结构时主要表征哪些参数？

16. 请说明常用测定催化剂表面积的方法，以及实验室常用的方法和特点是什么？

17. 简述活性表面积的测定。

18. 催化剂的密度分为哪几类？

19. 简述氦-汞法测定比孔容的原理和步骤。

20. 测定颗粒大小和分布的方法有哪些？

21. 催化剂微观结构的表征方法有哪些？

22. 工业固体催化剂在使用前和使用中受到的机械应力大致有哪几种？

23. 什么是催化剂活化？催化剂失活的原因有哪些？如何防止催化剂活性衰退？

24. 简述金属污染的危害和解决金属污染的办法。

25. 催化剂再生的方法有哪些？

26. 怎样理解催化剂的使用寿命与适时判废的关系？

第三章　石油炼制催化剂

石油炼制工业是把原油通过石油炼制过程加工成各种石油产品的工业。石油产品的用途非常广泛，如各种现代交通运输工具使用的石油液体燃料，以及各行各业所使用的机械、仪表使用的润滑油和润滑脂，都可通过石油加工而来；还有石蜡、沥青、溶剂等石油产品是许多工业部门不可缺少的材料。石油产品也是生产各种石油化工产品的基本原料，如合成树脂、合成橡胶、合成纤维等。可以说，国民经济、国防建设和人民生活的各个方面，都离不开石油产品。

原油炼制技术主要分为无催化剂的热加工和有催化剂存在的催化加工两大类。无催化剂的热加工主要包括蒸馏、延迟焦化、热裂化、减黏裂化、分子筛脱蜡、氧化沥青和溶剂精制等。其中蒸馏、分子筛脱蜡和溶剂精制主要是物理变化过程。

有催化剂存在的催化过程主要包括催化裂化、催化重整、催化加氢(包括加氢精制、加氢裂化等)和轻烃的烷基化、异构化和醚化等，以化学反应为主，也伴有物理过程。催化加工装置是现代炼油厂的主体，而催化剂则是催化加工技术的核心。本章介绍在催化加工中所使用的各种催化剂，包括其组成、性质、作用机理和工业应用。

第一节　酸碱定义及固体酸性质的测定

一、酸碱定义

S. A. Arrhenius(阿伦尼乌斯)在研究电解质在水溶液中的表现时，曾对酸、碱定义如下：能在水溶液中给出质子(H^+)的物质称为酸；能在水溶液中给出氢氧根离子(OH^-)的物质称为碱。

1923 年，J. N. Brönsted(Bronsted)(布朗斯特)提出质子论：凡是能给出质子的物质称为酸(B 酸)；凡是能接受质子的物质称为碱(B 碱)。互为酸、碱者，称为共轭酸碱。

1923 年，G. N. Lewis(路易斯)根据电子理论，提出了电子论：所谓酸，即电子对的受体，如 HF；所谓碱，则是电子对的供体，如 NH_3。1938 年，Lewis 进一步对自己的理论给以阐明，才得到广泛传播。

通常人们说凡能接受电子对的物质，称为酸(L 酸)；凡能给出电子对的物质，称为碱(L 碱)。和质子酸的情况一样，互为酸、碱者，为共轭酸碱。

近年来，R. S. Mulliken(密立根)引入电荷转移的概念，根据电子转移的方向定义了电子供体(D)和电子受体(A)，认为“D 和 A 是相互作用的，当负电荷由 D 向 A 转移时，结果将生成另一种与原来 D、A 都不同的物质——一种新的加成化合物”。

该定义具有更广泛的意义，除了普通的酸-碱反应(如烯烃水合、烃类异构、烷基化、烷基转移、裂解、聚合等)，也适用于电荷转移的配合物反应。

本节讨论仅限于 Brönsted 酸、碱定义范围内的酸、碱催化反应。

二、固体酸、碱催化剂及其催化作用

石油炼制和石油加工中，酸催化剂占有重要的地位，如：烃类催化裂化，烯烃催化异构化，芳烃和烯烃的烷基化，烯烃和二烯烃的齐聚、共聚、高聚，烯烃水合，醇脱水等，均需酸催化剂。工业上应用的酸催化剂多为固体酸。对固体碱催化剂的研究和了解较少。

（一）固体酸、碱的定义及分类

1. 固体酸、碱的定义

固体酸：表面具有可以给出质子（B 酸）或者能从反应物接受电子对的（L 酸）活性中心的固体。例如，Al_2O_3、ZnO_2、$MgO-SiO_2$、$SiO_2-Al_2O_3$、杂多酸、分子筛等。

固体碱：表面具有可以从反应物接受质子（B 碱）或者能给出电子对的（L 碱）活性中心的固体。例如，MgO、CaO、SiO_2-CaO、$MgO-Al_2O_3$和碱性分子筛等。

2. 分类

到目前为止，研究和开发的固体酸和固体碱数量众多，见表 3-1 和表 3-2。

表 3-1　固体酸的分类

序号	类型	举　例
1	天然黏土类	高岭土、膨润土、活性白土、蒙脱土、天然沸石等
2	浸润类	H_2SO_4、H_3PO_4等液体酸浸润于载体上，载体为 SiO_2、Al_2O_3、硅藻土等
3	阳离子交换树脂	二乙烯基苯共聚物
4	活性炭经 573K 热处理	
5	金属氧化物和硫化物	Al_2O_3、TiO_2、CeO_2、V_2O_5、MoO_3、WO_3、CdS、ZnS 等
6	金属盐	$MgSO_4$、$SrSO_4$、$ZnSO_4$、$NiSO_4$、$Bi(NO_3)_3$、$AlPO_4$、$TiCl_3$、BaF_2等
7	复合氧化物	$SiO_2-Al_2O_3$、SiO_2-ZrO_2、$Al_2O_3-MoO_3$、$Al_2O_3-Cr_2O_3$、TiO_2-ZnO、$TiO_2-V_2O_5$、$MoO_3-CoO-Al_2O_3$、杂多酸、合成分子筛等

表 3-2　固体碱的分类

序号	类型	举　例
1	浸润类	NaOH、KOH 浸润于 SiO_2、Al_2O_3上；碱金属、碱土金属分散于 SiO_2、Al_2O_3、K_2CO_3上；R_3N、H_3N 浸于 Al_2O_3上；Li_2CO_3/SiO_2等
2	金属氧化物	MgO、BaO、ZnO、Na_2O、K_2O、TiO_2、SnO_2等
3	金属盐	Na_2CO_3、K_2CO_3、$CaCO_3$、$(NH_4)_2CO_3$、$Na_2WO_4\cdot 2H_2O$、KCN 等
4	复合氧化物	SiO_2-MgO、Al_2O_3-MgO、SiO_2-ZnO、ZrO_2-ZnO、TiO_2-MgO 等
5	其他	用碱金属离子或碱土金属离子处理、交换的合成分子筛
		阴离子交换树脂
		活性炭经 1173K 热处理或用 Na_2O、NH_3活化

（二）固体酸碱催化反应机理

多相酸碱催化常使用固体酸碱催化剂。在固体酸碱催化剂作用下，有机物可生成碳正离子、碳负离子。烃类的酸催化多以碳正离子反应为特征。本节只讨论碳正离子的形成及其反应规律。

1. 碳正离子的形成机理

(1) 烷烃、环烷烃、烷基芳烃与固体酸催化剂上的 L 酸中心生成碳正离子，如：

$$RH + L \longrightarrow R^{\oplus} + LH^-$$

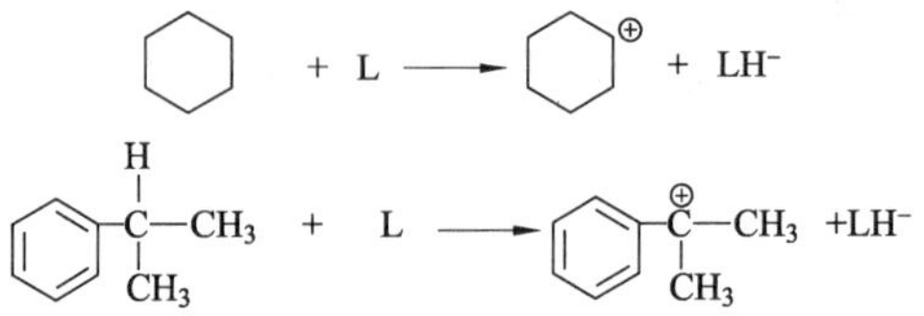

上述碳正离子的形成特点是 L 酸中心夺取烃上的负氢离子(H^-)而形成碳正离子。

用 L 酸中心活化烯烃、烷基芳烃生成碳正离子需要较高能量，因此，一般多采用 B 酸中心活化反应分子产生碳正离子。

(2) 烯烃、芳烃等不饱和烃与催化剂的 B 酸中心作用生成碳正离子，例如：

$$R-CH=CH_2 + H^{\oplus} \longrightarrow R-\overset{\oplus}{C}H-CH_3$$

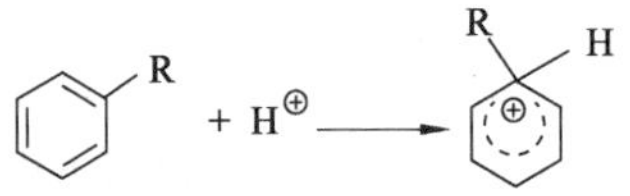

上述碳正离子的形成特点是以 H^+ 与双键(或三键)加成形成碳正离子，H^+ 与烯烃加成生成碳正离子所需活化能，远远小于 L 酸从反应物中夺取 H^- 所需活化能。因此，烯烃酸催化反应比烷烃快得多。

(3) 烷烃、环烷烃、烯烃、烷基芳烃与 R^+ 的氢转移，生成新的碳正离子，例如：

$$RH + R'^{\oplus} \longrightarrow R^{\oplus} + R'H$$

$$RCH_2-CH=CH_2 + R'^{\oplus} \longrightarrow R-\overset{\oplus}{C}H-CH=CH_2 + R'H$$

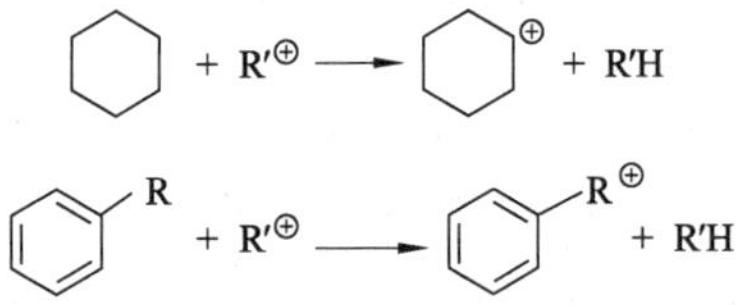

2. 碳正离子的反应规律

当反应物在酸中心作用下形成碳正离子后，碳正离子作为引发剂，引发反应物继续进行，例如碳正离子与烯烃加成，生成新的碳正离子：

$$C-\overset{\oplus}{C}(C) + C=C-C \longrightarrow C-C(C)-C-\overset{\oplus}{C}-C \longrightarrow C-C(C)-C=C-C$$

碳正离子还能把 H^+ 给予一种碱性分子或烯烃分子，本身变成烯烃：

$$CH_3-\overset{\oplus}{C}H-CH_3 + C_4H_8 \longrightarrow CH_2=CH-CH_3 + C_4H_9^+$$

大的碳正离子不够稳定，则易在β位断裂，变成烯烃和更小的碳正离子：

$$CH_3-\overset{H}{\underset{\oplus}{C}}-CH_2-CH_2-CH_2-CH_2-CH_3 \longrightarrow CH_2=CH-CH_3+C_4H_9^+$$

（三）固体表面的酸、碱性质

固体表面的酸、碱性质包括下列三个方面：固体表面酸、碱中心类型；酸、碱强度；酸、碱浓度（酸、碱度）。

B 酸强度是指给出质子的能力；L 酸强度是指接受电子对的能力。

① 固体酸强度：通常用 Hammeett 函数 H_0表示，酸强度函数 H_0的定义式为：

$$H_0=-\lg\frac{a_{H^+}f_B}{f_{BH^+}}$$

式中 a_{H^+}——H^+活度；

f_B——碱指示剂的活度系数；

f_{BH^+}——B 碱之共轭酸的活度系数。

当酸的水溶液很稀时，$H_0=-\lg[H^+]=pH$

碱性指示剂（B）的共轭酸解离平衡常数的负对数值 pK_a 与 H_0有如下关系：

$$H_0=pK_a+\lg\frac{C_B}{C_{BH^+}}=pK_a-\lg\frac{C_{BH^+}}{C_B}$$

一般用以下关系式定义酸强度函数 H_0：

对 B 酸：$H_0=pK_a+\lg\frac{[B]}{[BH^+]}$

对 L 酸：$H_0=pK_a+\lg\frac{[B]}{[AB]}$

② 固体碱强度：与固体酸强度类似地定义为：

$$H^-=pK_a+\lg[A^-]/[HA]$$

溶液从酸位拉走质子的一种量度。实际上表示得到质子的能力，故称碱强度（而不是如最初认为的那样，另一与 H_0类似的酸函数）。并将此定义扩展表示 L 碱强度（给出电子对的能力）。

③ 超强酸：固体酸的强度超过 100%硫酸的酸强度（H_0硫酸$=-11.9$）或 $H_0<-11.9$ 者称为固体超强酸或称超强酸。

④ 超强碱：$H^->+26.0$ 的固体碱称为固体超强碱。

酸碱度，亦常称酸、碱浓度或酸量，一般以单位质量固体催化剂上酸、碱的物质的量（早期也用毫克当量）或者以单位表面积固体催化剂上酸、碱的物质的量表示。

（四）固体酸碱性质与催化作用的关系

不同反应对固体酸碱催化剂的性质要求不一样，所以应根据反应的要求选择合适的固体酸碱催化剂。固体酸碱催化剂的活性和选择性与其性质等因素有关。

1. 酸位性质与催化作用关系

对于不同类型的酸催化反应，有些需要 B 酸的作用。例如，烃的骨架异构化反应，本质上取决于催化剂的 B 酸位；二甲苯的异构化、甲苯和乙苯的歧化、异丙苯的脱烷基化以及正己烷的裂化等反应，单独L酸位不显活性，要有B酸位的存在才起催化作用。有些需要L酸的作用，如各种有机物的乙酰化反应，通常$SiO_2-Al_2O_3$固体酸对乙酰化反应几乎毫无催化活性，常采用的催化剂为$AlCl_3$、$FeCl_3$等典型的L酸。又如乙醇脱水制乙烯也是在L酸催化下进行的，常用$\gamma-Al_2O_3$为催化剂。而有些在它们的共同作用下完成的，例如重油的加氢裂化，该反应的主催化剂为$Co-MoO_3/Al_2O_3$或$Ni-MoO_3/Al_2O_3$，在Al_2O_3中原来只有L酸位，将MoO_3引入形成了B酸位，Co或Ni的引入是阻止L强酸位的形成，中等强度的L酸位在B酸位共存下有利于加氢脱硫的活性。L酸位和B酸位的共存，有的是协同效应，如重油加氢裂化例子所述；有时L酸位在B酸位邻近处的存在，主要是增强B酸处的强度，从而增加B酸的催化活性。尽管很多反应都属于酸催化类型，但不同类型的酸活性中心会有不同的催化效果。

2. 酸强度与催化活性和选择性的关系

每一类型反应对酸强度的要求一般是不同的。反应物只有在强度足够的酸催化下才能进行反应。固体酸催化剂表面上不同酸强度的部位可能有不同的催化活性。例如利用氧化铝将烯丙基苯于300℃异构化成丙烯基苯的过程中，发现参加反应的所有不同强度的酸部位中，只有较强的酸部位显示较高的催化活性；而对于$SiO_2-Al_2O_3$催化剂上发生的正辛烷裂化、丙烯聚合、邻二甲苯异构化的氢转移反应都是在比较弱的酸部位上进行的。

酸强度分布还影响催化剂的选择性。就催化裂化生产过程而言，用SiO_2-MgO作催化剂所产生的汽油收率较大，但质量较差(异构烷烃较少)；用$SiO_2-Al_2O_3$作催化剂所产生的汽油收率小一些，但辛烷值较高。这是因为SiO_2-MgO的酸量较多，但酸强度$H_0 \geqslant -3.0$；而$SiO_2-Al_2O_3$酸强度分布均一，酸量分布集中在$H_0 \leqslant -3.0$。由于异构化需要较强酸部位的作用，因此$SiO_2-Al_2O_3$有利于提高辛烷值，但由于总酸量小，汽油总收率比SiO_2-MgO催化剂的低。

固体酸催化剂表面上存在着不同的活性部位，是它们的选择性特性所在。表3-3列出了一些二元氧化物的酸强度、酸类型(酸位)和催化反应的示例。

表3-3 二元氧化物的最大酸强度、酸类型和催化反应示例

二元氧化物	最大酸强度	酸类型	催化反应示例
$SiO_2-Al_2O_3$	$H_0 \leqslant -8.2$	B型 L型	丙烯聚合 异丁烷裂解
SiO_2-TiO_2	$H_0 \leqslant -8.2$	B型	1-丁烯异构化
SiO_2-MoO_3(10%)	$H_0 \leqslant -3.0$	B型	三聚甲醛解聚，顺丁烯异构化
SiO_2-ZnO(70%)	$H_0 \leqslant -3.0$	L型	丁烯异构化
SiO_2-ZrO_2	$H_0 \leqslant -8.2$	B型	三聚甲醛解聚
WO_3-ZrO_2	$H_0 \leqslant -14.5$	B型	正丁烷骨架异构化
$Al_2O_3-Cr_2O_3$(17.5%)	$H_0 \leqslant -5.2$	L型	加氢异构化

一般涉及C—C键断裂的反应，如催化裂化、骨架异构、烷基转移和歧化反应等都要求强酸中心；涉及C—H键断裂的反应，如氢转移、水合、环化、烷基化等都需要弱酸中心。

3. 酸量与催化活性的关系

许多实验研究表明，固体酸催化剂表面上的酸量与其催化活性有明显的关系。在合适的酸类型与酸强度情况下，催化活性随着酸量的增加而增加，但催化剂的酸量和活性之间不一定成线性关系。例如，三聚甲醛在各种不同的二元氧化物酸催化剂上的解聚，在催化剂酸强度 $H_0 \leqslant -3$ 的条件下，催化活性与酸量呈线性关系，如图 3-1 所示。又例如，苯胺在固体酸 ZSM-5 分子筛催化剂上与甲醇的烷基化反应，苯胺的转化率和 ZSM-5 的酸量(以不同的 SiO_2/Al_2O_3之比表示)呈非线性关系，如图 3-2 所示。图中清楚地表明，不仅转化率与酸量有关，而且弱酸位的存在是必要的。

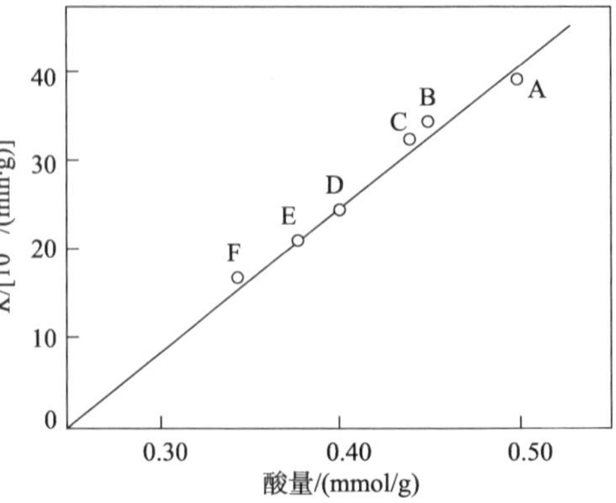

图 3-1　在 $H_0 \leqslant -3$ 的各种催化剂上酸量与三聚甲醛解聚的一级速率常数的线性关系

A—SiO_2-MoO_3；B—Al_2O_3-MoO_3；C—SiO_2-WO_3；D—Al_2O_3-WO_3；E—SiO_2-V_2O_5；F—Al_2O_3-V_2O_5

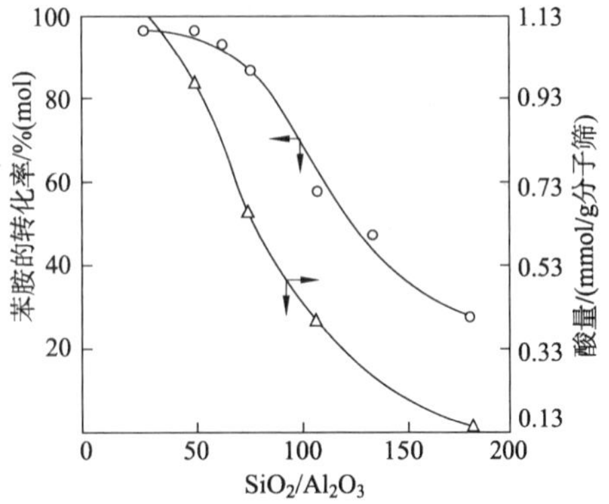

图 3-2　不同 SiO_2/Al_2O_3比的 ZSM-5 催化剂的酸量对苯胺转化率的影响

第二节　催化裂化催化剂

一、催化裂化

催化裂化过程是以重质油如减压馏分油(VGO)、焦化重馏分油(CGO)、渣油等为原料，在 450~550℃、0.1~0.3MPa 以及催化剂存在条件下，发生一系列反应(主要是裂化反应)生成气体、汽油、柴油以及重质油和焦炭的过程。

催化裂化装置主要由反应-再生系统、分馏系统、吸收稳定系统和烟气能量回收系统四部分组成。其流程是原料油经预热后被喷雾成微粒状，与催化剂颗粒一起在提升蒸气和提升风的推动下，在反应和再生系统中呈流化状态。在此过程中原料油发生化学变化，产生汽油、柴油和其他化工原料。

(一) 催化裂化的特点

催化裂化的主要特点如下：

① 原料来源广泛，一般渣油、重质馏分油均可适用；轻质油(汽油+柴油)收率高，可达 70%~80%左右；

② 催化裂化汽油辛烷值高，马达法辛烷值可达 78，且安定性也较好；

③ 柴油的十六烷值较低，常与直馏柴油调和使用或加氢精制提高十六烷值，以满足柴油规格要求；

④ 催化裂化气体中，C_3和C_4气体占80%，且C_3中丙烯占70%，C_4中各种丁烯烃占55%，是优质的石油化工原料和生产高辛烷值组分的原料；

⑤ 装置操作弹性大，产品方案灵活。一套同样的催化裂化装置，可以在负荷量100%的条件下操作，也可以在50%甚至更低负荷条件下操作，均能获得理想的产品。

（二）催化裂化的化学反应

催化裂化原料在固体酸催化剂上进行的催化裂化反应是一个复杂的物理化学过程。各种产品的数量和质量不仅取决于组成原料的各类烃在催化剂上的反应，而且还与原料气在催化剂表面上的吸附、反应产物的脱附以及油气分子在气流中的扩散等物理过程有关。

烃类的催化裂化反应与热裂化反应具有不同的反应机理。热裂化是通过复杂的自由基机理进行的，而催化裂化反应是通过碳正离子中间体进行的。

1. 各种单体烃的化学反应

催化裂化所用的原料油由烷烃、烯烃和芳烃等组成，因此主反应包括：

（1）烷烃

主要是发生分解反应，分解成较小分子的烷烃和烯烃。例如：

$$C_{16}H_{34} \longrightarrow C_8H_{16} + C_8H_{18}$$

（2）烯烃

主要反应是裂化反应，反应规律和烷烃相同，但烯烃比相应链长的烷烃能更快裂解。烯烃除了发生裂化反应外，还发生异构化反应、氢转移反应、芳构化反应。

① 异构化反应：烯烃的异构化反应有两种，即碳链异构和官能团位置异构。例如：

$$C-C-C=C \longrightarrow C-\underset{\underset{\displaystyle C}{|}}{C}=C$$

$$C-C-C-C=C \longrightarrow C-C=C-C-C$$

② 氢转移反应：某烃分子上的氢脱下来后立即加到另一烯烃分子上使之饱和的反应称为氢转移反应。

氢转移反应主要发生在有烯烃参与的反应中。氢转移的反应结果是生成富氢的饱和烃及缺氢的产物。烯烃作为反应物的典型氢转移反应有：烯烃与烷烃、烯烃之间、环烯之间、烯烃和焦炭前身的反应。例如：

$$\underset{\text{烯烃}}{3C_nH_{2n}} + \underset{\text{环烷烃(烯烃)}}{C_mH_{2m}} \longrightarrow \underset{\text{烷烃}}{3C_nH_{2n+2}} + \underset{\text{芳烃}}{C_mH_{2m-6}}$$

$$\underset{\text{烯烃}}{C_nH_{2n}} \xrightarrow{\text{吸收负氢}} \underset{\text{烷烃}}{C_nH_{2n+2}}$$

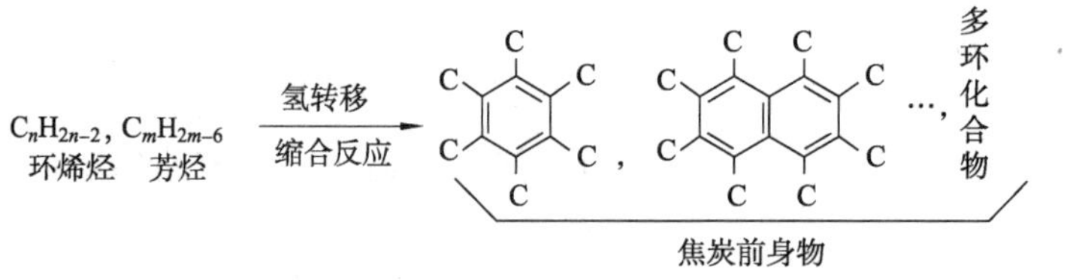

氢转移反应一方面使某些烯烃转化为烷烃，使催化裂化汽油饱和度增高；另一方面生成多烯烃及芳烃或缩合程度更高的分子，直到缩合至焦炭，是催化剂失活的主要原因。

③ 芳构化反应：烯烃环化并脱氢生成芳烃。例如：

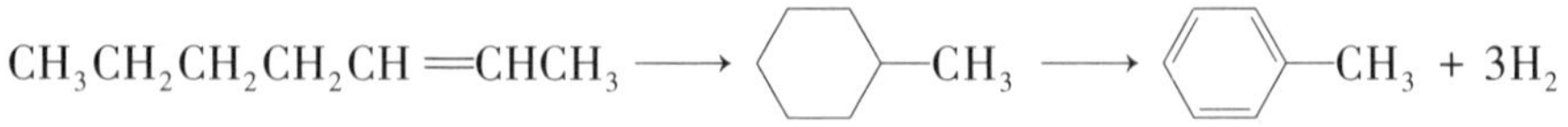

(3) 环烷烃

主要发生分解、氢转移和异构化反应。环烷烃的分解反应分为两种：一种是断环裂解成烯烃，另一种是带长侧链的环烷烃断侧链。因为环烷烃结构中有叔碳原子，因此分解反应速率较快。环烷烃可通过氢转移反应转化成芳烃。带侧链的五元环烷烃也可以异构化成六元环烷烃，再进一步脱氢生成芳烃。

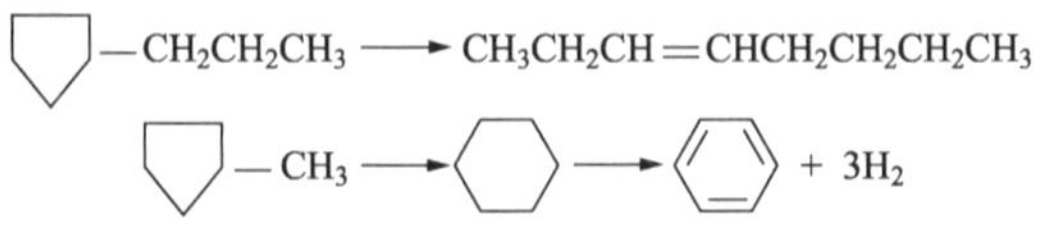

(4) 芳香烃

芳核在催化裂化条件下十分稳定，但其侧链上的烷基很容易断裂生成较小分子的烯烃，而且断裂的位置主要发生在侧链和芳核连接的键上。多环芳香烃的裂化反应速率很低，主要反应是缩合成稠环芳烃，最后成为焦炭，同时放出氢使烯烃饱和。

烷烃、烯烃、环烷烃和芳香烃除了发生以上几种反应外，各类单体烃之间也会发生反应，如烷基化反应、叠合反应、烷基转移反应、歧化反应和缩合反应。

2. 石油馏分的催化裂化

由以上各单体烃的反应可知，在烃类裂化反应过程中，使大分子分解为小分子，是催化裂化工艺成为重质油轻质化重要手段的根本依据。氢转移反应使催化裂化汽油饱和度提高，安定性好；异构化、芳构化反应是催化汽油辛烷值提高的重要原因。

石油馏分是非常复杂的烃类混合物(也含有一定量的非烃类化合物)，馏分组成以单体烃为主，在进行催化裂化时，单体烃的反应规律是首要因素，但是又不等同于各种烃类单独裂化时的简单相加。石油馏分催化裂化其实是一个复杂的平行-顺序反应过程，反应可同时向几个方向进行，中间产物又可继续反应，如图 3-3 所示。

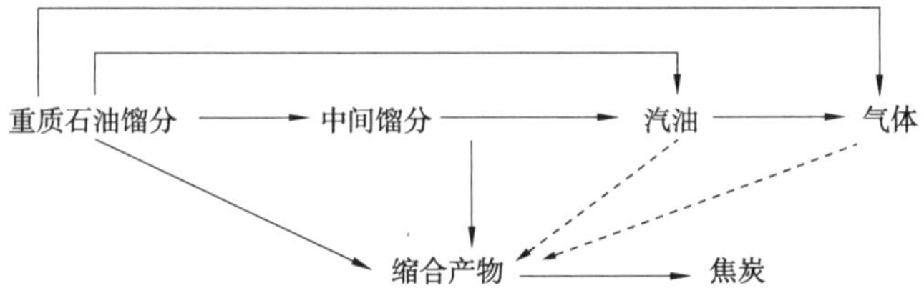

图 3-3　石油馏分的催化裂化反应

从催化裂化过程的特点来看，对催化裂化催化剂的使用性能有如下要求：

① 催化裂化催化剂应当具有较理想的可流化性能和抗磨性能。因为催化裂化整个过程为流化状态，在流化过程中，原料油微粒、催化剂颗粒以及装置器壁三者之间势必发生相互交叉的碰撞。这是对催化剂性能最基本要求。

② 催化裂化催化剂应当具备较高的活性、稳定性和选择性。因为催化裂化过程是在催化剂存在的条件下，使原料油产生一系列化学反应，从而得到理想的汽油、柴油等产品的过程。

③ 催化裂化催化剂应具有较好的抗金属污染性能和再生性能。因为催化裂化过程所采

用的渣油、重质馏分油等原料中存在一些镍、钒、铁、铜等重金属，在催化裂化反应过程中沉积在催化剂上，会降低催化剂的活性和选择性，使产品分布恶化。此外，催化裂化反应还会生成一些焦炭，也会沉积在催化剂上，影响催化剂的使用性能。值得一提的是，决定催化裂化装置处理能力的关键常常是再生系统的烧焦能力而不是反应器，因此，催化剂再生性能是一个十分重要的问题。

④ 催化裂化催化剂应具有比较理想的表面结构。因为催化裂化催化剂的活性、稳定性、选择性、再生性能以及抗重金属污染性能都和催化剂表面结构有一定关系，普遍认为，催化裂化催化剂应当具有大孔低比表面积结构。这种结构，在高温水热条件下不容易发生表面烧结把分子筛封闭在里面的现象，吸附油气容易汽提，重金属容易聚集而被钝化，同时对再生也有利，从而改善催化剂的各种性能。

二、催化裂解

催化裂解是在裂解催化剂(简称裂解剂)存在下，对石油烃进行高温裂解产生乙烯、丙烯、丁烯等低碳烯烃，同时兼产轻质芳烃的过程。由于裂解剂的存在，裂解反应得以在较低温度下进行，从而提高低碳烯烃产率和轻质芳烃产率，提高裂解产品分布的灵活性。

(一) 催化裂解的一般特点

催化裂解是碳正离子反应机理和自由基反应机理共同作用的结果，裂解气体产物中乙烯所占的比例要高于催化裂化气体产物中乙烯的比例；在一定程度上，催化裂解可以看作是高深度的催化裂化，其气体产率远大于催化裂化，液体产物中芳烃含量很高。催化裂解的反应温度很高，相对分子质量较大的气体产物会发生二次裂解反应。另外，低碳烯烃会发生氢转移反应生成烷烃，也会发生聚合反应或芳构化反应生成汽柴油组分。

(二) 催化裂解反应机理

一般来说，催化裂解过程既发生催化裂化反应，也发生热裂化反应，是碳正离子和自由基两种反应机理共同作用的结果，但是具体的裂解反应机理随催化剂的不同和裂解工艺的不同而有所差别。

在 Ca-Al 系列催化剂上的高温裂解过程中，自由基反应机理占主导地位；在分子筛裂解剂上的低温裂解过程中，碳正离子反应机理占主导地位；而在具有双酸性中心的分子筛催化剂的中温裂解过程中，碳正离子机理和自由基机理均发挥重要作用。

(三) 催化裂解工艺介绍

烃类催化裂解的研究已有半个世纪的历史了，其研究范围包括轻烃、馏分油和重油，并开发出了多种裂解工艺，下面对其进行简要的介绍。

1. 催化裂解工艺(DCC 工艺)

该工艺是由中国石化石油化工科学研究院开发的，以重质油为原料，使用固体酸择形分子筛催化剂，在较缓和的反应条件下进行裂解反应，生产低碳烯烃或异构烯烃和高辛烷值汽油的工艺技术。该工艺借鉴流化催化裂化技术，采用催化剂的流化、连续反应和再生技术，已经实现了工业化。

DCC 工艺具有两种操作方式：DCC-Ⅰ和 DCC-Ⅱ。DCC-Ⅰ选用较为苛刻的操作条件，在提升管加密相流化床反应器内进行反应，最大量生产以丙烯为主的气体烯烃；DCC-Ⅱ选用较缓和的操作条件，在提升管反应器内进行反应，最大量地生产丙烯、异丁烯和异戊烯等小分子烯烃，并同时兼产高辛烷值优质汽油。

2. 催化热裂解工艺(CPP 工艺)

该工艺是中国石化石油化工科学研究院开发的制取乙烯和丙烯的专利技术，在传统的催化裂化技术的基础上，以蜡油、蜡油掺渣油或常压渣油等重油为原料，采用提升管反应器和专门研制的催化剂以及催化剂流化输送的连续反应-再生循环操作方式，在比蒸汽裂解缓和的操作条件下生产乙烯和丙烯。CPP 工艺是在催化裂解 DCC 工艺的基础上开发的，其关键技术是通过对工艺和催化剂的进一步改进，使其目的产品由丙烯转变为乙烯和丙烯。

3. 重油直接裂解制乙烯工艺(HCC 工艺)

该工艺是由中石化洛阳石化工程公司炼制研究所开发的，以重油直接裂解制乙烯并兼产丙烯、丁烯和轻芳烃的催化裂解工艺。它借鉴成熟的重油催化裂化工艺，采用流态化“反应-再生”技术，利用提升管反应器或下行式反应器来实现高温短接触的工艺要求。

4. 其他催化裂解工艺

如催化-蒸汽热裂解工艺(反应温度一般都很高，在 800℃左右)、THR 工艺(日本东洋工程公司开发的重质油催化转化和催化裂解工艺)、快速裂解技术(Stone & Webster 公司和 Chevron 公司联合开发的一套催化裂解制烯烃工艺)等。

石蜡基原料的裂解效果优于环烷基原料。因此，绝大多数催化裂解工艺都采用石蜡基的馏分油或者重油作为裂解原料。对于环烷基的原料，特别针对加拿大油砂沥青得到的馏分油和加氢馏分油，重质油国家重点实验室的申宝剑教授开发了专门的裂解催化剂，初步评价结果表明，乙烯和丙烯总产率接近 30%(质)。

(四) 催化裂化与催化裂解的区别

在一定程度上，催化裂解是从催化裂化的基础上发展起来的，但是二者又有着明显的区别。催化裂解和催化裂化区别如下：

① 目的不同。催化裂化以生产汽油、煤油和柴油等轻质油品为目的，而催化裂解旨在生产乙烯、丙烯、丁烯、丁二烯等基本化工原料。

② 原料不同。催化裂化的原料一般是减压馏分油、焦化蜡油、常压渣油以及减压馏分油掺减压渣油；而催化裂解的原料范围比较宽，可以是催化裂化的原料，还可以是石脑油、柴油以及 C_4、C_5轻烃等。

③ 催化剂不同。催化裂化的催化剂一般是沸石分子筛催化剂和硅酸铝催化剂，而催化裂解的催化剂一般是沸石分子筛催化剂和金属氧化物催化剂。

④ 操作条件不同。与催化裂化相比，催化裂解的反应温度较高，剂油比较大，蒸汽用量较多，油气停留时间较短，二次反应较为严重。

⑤ 反应机理不同。催化裂化的反应机理一般认为是碳正离子机理，而催化裂解的反应机理既包括碳正离子机理，又涉及自由基机理。

三、催化裂化催化剂的种类及特性

随着催化裂化技术的发展，以及对催化裂化产品分布、质量和清洁性的要求日益提升，催化裂化催化剂的性能不断改进。从制备上可分为原位晶化催化剂、全合成催化剂和半合成催化剂等；从用途上可分为重油催化裂化催化剂、生产清洁催化裂化汽油的催化剂、专用工艺催化剂、催化裂解催化剂和催化剂助剂。

（一）重油催化裂化催化剂

随着原油重质化程度的不断加深，重油催化裂化成为炼油企业盈利的重要手段，这也促使重油催化裂化催化剂的研究不断向前发展。目前，重油催化裂化催化剂的发展方向是实现催化剂性能的多功能化，通常包括提高重质油转化能力和轻油收率、降低焦炭产率、增强抗重金属能力和增加辛烷值等，其制备技术也已从传统的化学制备转变为由不同功能的“组件”进行“物理组装”。我国的重油催化裂化催化剂在性能上已经达到了国际先进水平，甚至在有些方面已经超过国外的催化剂。表 3-4 列出了我国重油催化裂化催化剂的发展历程。

表 3-4　重油催化裂化催化剂的发展历程

开发年代	催化剂类型	特点	典型的催化剂型号
20 世纪 70 年代末	第一代稀土 Y 型半合成催化剂	以 REY 分子筛为活性组分、以高岭土和拟薄水铝石为基质制备而成。具有较好的烧焦再生性能和产品选择性，具有较强的抗镍和抗碱氮能力	CRC 系列
20 世纪 80 年代初	第一代超稳 Y 型半合成催化剂	以超稳分子筛为活性组元、以高岭土和拟薄水铝石为基质制备而成。具有优良的重油裂化能力和良好的产品选择性	ZCM-7
20 世纪 90 年代初	复配活性组分半合成催化剂	以稀土氢 Y 型分子筛为活性组分，以水玻璃、高岭土、硫酸铝或高岭土、活性氧化铝为基质制备而成，轻质油产率高，焦炭产率低	RHZ-200、CC-14
20 世纪 90 年代至今	复配活性组分半合成催化剂	适用于生产高辛烷值汽油、高液体收率或不同程度增产液化气和气体烯烃的重油裂化装置	ORBIT 系列 COMET-400
		重油裂化能力强、抗重金属污染能力强、增产柴油	MLC-500
		全大庆减压渣油催化裂化催化剂	DVR 系列
		优异的抗 V、Ni 性能	CHV-1
		良好的汽油选择性和焦炭选择性，改善产品分布和汽油质量	RICC 系列
		分子筛为“超笼利用率”的 CDY 分子筛。优异的活性稳定性，深度重油转化能力和良好的氢转移活性，在重油转化能力提高的同时焦炭产率降低	CDC
2005 年以后	富硅基质催化剂	结合硅基催化剂焦炭选择性好和铝基催化剂重油裂化能力强的优点，具有焦炭选择性好、重油裂化能力强、耐磨性能好等特点	CRSC RSC-2006
	气相超稳分子筛催化剂	分子筛生产工艺为连续化气相超稳工艺，具有活性和稳定性高、重油裂化能力和抗金属污染能力强、汽油产率高等特点	HSC-1
	介孔材料催化剂	重油裂化能力强、汽油产率高，产品选择性好，高附加值产品产率高	ABC 系列

（二）清洁催化裂化汽油的催化剂

长期以来，我国炼油工业以轻质燃料为主，催化裂化是我国重质油轻质化的主要途径，从而造成我国成品汽油中的烯烃、硫等含量较高。但随着环保法规要求的日益严格以及人们环保意识的不断增强，生产低硫、低烯烃和低苯含量的清洁燃料成为炼油工业发展的主旋律。同时我国陆续颁布的“汽油标准”中明确规定了烯烃、苯、硫等组分的上限，并继续向低烯烃、低苯、低硫的方向发展。在这种背景下，开发的催化剂要在确保轻质产品收率尽可能不减少的前提下使汽油组分更加清洁，并尽可能保持较高的辛烷值。

目前，具有代表性的降低汽油烯烃含量的催化剂为 COR 系列催化剂。该系列催化剂具有优异的氢转移活性和重油裂化能力及良好的焦炭选择性，原料中氢资源利用率高和产品分布合理。

降低汽油硫含量代表性的催化剂有 DOS、CDOS 催化剂以及 MIP-CGP 工艺专用的 CGP-2、CGP-S 催化剂。其中 DOS、CDOS 催化剂以 DOSY 分子筛为活性组分，催化剂具有较强的氢转移活性和抗重金属污染能力、较好的焦炭选择性和裂化活性，与现有工业降烯烃催化剂相比，该催化剂活性稳定性提高，重油转化能力增强，在降低汽油烯烃含量的同时，汽油硫含量也下降。CGP-2、CGP-S 催化剂引入 L 酸碱对，减少第二次反应区带碳催化剂总酸量损失，可有效降低汽油烯烃、硫含量，同时多产丙烯。与 CGP-1 催化剂相比，裂化产品分布基本不变，汽油硫含量降低。

（三）专用工艺催化剂

催化裂化传统的操作方式是以生产汽油为主，低碳烯烃（$C_2^=\sim C_5^=$）是其副产品。随着石油化工的发展和环保对汽油规格的严格要求，催化裂化正朝着增产低碳烯烃的方向发展。为满足这种需求，陆续开发了多个新型催化剂，但仅靠催化剂的作用提高低碳烯烃的产率是有限的，因此，为较大幅度增产低碳烯烃，需要催化裂化反应工艺的创新，同时开发与其配套的专用催化剂。表 3-5 是我国几种主要的专用工艺催化剂。

表 3-5　我国几种主要的专用工艺催化剂

专用工艺名称	作用	催化剂牌号	专用催化剂性能及特点
MGG/ARGG	多产液化气和汽油工艺	RMG-2	MGG 工艺具有良好的孔分布梯度和选择性、活性和水热稳定性，气体烯烃和汽油产率高、重油裂化能力强、抗重金属污染能力好。ARGG 工艺发展了 MGG 工艺，具备活性高、选择性好、重油转化能力强、抗重金属污染性能好，特别适合加工高掺渣比原料油
		RAG 系列	
MIO	最大量生产异构烷烃和高辛烷值汽油工艺	RFC-1	重油裂化能力强、抗磨损性能和抗重金属污染性能好，能有效抑制制氢转移活性、减少烯烃损失，具有良好的异构烯烃选择性和高辛烷值汽油产率
MGD	多产液化气和柴油	RGD-1、CMOD 系列	具有良好的重油大分子裂化能力，能够有选择地抑制中间馏分的再裂化，同时增强汽油馏分的二次裂化，在提高柴油产率的同时又能提高液化气的产率
MIP	直接生产低烯烃含量、高辛烷值 FCC 汽油	CR022、CRMI-2	重油裂解能力强、选择性好，具有较强的氢转移活性，能够较好地控制氢转移反应深度，在明显降低汽油烯烃含量的同时，焦炭产率略有降低
MIP-CGP	降低汽油烯烃含量的同时多产丙烯	CGP-1 系列	重油裂化能力强、适中的氢转移活性、良好的容炭性能和水热稳定性，能够很好地协调裂化反应与氢转移反应之间的关系。既多产丙烯，又生产烯烃含量小于 18%（体）的汽油组分
CPP	最大量生产乙烯、丙烯	CEP-1	具有良好的产品选择性、较高的反应活性以及良好的水热稳定性和抗磨损性能

(四) 催化裂解催化剂

目前具有代表性的催化裂解催化剂为DCC专用工艺催化剂，分别为第一代以重质馏分油为原料生产气体烯烃的DCC催化剂CRP-1，第二代高重质油转化能力和高丙烯产率DCC催化剂CIP系列和MMC系列，以及之后的DMMC催化剂。它们都具有水热稳定性好、对重质大分子烃类转化能力强、低碳烯烃产率高、抗磨损性能好及平衡活性高的特点。

(五) 催化裂化催化剂助剂

助剂在催化剂中起辅助作用，其使用量虽然很小，但作用无可替代。表3-6是部分催化剂助剂的简要说明。

表3-6 催化裂化催化剂助剂的组成及作用

催化剂类别	主要组成	性能及特点	代表催化剂名称
提高液化气和汽油辛烷值助剂	MFI结构的中孔分子筛	利用其良好的择形性能，裂化汽油或液化气馏分中的直链、低辛烷值烷烃或烯烃、从而有效提高汽油的RON和MON，相应地也可增加液态烃产率	CHO系列、CA系列
提高丙烯产率助剂	MFI结构的中孔分子筛	优异的水热稳定性、良好的小分子烷烃脱氢能力，通过分子筛孔道的择形作用，减少液化气和轻质油损失。与常规FCC催化剂掺混使用，在催化剂活性基本不变、催化进料原料相对稳定的条件下，丙烯、液化气和轻油收率增加，同时汽油烯烃含量不增加	MP系列、CHPA系列
降低汽油硫含量助剂	复合氧化物-改性分子筛	具有较好的流化性能和机械强度，具有降低汽油和柴油硫含量的作用，对产品分布及产品质量没有影响，可同比例降低催化剂的消耗	MS011
降低催化裂化烟气硫含量助剂	双孔改性镁铝尖晶石载体	RS09 SO_x 转移剂可大幅度降低FCC再生烟气 SO_x 的排放，对轻柴油等液体产品的硫含量也略有降低的趋势，其性能优于国外对比剂	MFS09

四、催化裂化催化剂的组成和结构

从催化剂的发展历程来看，工业上使用的催化剂归纳为天然白土催化剂、无定形合成催化剂和分子筛催化剂三大类。

(一) 天然白土裂化催化剂

白土是一种结构稳定、性能优良的天然固体酸性材料，天然白土裂化催化剂中性能最好的是酸处理膨润土催化剂，其主要成分是蒙脱土($4SiO_2 \cdot Al_2O_3 \cdot H_2O$)。蒙脱土为层状结构，层间距离0.4~1.4nm。未经酸化处理的天然白土没有活性，酸化处理分为冷酸处理和热酸处理。冷酸处理只是白土层间吸附的离子进行交换，能除去白土中大部分Ca、Na、K等杂质，不影响白土的结构，所以处理后裂化活性改进不多。热酸处理不仅能除去冷酸处理时所能除去的阳离子，还可除去骨架中的Al、Fe离子，因而形成强酸性的H^+，表现出较高的裂化活性。

天然白土催化剂制造成本虽低，但活性、稳定性均较差。随着科学技术的发展早已被合成催化剂所取代。然而，作为催化裂化催化剂的基质仍应用不少。

工业上曾使用过经酸处理的抗硫“SR”天然白土催化剂。

（二）无定形合成催化剂

属于这种类型催化剂的有全合成硅酸铝催化剂、半合成硅酸铝催化剂及硅酸镁催化剂等，后者很少使用。

1. 全合成硅酸铝催化剂

合成硅酸铝催化剂的活性组分有 Al_2O_3、SiO_2和少量的水，其主要是用硅酸钠（即水玻璃）、硫酸铝等化工原料制成的 $SiO_2 \cdot Al_2O_3$，无晶体结构，称为无定形硅酸铝催化剂。合成硅酸铝催化剂的内孔表面积比天然白土催化剂高出十倍以上，具有更高的裂化活性，在工业上获得广泛应用。其形状有片状、条状、粉状等，用于不同类型的裂化装置中。合成硅酸铝催化剂具有强酸性中心，有较强的催化裂化反应能力，其比表面积为 $600m^2/g$，孔径约 5nm，有助于馏分油分子进入催化剂孔隙中进行反应，生成所需的较小分子产物。

合成硅铝催化剂依铝含量的不同，分为低铝硅酸铝催化剂（含 Al_2O_3为 10%～13%）和高铝硅酸铝催化剂（含 Al_2O_3约 25%）。采用高铝催化剂有助于提高汽油的辛烷值，还有助于降低催化剂的补充量，随烟道气流失的催化剂也随之下降。

硅酸铝的催化活性来源于其表面的酸性，而酸性决定于其化学组成和结构方式。

无定形硅酸铝催化剂基本单元是硅（或铝）氧四面体，中心是硅（或铝）原子，四个顶角位置上是氧原子，硅氧以共价键相连接。因为氧是二价，每个氧又要和两个硅（或铝）化合，这样就使得一个个四面体连接在一起形成较大的分子，如图 3-4 所示。

每个这样的大分子中大部分是硅氧四面体，少部分是铝氧四面体。其平面图如图 3-5 所示。

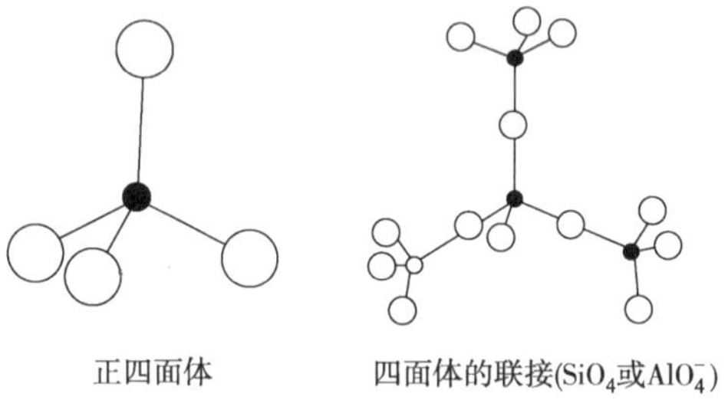

图 3-4　硅（铝）氧四面体

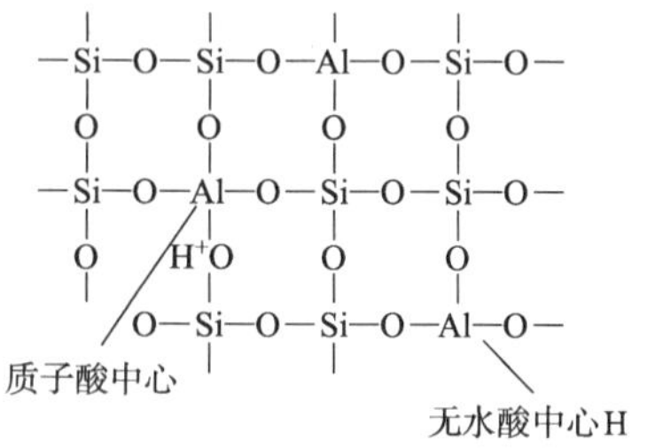

图 3-5　无定形硅酸铝催化剂化学结构示意图

铝为三价，只能与三个氧化合，所以在铝氧四面中有一个 Al—O 键是配价键。氧原子显负电性，这时在配价键位置上的氧会结合一个质子，质子（H^+）显正电性，这样使催化剂整体仍保持电中性，而提供质子的是催化剂中的结构水，故该酸性称为质子酸。还有少量处于催化剂边缘的铝原子只有三个化合键，因而显电中性，但在结构上这种化合状态的铝原子外围有缺一对电子的空位，也是酸性的来源。因为这种酸性的形成没有化合水参加，故称为无水酸。质子酸部位和无水酸部位都是催化剂的活性中心，而且这两种酸性部位在操作条件下也可以相互转化。

可以看出，不管哪种酸性中心，都必须在有铝的部位形成，而硅只是使铝能在催化剂结构中比较均匀地分散开。所以 Al—Si—O 是活性结构，而 Si—O—Si 则是非活性结构。可见催化剂活性大小和铝含量有关，所以高铝硅酸铝催化剂比低铝硅酸铝催化剂活性高。但研究表明，Al_2O_3的含量并不是越多越好。这是因为 Al_2O_3过多，一方面不可能全部和 SiO_2结合，出现“自由氧化铝”，另一方面铝并不能都在微孔表面上而有些会在骨架内部，所以 Al_2O_3 含量最好不要超过 30%～40%。

2. 半合成硅酸铝催化剂

半合成硅铝催化剂结合了全合成硅铝催化剂和天然白土催化剂两者的优点，既含有合成硅铝组分，又改进了天然组分所不足的活性和选择性。由于混入了天然黏土，使催化剂在高温和水蒸气条件下产生的孔隙收缩、表面积下降等结构的不稳定性也得到改进，提高了催化剂的抗烧结、老化或失活的能力。另外，半合成催化剂混有大量的天然原料，所以降低了催化剂生产成本。对一些原料油重金属较高的催化裂化装置，催化剂受重金属的污染比较严重，需经常卸出部分平衡剂，并不断补充新鲜催化剂，这时采用价格较廉的半合成裂化催化剂更为合适。

（三）分子筛催化剂

1. 分子筛的概念

分子筛是结晶形的硅铝酸盐，具有均匀的孔隙结构。分子筛中含有大量的结晶水，加热时可汽化除去，故又称沸石。自然界存在的常称为沸石，人工合成的称为分子筛。它们的化学组成可表示为：

$$M_{x/n}[(AlO_2)_x(SiO_2)_y]\cdot zH_2O$$

式中，M 是金属阳离子；n 是它的价数；x 是 Al_2O_3 的分子数；y 是 SiO_2 分子数；m 是水分子数。因为 AlO_2^- 带负电荷，金属阳离子的存在可使分子筛保持电中性。

当金属离子的化合价 $n=1$ 时，M 的原子数等于 Al 的原子数；若 $n=2$，M 的原子数为 Al 原子数的一半。

分子筛按组成及晶格结构不同可分为 A 型、X 型、Y 型及丝光沸石。分子筛的孔径及化学组成见表 3-7。

表 3-7　分子筛的孔径和化学组成

类型	孔径/10^{-1}nm	单元晶胞化学组成	硅铝原子比
4A	4	$Na_{12}[(AlO_2)_{12}(SiO_2)_{12}]\cdot 27H_2O$	1 : 1
5A	5	$Na_{12}Ca_{4.7}[(AlO_2)_{12}(SiO_2)_{12}]\cdot 31H_2O$	1 : 1
13X	9	$Na_{86}[(AlO_2)_{86}(SiO_2)_{106}]\cdot 264H_2O$	(1.5～2.5) : 1
Y	9	$Na_{56}[(AlO_2)_{56}(SiO_2)_{136}]\cdot 264H_2O$	(2.5～5) : 1
丝光沸石	平均 6.6	$Na_8[(AlO_2)_8(SiO_2)_{40}]\cdot 24H_2O$	5 : 1

分子筛在各种不同的酸性催化剂中能够提供很高的活性和不寻常的选择性，且绝大多数反应是由分子筛的酸性引起的，也属于固体酸类。近 20 年来，分子筛在工业上得到了广泛应用，尤其在炼油工业和石油化工中作为工业催化剂占有重要地位。

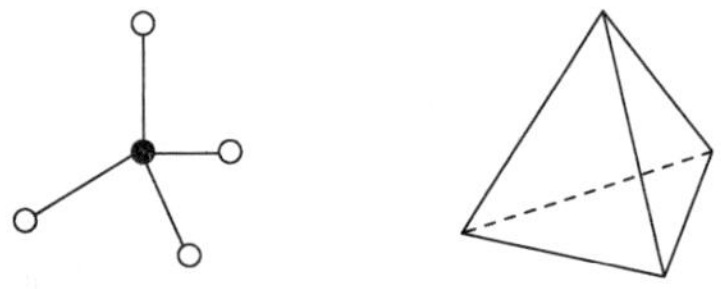

图 3-6　硅（铝）氧四面体

2. 分子筛的结构特征

（1）四个方面、三种层次

分子筛的结构特征可以分为四个方面、三种不同的结构层次。第一个结构层次是最基本的硅氧四面体（SiO_4）和铝氧四面体（AlO_4）结构单元，它们构成分子筛的骨架。

图 3-6 为四面体的立体结构图，中心为金属原子。

相邻的四面体由氧桥连接成环。环是分子筛结构的第二个层次，是由硅氧四面体或铝氧四面体通过氧桥形成的环结构。图 3-7(a)表示四元环及六元环，图 3-7(b)表示环的简化线条。

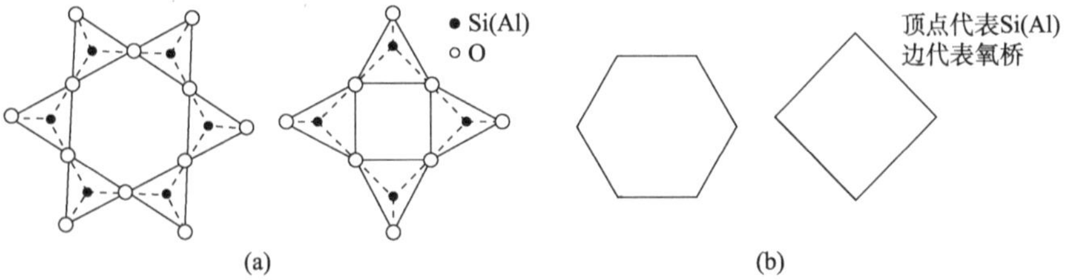

图 3-7　四元环及六元环的示意图

环是分子筛的通道孔口，对通过分子起着筛分作用。氧环通过氧桥相互联结，形成具有三维空间的多面体。各种各样的多面体是分子筛结构的第三个层次。多面体有中空的笼，笼是分子筛结构的重要特征。笼分为 α 笼、八面沸石笼、β 笼和 γ 笼等，如图 3-8 所示。

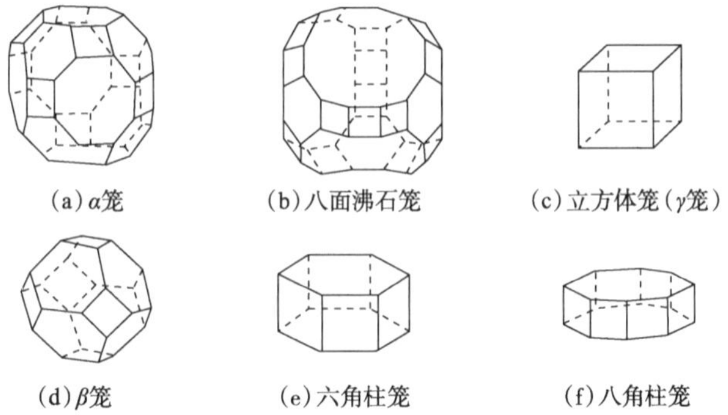

图 3-8　笼结构示意图

（2）分子筛的笼

① α 笼：是 A 型分子筛骨架结构的主要孔穴，是由 12 个四元环、8 个六元环及 6 个八元环组成的二十六面体。笼的平均孔径为 1.14nm。α 笼的最大窗孔为八元环，孔径为 0.41nm。

② 八面沸石笼：是构成 X 型和 Y 型分子筛骨架的主要孔穴，由 18 个四元环、4 个六元环和 4 个十二元环组成的二十六面体，笼的平均孔径为 1.25nrn。最大窗孔为十二元环，孔径为 0.74nm。八面沸石笼也称超笼。

③ β 笼：主要用于构成 A 型、X 型和 Y 型分子筛的骨架结构，是一种最重要的孔穴，其形状宛如一个削顶的正八面体，窗口孔径约为 0.66nm，只允许 NH_3、H_2O 等尺寸较小的分子进入。

④ 此外还有六方柱笼和 γ 笼，这两种笼体积较小，一般分子进不到笼里。

不同结构的笼再通过氧桥互相联结形成各种不同结构的分子筛，主要有 A 型、X 型和 Y 型。

分子筛形成过程如图 3-9 所示。

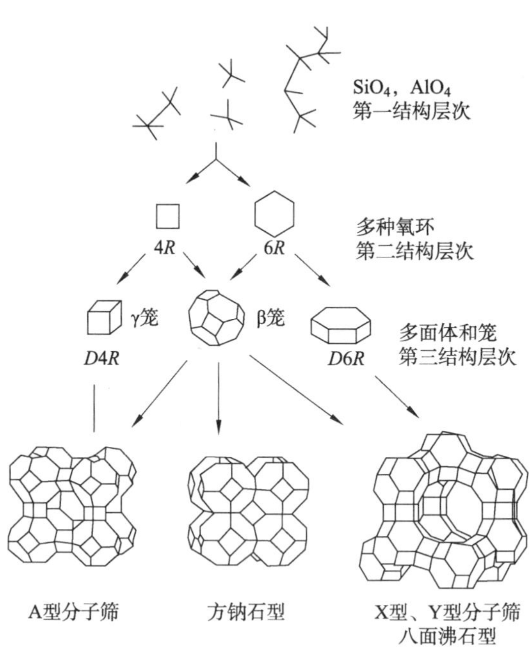

图 3-9　分子筛的形成过程示意图

3. 几种具有代表性的分子筛

（1）A 型沸石分子筛的结构

A 型沸石分子筛的骨架结构是由 β 笼和立方体笼构成的立方晶系结构，β 笼的 6 个四元环通过氧桥相互连接，构成 A 型沸石的主笼——α 笼，如图 3-10 所示。

α 笼的最大孔口为八元环。A 型沸石的单胞组成为 $Na_{96}[Al_{96} \cdot Si_{96} \cdot O_{381}] \cdot 216H_2O$，96 个 Na^+中有 64 个 Na^+分布在 β 笼的六元环上，其余 32 个 Na^+分布在 α 笼的八元环上。分布在八元环上的 Na^+能挡住孔口，使 NaA 型沸石孔径尺寸约为 0.4nm，故称为 4A 分子筛。NaA 型沸石中 70%的 Na^+被 Ca^{2+}交换，八元环孔径可增至 0.55nm，此种沸石称为 5A 分子筛。相反，NaA 型沸石中 70%的 Na^+被 K^+交换，八元环孔径缩小到 0.3nm，此种沸石称为 3A 分子筛。

（2）八面沸石分子筛结构

八面沸石分子筛的骨架结构是由 β 笼和六角柱笼构成，β 笼中的 4 个六元环通过氧桥按正四面体方式相互连接，构成立方晶系，如图 3-11 所示。

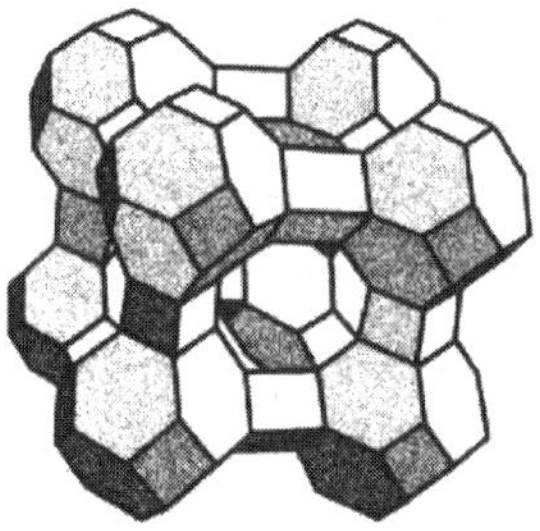

图 3-10　A 型沸石分子结构图

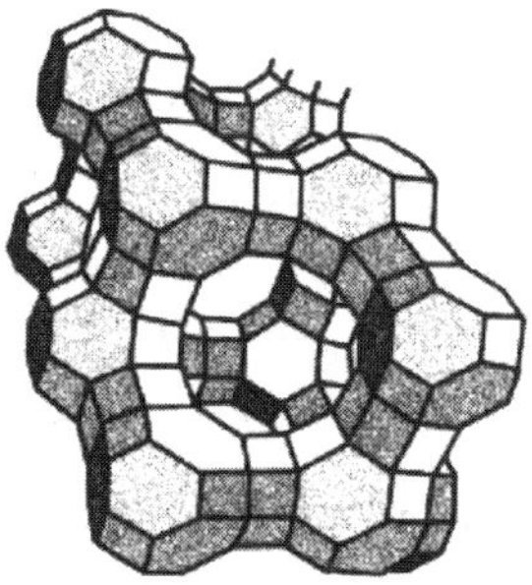

图 3-11　八面沸石分子筛结构图

β笼和六角柱笼围成八面沸石笼。八面沸石笼的最大孔口为十二元环，孔道尺寸为0.9nm。

八面沸石分子筛包括X型和Y型两种，两者差别在于铝含量不同。八面沸石的单胞中所含硅、铝原子总数都是192。X型和Y型沸石的单胞组成分别为$Na_{86}[Al_{86} \cdot Si_{106} \cdot O_{384}] \cdot 264H_2O$和$Na_{56}[Al_{56} \cdot Si_{136} \cdot O_{384}] \cdot 264H_2O$。八面沸石中的$Na^+$单胞中分布有三种位置，即$S_Ⅰ$、$S_Ⅱ$和$S_Ⅲ$，如图3-12所示，$S_Ⅰ$位于六角柱笼的中心；$S_Ⅱ$位于β笼的六元环中心；$S_Ⅲ$位于八面沸石笼中靠近$S_Ⅲ$笼连接的四元环上。$Na^+$在$S_Ⅰ$、$S_Ⅱ$和$S_Ⅲ$位置上具体分布如表3-8所示。

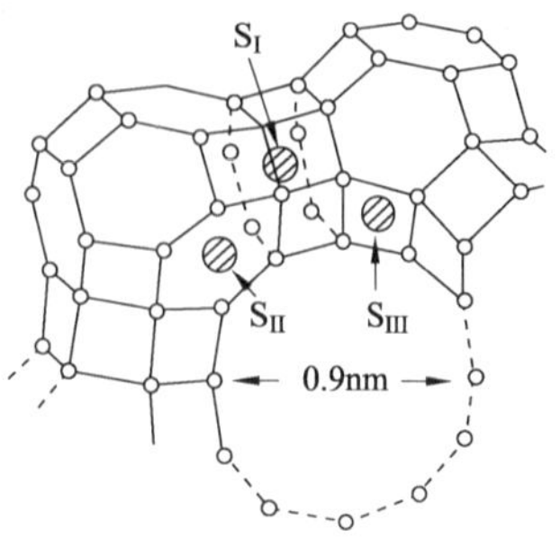

图3-12 八面沸石中Na^+的分布

表3-8 Na^+在$S_Ⅰ$、$S_Ⅱ$和$S_Ⅲ$位置上具体分布

分子筛类型	$S_Ⅰ$	$S_Ⅱ$	$S_Ⅲ$
X型	16	32	38
Y型	16	32	8

（3）丝光沸石分子筛结构（M型沸石）

丝光沸石分子筛的单胞结构是由大量双五元环通过氧桥连接而成，图3-13表示晶体结构中的某一层（*ab*面）。丝光沸石中没有笼，而是层状结构，丝光沸石的*ab*面沿*c*轴方向向上排列，构成平行于*c*轴的许多筒形孔。筒形孔道有两种（图3-14），一种孔口由八元环组成，由于层状排列不够规则，所以孔径约为0.28nm；另一种由椭圆形十二元环组成，由于十二元环有一定程度的扭曲，其长轴直径为0.7nm，短轴直径为0.58nm，平均为0.66nm，它是丝光沸石的主孔道，故易堵塞。孔道为一维孔道，丝光沸石的典型单胞组成为$Na_8[Al_8 \cdot Si_{40} \cdot O_{96}] \cdot 24H_2O$，8个$Na^+$中有4个位于主孔道周围的八元环的孔道中，另外4个$Na^+$位置不定。

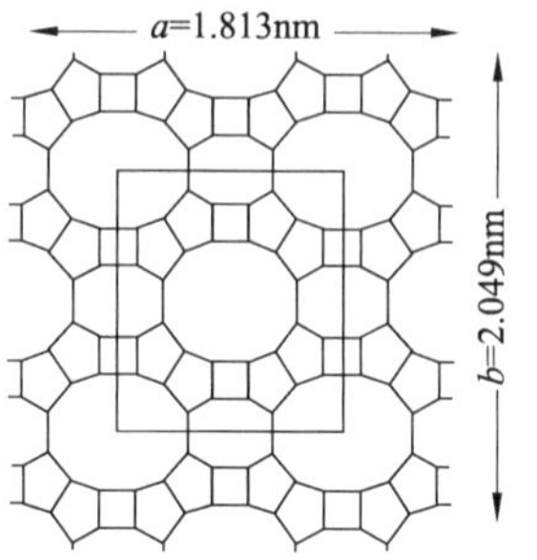

图3-13 丝光沸石ab面结构图

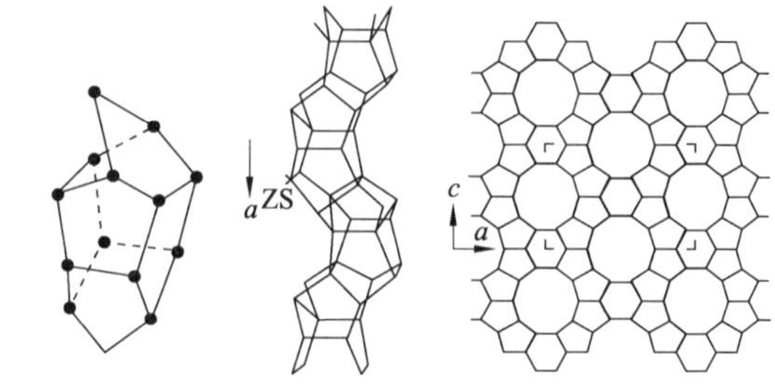

图3-14 ZSM型沸石结构图

（4）ZSM型沸石

ZSM（Zeolite Socony Mobil）型沸石是一个系列，常见有ZSM-4、ZSM-5、ZSM-11、ZSM-12、ZSM-23、ZSM-35、ZSM-38等。具有实用价值的是ZSM-5型沸石。ZSM-5的基本结构单元由8个五元环构成，如图3-14（a）所示。基本结构单元通过共用棱边连接成链，即为二级结构单元，如图3-14（b）所示。链与链之间通过氧桥按对称面关系连接构成片，如图 3-14(c)所示。片与片之间通过二次螺旋轴连接成二维骨架结构，如图 3-15(a)所示。图 3-15(b)所示的是其共维骨架中包含的两种相互交叉孔道，一种是平行于 *c* 轴的直孔道，孔口由椭圆形的十元环组成，长轴为 0.58nm，短轴为 0.52nm；另一种是平行于 *ab* 面的正弦形孔道，孔口为圆形，由十元环组成，直径为 0.54nm。

ZSM-5 沸石的结晶属于斜方晶系，其结构参数为 $a=20.1$，$b=19.9$，$c=13.4$。钠型单胞组成为 $Na_n[Al_n \cdot Si_{96-n} \cdot O_{192}] \cdot 16H_2O$，其中 $n<27$，典型的为 3 左右。晶胞中 Na^+位于两种孔道交叉口附近。

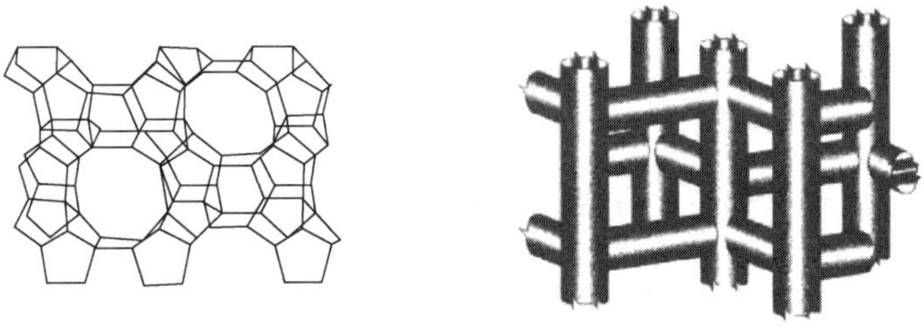

(a)直筒孔道结构　　(b)直孔道与之字形孔道交叉结构

图 3-15　ZSM-5 沸石孔道结构图

4. 沸石分子筛的特性

(1) 沸石分子筛的吸附特性

沸石分子筛与其他固体催化剂相比，具有很高的吸附量和独特的择形吸附性能。因此，作为吸附剂和催化剂都是极好的材料。由于沸石分子筛具有空旷的骨架结构，所以骨架内孔体积占总体积的 40%~50%，多数沸石的孔体积为 0.25~0.35cm^3/g；加之沸石的比表面积很大，一般为 300~1000m^2/g，而且外表面积占总表面积不足 1%，主要为晶内表面。这种结构使沸石的吸附能力极强，孔内吸附物质的浓度远远高于体相物质的浓度，这对催化反应是极为有利的，相当于在催化中心附近作用物的浓度大大提高，从而可加速反应进行。

沸石分子筛由于硅铝比不同，产生亲水性和憎水性。对于低硅铝比沸石，带大量正电荷的阳离子使沸石孔道内具有强静电场，易吸附极性分子，对水的吸附能力远远大于烃类化合物，因此这类沸石具有亲水性(如 A 型沸石)。与之相反，高硅氢型沸石笼内无静电场，极化能力很弱，吸附质与沸石之间相互作用主要是色散力，对烃类分子的吸附能力大于水，因而这类沸石具有憎水性。高硅氢型沸石的另一特点是对饱和烃的吸附强于不饱和烃(烯烃、芳烃之类)。例如 HZSM-5，优先吸附饱和烃，对芳烃和烯烃吸附较弱，这是 HZSM-5 在烃类转化反应中具有高稳定性和低结焦速率的重要原因之一。

更主要的是沸石分子筛具有择形吸附性能，这是由它们规整的微孔晶体结构所赋予的。晶体中均匀排列的孔道和尺寸固定的孔径，决定了能进入沸石内部的物质分子大小。例如，在室温下 CaA 沸石能吸附正丁烷(0.43nm)而不吸附异丁烷(0.5nm)，这表明 CaA 沸石的有效孔径为 0.43~0.5nm，沸石的这种特性被广泛地用作选择吸附剂和具有择形催化作用的催化剂。

(2) 沸石分子筛的离子交换特性

在讨论沸石分子筛结构时已经谈过，沸石是由 SiO_4和 AlO_4构成的。由于 AlO_4中 Al 是+3 价，所以在 AlO_4周围有过剩的负电荷，使 SiO_4和 AlO_4构成了阴离子骨架。为使沸石分子筛保持电中性，必须有阳离子来平衡骨架负电荷。在沸石合成中多以 Na^+ 来平衡负电荷，这种 Na^+ 可被各种阳离子交换。离子交换的程度可用 Na^+ 交换度来衡量，定义如下：

$$Na^+\text{交换度}=\frac{\text{交换下来的 } Na_2O \text{ 量}}{\text{原来沸石中含的 } Na_2O \text{ 量}}\times 100\%$$

交换液中的 Na^+ 和沸石中 Na_2O 含量可用原子吸收光谱或者火焰光度计测量。影响离子交换度的因素很多，包括交换温度、交换时间、交换次数、交换压力、交换时搅拌状态、交换液的浓度和 pH 值、交换液的用量等。对于 Y 型沸石分子筛，值得注意的是，为提高交换度，常采用多次交换的方法，并加焙烧操作，即两次交换之间进行一次焙烧。

不同离子交换沸石后，对沸石性质影响很大。

5. 分子筛的催化作用机理

分子筛具有明确的孔腔分布、极高的比表面积（$600m^2/g$）和良好的热稳定性（1000℃），以及可调变的酸位中心。分子筛酸性主要来源于骨架上和孔隙中的三配位的铝原子和铝离子 $(AlO_2)^+$。经离子交换得到的分子筛 HY 上的 OH 基显酸位中心，骨架外的铝离子会强化酸位，形成 L 酸位中心。像 Ca^{2+}、Mg^{2+}、La^{3+} 等多价阳离子经交换后可以显示酸位中心。Cu^{2+}、Ag 等过渡金属离子还原也能形成酸位中心。一般来说，Al/Si 比越高，OH 基的比活性越高。分子筛酸性的调变可通过稀盐酸直接交换将质子引入。由于这种办法常导致分子筛骨架脱铝，所以 NaY 可先变成 NH_4Y，然后再变为 HY。

（1）分子筛具择形催化的性质

因为分子筛结构中有均匀的小内孔，当反应物和产物的分子尺度与晶内的孔径相接近时，催化反应的选择性常取决于分子与孔径的相对大小。这种选择性称为择形催化。导致择形选择性的机理有两种：一种是由孔腔中参与反应分子的扩散系数的差别引起的，称为质量传递选择性；另一种是由催化反应过渡态空间限制引起的，称为过渡态选择性。择形催化有以下四种形式。

① 反应物的择形催化。当反应混合物中某些能反应的分子因太大而不能扩散进入催化剂孔腔内时，只有那些直径小于内孔径的分子才能进入内孔，到达催化活性部分进行反应，如图 3-16(a)所示。

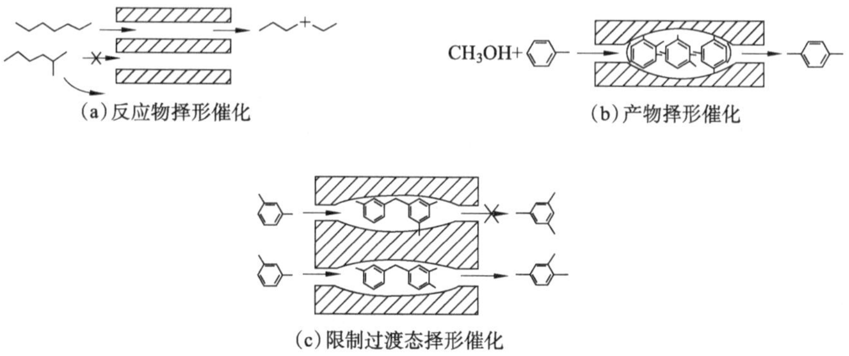

图 3-16　各种分子筛的择行催化

② 产物的择形催化。当产物混合物中某些分子太大，难以从分子筛催化剂的内孔窗口扩散出来，就形成了产物的择形选择性，如图 3-16(b)所示。

③ 过渡态限制的选择性。有些反应，其反应物分子和产物分子都不受催化剂窗口孔径扩散的限制，只是由于需要内孔或笼腔有较大的空间，才能形成相应的过渡态，不然就受到限制使该反应无法进行；相反，有些反应只需要较小空间的过渡态就不受这种限制，这就构成了限制过渡态的择形催化，如图 3-16(c)所示。

ZSM-5 常用于这种过渡态选择性的催化反应，最大优点是阻止结焦。因为 ZSM-5 的内孔比其他分子筛小，不利于焦生成的前驱物聚合反应需要的大的过渡态形成，因而比其他分子筛和无定形催化剂具有更长的寿命。

④ 分子交通控制的择形催化。在具有两种不同形状、大小和孔道的分子筛中，反应物分子可以很容易地通过一种孔道进入到催化剂的活性部位，进行催化反应，而产物分子则从另一孔道扩散出去，尽可能地减少逆扩散，从而增加反应速率。这种分子交通控制的催化反应是一种特殊形式的择形选择性，称为分子交通控制择形催化。

(2) 择形选择性的调变

择形选择性的调变可以通过以下方法进行：毒化外表面活性中心；修饰窗孔入口的大小，常用的修饰剂为四乙基原硅酸酯；也可以通过改变晶粒大小等。

择形催化最大的实用价值在于利用其孔径和孔结构的不同，通过对分子运动和扩散的控制，达到提高目的产品的产率。择形催化在炼油工艺和石油工业生产中取得了广泛的应用，如分子筛脱蜡、择形异构化、择形重整、甲醇合成汽油、甲醇制乙烯、芳烃择形烷基化等。

6. 沸石催化剂的类型

人工合成的分子筛含钠离子，不显酸性，没有催化活性，用其他阳离子特别是多价阳离子置换后的 Y 型分子筛有很高的催化活性。常见的沸石有 Y 型、A 型、X 型沸石和择形沸石 ZSM-5 等类型。属于 Y 型沸石的有 REY、HY、REHY 和 USY 等，见表 3-9，均由 NaY 改性制成。

表 3-9 分子筛的类型

类型	制备方法	特点
REY	以稀土金属离子(如镧、镨等)置换的稀土-Y 型分子筛	裂化活性高、水热稳定性好、汽油收率高，但焦炭和干气的产率也高，汽油的辛烷值低，选择性较差
HY	先以 NH_4^+ 置换 Na^+，然后加热除去 NH_3 即剩下 H^+，即成 H 型分子筛	很好的裂化活性，但结构稳定性差，在高温的水热条件下进一步脱铝而不宜在工业上应用
USY	对 HY 型分子筛进行超稳化处理得到的，将分子筛 Si—Al 骨架中的一部分 Al 脱掉，由其他部分的 Si 发生迁移或外界 Si 源的补入使分子筛骨架的 Si/Al 提高	耐热和抗化学稳定性增强；氢转移反应活性降低，产物中烯烃含量增加、汽油辛烷值提高、焦炭产率降低；大分子烃类与酸性中心的可接触性得到改善，更有利于渣油的裂化
REHY	以稀土金属离子(如镧、镨等)和 H^+ 置换得到	兼有 REY 和 HY 分子筛的特点，其在保持 REY 分子筛的较高活性和稳定性的同时，也改善了反应的选择性
ZSM-5 择形沸石	以水玻璃和硫酸铝为 Al 和 Si 的来源，用硫酸调节料液的碱度，再加入导向剂，在水热的条件下进行合成	有良好的结构稳定性和择形催化性能，但在水热条件下不能满足更高的要求

续表

类型	制备方法	特　　点
ZRP-1 择形沸石	将 REY 分子筛均匀分散在水玻璃、无机铝盐、无机酸和化学水混合而成，分子组成包括 Na_2O、Al_2O_3、SiO_2 和 H_2O 的胶体中，形成的胶体晶化后与铵离子交换，再与磷酸铝胶体混合，水蒸气下焙烧即得	含有稀土元素和磷元素，具有特别优异的水热稳定性和择形催化性能。可用于反应温度高、条件苛刻的催化裂解等工艺中

7. 沸石催化剂的组成

经过离子交换的分子筛酸性中心数目约为无定形硅酸铝催化剂的 100 多倍，因此其活性比硅酸铝竟高出万倍，这样高的活性在目前的生产工艺中还难以应用，同时单纯分子筛间黏结性差，难以制成合适的微球催化剂。因此，目前在工业上所用的分子筛催化剂中仅含约 10%～35%的分子筛，其余的是起稀释作用的基质(也称载体)以及黏结剂。

工业上采用的基质有全合成硅铝基质、高岭土基质和半合成基质。基质主要提供合理的孔分布、适宜的表面积和在水热条件下的结构稳定性，并要求有良好的汽提性能、再生烧焦性能、足够的机械强度和流化性能；同时基质给予催化剂一定的物理形态和机械性能，如颗粒度、孔结构、堆积密度、抗磨性等，以保证催化剂的输送、流化和汽提性能。此外它还有以下功能：

① 在离子交换时，分子筛中的钠不可能完全被置换掉，而钠的存在会影响分子筛的稳定性。基质可以容纳分子筛中未除去的钠，从而提高了分子筛的稳定性；

② 稀释和分散活性组分，使催化剂的活性适当；

③ 在再生和反应时，基质作为一个庞大的热载体，起到热量储存和传递的作用；

④ 重油催化裂化进料中的部分大分子难以直接进入分子筛的微孔中，如果基质具有适度的催化活性，则可以使这些大分子先在基质的表面上进行适度的裂化，生成较小的分子再进入分子筛的微孔中进行进一步反应；

⑤ 基质还能容纳进料中易生焦的物质如沥青质、重胶质等，抵抗杂质(如碱性氮、重金属等)对活性组分的污染破坏，保持催化剂良好的活性和选择性。

在催化裂化催化剂中，黏结剂不仅起黏结成型的作用，而且被视为基质的一部分，提供一定的活性、孔结构，并对催化剂中形成孔分布梯度起重要的作用。对于全合成催化剂，基质本身也是黏结剂；对于半合成催化剂，因基质中掺入大量的高岭土，要用无机胶体将各组分黏结起来。

黏结剂通常分为硅铝溶胶、硅溶胶和铝基溶胶三大类。

五、催化裂化催化剂的制备

催化裂化催化剂由于其组成、形状和性能的不同，因而有不同的制备工艺，其生产流程和设备也互有差别。通常 FCC 催化剂的成分不外乎活性组分和基质两部分，所以生产流程也包括这两部分，如半合成分子筛催化剂制备工艺包括 NaY 型分子筛的水热合成、分子筛的改性和催化剂的制造三部分。生产流程如图 3-17 所示。

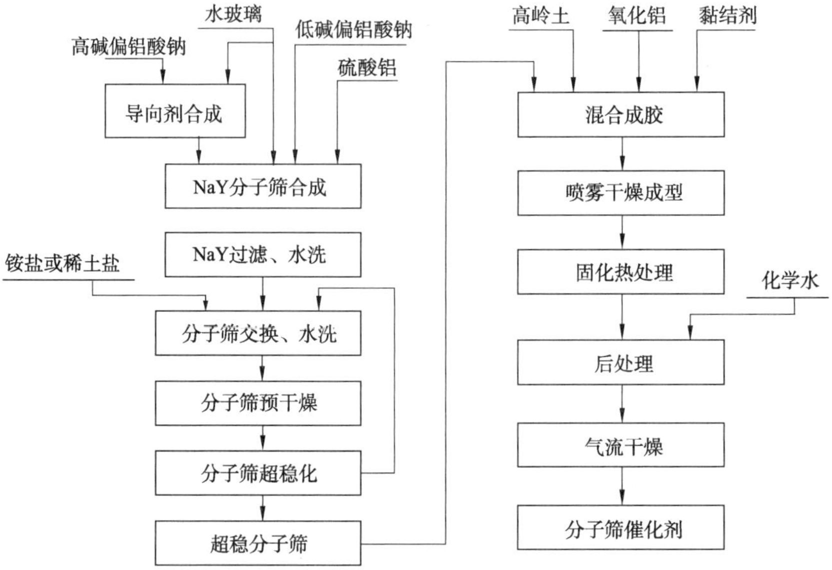

图 3-17　半合成催化剂生产流程

（一）分子筛的制备

分子筛的制备过程可以分为两部分，即 NaY 合成和 NaY 改性。

合成分子筛所用的原料主要是含硅化合物、含铝化合物、碱和水四种。一般工业生产过程中使用水玻璃作为含硅化合物，硫酸铝作为含铝化合物，偏铝酸钠为含铝化合物和碱，硅铝胶既是含硅化合物也是含铝化合物，以上原料中均含有水。为了降低成本和利用天然资源，也可以使用黏土、高岭土等天然矿物作为原料。

1. NaY 合成

最早使用的分子筛合成方法是水热合成法，是模拟天然沸石矿物的生成条件合成分子筛，即将上述各种物质按照一定比例均匀混合反应后，得到白色不透明凝胶，将此凝胶在一定温度下进行晶化反应以制得白色分子筛晶体粉末。目前广泛使用导晶沉淀法制备各种分子筛，即在分子筛合成过程中加入具有分子筛特征的“胚芽”（导向剂），它在分子筛的晶化过程中起“定向”晶化作用。导向剂的加入可使晶化时间大大缩短，并且产品质量稳定，纯度较高。

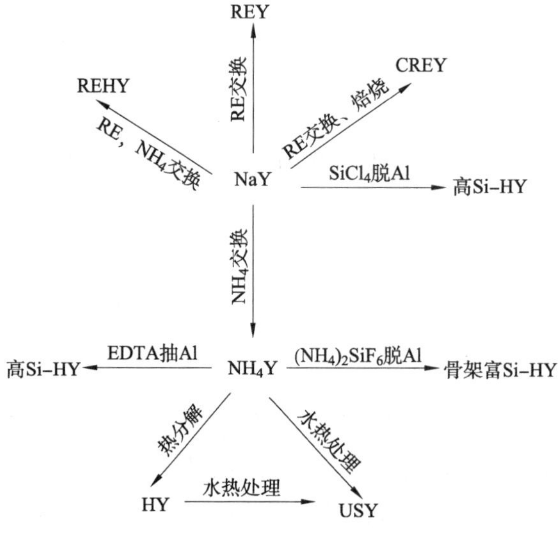

图 3-18　NaY 分子筛的改性

2. NaY 改性

由于催化裂化催化剂需要分子筛提供酸性中心，而 NaY 本身并没有酸性，其裂化活性及热稳定性都低，为改进其催化裂化活性、选择性和稳定性，需要改性来达到要求，改性方法如图 3-18 所示。

改性的内容有两大类：一类是离子交换，用其他阳离子取代钠离子，如 NH_4^+、Ca^{2+}、Mg^{2+}、RE^{3+}等，来改变分子筛的酸性中心，提高其结构的稳定性；二是改性硅铝比，就是通过化学或物理的方法减少分子筛骨架中铝的个数，改变酸性中心的性质和分子筛结构的稳定性。

（二）基质的合成

如前所述，催化剂主要由基质和活性物质两大部分构成。对催化裂化催化剂而言，活性物质就是分子筛。目前使用的分子筛大部分为人工合成，故催化剂的合成依其基质制备方法的不同，分为全合成法和半合成法。

1. 全合成硅铝基质的制备

采用基本化工原料（硅源和铝源）通过沉淀反应制备催化剂基质，再沉淀分子筛而获得催化剂的方法，称为全合成法。

制备全合成催化剂必须制备硅凝胶和铝凝胶。在制备硅凝胶（或视为硅酸凝胶）时，一般是将酸（最常用的是硫酸，也可用二氧化碳）加到水玻璃溶液中，首先得到硅酸，硅酸立即缩聚生成硅溶胶，硅溶胶再进一步缩聚就得到硅凝胶：

$$Na_2O \cdot mSiO_2+H_2SO_4 \longrightarrow mSiO_2 \cdot H_2O\downarrow +Na_2SO_4$$

在制备铝凝胶时，可用氨水（也可用偏铝酸钠）加到铝盐（一般用硫酸铝）的水溶液中而制得：

$$Al_2(SO_4)_3+6NH_3 \cdot H_2O \longrightarrow 2Al(OH)_3\downarrow +3(NH_4)_2SO_4$$

当硅凝胶和铝凝胶相结合时，在两者之间形成≡Si—O—Si≡活性结构，该结构是硅酸铝催化剂酸性中心。因此，硅凝胶和铝凝胶的生成是通过酸性溶液和碱性溶液的中和反应实现的，一般称这一步骤为“中和成胶”或“沉淀”。也可分成两步沉淀，即采用分步沉淀法，制备时先沉淀硅凝胶，老化一段时间后，再往其中加入硫酸铝溶液，使硫酸铝渗透到硅凝胶毛细孔内表面上和胶团内部一定深度，再加入氨水，使之与硫酸铝反应生成氢氧化铝凝胶。或用共沉淀法，即制备时硅凝胶和铝凝胶同时沉淀，例如在水玻璃溶液（碱性）中加入硫酸铝溶液（酸性），则硅凝胶和铝凝胶同时沉淀出来：

$$3Na_2SiO_3+Al_2(SO_4)_3+6H_2O \longrightarrow 3SiO_2 \cdot H_2O+2Al(OH)_3\downarrow +3Na_2SO_4$$

目前，分步沉淀法和共沉淀法都在工业生产中得到应用。

2. 半合成基质的制备

催化剂基质也可用半合成法制备：采用天然具有特定晶形结构的硅铝酸盐矿物质如高岭土、埃洛石等，加入黏结剂（铝溶胶、硅溶胶等），通过高强度搅拌分散作用，合成制得催化剂基质。

3. 全高岭土基质的制备

20 世纪 80 年代初我国发展了 LB-1 全高岭土型沸石裂化催化剂。以高岭土为原料，经喷雾成微球、焙烧后，在一定水热条件下使高岭土微粒进行晶化，部分转化成 Y 型沸石，剩余部分作为基质。

（三）几种典型的生产流程及工艺

1. 合成硅铝催化剂制备流程

合成硅铝既是早期使用的裂化催化剂，也是沸石裂化催化剂的基质，因此，制备合成硅铝的流程，就成为制备流化裂化催化剂的流程，如图 3-19 所示。

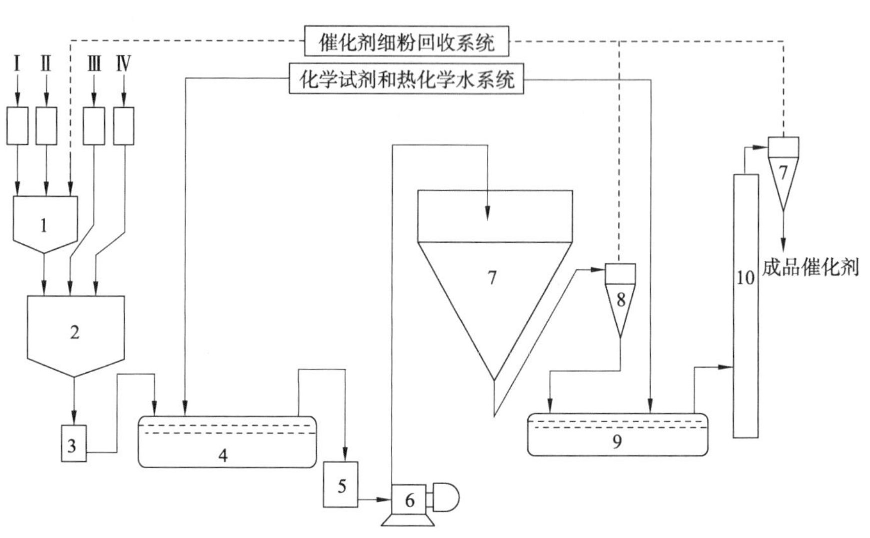

图 3-19 合成硅铝催化剂制备流程示意图

1—成胶罐；2—加铝罐；3—浆液储存罐；4—过滤机；5—浆液罐；
6—高压泵；7—喷雾干燥器；8—旋风分离器；9—二次过滤；10—气流干燥
Ⅰ—硫酸；Ⅱ—硅酸钠；Ⅲ—硫酸铝；Ⅳ—铝酸钠(或氨水)

首先由水玻璃溶液与硫酸反应得到硅凝胶，然后再在硅凝胶中加入 $Al(OH)_3$ 胶体。$Al(OH)_3$ 可由硫酸铝与氨水反应得到，也可以由硫酸铝与铝酸钠反应获得。得到的硅凝胶和铝凝胶混合胶体经过滤，滤饼再浆化制成浆液，用高压泵经雾化喷嘴，在喷雾干燥器中干燥，制成微球状，成为催化剂中间产品。再经洗涤、第二次过滤和气流干燥后即得成品催化剂。

2. 合成硅铝基质沸石催化剂制备流程

沸石裂化催化剂采用的基质不同，制备流程也不同。以合成硅铝为基质的沸石催化剂的制备流程如图 3-20 所示。由图中可知，先分别制备沸石和硅铝胶体，然后将两者混合，经喷雾干燥制成微球，再经洗涤和干燥制得成品催化剂。

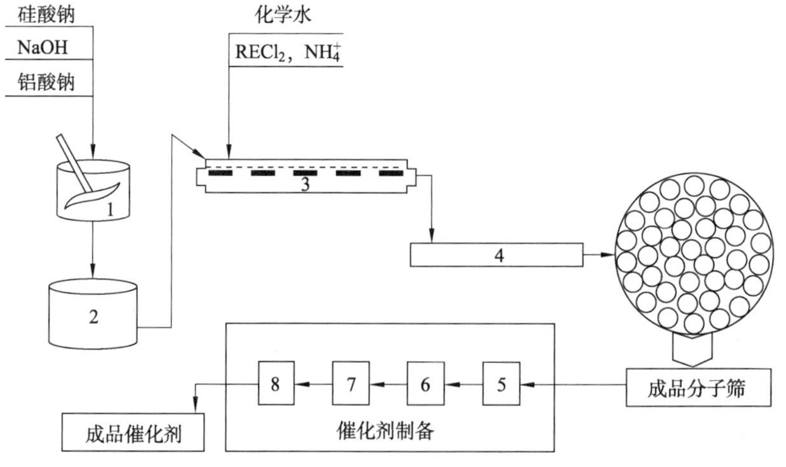

图 3-20 合成硅铝基质分子筛催化剂制备流程示意图

1—成胶罐；2—晶化罐；3—交换及过滤；4—焙烧炉及改性；
5—浆液罐；6—喷雾干燥器；7—二次过滤；8—气流干燥

合成X型或Y型沸石，采用硅酸钠、铝酸钠、NaOH为原料，先成胶、老化，再高温晶化，即合成Na型沸石。成胶工艺不同，晶化条件不同，制得的沸石的硅铝比也不同。硅铝比低是X型沸石，硅铝比高是Y型沸石。

这种催化剂制备流程采用的沸石(X型或Y型)可以是Na型的，也可以将Na型沸石预先用稀土离子和铵离子进行交换，再经干燥和焙烧，得到RE型或REH型沸石，加入到硅铝胶体中，经喷雾干燥制成微球催化剂；而加入Na型沸石，喷雾干燥后，再交换和二次干燥亦可制成沸石微球催化剂。通常用预交换沸石制成的催化剂性能更稳定。

3. 半合成硅铝基质沸石裂化催化剂制备流程

半合成硅铝基质沸石裂化催化剂的制备流程是近年来较普遍采用的生产流程，如生产高孔隙率催化剂的流程。

高岭土先与硅胶混合，硅胶则由水玻璃与硫酸反应生成。混有高岭土的硅胶浆液，再加入Al_2O_3胶体(因为只含有活性SiO_2和高岭土的基质裂化活性和选择性都太低，故而还需加入Al_2O_3)，加入的$Al(OH)_3$胶体是由$Al_2(SO_4)_3$和$NaAlO_2$反应而得。在制备基质的同时，还采用类似的化学原料来合成沸石，如图3-21所示。

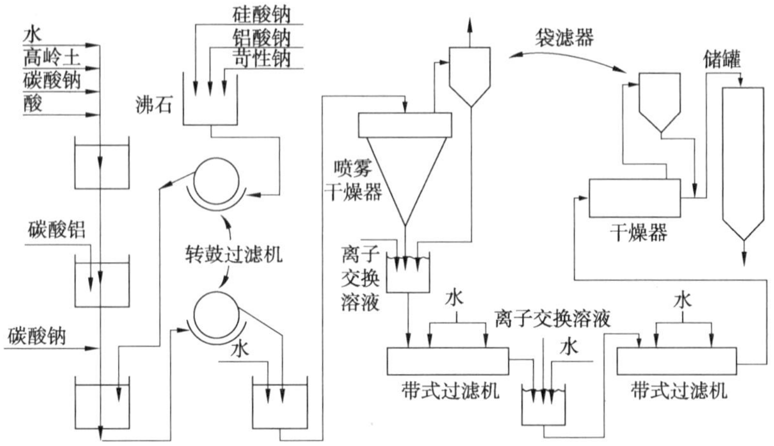

图3-21 高孔隙率催化剂制备流程

六、催化裂化催化剂的主要性质

一个良好的催化剂，应在使用中有较高的活性及选择性，以便获得产率高、质量好的目的产品，而本身又不易被污染、被磨损、被水热失活，且还应有很好的流化性能和再生性能。

为使催化剂满足这些要求，则按照一系列的性能指标来鉴定和控制其质量。

(一) 化学组成

催化剂的化学组成表示催化剂中的主要成分及杂质含量，通常包括Al_2O_3、SiO_2、H_2O、Na_2O、Fe_2O_3、SO_4^{2-}等，有时还包括RE_2O_3。

1. Al_2O_3

Al_2O_3是催化剂的主要化学成分，既包括基质中Al_2O_3的量，也包括分子筛中Al_2O_3的量，为各组分含Al_2O_3量的总和，是活性的来源。通常Al_2O_3含量高的催化剂稳定性较好。

2. Na_2O

新鲜剂中的 Na_2O 来自裂化催化剂制备时所用的各种原料。在催化裂化过程中，特别是在掺炼钒含量较高的渣油情况下，钠与钒形成的低熔点共熔物具有极强的流动性，覆盖在催化剂表面并渗入催化剂内部，使沸石晶体结构受到破坏。钠和钒对催化剂降活具有加和性，所以降低催化剂中的钠含量极为重要。

3. Fe_2O_3

新鲜剂中的 Fe_2O_3 来自裂化催化剂制备时所用的各种原料。在高温下会分解并沉积在催化剂上，积累到一定程度就会引起催化剂中毒，降低催化剂活性和选择性。

4. SO_4^{2-}

新鲜剂中的 SO_4^{2-} 离子也来自裂化剂制备用的原料。可与具有捕钒作用的金属氧化物(如氧化铝等)反应生成稳定的硫酸盐，从而使其失去捕钒能力。所以在掺炼渣油的情况下，SO_4^{2-} 的危害性较大，应尽量降低这种杂质的含量。

5. 灼烧减量(LOI)

是指催化剂中所含水分、铵盐及炭粒等挥发组分的含量。通常表示裂化剂经高温灼烧后跑损的水分以及挥发性盐分的量，若在炼化装置中使用灼烧减量偏高的新鲜剂，易产生“热崩”现象。所以灼烧减量在生产中控制其减量≤15%，少量结构水的存在对催化剂形成质子酸活性中心很重要。

6. RE_2O_3

其含量是表示催化剂性能的指标之一。稀土通常来自催化剂中的沸石，有时在催化剂制造工艺中也引入稀土离子达到改善性能的目的。在 REY 催化剂中 RE_2O_3 的含量可代表催化剂中含有 REY 的多少；对同类催化剂而言，通常 RE_2O_3 含量越高，催化剂活性越高，但焦炭产率也偏高。

平衡催化剂的金属含量，如 Ni、V、Na 等(在某些情况下还含有 Cu 和 Ca)，可以反映催化剂的污染程度，对裂化反应的影响很大。

(二) 物理性质

物理性质表示催化剂的外形、宏观结构、密度、粒度等性能。通常包括比表面积、孔体积、密度、磨损指数、筛分组成 5 个主要项目。

1. 比表面积

催化剂的表面积包括沸石和基质两部分。通常新鲜沸石的比表面积为 600~800m^2/g。基质有高表面积基质和低表面积基质之分，高表面积基质的比表面积为 200~300m^2/g，低表面积基质的比表面积为 30~60m^2/g。因此，目前工业上裂化催化剂也有两类：一类为低表面积、低孔体积、高密度的催化剂；另一类为高表面积、高孔体积、低密度的催化剂。这两类催化剂在新鲜剂时，物理性质差别较大，但当成为平衡剂后，两者差别则变小。半合成催化剂中沸石的含量对新鲜剂表面积影响较大，沸石量增加，表面积加大，而对孔体积和密度则影响较小。

因基质和制备工艺不同，不同产品比表面积与活性没有直接对应关系。一般说来，全合成催化剂比表面积大于半合成催化剂的比表面积。

2. 孔体积和孔径

孔体积是多孔催化剂颗粒内微孔体积的总和，单位是 mL/g。孔结构不仅影响催化剂的活性、选择性，而且还能影响催化剂的机械强度、寿命及耐热性能等。孔的大小主要与催化剂基质密切相关。其中微孔所占的体积要占整个颗粒体积的 1/3～1/2。一般低铝催化剂孔体积为 0.6～0.7mL/g，高铝催化剂可达 0.84mL/g，纯的 Y 型分子筛为 0.35mL/g，加入硅酸铝基质的分子筛催化剂为 0.65mL/g。

孔径是微孔的平均直径，新鲜催化剂的平均孔径为 0.4～0.8nm，平衡催化剂为 0.9～12.5nm，分子筛孔径较规则，Y 型分子筛的孔径为 0.9nm。孔径对气体的扩散有影响，孔径大，分子容易进出孔内，再生性能好；孔径太小，则反应产物分子不易扩散出来，留在孔内直到缩合成焦炭并生成气体，而且细孔比粗孔容易受热而崩坏。

对同一类催化剂而言，使用过程中孔体积会减少，而孔直径会变大。

近年来，催化裂化原料油日渐变重，烃类相对分子质量变大。为适应大分子烃类的裂化，催化剂正在向大孔、小表面积方向发展。

3. 磨损指数

催化裂化催化剂除了要具有活性高、选择性好等特点以外，还要具有一定的耐磨损机械强度。机械强度不好的催化剂，不但导致操作过程中催化剂跑损多、用量增大、污染环境，严重时还会破坏催化剂在再生器稀、密相中的合理分布，甚至使生产装置无法运转。

我国目前采用磨损指数来评价微球催化剂的耐磨损强度。测定方法是：将一定量催化剂放入磨损指数测定装置中，在恒定的气速下吹磨 5h，第一小时吹出的<15μm 的试样弃去不计，收集后 4h 吹出的试样，计算出每小时平均磨损百分数(每小时吹出的<15μm 的试样占原有试样中>15μm 部分的质量百分数)，此即为该催化剂的磨损指数，其单位是%/h。磨损指数小，则表明该催化剂的抗磨性能好。

4. 筛分组成

催化剂由大小不同的颗粒构成，催化剂颗粒在不同粒径范围内所占的百分数称为催化剂的筛分组成。催化剂的筛分组成应满足容易流化、气流夹带损失小和反应与传热表面积大的条件。颗粒越小，越易流化，表面积也越大，但气流夹带损失也大。流化床催化剂的颗粒大小主要在 20～100μm 之间。小于 40μm 的叫“细粉”，大于 80μm 的叫粗粒。再生系统中平衡催化剂的细粉含量在 15%～20%时，流化性能好，在输送管中的流动性也好，能增大输送能力，并能改善再生性能，气流夹带损失也不大。但小于 20μm 的细粉过多时，会增加损失；粗粒多时，流化性能差，对设备磨损程度大。

新鲜催化剂的筛分组成由制造时的喷雾干燥设备和工艺条件决定，一般很少变化，平均颗粒直径在 60μm 左右。

催化裂化催化剂应具有良好的颗粒分布，以保证良好的流化状态。一般要求催化剂颗粒<40μm 的不大于 25%，40～80μm 的不小于 50%，>80μm 的不大于 30%。

在流化状态下，催化剂经磨损、冲击所产生的<20μm 的细粉很容易从旋风分离器中跑掉，催化剂的耐磨性越差，跑损越严重。在催化裂化操作中，为了平稳生产，就需要不断地补充这部分跑损的催化剂。如果催化剂细粉多、强度差、跑损多，所需补充的新鲜催化剂的量也大，生产成本就会增加。催化剂颗粒越细，在装置中的停留时间越短，而较粗的催化剂颗粒在装置中的停留时间长，活性衰减大。为了维持装置的平衡活性水平，除了补充正常跑

损的催化剂以外，适当卸剂也是必要的。

5. 密度

催化剂中沸石含量增加，会略微降低催化剂的密度，而催化剂的密度与基质关系密切。催化剂的密度与其化学成分、孔体积以及筛分分布也有关，密度增加，有利于催化剂从旋风分离器中回收。

催化剂密度的大小，对流化性能、流化床的测量、设备的大小和催化剂的计量都有影响。通常催化剂的密度用表观松密度来表示。由于裂化催化剂是微孔状多孔物质，故其密度有几种不同的表示方法。除了表观松密度以外，还有骨架密度、颗粒密度、堆积密度等多种表示方法。

(1) 骨架密度

催化剂颗粒骨架本身所具有的密度，即颗粒的质量与骨架实体所占体积之比，又称真密度，一般为 $2\sim2.2g/cm^3$。

(2) 颗粒密度

指把催化剂微孔体积计算在内的单个颗粒的密度，一般为 $0.9\sim1.2g/cm^3$。

(3) 堆积密度

催化剂堆积时包括孔体积和颗粒间的空隙体积的密度，一般为 $0.5\sim0.8g/cm^3$。

对于同一种催化剂，上述各种密度之间的关系是：

骨架密度>颗粒密度>堆积密度>表观松密度

(三) 催化剂的使用性能

对裂化催化剂的评价，除要求一定的物理性能外，还需一些与生产情况直接关联的指标，如活性、选择性、稳定性、抗金属污染性和再生性能。

1. 活性

裂化催化剂的活性，通常用转化率表示。随着对催化裂化过程认识的不断发展，评定催化剂的方法也在不断改进。早期测定无定形硅铝裂化催化剂的活性，采用 D+L 法或 CAT-A 法；随着沸石裂化催化剂的应用，评定方法也改进为微反活性法(MAT)。工业平衡催化剂的活性，目前均用微反活性表示。

新鲜催化剂活性较高，但是在使用过程中，由于高温、积炭、水蒸气、重金属污染的影响，使活性开始下降很快，以后缓慢下降。在生产装置中，为使催化剂活性保持在一个稳定的水平上以及再补充生产中损失的催化剂，需补入一定量的新鲜催化剂，此时的活性称为平衡催化剂的活性。

2. 选择性

裂化催化剂的选择性，是指催化剂将原料转化成所需的目的产品，而尽可能减少副产物的能力，即多产汽油(或轻循环油、气体烯烃)，少产干气、焦炭和油浆。另外，裂化催化剂的选择性也表现在目的产品的性质上。

评价选择性的指标很多，工业上常用汽油产率与转化率之比表示催化剂生产汽油的选择性，这是以转化率为基准来表达的方式，如汽油/转化率；用焦炭/转化率的比值表示焦炭选择性。另一种常用方式是以焦炭产率为基准的表达方式，如用汽油产率/焦炭产率之比表示催化剂生产汽油的选择性，也很直观。另外，还用 H_2/CH_4 比值表示产氢的选择性，用 iC_4/nC_4 比值来表示异构化反应的选择性等。

催化剂选择性的好坏与其品种和制造质量有关。另外，由于催化剂受到重金属污染后也会降低催化剂的选择性。

催化剂的选择性只是决定轻质油产率高低的一个因素，实际上生产装置轻质油品产率的影响因素还与操作条件和设备的工艺性能等有关。

3. 稳定性

裂化催化剂的稳定性，即催化剂使用条件下保持其裂化活性的能力。裂化催化剂在生产过程中反复进行反应和再生，由于催化剂处于高温及水蒸气气氛下，催化剂的结构发生改变而引起活性下降。另外，催化剂在使用中也会由于原料油中的碱性金属、重金属沉积而引起催化剂永久性失活。

测定裂化催化剂的稳定性，通常是在一定条件下（分子筛催化剂是在常压、800℃条件下用水蒸气处理4h或17h；硅酸铝催化剂是在750℃通蒸汽6h）使催化剂老化，然后再测定其活性并与新鲜催化剂活性（初活性）相比，由活性下降情况评价催化剂的稳定性。老化后活性降低得越少，说明催化剂稳定性越好。高铝硅酸铝催化剂的稳定性优于低铝硅酸铝催化剂，分子筛催化剂的稳定性更高，Y型分子筛比X型分子筛催化剂稳定性好。分子筛催化剂的载体性能对催化剂的稳定性也有很大影响。

4. 再生性

经过裂化反应后的催化剂，由于表面积炭覆盖了活性中心，而使裂化活性迅速下降，这种表面积炭可以用氧化烧炭法除去，使活性中心重新暴露而恢复活性，这一过程称为再生。催化剂的再生性能是指其表面积炭是否容易烧掉，这一性能在实际生产中有着重要的意义。

若再生效果差，再生催化剂含碳量过高时，则会大大降低转化率，使汽油产率下降，且汽油的溴值上升，诱导期下降，柴油的十六烷值下降而实际胶质上升。

再生速度与催化剂物理性质有密切关系，大孔径、小颗粒的催化剂有利于气体的扩散，使空气易于达到内表面，燃烧产物也易逸出，故有较高的再生性能。

对再生催化剂含碳量的要求：早期的分子筛催化剂为0.2%~0.3%（质），对目前使用的超稳型沸石催化剂则要求降低到0.05%~0.1%，甚至更低。

对于一个催化裂化装置，处理能力的关键常常是再生系统的烧焦能力而不是反应器。因此，催化剂的再生性能是一个值得十分重视的问题。一般来说，低比表面积、大孔径的催化剂具有较好的再生性能，半合成催化剂的再生性能优于全合成催化剂。

5. 抗重金属污染性能

原料油中的重金属（铁、铜、镍、钒等）、碱土金属（钠、钙、钾等）以及碱性氮化物对催化剂有污染能力。

重金属在催化剂表面上沉积会大大降低催化剂的活性和选择性，使汽油产率降低，气体和焦炭产率增加，尤其是裂化气体中的氢含量增加，C_3和C_4产率降低。重金属对催化剂的污染程度用污染指数来表示：

$$污染指数=0.1(Fe+Cu+14Ni+4V)$$

式中，Fe、Cu、Ni、V分别为催化剂上铁、铜、镍、钒的含量，以10^{-6}表示。

催化剂的污染程度还可以用生氢因素或裂化气中的H_2/CH_4比值表示。因为沉积在催化剂上的重金属，特别是Ni具有催化脱氢作用，使H_2产率明显增加，而对CH_4产率影响不大。生氢因素高或H_2/CH_4比值高，说明催化剂污染程度严重。

钒在再生条件下生成 V_2O_5，此物可以迁移进入分子筛孔内，堵塞孔道，破坏分子筛结晶度，使催化剂活性降低。

碱性氮化物能中和催化剂酸性活性中心，不仅使催化剂裂化活性降低，还将引起生焦量的增加。

为控制催化剂的污染，除了选择合适的低硫原料外，还可以在常减压蒸馏中进行二级脱盐、改善减压操作、更新部分催化剂、提高催化剂的抗污染能力以及对进料采用加氢预处理及溶剂精制等方法。还可以采用金属钝化剂，增加催化剂中分子筛含量，采用低比表面积和大孔径基质等措施解决重金属污染。

七、催化裂化催化剂的使用技术

催化剂在催化裂化装置中居于核心地位，多年来裂化剂和催化裂化工艺共同发展，促进了催化裂化技术的持续进步。我国于20世纪60年代成功研制无定形硅铝催化剂，70年代成功研制稀土-Y型分子筛催化剂，80年代推出超稳Y型分子筛催化剂，90年代又推出一系列多种改性的分子筛复合催化剂，基本能够做到按不同原料和不同产品方案"量体裁衣"。

活性、选择性和稳定性是裂化催化剂最重要的性能。随着原料的普遍重质化，尤其是大量掺入渣油后，对裂化剂的要求越来越高，基质的作用和功能更加突出。一是基质要有足够的渣油裂化活性，使大分子在基质上裂化成能在分子筛表面与内部反应的中等相对分子质量的分子；二是焦炭选择性好，即动态活性高；三是水热稳定性和抗重金属稳定性好。

（一）催化裂化催化剂使用过程中的主要问题

1. 催化裂化催化剂的失活

理想的催化剂在工业装置的应用中应该能保持恒定活性，但在非均相催化过程使用的大多数工业催化剂，经历一段时间后初活性都会降低，这种活性衰退是一种不良的伴生现象。催化剂活性下降到工业生产上能够接受的下限(可以用转化率或产品分布衡量)所经过的时间与原料性质、操作条件的苛刻度以及环境状况等因素有关，当然也和催化剂本身的活性、稳定性有关。在反应-再生过程中，裂化催化剂失活的主要原因可分为水热失活、结焦失活和吸附毒物失活三类。

(1) 水热失活

稳定性是在模拟操作条件下反映催化剂失活程度的一项指标。裂化催化剂不仅要有良好的抗高温稳定性，而且还要有较好的水热稳定性。鉴于反应器和再生器内水蒸气浓度在5%~20%，因而水热稳定性是裂化催化剂在工业应用时赖以保持足够平衡活性的极为重要的性质。在高温特别是有水蒸气存在条件下，裂化催化剂的表面结构发生变化，比表面积减小，孔容减小，分子筛的晶体结构被破坏，导致催化剂活性和选择性下降。

早期的无定形硅铝催化剂的水热稳定性很差，高铝(Al_2O_3 25%)催化剂比低铝(Al_2O_3 13%)的略好。当温度高于650℃时失活就很快，750℃则迅速失活。沸石催化剂的热稳定性优于无定形硅酸铝催化剂，REY分子筛的晶体崩塌温度约870~880℃，USY分子筛的崩塌温度约950~980℃。实际上，在高于800℃时，许多分子筛就已开始有明显的晶体破坏现象发生。

根据工业实践，对分子筛催化剂，再生温度在704~717℃之间一般不导致严重的水热失活，但当温度超过730℃时，水热失活问题就比较突出。有的装置再生温度从730℃提到

760℃，平衡活性下降 6 个单位；有的装置超温到 815℃以上则产生严重失活。表 3-10 列出了近年来工业新鲜催化剂与水热减活平衡剂的某些物性的比较。

表 3-10　新鲜剂与水热减活平衡剂的物性比较

物性参数		新鲜剂	平衡剂
比表面积/(m^2/g)		200~640	60~130
孔体积/(mL/g)		0.17~0.71	0.16~0.45
堆积密度/(g/L)	大密度剂	0.79~0.88	0.70~0.82
	小密度剂	0.48~0.53	0.70~0.82
微反活性(MA)/%		70~83	56~70

(2) 结焦失活

结焦失活是在催化反应过程中，由于反应物中某些高分子稠环芳烃的强吸附作用，加上有些组分经过脱氢-聚合也生成高聚物，这些物质进一步环化脱氢形成焦类物质沉积到催化剂表面或孔隙中，或者把孔口堵塞，降低了颗粒内外表面积的利用率而引起活性衰退。结焦失活主要发生在提升管反应器内，提升管出口处的含焦催化剂的活性只及入口处的 1/3~1/5，为此需要通过再生过程烧去积炭以恢复活性。

(3) 吸附毒物失活

吸附毒物的失活来源于原料中某些杂质在反应条件下能强烈吸附在催化剂表面，或与活性中心发生化学反应使活性下降，这种现象称为中毒，这样的杂质称为毒物。

在实际生产中，裂化催化剂的毒物主要是某些金属(铁、镍、铜、钒等重金属及钠)和碱性氮化合物。重金属主要以 Ni、Cu、V 和 Fe 为代表，以有机金属化合物(多数为大分子卟啉络合物)形态存在于渣油的胶质和沥青质中。在催化裂化过程中，这些化合物吸附在基质上然后分解，留下重金属原子在催化剂表面和内部，有的起脱氢催化作用，改变了催化裂化产品的选择性，有的则生成低熔点氧化物，破坏沸石的晶体结构。此类毒物可以不断积累到相当大的比例，对生产操作影响很大。

除了重金属外，原料油中携带的无机盐中的 Na、Ca 等碱金属或碱土金属也可沉积在催化剂表面，当累积到浓度较高时也会起破坏作用。有机碱性氮化合物在催化剂酸性中心上的作用，会使催化剂的活性和选择性降低。但这类物质易于清除，在与油气脱离接触后即恢复原有活性。

2. 催化裂化催化剂的再生

裂化催化剂在反应器和再生器之间不断地进行反应和再生，通常在离开反应器时催化剂(待生剂)上含炭约 1%，需在再生器内烧去积炭以恢复催化剂活性。对无定形硅酸铝催化剂，要求再生后的催化剂(再生剂)的含炭量降至 0.5%以下，对分子筛催化剂则一般要求降至 0.2%以下，而对超稳 Y 分子筛催化剂则甚至要求降至 0.05%以下。通过再生可以恢复由于结焦而丧失的活性，但不能恢复由于结构变化及金属污染引起的失活。裂化催化剂的再生过程决定着整个装置的热平衡和生产能力，因此，在研究催化裂化时必须十分重视催化剂的再生问题。

催化剂上沉积的焦炭主要是反应缩合产物，主要成分是碳和氢，当裂化原料含硫和氮时，焦炭中也含有硫和氮。由于焦炭本身是许多化合物的混合物，而且没有确定的组成，因此，无法写出分子式，故其化学反应方程式只能笼统地用下式表示：

$$焦炭+O_2 \longrightarrow CO+CO_2+H_2O$$

再生反应是一个放热反应，而且热效应相当大，足以提供本装置热平衡所需的热量，甚至还有相当多的剩余热量。催化裂化催化剂再生过程中的主要影响因素有再生温度、氧分压、再生剂含炭量、再生器的结构形式和再生时间。

(二) 催化裂化催化剂的选用

催化剂对催化裂化装置的产品产率、质量以及平稳操作和环境控制等方面起着重要作用。正确选用催化剂会给企业带来巨大的经济效益。

裂化催化剂的品种较多，如何选择适用的催化剂有以下几个原则可供参考。

1. 根据产品要求选用催化剂

当要求的产品方案从最大轻质油收率向最大汽油辛烷值方向变化时，催化剂的选择相应地从 REY 向 REHY 至 USY 型催化剂方向变化。

2. 针对原料性质选择催化剂

在掺炼渣油比例增大时，要选用 REHY 乃至 USY 型分子筛催化剂。若原料油中的重金属 Ni 含量较高，则选用大孔、低比表面积基质的 USY 型催化剂(如 LB-1，ZCM-7 等)，若重金属 V 含量高时，则选择特殊设计的小孔陷阱或抗钒添加物(为海泡石等)、大比表面积，并含自由态 SiO_2、Al_2O_3、RE_2O_3等基质的催化剂

3. 针对现有装置的具体条件，尤其是制约条件来选用催化剂

催化裂化装置的类型决定了工艺操作原则。催化剂作为装置的一个重要独立操作参数，选用时必然要充分考虑装置的限制条件。例如，当再生器负荷较紧张时，应选用焦炭选择性优良的 REHY 或 USY 型催化剂；又如当催化剂循环量受到制约时，也就是剂油比受到制约时，宜选用活性高的 REHY 乃至 REY 型催化剂。如 TOTAL 型催化裂化装置，其特点是两段再生，外甩油浆，不取热而达到自身热平衡。这就要求催化剂有良好的选择性，超稳型催化剂即为首选。如果一个装置与上述 TOTAL 技术类似，不同之处仅在于有取热设施，那么不仅超稳型，而且 REY 型、REHY 型催化剂也在考虑之列。表 3-11 概括了一些装置的设备限制条件与选用催化剂的方法。

表 3-11 装置限制条件与催化剂选用

制约条件	选用催化剂方向	参考品种
床层裂化	高活性，低堆比	Y-15、Y-9、LC-7、LCS-7
气压机负荷	降低 $C_2^=$ 产率	Y-15、CRC、KBZ、LCH-7、LCS-7
主风机满负荷	降低焦炭产率，抗重金属	LCH-7、ZCM-7、RHZ-200、RHZ-300、CC-14、COMET-400
吸收系统有余量	多产液化石油气	LCH-7、ZCM-7、RHZ-200、RHZ-300、CC-14、COMET-400、OB-3000
汽提效率低	使用大孔、低比表面积催化剂	LB-1、CRC、KBC、LC-7、RHZ-300、COMET-400
再生烧焦效率低	受焦炭影响小的催化剂	LC-7、LB-1、KBZ、CRC
再升温度极限	降低焦炭，抗重金属	LCH-7、ZCM-7、LCS-7 RHZ-200、RHZ-300、CC-14、COMET-400、OB-3000

续表

制约条件	选用催化剂方向	参考品种
再生藏量小，烧焦时间短	高活性剂	LB-1、KBZ、CRC-1、Y-15、LC-7、RHZ-300
剂油比无法提高	高活性剂	同上 CC-14、LCS-7
工厂无气体再加工装置	少产气体、多产轻质油	CRC、KBZ、LC-7、LB-1

（三）催化裂化催化剂助剂的选择

催化裂化催化剂助剂的合理使用，可改善和补充催化剂的性能，延长催化剂的使用寿命，改善产品质量和分布，减少环境污染，获得良好的经济效益。因此，催化裂化催化剂助剂的发展十分迅速。

催化裂化催化剂助剂主要以加添加剂的方式加入到裂化催化剂或裂化原料中，使用灵活，可以根据具体情况随时启用或停用或调整用量。目前工业上使用的主要助剂见表 3-12。

表 3-12　催化裂化催化剂助剂的组成及作用

助剂名称	组成特点	作　　用
CO 助燃剂	$Pt(Pd)/Al_2O_3$	将再生器内 CO 燃烧生成 CO_2，具有回收系统能量、减少环境污染、改善产品分布、增加液体收率和提高操作平稳程度等优点
金属钝化剂	含 Sb、Sn 的化合物	钝化原料油中金属镍和钒，避免镍和钒对催化剂中毒，改善裂化产物的选择性
辛烷值助剂	ZSM-5 等择形沸石	择形裂化汽油中低辛烷值的直链烷烃，提高汽油辛烷值
硫转移添加剂	MgO 等金属氧化物	把 SO_x 还原成 H_2S，从而把再生烟气中的 SO_x 转移到反应器中以 H_2S 形态随产物排出，再进一步回收成硫黄，故也称之为 SO_x 还原剂
降烯烃助剂	双金属改性的 ZSM-5	改善催化剂的氢转移活性，提高芳构化活性并进一步降低汽油中烯烃含量
钒捕集剂	碱性金属氧化物（Me = Ca、Mg、Ba、Sr）	沉积在催化剂上的钒，在再生器环境中生成的五价钒酸与钒捕集剂中的碱性金属氧化物（Me = Ca、Mg、Ba、Sr）化合成为稳定的钒酸盐（$Me_2V_2O_7$）而失去在颗粒内和颗粒间的流动性，从而避免对沸石的破坏
塔底油裂化助剂	不含任何沸石组分的具有很高酸性活性的基质	降低油浆产率，提高目的产品产率
催化剂流动助剂	Ketjen flow 的助剂	改善因催化剂中细粉含量过低引起循环流动困难的问题
多产柴油助剂	具有较多的 <20nm 的中孔，其孔分布最好集中在 5~20nm 之间，并有丰富的弱 L 酸中心和少量的 B 酸中心，如 LDC-971	辅助主催化剂对重油的裂化；减少主催化剂对中间馏分的再裂化；应对原料油性质波动、掺炼渣油比例变化对重油转化的影响

（四）催化剂和助剂的使用设施

一个催化裂化工业装置每天要补充以吨计量的新鲜催化剂（有时还包括购进的平衡催化剂）和几十千克的助剂，根据需要，有的装置还需连续卸出平衡催化剂，为此在装置内要设置有关的储存、运输和装卸设施。以下对此加以扼要介绍。

1. 催化剂的运输和储存

生产装置使用的催化剂可以是一种或两种以上的牌号，有时购自不同的生产厂(平衡剂则来自炼油厂)。催化剂产品包装有桶装(0.16m^3)、袋装(25~50kg)、特制大袋(约1t)和散装(汽车或铁路专用槽车)等多种形式。有条件的生产厂和催化裂化装置宜采用散装槽车包装运输方式，可以消除工厂和装置在装卸过程中对大气环境的污染和物料损耗(有时高达1%以上)。有的炼油厂设专门的催化剂仓库，储存袋装、桶装或散装的催化剂，而有的只在催化裂化装置内散装储存。

装置内的新鲜催化剂和平衡催化剂储存在立式钢制压力或真空容器内，视催化剂品种可以各设一个或者一个以上。罐的工作压力视再生器压力而定；真空度则是考虑向罐内装剂的情况(两种储罐都应考虑)；工作温度分别按常温(新鲜剂储罐)和高温再生温度(平衡剂储罐)设计；新鲜催化剂储罐的有效容量(扣除上部2.2m净空)，视包装、运输和补充量情况而异；平衡催化剂储罐的有效容量则按反应-再生系统的总藏量(仪表指示的反应器、再生器藏量和催化剂输送管线、外部脱气罐、缓冲罐以及设备内部"死区"的藏量总和)的1.3倍计算。

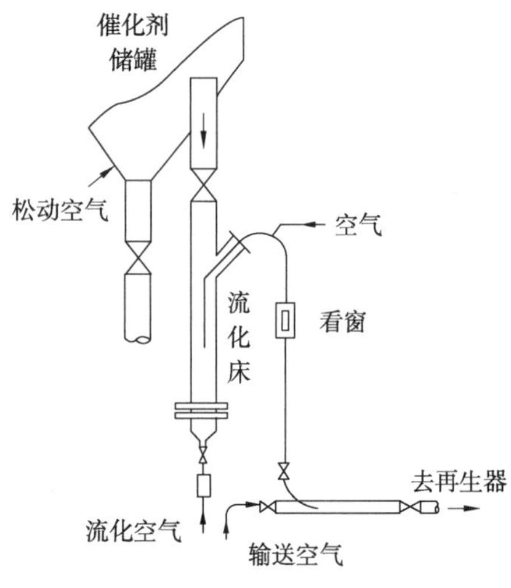

图3-22 Ketjen加料器

2. 催化剂装入再生器设施

向再生器内装入催化剂有两种情况：一是装置开工时，当器内达到350℃时以较快的速度加入(20~50t/h)，同时引燃燃烧油维持器内温度；二是正常生产期间，为维持催化剂的活性或重金属含量而补充装入的催化剂，视装置规模和具体情况，一般在10t/d以内，使用小型加料器加入。工业上使用的加料器有Ketjen加料器(图3-22)、分批定量自动加料器(图3-23)、程控自动加料器(图3-24)和先进自动控制加料器。

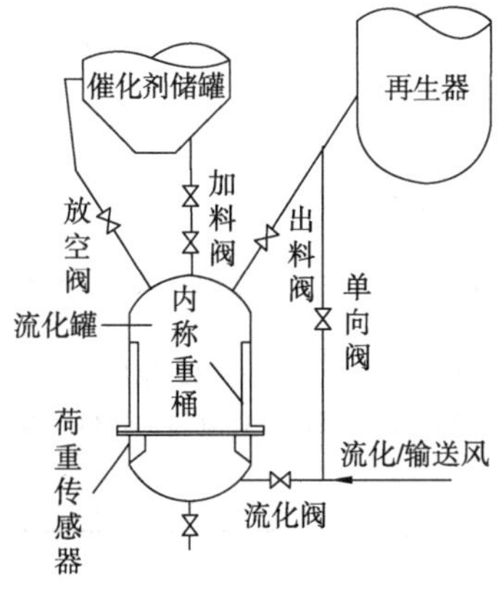

图3-23 LPEC-2型自动加料器

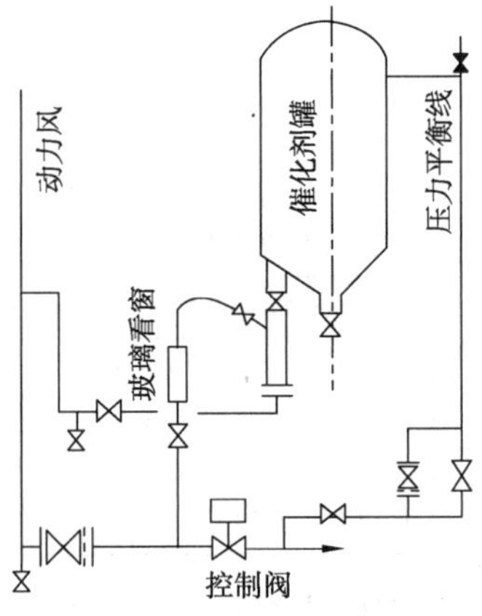

图3-24 催化剂程控自动加料器

3. 催化剂卸出设施

从再生器卸出平衡催化剂有两种情况：一是装置停工前从再生器和输送管的底处以较快

速度卸出。视装置的总藏量而确定卸剂管线的尺寸，当总藏量少于 180t 时，再生器卸剂线采用 ϕ150mm，输送管卸剂线采用 ϕ100mm。卸剂阀门要求耐磨蚀。进入平衡催化剂罐后，热空气从罐顶经由外部(或内部)的旋风分离器排入大气，而回收的催化剂则从 ϕ150mm 料腿和翼阀返回储罐；二是正常的小量卸剂设施，可采用类似 Ketjen 加料器设备。

新鲜催化剂的散装卸出(从槽车)可用密闭系统，从袋装或桶装卸出则通常为地面带格栅的半开放式漏斗和吸尘系统。在催化剂储罐顶设置抽空器，利用罐内的真空度使催化剂和伴随的空气沿管线进入储罐。

第三级旋风分离器分出的细粉先收集在框架下的储罐内，定期卸入汽车槽车或铁桶内运出装置。

(五) 系统催化剂的置换

工业装置在正常运行中换用新牌号的催化剂时，需要对系统内原有的催化剂进行置换。置换方法有两种：一是快速置换，即以远远大于正常补充量的速度加入新剂，同时也大量卸出旧剂。这种方法要求严格注意操作工况，以免产生过大的波动。二是缓慢置换，即按正常补充量或略大于正常量的速度补充新剂，可以保持操作条件的平稳过渡，也不致带来大量卸剂的处置问题，但是总的置换时间很长，往往要几个月的时间才能完成。

(六) 废催化剂的处置和再利用

FCC 装置排放出来的废催化剂分为两种：一是从三旋分离器回收下来的催化剂，二是系统中定期置换出来的低比表面积、低活性、沉积较多金属的平衡剂。

目前，我国 FCC 装置所使用的催化剂，主要是含有 1%~3%(质)稀土元素的沸石催化剂。此外在重油 FCC 中为了使沉积在催化剂上的重金属(主要是 Ni 及 V)的活性受到抑制，往往要向系统中加注一定数量的钝化剂。而这些钝化剂中的锑，是一种有毒物质并且易于吸附在催化剂上，因此废催化剂不能随意堆放。

当前废催化剂采用的处理方法：①把废催化剂填埋弃置；②对其综合利用；③将油浆中的细粉分离出来返回反应器(但最终仍将从再生器逸出)；④将平衡剂作为商品销售(限于处理 VGO 原料的装置)，在国外售价约为同牌号新鲜剂的 1/3；⑤采用从催化剂上脱除重金属的工艺，减少平衡剂的排出量。

对于炼油厂来讲，主要是再生利用和作为装置开工时的平衡催化剂使用。实在无法利用的部分，即使掩埋也要充分考虑不要造成二次污染。

八、催化裂化催化剂展望

催化新技术可促进炼油工业的发展，而具有更好性能的催化材料是催化新技术的基础。在催化剂的研发方面，组合化学和高通量实验技术的应用，将有助于加快新型催化材料和催化技术的开发速度，缩短开发周期。应用先进的实验手段，可以更加深入地认识催化剂活性中心的本质、催化反应过程和反应机理，进而实现从原子水平上改进和设计催化剂。新的活性组分体系、满足不同需求的新载体以及纳米催化新材料的研发将越来越深入，应用将越来越广泛。

关键炼油催化技术将根据市场需求形成更多的创新和突破，催化裂化催化剂将随着具有良好水热稳定性的大孔分子筛和小晶粒或纳米分子筛材料的应用具备更优异的性能。

未来，我国由于低硫、石蜡基原油的供应量满足不了国内经济发展对轻质油品的要求，含硫和其他劣质油的开发和进口将占越来越大的比例。因而，除了原料的预精制需进一步发展外，对催化剂也提出了更高的要求。另外，从环保对车用燃料的要求看，不希望汽油中含较多的烯烃和芳烃，也不希望柴油有太高的芳烃而降低十六烷值，因而希望催化裂化过程中具有必要的异构化、烷基转移、侧链化等二次反应，从而对催化剂又提出新的要求。所以，未来催化剂研究创新的空间将会进一步得以开拓，并推动催化裂化及其相关工艺技术的进步和发展。

第三节　催化重整催化剂

催化重整是以 $C_6 \sim C_{11}$ 石脑油为原料，在一定的操作条件下（温度、压力、氢油比）和催化剂的作用下，烃类分子结构发生重新排列的过程。其生产目的是生产高辛烷值汽油及轻芳烃（苯、甲苯、二甲苯，简称 BTX），同时也副产相当数量的氢气。催化重整汽油是无铅高辛烷值汽油的重要组分。在发达国家的车用汽油组分中，催化重整汽油约占 25%～30%。BTX 是一级基本化工原料，全世界所需的 BTX 一半以上来自催化重整。氢气是炼油厂加氢过程的重要原料，而重整副产氢气是廉价的氢气来源。因此，催化重整是石油炼制和石油化工企业中的主要生产工艺。

一、催化重整的基本原理

（一）催化重整反应

催化重整反应过程是在固体催化剂表面和孔隙内部进行，即催化重整反应过程是典型的气-固相催化反应过程。

在催化重整过程中发生的化学反应主要有以下几种：

1. 芳构化反应

（1）六元环烷烃脱氢反应

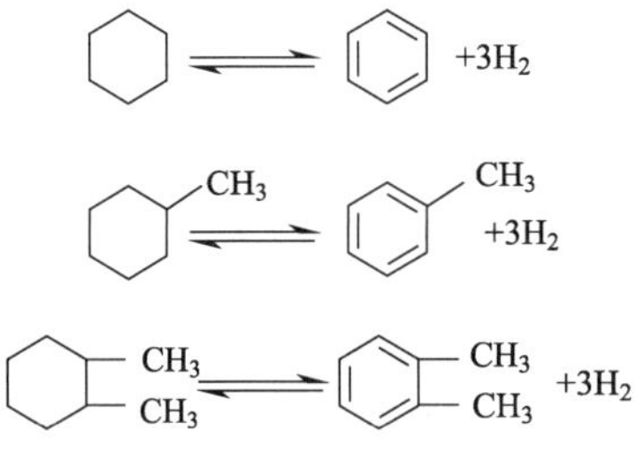

（2）五元环烷烃异构脱氢反应

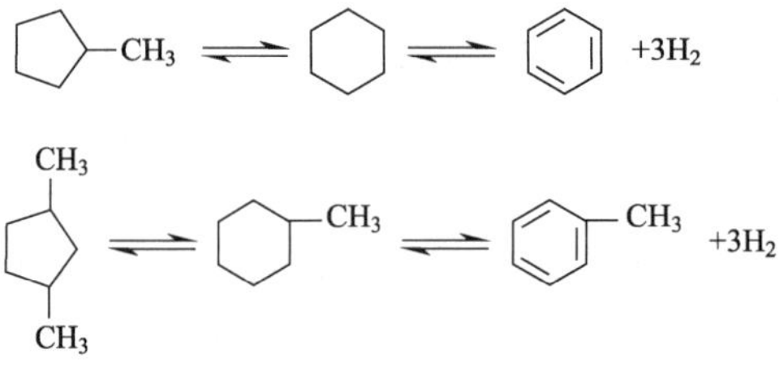

（3）烷烃环化脱氢反应

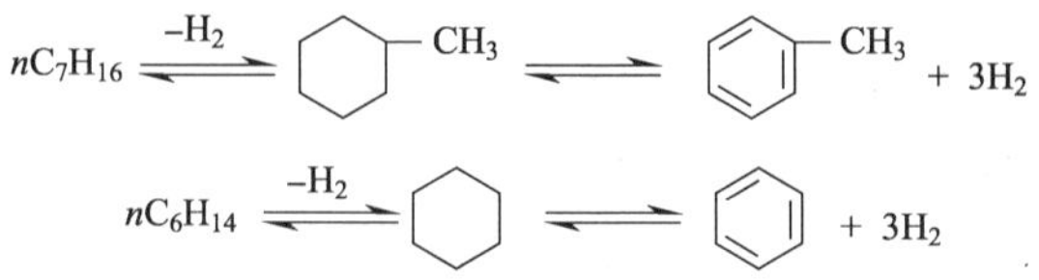

芳构化反应的特点是强吸热、体积增大及可逆反应。

六元环烷烃的脱氢反应是各种重整反应中反应速率最快的反应，在工业条件下很快能达到化学平衡，是重整过程中最基本的反应，这类反应没有碳链重排或断裂，所以一般在催化剂金属活性中心上进行。五元环烷烃的异构脱氢反应比六元环烷烃的脱氢反应慢很多，但大部分也能转化为芳烃；烷烃环化脱氢反应的速率较慢，反应条件苛刻，但它也是生产芳烃和高辛烷值汽油最重要的反应之一，是现代催化重整过程追求的目标之一。五元环烷烃异构脱氢反应和烷烃环化脱氢反应是借助催化剂的酸性功能和金属中心协同配合共同起作用。

2. 异构化反应

烃类在重整催化剂的活性表面上能发生异构化反应。

$$nC_7H_{16} \rightleftharpoons iC_7H_{16}$$

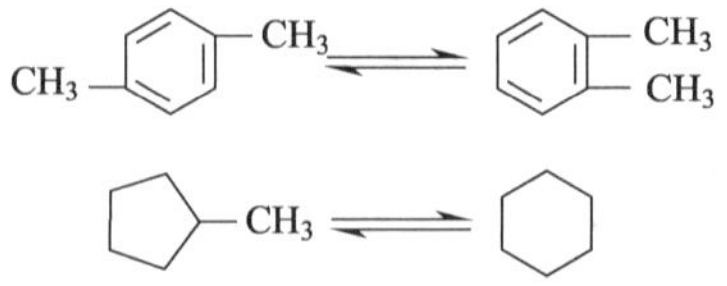

这类反应速度慢、放热少、不产氢，不能直接生成芳烃，如正构烷烃的异构化。但正构烷烃异构化后，不仅可提高汽油的辛烷值，而且由于异构烷烃比正构烷烃更容易进行脱氢环化反应，因而也间接地有利于生成芳烃。此反应的另一特点是除主要借助催化剂的酸性功能作用外，还必须借助催化剂的金属功能辅助作用才能完成。

烷烃和五元环烷烃的异构化都是放热反应，但热效应不大，大约为16kJ/mol，故低温有利上述反应达到平衡。但低温时，异构化反应速度较慢，所以在实际生产中，常常采用较高的温度。

3. 加氢裂化反应

在催化重整条件下，各种烃类都能发生加氢裂化反应，并可以认为加氢、裂化和异构化三者是并发反应。

$$nC_7H_{16} + H_2 \longrightarrow nC_3H_8 + iC_4H_{10}$$

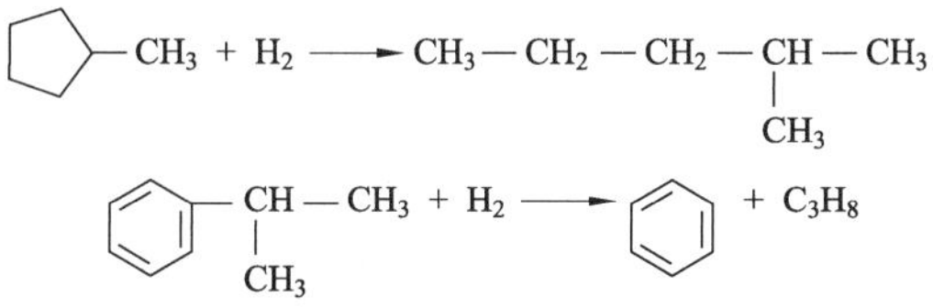

这类反应是不可逆放热反应。反应结果会生成许多较小的分子和异构物，可提高汽油辛烷值，但大量消耗氢气，导致氢浓度下降；又由于同时生成小于 C_5 的气体烃，使汽油产率下降。因此，在生产中必须适当抑制此类反应。在工业催化重整条件下，此类反应的反应速度最慢，只有在高温、高压和低空速时，其影响才逐渐显著。

4. 缩合生焦反应

催化重整反应过程中，烃类深度脱氢生成的烯烃、二烯烃以及稠环芳烃会牢固地吸附在催化剂表面，进一步脱氢缩合成焦炭，使催化剂失活。

（二）催化重整催化剂对原料油的要求

催化重整通常以汽油馏分为原料，根据生产目的不同，对原料油馏程有一定要求；为了维持催化剂的活性，对原料油杂质也有严格控制，这样才可延长重整催化剂的寿命，得到高质量的产品并获得最大经济效益。

1. 对原料油馏程的要求

原料油馏程与化学组成有关，适宜的组成可以增加理想产品的收率。

以生产高辛烷值汽油为目的时，选用80～180℃的馏分为原料。沸点低于80℃的环烷烃已具有较高的调和辛烷值，因而这部分较轻的馏分无需再去重整；终馏点选取180℃的原因，一是由于>180℃的馏分易于在重整催化剂上积炭，缩短生产周期，二是为了使重整产物的终馏点符合汽油的规格要求。

若要生产C_6～C_8芳烃，则选用60～145℃的馏分为原料。这是根据C_6～C_8芳烃的沸点确定的，沸点低于60℃的馏分中所含C_5烃类不能转化为芳烃，而沸点高于145℃的馏分已属于C_9烃类。

故生产轻芳烃-汽油时，采用60～180℃的馏分。

2. 对原料油杂质含量的要求

催化重整催化剂非常“娇贵”，对原料中的杂质非常敏感，因此对原料中能使催化剂永久性或暂时性中毒的杂质要严格控制。由于铂铼与铂锡催化剂对杂质的影响更加敏感，因而对原料的要求更加严格。催化重整原料中杂质的最大允许含量见表3-13，我国主要原油直馏重整原料杂质含量见表3-14。

表3-13　催化重整原料中杂质的最大允许含量

杂质	最大允许含量/(μg/g)	杂质	最大允许含量/(μg/g)
硫	0.5	水	5.0
氮	0.5	砷	0.001
氯	1.0	铅、铜等	0.02

表3-14　我国主要原油直馏重整原料杂质含量　μg/kg

杂质	大庆	大港	胜利	辽河	华北	新疆
砷	195	14	90	1.5	14	133
铅	2	4	14.5	0.2	7.9	<10
铜	3	2.5	3.0	6.4	3.2	<10
硫	240	17.6	138	67.1	37	37
氮	<1	0.7	<0.5	<1	<1	<0.5

相对FCC而言，催化重整对原料的要求很严格，现场工作人员常常把它称之为是“吃细粮的”。这一方面是铂金属催化剂太昂贵了，一旦中毒，损失巨大；另一方面也是提高产品收率所必需。为了确保重整催化剂的活性，在加工大庆、新疆原油时，重整原料油必须脱砷。

二、重整催化剂的组成及种类

（一）重整催化剂的双功能

重整催化剂既具有促进加氢/脱氢作用的金属功能，同时又具有促进裂化、异构化反应的酸性功能，故称为双功能催化剂。

以甲基环戊烷转化为苯为例，如图 3-25 所示，即可以看出催化重整催化剂必须是双功能的。

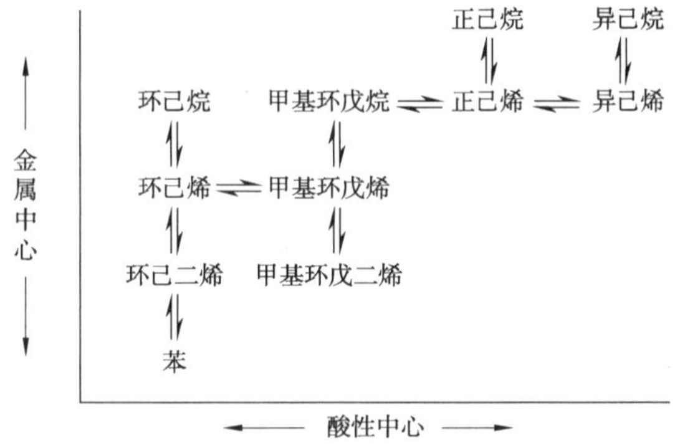

图 3-25　C_6烃类催化重整反应网

重整过程的各类反应，有的在金属活性中心上完成，有的在酸性中心上完成，而大多数反应都要在这两个中心上，甚至交替多次以后才能完成。重整催化剂的两种功能必须适当配合才能得到满意结果。若金属功能过强，易于生成积炭，使催化剂失活，导致催化剂稳定性下降；若酸性功能太强，导致烷烃或环烷烃的加氢裂化反应加剧，液体收率和转化为芳烃的选择性降低。因此，如何保证这两种功能得到适当的配合是制备重整催化剂和实际生产操作的一个重要问题。

就催化重整催化剂而言，其加氢-脱氢功能是由以铂为主的金属组分提供；其酸性功能则是用卤素改性的氧化铝载体来提供。

（二）重整催化剂的组成

现代重整催化剂由基本活性组分（如铂、钯、铱、铑）、助催化剂（如铼、锡等）和酸性载体（如含卤素的 γ-Al_2O_3）所组成。

1. 金属组分

重整催化剂中以 Pt 催化剂的脱氢活性最高。Pt 很昂贵，故在 Pt 催化剂中，Pt 是处于高度分散的状态，其含量为 0.20%～0.75%，以晶体状态存在，Pt 晶粒平均直径 0.8～10mm。晶粒越小，Pt 与载体的接触面越大，催化剂的活性和选择性越高。为制备高度分散的 Pt 催化剂，Al_2O_3常以 H_2PtCl_6溶液的形式浸渍到 Al_2O_3中或用$[Pt(NH_3)_4]^{2+}$的形式交换到 Al_2O_3中。制备工艺亦影响晶粒大小，如焙烧温度过高使晶粒变大。晶粒大小可用金属分散度间接反映，Pt 分散度定义为：

$$\text{Pt 分散度}=\frac{\text{吸附的氢原子的物质的量}}{\text{总的 Pt 原子的物质的量}}$$

优良的重整催化剂中 Pt 的分散度可达到 0.95。单 Pt 催化剂中 Pt 分散度随着催化剂使用时间的增加而逐步减小，加入 Re、Ir、Pd、Sn、Ti、Al 等元素有利于 Pt 保持原来的高度分散状态。

2. 酸性组分——卤素

重整催化剂的酸性中心主要由卤素提供。随着卤素含量的增加，催化剂对异构化和加氢裂化等酸性反应的催化活性增强。在卤素的使用上通常有氟氯型和全氯型两种。氟在催化剂上比较稳定，在操作时不易被水带走，但是氟的加氢裂化性能较强，使催化剂的选择性变差。氯在催化剂上不稳定，容易被水带走，这也正好可以在工艺操作中根据系统中的水-氯平衡状况注氯和注水，以及在催化剂再生后进行氯化等措施来维持催化剂上的适宜氯含量。

所以近年来多采用全氯型，一般新鲜的全氯型催化剂含氯 0.6%~1.5%，实际操作中要求氯含量稳定在 0.4%~1.0%。卤素含量太低，由于酸性功能不足，芳烃转化率低（尤其是五元环烷烃和烷烃的转化率）或生成油的辛烷值低。虽然提高反应温度可以补偿这个影响，但是提高反应温度会显著降低催化剂的寿命。卤素含量太高，加氢裂化反应增强，导致液体产物收率下降。

3. 载体

一般来说，载体本身并没有催化活性，但是具有较大的比表面积和较好的机械强度，能使活性组分很好地分散在其表面，从而更有效地发挥其作用，节省活性组分用量的同时也提高了催化剂的稳定性和机械强度。现代重整催化剂几乎都使用 $\gamma-Al_2O_3$ 作为载体，其主要作用是支撑（担载）活性组分，并且与氯共同组成酸性功能。

载体应具有适当的孔结构。孔径过小不利于原料和产物的扩散，且易于在微孔口结焦，使内表面不能充分利用而使催化剂活性迅速下降。近年来用作重整催化剂载体的 $\gamma-Al_2O_3$ 的孔分布趋向于集中，其中孔径小于 4nm 的微孔显著减少甚至消除。多数载体的外形是直径为 1.5~2.5mm 的小球或圆柱状，也有为了改善传质和降低床层压降而采用异形条状、涡轮形等形状。

重整催化剂的堆积密度多在 600~800kg/m^3 范围内。近年来，载体的堆积密度趋向于增大，故重整催化剂的堆积密度一般在 700kg/m^3 以上。

（三）重整催化剂的种类

工业重整催化剂分为两类，即非贵金属催化剂和贵金属催化剂。

1. 非贵金属催化剂

非贵金属催化剂主要有 MoO_3/Al_2O_3 及 Cr_2O_3/Al_2O_3，其主要的活性组分多属元素周期表中的第Ⅵ族金属元素的氧化物。这类催化剂的活性远不如贵金属催化剂，目前在工业上已基本淘汰。

2. 贵金属催化剂

贵金属催化剂的主要活性组分多为元素周期表中第Ⅷ族的金属元素，最常用的贵金属就是铂。目前应用的贵金属重整催化剂有三种类型：单金属铂催化剂（如 Pt/Al_2O_3），双金属催化剂（如 $Pt-Re/Al_2O_3$、$Pt-Sn/Al_2O_3$），以及以铂为主的三元或四元的多金属催化剂（如 Pt-Ir-Ti 催化剂或含 Pt、Ir、Al、Ce 的多金属催化剂）。目前工业上实际使用的重整催化剂主要有铂铼催化剂和铂锡催化剂两类。

（1）铂铼系列

铂铼催化剂是工业上应用最早、最广泛的一种双金属催化剂系列。铂铼催化剂最突出的特点是稳定性和选择性好，主要用于半再生固定床重整装置。

与铂催化剂相比，主要有以下优点：

① 适于低压、高温、低氢油比的苛刻条件，从而有利于重整生成芳烃的化学反应。

② 在苛刻条件下操作，稳定性和选择性都较好。其活性下降的速度只有最好的铂催化剂的1/5，芳烃转化率超过100%，可达130%，而且液体收率和氢气纯度都较高，汽油辛烷值 *RON* 可高达100。

③ 再生性能好，使用寿命长，一般为单铂催化剂的2~4倍，国外催化剂一般可使用5年以上。

铂铼催化剂不足之处：

① 只改进了催化剂的稳定性而没有提高其活性。

② 开工时，因催化剂的加氢裂解性能太强，放出大量的热，产生超高温现象。因此，必须掌握好开工技术，防止烧坏催化剂。

（2）铂锡系列

由于铼是稀有贵金属，为了降低催化剂的制造成本，又发展了铂-非铼系列催化剂，在铂催化剂中加入了第Ⅳ族金属，如锗、锡、铅等。这几种金属比铼更容易得到，价格也便宜得多。特点是活性高、产率高、稳定性好和寿命长。工业上应用较多的是铂锡催化剂。

铂锡催化剂在低压和高温条件下具有优异的反应性能，因此，目前工业上的连续重整催化剂以铂锡催化剂为主。

近年来，UOP公司和美国标准催化剂公司（Criterion）又研制出新一代连续重整催化剂，主要以降低催化剂积炭速率为目标，消除装置扩能改造的"瓶颈"，从而采用既经济又有效的方案实现装置处理能力的提高。

（3）铂铱系列

这类催化剂为多金属催化剂。在铂催化剂中引入铱，可以大幅度提高催化剂的脱氢环化能力。铱也是活性组分，其环化能力和脱氢能力均很强，因此在铂铱催化剂中常常加入第三组分作为抑制剂，改善其选择性和稳定性。

铂铱系列催化剂的特点是活性很高、稳定性好。如埃索（Exxon）公司的KX-130多金属催化剂，其活性比铂铼催化剂高2~3倍，汽油辛烷值 *RON* 可达102，操作周期延长近4倍。

（四）重整催化剂的使用性能

$$\text{催化剂效率}=\frac{\text{生成目的产品物质的量}}{\text{原料中可以转化的物质的量}}\times 100\%$$

重整催化剂的使用性能主要有活性、选择性、稳定性、使用寿命、再生性能、机械强度、流动性、抗磨性及其他相关的物化性能。在生产操作过程中，应随时掌握、了解催化剂这些性能的变化情况，及时调整好操作过程的工艺参数，保证生产装置的正常运行。

1. 活性

催化剂的活性是指催化剂对化学反应加速能力的程度。活性越强，促使原料转化率越高，在相同反应时间内得到更多的产物，或达到相同的转化率时，操作苛刻度越低。对重整催化剂来说，其活性越高，则促使原料转化成芳香烃或高辛烷值汽油组分的功能越强。因此，重整催化剂活性的高低可以用芳烃转化率和汽油辛烷值来评价，也可用操作苛刻度（如温度）来评价。显然，在获得规定的芳烃产率时，重整催化剂活性越强则反应所需的温度越低。

2. 选择性

催化剂的选择性表示催化剂对不同反应的加速能力。由于重整反应是一个复杂的平行-顺序反应过程，因此催化剂的选择性直接影响目的产物的收率和质量。重整催化剂的选择性是指促进生成芳烃或提高汽油辛烷值的各种化学反应能力的大小。重整催化剂选择性高，则其促进重整原料油分子进行脱氢环化反应能力高而裂解反应少，故对其选择性的要求就是在反应过程中尽量减少不必要的裂化反应。因此，某一温度条件下的循环氢纯度、氢产率大小也是衡量重整催化剂选择性的项目。

3. 稳定性

催化剂的稳定性是指催化剂在实际生产使用条件下保持活性和选择性的能力。活性和选择性下降主要与原料性质、操作条件、催化剂性能和使用方法有关。

对重整催化剂，既要求具有良好的活性、稳定性(即要求运转末期和运转初期平均反应温度之差较小)，又要求具有良好的选择性、稳定性(即要求运转初期催化剂的选择性和运转末期催化剂选择性之差较小)。

对于半再生的固定床重整催化剂，对其稳定性的要求是生焦速率小和容纳积炭的能力强。而对于移动床连续重整催化剂，主要要求催化剂的热稳定性较好，使其能经受高温条件下的反复再生。

为了追求更高的经济效益，固定床也在向高温、低压、低氢油比目标迈进，只有高稳定性的催化剂才能满足3年以上的运转周期对催化剂寿命的要求。

4. 使用寿命

从新鲜催化剂投用到再生这一段时间称为催化剂一周期的寿命，称为单程寿命，可以用h表示。对重整催化剂，表示寿命的方式更多地是用每千克催化剂处理原料量，即t原料/kg催化剂。催化剂的寿命越长，重整装置的有效生产时间越长。从新鲜催化剂投用到因失活不能满足使用要求而停止使用这一段时间称为催化剂的总寿命。催化剂的稳定性越好，则使用寿命越长。在满足生产需要的前提下，寿命长可增加有效生产时间和节省生产费用。

影响重整催化剂使用寿命除原料性质因素以外的主要操作参数有反应温度、反应压力、氢油比、反应空速。

5. 重整催化剂的再生性能

催化剂表面积炭可通入含氧气体烧去，恢复其活性，这个过程称为催化剂的再生。再生性能好的重整催化剂，经再生后活性可恢复到初始水平。这是因为催化剂对热稳定性好，再生时铂在载体上的分散程度没有大的变化，载体结构没有遭到破坏。但实际上催化剂在多次再生的过程中，每次再生后的催化剂活性往往只能达到上一次再生时的85%~95%左右(固定床)。在经过多次再生后，催化剂的活性不能满足使用要求时就需要更换催化剂。

催化剂再生性能关系到催化剂的使用总寿命，不论是半再生重整催化剂还是连续重整催化剂都是至关重要的。半再生催化剂只需要再生几次，连续重整催化剂则需要再生几百次，所以，催化剂再生性能对连续重整则更加重要。

催化剂再生性能从表面上看是积炭失活的催化剂经过完全再生以后，催化剂反应性能恢复的程度。实质上是催化剂经长期运转和再生以后，催化剂理化性能的变化过程、表面积下降程度、孔容变化、孔分布变化，即催化剂水热稳定性的优劣。经过长期运转、一次次再生，催化剂理化性质的变化是必然的，不可避免的，而变化缓慢是对催化剂再生性能的要求。

6. 其他

(1) 机械强度要求

对于固定床半再生重整来说，催化剂的机械强度虽然没有像流化床或移动床装置对催化剂的要求那么高，但是，必须具备一定的机械强度。在生产过程中，由于操作条件的变动(如压力波动、湿度变化等)和承压等原因，将会引起催化剂粉碎，使反应器床层压降增大，气体压缩机动力消耗增加，对反应也是不利的，特别不利于低压操作。对于连续重整来说，催化剂机械强度差，催化剂容易磨损、破碎，意味着催化剂粉尘增大、催化剂损耗增加。由于连续重整过程的特殊性，还要求催化剂的流动性要好，对催化剂颗粒的圆度等也有要求。工业上常以耐压强度(Pa 或 N/粒)表示重整催化剂的机械强度。

(2) 水热稳定性要求

由于连续重整催化剂是连续再生，催化剂再生周期 3~7 天，使用期间要经过 300 余次再生。所以，对催化剂水热稳定性要求大大超过半再生重整催化剂。

(3) 堆积密度要求

对于固定床催化重整装置而言，在装入体积一定的情况下，堆积密度越小催化剂装入重量越少，催化剂费用减少；对连续重整装置而言，堆积密度大小影响催化剂的流动和输送状态。堆积密度增大，机械强度增加，但对孔结构带来影响，使连续再生负荷相应加重。

三、重整催化剂的使用技术

(一) 重整催化剂的装填及开工技术

催化剂生产完成后，需要按照要求正确装填到反应器，随着装置的大型化，催化剂的装填基本告别了过去的人工操作方式，代之以自动装填机。无论是半再生装置还是连续再生装置，对重整反应而言，催化剂的再生在催化剂的使用过程中占有十分重要的地位。

1. 催化剂的装填

正确的催化剂装填是催化重整装置正常运转、充分发挥催化剂性能、获得良好操作性能和使用效果的重要因素之一。在装置清扫并用氮气进行干燥后，进行催化剂装填，装填方案与反应器类型和结构有关。

催化剂装填的一般原则和要求是：首先制定一个周密的装填方案；在装填过程中始终要防止催化剂被杂质污染和避免催化剂受潮；要力求装剂质量达到催化剂床层均匀、密实，各处应松密一致，以免进油后油气分布不均，产生短路、沟流；在装催化剂前必须仔细检查反应器及其内构件的完好性、安装质量的可靠性，认真检查相关尺寸与设计数据的一致性；惰性瓷球品种齐全、数量充足；安全防护用具齐全；专人负责催化剂的运输、计量和管理；在装催化剂时，要防止空气从下面向上穿过催化剂床层；为防止装置已经引入气体燃料、N_2、油品等物料串入反应器，必须用盲板隔离；装剂料斗滤网必须设置牢固，严防滤网在装剂时被催化剂冲入反应器。

催化剂的装填方案依重整反应器的类型而定。但不管何种类型反应器，装剂都要在晴天进行，尽量减少催化剂暴露在空气中而吸湿的时间，建议采用双料斗装剂，一卸一装，交替进行，不留空档。几个反应器，同时装完瓷球同时装催化剂，再同时装瓷球，减少球与剂的交叉。

2. 催化剂干燥

干燥包括装剂前对系统干燥和装剂后对催化剂干燥，这里主要阐述装催化剂后对催化剂的干燥。开工前重整临氢系统一定要彻底干燥以防催化剂带水。

重整系统催化剂干燥是通过循环压缩机用热氮气循环流动来完成，在各低点排去游离水。催化剂干燥过程可以用下式描述：

$$催化-H_2O+干燥气体\longrightarrow 催化剂+气体+H_2O$$

在干燥气体用的氮气中通入空气，以维持一定的氧含量，使催化剂在高温下氧化，清洁表面，有利于还原，同时也可将系统中残存的烃类烧去，氧含量可逐步升到5%左右，温度可逐步升到500℃左右，必要时循环氮气可经分子筛脱水，以加快干燥进程。整个反应部分气体回路均在干燥之列。

半再生重整装置采用高温高氧干燥，可以更有效地脱除系统和催化剂上的水分，同时将系统内残存的烃类通过催化剂作用与氧生成 H_2O 和 CO_2，达到系统和催化剂表面净化的目的。双、多金属重整催化剂使用无氧或氧浓度较低的干燥介质，否则金属铂会发生凝聚烧结。而在高温高氧条件下，催化剂活性因分散度得到提高而改善。

重整催化剂干燥的关键是在适宜的干燥温度下，系统保持适宜的氧含量。干燥初期不宜采用干燥介质，以免系统残存烃类剧烈燃烧而超稳，初期适宜的氧含量≯1.0%，系统 CO_2 含量增加表明有烃燃烧。待烃类燃烧结束后系统的氧含量提高至8%，并将床层温度提至480℃，保持2h后再降至450℃，以便进行快速吹扫。

3. 催化剂还原

还原过程是在循环氢气氛围下，将催化剂上氧化态的金属还原成具有更高活性的金属态。还原前用氮气吹扫系统，一次通过，以除去系统中的含氧气体。

还原时从低温开始，先用干燥的电解氢或经活性炭吸附过的重整氢一次通过床层，从高压分离器排出，以吹扫系统中的氮气。然后用氢将系统升压到0.5~0.7MPa进行循环，并以30~50℃/h的速度升温，当温度升到480~500℃时保持1h，还原结束。在整个还原过程中，在各部位的低点部位放空排水。在有分子筛干燥设施的装置上，必要时投用分子筛干燥设施。

重整催化剂还原不仅是半再生重整开工的重要环节，也是使用氧化态重整催化剂的连续重整装置开工的关键环节，影响Pt-Sn活性的发挥，尤其是还原期间水的控制更为重要。

4. 催化剂预硫化

铂铼或铂铱双金属催化剂需在进油前进行预硫化，因为半再生铂铼和铂铱重整催化剂还原后具有很高的活性，如不钝化直接进油，将因剧烈放热的氢解反应而引起催化剂床层超温，导致床层温度急剧上升，造成“飞温”而损害催化剂活性，严重时会烧坏催化剂和设备。

预硫化是现代铂铼重整催化剂开工中不可缺少的重要环节。催化剂进行预硫化的目的是在催化剂金属中心产生临时性的、可控制的“硫中毒”，从而抑制其过度的氢解反应，保持催化剂的活性和选择性，改善最初的选择性。硫化温度在370℃左右，硫化剂(硫醇或二硫化碳)用注硫泵从各反应器入口注入，也可采用氮气携带法将硫化剂加入反应器中，以免炉管吸硫造成硫化不足，同时避免硫对设备的腐蚀。硫化剂在1h内注完。新装置注硫量多些，注硫量不同，进油后催化剂床层温度和氢气浓度的变化不一样。一般注硫量第一、二反应器以0.06%~0.15%为宜，第三、四反应器则要稍高一些。

催化剂还原结束后，床层温度降至370℃即可进行预硫化，几个反应器同时进行，硫化结束时在反应器出口将有H_2S穿过床层。

经预硫化的催化剂开工进油后，系统氢纯度可达92%以上。

5. 重整反应器进油

催化剂预硫化后即可进油。如果使用的重整进料油是储存的预加氢精制油，需再经过汽提塔以除去油中的水和氧。根据循环气中含水量逐步提高到所需温度，并进行水-氯平衡的调节。

以上是氧化态的铂铼或铂铱催化剂的开工程序。如果是还原态或铂锡催化剂，则开工方法稍有不同，因为催化剂为还原态，故不需要还原过程。由于催化剂加入锡，已抑制了催化过程的初期活性，铂锡催化剂通常不用预硫化。铂锡催化剂还原后直接进油不像铂铼催化剂那样容易造成“飞温”，所以使用铂锡催化剂的循环再生系统不设预硫化阶段，催化剂还原完毕后就可以进行开工。

（二）反应系统中水氯平衡的控制

在装置运转中催化剂的水-氯平衡控制非常重要。因为一个优良的催化剂，其金属功能和酸性功能是相互匹配的。但在运转过程中，催化剂上氯含量(酸性功能)受反应系统中水等的影响而逐渐损失，所以在操作时要加以调节，以保持催化剂有适宜的氯含量。调节方法在开工初期和正常运转时有所不同。

1. 开工初期

由于催化剂还原时和进油后初期系统中的水量较多，氯损失较大，或由于氯化更新时未得到预期效果，所以在开工初期必须进行补氯，以期对催化剂上的氯进行调整。

集中补氯可使催化剂的氯损失得到及时补充并达到适宜的氯含量范围。该过程需要在进油后4h完成，一般补氯量为催化剂的0.1%~0.2%(质)。

集中补氯时的注氯量要根据循环气中水的多少来定，温度不要超过490℃，见表3-15。

表3-15 根据循环气中水的多少而定注氯量和反应器温度的进油初期补氯方法操作参数

循环气中水含量/(μL/L)	进油中注氯量/(μg/g)	最高反应器入口温度/℃
>200	10~15	460
100~200	5~10	480
50~100	3~5	490
<50	进入正常水氯控制阶段	得到合格产品所需温度

2. 正常运转阶段

当重整装置转入正常运转后，反应系统中水和氯的来源是原料油中的水和氯及注入的水和氯，循环气中水含量宜维持在15~50μg/g之间，而以15~30μg/g为好，适量的水能活化氧化铝，并使氯分布均匀。循环气中氯含量在1~3μg/g为宜，以使催化剂保持最佳的氯含量(0.9%~1.1%)。

实际操作时，对水-氯平衡的控制还必须与操作数据结合起来考虑，要经常观察和分析C_{5+}收率、稳定塔顶气体量、循环气中氢浓度和重整油辛烷值等操作数据的变化。如发现稳定塔顶气体量增加或循环氢浓度下降，表明加氢裂化活性加强，可能是催化剂上氯太多，要停止或减少注氯；如各操作参数正常时，重整油辛烷值下降，可能是氯不够，需加大注氯量。如循环气中甲烷含量增加，可能是水太少所致，需注水。总之，反应系统中水-氯平衡的控制是比较复杂的，需从各方面所得的分析结果和现象加以综合考虑后才能做出合理的调节。

关于水氯平衡的调节，在实践中也积累了丰富的经验，可简单地按循环气中水含量来确定一般注氯量，见表3-16。

表3-16　重整正常运行时的补氯量

循环气中含水量/(μL/L)	进料油中注氯量/(μg/g)	循环气中含水量/(μL/L)	进料油中注氯量/(μg/g)
35~50	2~3	15~25	0.5~1
25~35	1.5~2		

(三) 重整催化剂失活

重整催化剂失活原因很多，概括为积炭失活、金属凝聚与熔结失活、中毒失活和结构变化等几类。

1. 积炭失活

催化剂表面上含炭物质的沉积导致的催化剂失活，称为积炭失活或结焦失活。催化剂在使用过程中，随着积炭量增加，催化剂比表面积、孔容和活性中心等相应下降，积炭量达到一定程度必将导致催化剂失活。一般正常生产中，催化剂活性的下降主要是由积炭引起的，积炭越快，催化剂的使用周期就越短。

影响重整催化剂积炭的原因很多，主要有原料性质、操作条件和催化剂性能三大因素。由于原料油中的重芳烃、环烷烃进行脱氢反应生成稠环芳烃，并进一步脱氢而成为炭化物，因此，累积在催化剂表面的炭并不是纯元素碳，而是混合物，主要是缩合芳烃，具有类似石墨结构，成分主要是碳和氢，其H/C原子比一般在0.5~0.8的范围。此外，由于重整原料中含有硫、氮、金属等杂质，往往也在催化反应中参与积炭过程，有部分会转入积炭中。在催化剂的金属活性中心和酸性中心上都有积炭，但是，大部分积炭是在酸性载体$\gamma-Al_2O_3$上。金属活性中心上的积炭在氢的作用下有可能解聚而消除，但在酸性中心上的积炭在氢的作用下则难以除去。

因积炭引起的催化剂活性降低，可以采用提高反应温度的办法加以补偿。但是提高反应温度会受到一定的限制，重整装置一般限制反应温度不超过520℃，有的装置可达540℃左右。当反应温度已提高到限制温度而催化剂活性仍然不能满足要求时，则需用再生的办法烧去积炭以使催化剂恢复活性。

需要指出的是，在工业生产中，催化剂活性中心会逐渐积炭，使催化剂活性逐步下降，这是正常的、不可避免的。但是，在运行过程中由于原料和操作条件的变动，在某些不适当的情况下，将会加速催化剂积炭，催化剂失活速度加快，这是不正常、应当尽量避免的。

2. 金属凝聚或烧结失活——烧结

重整催化剂是既具有金属功能又具有酸性功能的双功能催化剂，其金属功能能否充分发挥作用，与金属分散好坏直接有关。催化剂上金属分散度越高，则表示金属粒度越细，分散越好。催化剂在遭受高温、高水、高氧(主要是开工时)以及运转过程不正常条件下都能使金属活性组分凝聚或熔结，使金属的分散度下降，催化剂上金属功能就不能充分发挥，从而造成催化剂失活。

影响金属烧结失活的主要因素有温度、系统环境、金属负荷量以及所用载体的性质等。

重整催化剂的烧结主要是由于高温引起催化剂结构和性能的变化。催化剂烧结失活主要是在高温下，小晶粒聚集长大为大晶粒，金属分散度降低，使活性表面积减小。高温下催化剂载体表面积减小，孔体积按孔径重新分配，平均孔径增大，总孔隙率降低。

高温除了引起催化剂烧结外，还会引起其他变化，主要包括化学组成和相组成的变化、活性组分被载体包埋、活性组分由于生成挥发物或升华而损失等，这些变化统称为热失活。

值得注意的是，正常运转中金属的正常凝聚、熔结不可避免，但应避免高温、高水和高氧操作，以减轻这种意外的失活。

3. 催化剂中毒失活

重整原料预处理不好，操作过程会发生催化剂中毒。重整催化剂中毒失活，本质上是由于某些吸附质优先吸附在催化剂活性部位上，形成特别强的化学吸附键，或者与活性中心起化学反应转变为别的物质，引起催化剂性质变化，使催化剂不能再自由地参与对重整反应原料的吸附与催化作用。这就不可避免地导致催化剂活性下降，甚至完全丧失。在原料中含硫、氮、水和各种金属毒物，即使在允许的指标范围内，随着时间的延长、毒物的积累，也会使催化剂活性下降。最严重的是，这些毒物在某些情况下，有两种或几种含量超高、叠加使催化剂减活。因此，生产中必须避免。

重整催化剂毒物可分为暂时性毒物和永久性毒物。对于含铂催化剂，砷和其他金属毒物（如铅、铜、铁、镍、锌、汞、钠等）为永久性毒物，而非金属毒物（如硫、氮、氧、CO 和 CO_2 等）则属暂时性毒物。

（1）永久性毒物

在永久性毒物中，砷是最值得注意的。砷中毒的实质是砷与铂有很强的亲和力，能与催化剂表面的铂粒形成稳定的铂砷化合物（$PtAs_2$），使金属铂失去吸附氢离子的能力，也就使重整催化剂失去脱氢、加氢反应的能力，造成催化剂永久性中毒。砷还可与酸性组分氯等作用生成 $AsCl_3$ 等，影响催化剂的酸性功能。在工业装置中常限制重整原料油中的砷的含量不大于 $1\times10^{-3}\mu g/g$。铅与铂也可以形成稳定化合物，造成催化剂中毒，石油馏分中含铅很少，铅的来源主要是原料油被含铅汽油污染。铜、铁、锌、汞等毒物主要来源于检修不慎而使这些杂质进入管线系统。钠也是铂催化剂的毒物，所以禁止使用氢氧化钠来处理重整原料。表 3-17 列出催化剂永久性失活的毒物含量。

表 3-17　催化剂永久性失活的毒物含量

毒物	含量/（μg/g）	毒物	含量/（μg/g）
砷	100~200	碱金属（钠、镁、钙）	400~600
铜	150~250	硅	1000
铅	300~500	锌	1200
钼、钴、磷	400~600		

（2）非永久性毒物

重整催化剂的硫中毒主要是过量的硫与催化剂表面的金属发生强烈的化学吸附作用，从而引起催化剂中毒。该过程可以简要地用下面两个方程式来表示：

$$Pt+H_2S \longrightarrow PtS(\text{不可逆})+H_2 \quad (1)$$

$$PtS(不可逆)+H_2S \longrightarrow PtS(不可逆)+H_2+S(可逆) \quad (2)$$

方程式(1)中，铂原子不可逆地吸附了一部分硫，这部分硫(称为不可逆硫)对催化剂性能有改善作用，可以减少(抑制)烃类的氢解反应，有利于液体产品收率的提高。这一步骤一般由开工初期的预硫化来完成。方程式(2)中，铂原子除了不可逆地吸附了一部分硫以外，还可逆吸附一定数量的硫，这部分硫(称为可逆硫)会引起催化剂中毒，性能变差。

一般情况下，硫对铂催化剂是暂时性中毒，一旦原料中不再含硫，经过一段时间后，催化剂活性可以恢复。但是，如果长期存在过量的硫，也会造成永久性中毒。多数双金属催化剂对硫更敏感，因此，对硫的限制也更严格。硫与铼生成 Re_2S 或 ReS_2 型化合物，这类化合物难以用氢还原成金属。

实践经验证明，硫也不应该完全脱净。因为一定的硫含量可以抑制氢解反应和深度脱氢反应，这一点对铂铼催化剂尤为重要。在用新鲜的或刚再生过的铂铼催化剂开工时，常要有控制地对双金属催化剂进行预硫化(以减少铂铼催化剂上生成过多的积炭)。

重整催化剂氮中毒机理与硫中毒不同。原料油中的有机含氮化合物在重整反应条件下转化为氨，吸附在酸性中心上抑制催化剂的加氢裂化、异构化及环化脱氢性能。一般认为，氮对催化剂是暂时性中毒，通常要求经过预加氢的原料油的氮含量小于0.5~1.0μg/g(一般单铂催化剂<2μg/g，双金属催化剂<2μg/g，高铂铼催化剂<0.5μg/g)。氮中毒后采用提高温度、增加氯来消除，产率不受严重影响，但会降低催化剂的寿命。

若重整反应系统中含有CO，也能造成铂催化剂永久性中毒，但也有人认为是暂时性中毒。CO_2能被还原为CO，也可看成是毒物。原料油一般不含有CO和CO_2，重整反应中也不产生CO和CO_2，只是在再生时才会产生。开工时引入系统中的工业氢气和氯气中也可能有少量的CO和CO_2。通常要求所使用的气体中CO含量应小于0.1%，CO_2的含量应小于0.2%。

烯烃在重整条件下加氢生成烷烃，但也可以加速催化剂积炭，降低催化剂活性。所以，一般也要限制原料油的溴价<1gBr/100g。

当反应系统中含水或氯过多时，也会影响重整催化剂的性能。

4. 催化剂(载体)结构变化失活

催化剂自身的结构变化失活，如比表面积、孔分布等也是失活的重要原因，而且是不可逆的。

金属中毒和催化剂结构变化使重整催化剂永久失活，但积炭失活和金属凝聚、熔结失活，大多可以通过催化剂再生过程使其活性得到恢复或部分恢复。

5. 氯含量降低

重整催化剂中的氯能够调节催化剂的表面酸性等性质，因此，氯含量的高低直接影响催化剂的活性、选择性及稳定性。在重整反应过程中，催化剂比表面积下降、催化剂烧结、氮化合物中毒等原因都会引起催化剂氯含量的下降。其中，催化剂上的积炭会堵塞催化剂的孔道，并造成催化剂比表面积下降，比表面积下降又引起催化剂持氯能力减弱，从而造成催化剂氯含量降低。催化剂烧结也同样会造成催化剂比表面积下降，进而造成催化剂氯含量降低。含氮化合物在重整反应器中分解出的氨气与载体上的氯反应生成氯化铵，因此，氮化合物中毒也能引起催化剂氯含量降低。催化剂氯含量降低可以通过及时补充氯来实现，因此，由于氯含量降低而导致的失活是可逆的。

（四）催化剂的再生

催化剂经长期运转后，如因积炭失去活性，经烧炭、氯化更新、还原及硫化等过程，可完全恢复其活性，但如因金属中毒或高温烧结而严重失活，再生不能使其恢复活性，则必须更换催化剂。

重整催化剂的再生过程包括烧焦、氯化更新和干燥几个环节。

1. 烧焦

重整催化剂的烧焦过程就是用含氧气体烧去催化剂上积炭的过程。重整催化剂的烧焦过程不能用蒸汽作载气，而要用氮气。因为若用水蒸气处理重整催化剂不仅会使铂晶粒凝聚，而且还会使载体 Al_2O_3结构变化，导致催化剂永久性失活。

重整催化剂上焦炭的主要成分是碳和氢。在烧焦时，焦炭中氢的燃烧速度比碳的燃烧速度快得多，因此在烧焦时主要是考虑碳的燃烧。

再生过程是在压力 0.5~0.7MPa、循环气（含氧 0.2%~0.5%的氮气）量 500~1000Nm^3/（m^3催化剂·h）的条件下进行。烧焦通常分成几个阶段，表 3-18、表 3-19 分别是铂催化剂和铂铼催化剂的烧焦步骤和烧焦条件。每一个阶段的结束可以根据反应器出、入口的氧含量是否相等来判断，如果相等，说明已不再消耗氧气，该阶段已结束，可升温至下一阶段。当最后一阶段结束时，为保持烧焦完全，需将循环气中的氧含量提高到 2%~3%再维持 4h。有些装置并不把再生过程分段，而是根据实际烧焦的进展情况，逐步提高再生温度，此时主要控制入口氧含量和床层温升。

在工业装置的再生过程中，最重要的问题是要通过控制烧焦反应速率来控制好反应温度。过高的温度会使催化剂的金属铂晶粒聚集，如果铂晶粒长大到 7.0nm，就会使重整产率下降；另外，过高的温度还可能会破坏载体的微孔结构，而载体结构的破坏是不可恢复的；同时，对氯的损失也有很大影响。所以要尽量缩短烧炭时间并很好地控制烧炭温度。烧炭前将系统中的油气吹扫干净，以节省无谓的高温燃烧时间。烧炭时若采用高压，则可加快烧炭速度。提高再生气的循环量，除了可加快积炭的燃烧外，还可及时将燃烧时所产生的热量带出。一般来说，应当控制再生时反应器内的温度不超过 500~550℃。

表 3-18 铂催化剂再生条件

阶段	烧焦温度/℃	升温速度/（℃/h）	允许床层最高温升/℃	允许床层最高温度/℃
1	300	30~35	<50	<500
2	400	20~25	<50	<500
3	470	20~25	<30	<500

表 3-19 铂铼催化剂再生条件

阶段	烧焦温度/℃	升温速度/（℃/h）	允许床层最高温升/℃	第四反应器出口气体含水量/（μg/g）
1	250	25~30	<50	<800
2	300	20~25	<50	<800
3	350	20~25	<50	<800
4	400	20~25	<50	<500
5	450	20~25	<50	<500
6	480	20~25	<30	<500

2. 氯化更新

烧焦过程会产生较多的水分，大量的水蒸气一方面导致催化剂上氯的流失，另一方面使活性金属颗粒聚集，这样既影响了催化剂的酸性功能，又影响了金属的催化功能。因此，催化剂在烧焦之后，用含氯气体在一定温度下处理催化剂，使凝聚的金属铂重新分散和补充一部分氯从而提高催化剂的活性。该过程包括氯化和更新两个步骤。

氯化过程是在空气流中进行，将催化剂升温至480℃，在空气流中补入1%～2%的含氯气体，直至反应器出口出现氯气时为止，补入量约与新催化剂含氯量相当。氯化介质有二氯乙烷、三氯乙烷和四氯化碳，使用四氯化碳必须有一定温度的气氛才有利其分解。氯化剂分解时均伴有热量放出，所以要在氯化时床层温升一般不大于20℃。因在高温时，如注氯过快或催化剂上残炭太多，会引起燃烧，损害催化剂。否则要放慢氯化速度。

更新是在氯化之后，用干空气在高温下处理催化剂。更新的作用是使铂的表面再氧化，防止铂晶粒的凝聚，保持催化剂的表面积和活性，并保证氯和催化剂在活性状态下结合。

对不同的催化剂应采用相应的氯化和更新条件。氯化更新过程可用下式表示：

$$\text{氯化物}+O_2 \longrightarrow HCl+CO_2+H_2O$$

$$HCl+O_2 \longrightarrow Cl_2+H_2O$$

$$\text{载体}-OH+HCl \longrightarrow \text{载体}-Cl+H_2O$$

$$\text{金属}+O_2 \longrightarrow \text{金属氧化物}$$

在烧焦、氯化更新过程中为防止HCl对系统腐蚀，要在换热器出口注入碱（NaOH），保持碱水循环，维持分离器中水的pH值在6～7。

氯化更新是再生中很重要的步骤。研究和实践证明，经氯化和更新可使烧焦的催化剂活性进一步恢复而达到新鲜催化剂水平，有时甚至超过新鲜催化剂水平。

3. 干燥

因烧焦过程产生水，所以在催化剂氧氯化之后，用高温干空气干燥催化剂，以保证再生后催化剂干燥无水。

4. 还原

还原就是将氯化、更新后的氧化态催化剂用氢还原为金属态催化剂。以铂铼重整催化剂为例，催化剂的还原过程是在480℃左右及氢气存在下进行，其化学反应式如下：

$$PtO_2+2H_2 \longrightarrow Pt+2H_2O$$

$$Re_2O_7+7H_2 \longrightarrow 2Re+7H_2O$$

一般地，催化剂还原时反应温度控制在450～500℃，还原所用的氢气纯度必须达到99.9%以上，在还原过程中必须严格控制好还原气中的水和烃。因为水会促使Pt晶粒长大、载体表面积减小以及氯含量下降，从而导致催化剂的活性和稳定性下降。因此，必须严格控制还原气氛的水含量，尽可能将系统中残存的氧吹扫干净。为控制还原系统中的水含量，需使用再生好的分子筛吸附还原反应生成的水。

还原时一般用循环氢，采用高纯度的电解氢效果更好。

5. 预硫化

还原后的Pt系催化剂可以直接装填于反应器中，但Pt-Re系催化剂需要预硫化。因为还原态的Pt-Re系重整催化剂具有很高的氢解活性，如果不进行预硫化，将在进油初期发生强烈的氢解反应，放出大量的反应热，使催化剂床层温度迅速升高，出现超温现象。一旦出现这种现象，轻则造成催化剂大量积炭，损害催化剂的活性和稳定性，重则烧坏催化剂和反应器。因此，需对 Pt-Re 系催化剂进行预硫化，目的在于抑制新鲜或再生后催化剂过度的氢解活性，以保护催化剂的活性和稳定性，改善催化剂初期选择性。催化剂硫化时可使用二甲基二硫醚、二甲基硫醚、硫化铵等催化剂，这些硫化剂要求分析纯，纯度≥99%。硫化剂的用量可根据 Re 或 Ir 含量、重整装置(新装置多注一些)及催化剂硫含量等因素进行调整。

催化剂还原结束后，符合硫化工艺要求后，切除在线水分仪和在线氢纯度仪、切除分子筛罐。调节并控制好注硫速率，按照计算好的硫化量将硫化剂在一定时间内均匀注入重整反应器，同时密切注意检测各反应出口气中的 H_2S，观察硫穿透时间及反应器温升等情况。注硫结束后继续循环一定时间，使催化剂硫化均匀。Pt-Re 系催化剂预硫化结束后，即可进行重整运行。

四、重整催化剂的制备

下面介绍两个工业实用催化剂制备案例。

(一) 高铂小球催化剂(CB-3)

高铂小球催化剂是我国开发的第一代重整催化剂。是用油氨柱滴球成型，浸渍法引入活性组元而制得。其制备过程分为担体和成品催化剂制备两部分，流程如图 3-26 所示。

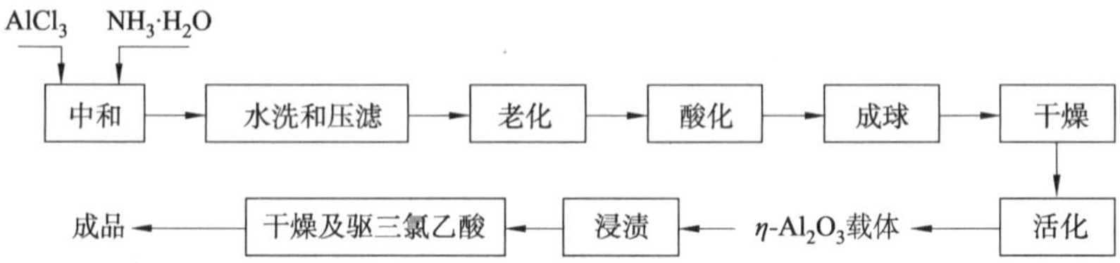

图 3-26 高铂小球催化剂生产流程示意图

(二) 铂锡连续重整催化剂(CB-10)

铂锡连续重整催化剂主要用于石油二次加工中引进的连续重整炼油装置，以生产高品质的苯类和高辛烷值汽油。

铂锡重整催化剂的制备分为载体和成品两大部分，流程如图 3-27 所示。

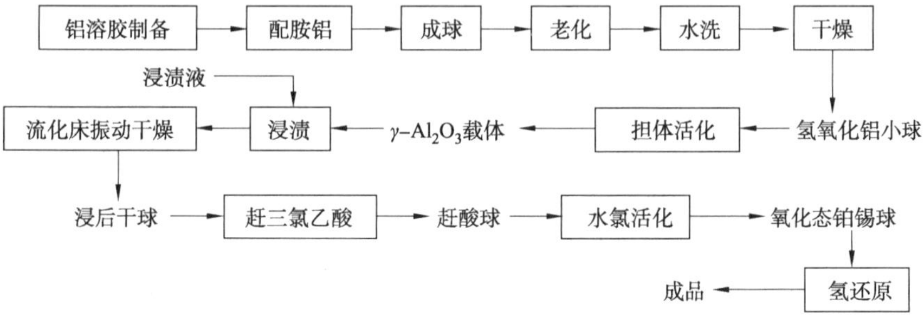

图 3-27 铂锡连续重整催化剂生产流程示意图

浸渍液为三氯乙酸+盐酸+氯铂酸+净水，其中三氯乙酸为竞争吸附剂。驱除三氯乙酸后的浸后球在活化炉中，与高温热空气接触焙烧、脱水使金属盐转变为不溶于水的氧化物。反应式如下：

$$H_2PtCl_6+O_2 \longrightarrow PtO+H_2O+3Cl_2$$

$$SnCl_2+O_2 \longrightarrow SnO_2+Cl_2$$

金属氧化物附着于氧化铝载体上，在热风中配一定比例的水和氯，可调节催化剂的酸性组分，达到一定的起始氯含量。

铂锡球上的铂和锡是以氧化态形式存在，在装入重整反应器之前必须进行还原，使铂和锡的氧化态被还原成金属铂和锡。还原在氢气气氛下进行，反应过程如下：

$$PtO+H_2 \longrightarrow Pt+H_2O$$

$$SnO_2+2H_2 \longrightarrow Sn+2H_2O$$

五、重整催化剂的展望

(一) 半再生催化剂

根据石油化工行业的发展和市场竞争的需求，半再生催化剂的发展趋势是进一步提高催化剂的活性、改善选择形、提高催化剂的稳定性和改进再生性能。目前，国内不论是进行芳烃生产，还是进行高辛烷值汽油组分的生产，所采用的重整催化剂的类型及性质基本相同，缺乏适合高芳烃选择性，特别是针对特定芳烃(如二甲苯)生产所需的半再生催化剂。

Pt 和 Re 是半再生重整催化剂目前应用最为广泛的基本活性金属组分。此外，加入其他助剂(如稀土元素)调变金属活性中心的结构、密度和性质是改进催化剂性能的有效途径。稀土金属对 Pt 有较好的修饰作用，作为助剂在重整催化剂研究中较为活跃。新组分与 Pt、Re 组分的相互作用、金属组分与载体的相互作用、多组分的浸渍方法、金属组分在载体的分散度等都是很有价值的研究方向。作为重整副反应的氢解反应和生焦反应都是结构敏感反应，需要邻位金属活性中心，通过提高贵金属在载体上的分散度，可以提高有利于主反应的金属活性中心密度，降低“邻位”金属活性中心密度，改善催化剂选择性和稳定性。

近年来，UOP 公司的研究人员提出了三原子簇团、双原子簇团甚至单一金属原子活性位的概念，这些概念引导的正是重整催化剂活性金属高度分散的趋势。法国 IFP 公司的重整催化剂纳米制备技术实质上也是为了提高金属分散度。然而，催化剂上金属的分散度不是越高越好，因为金属微粒越小，其表面自由能越大，熔点越低，越容易在再生活化时聚结成大颗粒，阻碍贵金属组分的再分散。因此，制备性能优异的重整催化剂，需要深入研究金属分散度与催化剂反应及再生性能的关系。

(二) 连续再生催化剂

自 1949 年第一个以贵金属铂为活性组元的重整催化剂 R-4 及 1971 年第一个以 Pt-Sn 为活性组元的双金属催化剂 R-30 发明以来，经过几十年的发展，连续重整催化剂在活性、选择性、水热稳定性、积炭速率等指标方面已经有了长足的进步。

连续重整催化剂的技术发展，将集中在减少积炭、增加运行周期、增加选择性等方面，从而适应更加苛刻的工艺操作条件。目前，连续重整催化剂已经发展到一个非常成熟的阶段，但是并未达到最终“理论产率”(原料油中烷烃和环烷烃以 100%选择性地转化为相同碳数的芳烃)。

尽管连续重整催化剂技术仍在进步，催化剂牌号仍在更新，但是，技术进步的幅度已经明显放缓。按照技术进步的四种模式——渐进式、台阶式、跨越式和新生式，只有实现新生式的变革，才可能有所突破。新催化材料应用、发现新催化体系将是突破的重点，如利用分子筛的酸性及择形功能，含 Pt 的 L 沸石催化剂在石脑油生产芳烃中具有出众的芳构化性能。类似的新材料新体系应用一旦成功，以往的环保、腐蚀等问题将迎刃而解，同时将带来相应工艺技术的进步。

第四节　催化加氢催化剂

催化加氢是在氢气存在下对石油馏分进行催化加工过程的通称，包括加氢处理和加氢裂化两类。催化加氢对于提高原油加工深度、合理利用石油资源、改善产品质量、提高轻质油收率以及减少大气污染都具有重要意义。

一、催化加氢的化学反应

催化加氢反应主要包括除去氧、硫、氮及金属等少量杂质的加氢处理过程反应和烃类加氢反应。这两类反应在加氢处理和加氢裂化过程中都存在，只是侧重点不同。

（一）加氢处理反应

1. 加氢脱硫反应（HDS）

石油馏分中的硫化物主要有硫醇、硫醚、二硫化合物及杂环硫化物，在加氢条件下发生氢解反应，生成烃和 H_2S。主要反应如下：

$$RSH+H_2 \longrightarrow RH+H_2S$$

$$R—S—R+2H_2 \longrightarrow 2RH+H_2S$$

$$(RS)_2+3H_2 \longrightarrow 2RH+2H_2S$$

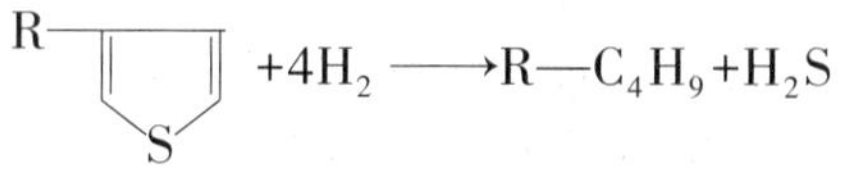

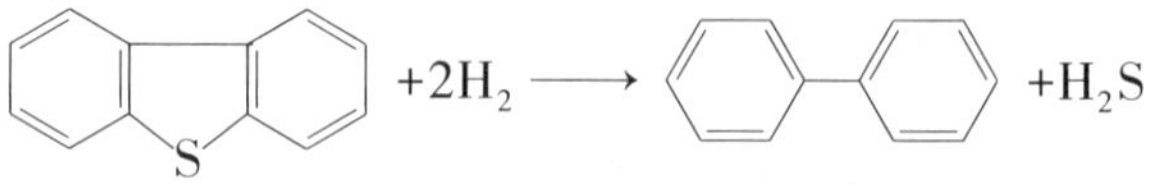

各种硫化物在加氢条件下，反应活性因分子大小和结构不同而存在差异，其活性大小的顺序为：硫醇>二硫化物>硫醚≈四氢噻吩>噻吩。

2. 加氢脱氮反应（HDN）

石油馏分中的氮化物主要是杂环氮化物和少量的脂肪胺或芳香胺。在加氢条件下，反应生成烃和 NH_3，主要反应如下：

$$R—CH_2—NH_2+H_2 \longrightarrow R—CH_3+NH_3$$

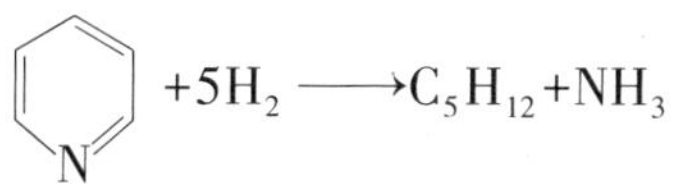

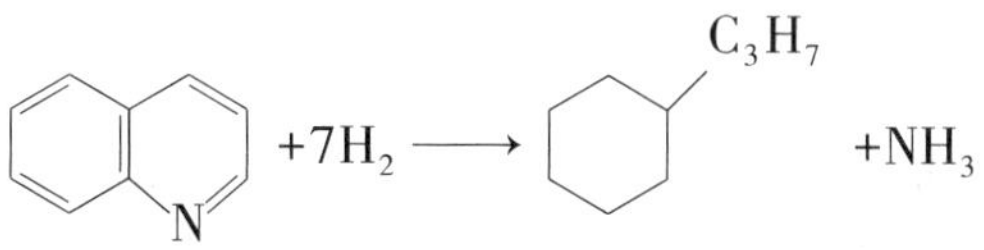

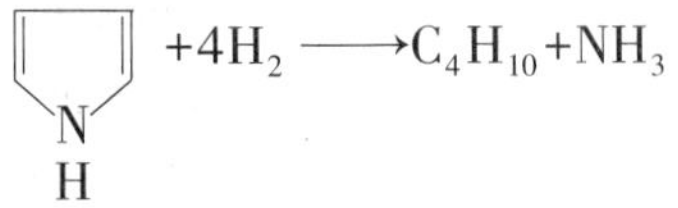

加氢脱氮包括两种不同类型的反应，即 C ═N 的加氢和 C—N 键断裂反应，因此，加氢脱氮反应较脱硫困难。加氢脱氮反应中存在受热力学平衡影响的情况。

馏分越重，氮含量越高，且重馏分氮化物结构也越复杂，空间位阻效应增强，且氮化物中芳香杂环氮化物最多，所以加氢脱氮越困难。

3. 加氢脱氧反应(HDO)

石油馏分中的含氧化合物主要是环烷酸及少量的酚、脂肪酸、醛、醚及酮。含氧化合物在加氢条件下通过氢解生成烃和 H_2O。主要反应如下：

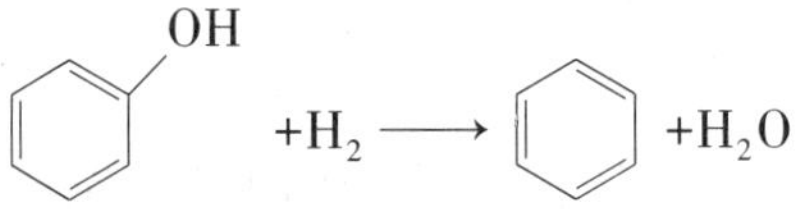

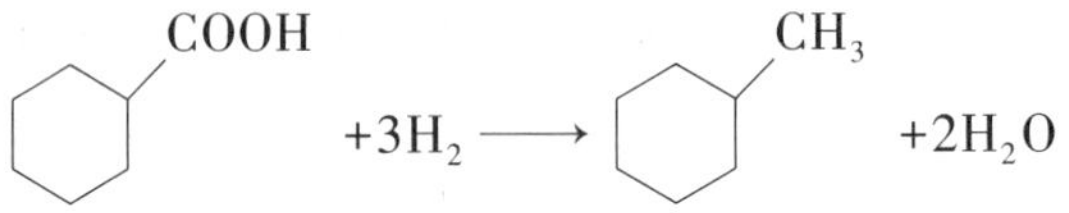

含氧化合物反应活性顺序为：

呋喃环类>酚类>酮类>醛类>烷基醚类

含氧化合物在加氢反应条件下分解很快；当杂环氧化物有较多的取代基时，反应活性较低。

4. 加氢脱金属(HDM)

石油馏分中的金属主要有镍、钒、铁、钙等，主要存在于重质馏分尤其是渣油中。这些金属对石油炼制过程，尤其对各种催化剂参与的反应影响较大，必须除去。渣油中的金属可分为卟啉化合物(如镍和钒的络合物)和非卟啉化合物(如环烷酸铁、钙、镍)两类。加氢脱金属反应如下：

$$R-M-R' \xrightarrow{H_2,\ H_2S} MS+RH+R'H$$

由上可知，加氢处理脱除氧、氮、硫及金属杂质进行不同类型的反应，这些反应一般是在同一催化剂床层进行，此时要考虑各反应之间的相互影响。如含氮化合物的吸附会使催化剂表面中毒，氮化物的存在会导致活化氢从催化剂表面活性中心脱除，而使 HDO 反应速度下降。也可以在不同的反应器中采用不同的催化剂分别进行反应，以减小反应之间的相互影响和优化反应过程。

(二) 烃类加氢反应

烃类加氢反应主要涉及两类反应：一是有氢气直接参与的化学反应，如加氢裂化和不饱和键的加氢饱和反应，此过程表现为耗氢；二是在临氢条件下的化学反应，如异构化反应，此过程表现为虽然有氢气存在，但过程不消耗氢气，实际过程中的临氢降凝是其应用之一。

1. 烷烃加氢反应

烷烃在加氢条件下进行的反应主要有加氢裂化反应和异构化反应。其中加氢裂化反应包括 C-C 的断裂反应和生成的不饱和分子碎片的加氢饱和反应；异构化反应则包括原料中烷烃分子的异构化和加氢裂化反应生成的烷烃的异构化反应。烷烃的反应描述如下：

$$R_1—R_2+H_2 \longrightarrow R_1H+R_2H$$
$$nC_nH_{2n+2} \longrightarrow iC_nH_{2n+2}$$

该反应遵循碳正离子反应机理，生成的碳正离子在β位上发生断键，所以气体产品中富含 C_3和 C_4。由于既有裂化又有异构化，加氢过程可起到降凝作用。

2. 环烷烃加氢反应

环烷烃在加氢裂化催化剂上的反应主要是脱烷基、异构和开环反应。环烷碳正离子裂化困难，只有在苛刻条件下，环烷碳正离子才发生β位断裂。带长侧链的单环环烷烃主要是发生断链反应。六元环烷烃相对比较稳定，一般是先通过异构化反应转化为五元环烷烃后再断环成为相应的烷烃。双六元环烷烃在加氢裂化条件下，先是其中一个六元环异构化为五元环后再断环，然后才是第二个六元环的异构化和断环。这两个环中，第一个环的断环比较容易，而第二个环则较难断开。此反应途径描述如下：

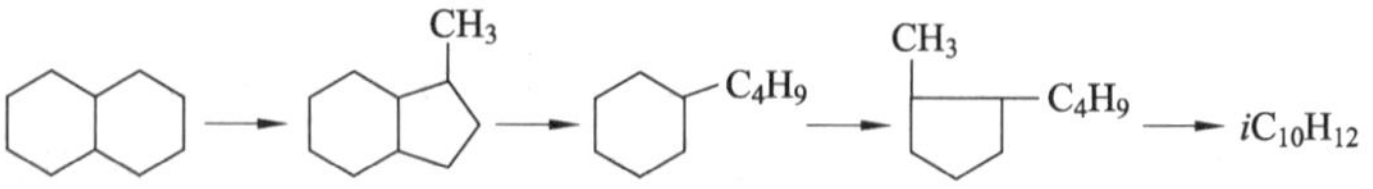

环烷烃异构化反应包括环的异构化和侧链烷基异构化。环烷烃加氢反应产物中异构烷烃与正构烷烃之比和五元环烷烃与六元环烷烃之比都比较大。

3. 芳香烃加氢反应

苯在加氢条件下反应首先生成六元环烷烃，然后发生前述相同反应。

烷基苯加氢裂化反应主要有脱烷基、烷基转移、异构化、环化等反应，使得产品具有多样性。

芳烃的加氢饱和及裂化反应，无论是降低产品的芳烃含量(生产清洁燃料)，还是降低催化裂化和加氢裂化原料的生焦量都有重要意义。在加氢裂化条件下，多环芳烃的反应非常复杂，只有在芳香环加氢饱和反应之后才能开环，并进一步发生随后的裂化反应。稠环芳烃每个环的加氢和脱氢都处于平衡状态，其加氢过程是逐环进行，并且加氢难度逐环增加。

4. 烯烃加氢反应

烯烃在加氢条件下主要发生加氢饱和和异构化反应。烯烃饱和是将烯烃加氢转化为相应的烷烃；烯烃异构化包括官能团异构和骨架异构。这两类反应都有利于提高产品的质量。其反应描述如下：

$$RCH=CH_2+H_2 \longrightarrow RCH_2CH_3$$
$$RCH=CHCH=CH_2+2H_2 \longrightarrow RCH_2CH_2CH_2CH_3$$
$$nC_nH_{2n} \longrightarrow iC_nH_{2n}$$
$$iC_nH_{2n}+H_2 \longrightarrow iC_nH_{2n+2}$$

焦化汽油、焦化柴油和催化裂化柴油在加氢精制操作条件下，其中烯烃加氢反应是完全的。因此，在油品加氢精制过程中，烯烃加氢反应不是关键的反应。

值得注意的是，烯烃加氢饱和反应是放热效应，且热效应较大。因此对不饱和烃含量高的油品加氢时，要注意控制反应温度，避免反应床层超温。

二、加氢催化剂的分类

石油炼制领域中的催化加氢过程是指在催化剂作用下，对石油馏分油(包括润滑油基础油)以及渣油进行加氢的过程。按其加氢作用分为加氢精制(处理)催化剂和加氢裂化催化剂。

(一) 加氢精制催化剂

加氢精制的目的是除去油品中硫、氮、氧及金属等杂质，有时也饱和烯烃和芳烃，以改善油品的使用性能，减少有害物质对环境的污染，或避免下游加工催化剂中毒失活。

1. 加氢精制催化剂的组成和作用

加氢精制催化剂一般由载体、加氢金属组分和助剂组成。

(1) 载体

加氢精制催化剂的载体分为两类：一类为中性载体，如活性氧化铝、活性炭和硅藻土等；另一类为酸性载体，如硅酸铝、硅酸镁、活性白土和分子筛等。其中常用的是活性氧化铝和硅酸铝载体。

(2) 活性组分

催化加氢的活性主要来源于加氢金属组分，金属组分主要提供加氢活性及能够加速 C-N 键氢解的弱酸性，为ⅥB 族或Ⅷ族的金属，即非贵金属组分和贵金属组分。非贵金属组分有 W、Mo、Cr、Fe、Co、Ni、Zn、Ti、V、Mn 等，不同的非贵金属组分和贵金属组分的搭配，取决于原料性质和要求达到的主要目的。金属组分的比例上，其Ⅷ族金属与Ⅷ族和ⅥB 金属总和的原子比，在 0.25~0.40 间有一最佳值，此时催化剂的加氢、加氢脱硫和加氢脱氮活性最高。典型的二组分搭配有 Ni-W、Co-Mo、Ni-Mo 等，典型的三组分搭配有 W-Ni-Mo、Co-Mo-Ni 等。

不同的非贵金属组分搭配，在各种加氢精制反应的活性顺序见表 3-20。

表 3-20　不同的非贵金属组分搭配产生的反应活性

反应活性	在 H_2S 存在下	无 H_2S 存在下
加氢脱氮活性	Ni-Mo-Co>Co-Mo>Co-W	
加氢脱硫活性	Co-Mo>Ni-Mo>Ni-W>Co-W	
加氢脱氧活性	Ni-Mo>Co-Mo>Ni-W>Co-W	
芳烃饱和活性	Ni-W>Ni-Mo>Co-Mo>Co-W	Ni-W>Ni-Mo>Co-Mo>Co-W
异构化活性	Ni-W>Ni-Mo>Co-Mo>Co-W	Ni-W>Ni-Mo>Co-Mo>Co-W
加氢裂化活性	Ni-Mo>Ni-W>Co-Mo>Co-W	Ni-Mo>Ni-W>Co-Mo>Co-W

用于加氢精制催化剂的贵金属组分有 Pt、Pd、Ru、Rh、Ir、Os、Re 等，由于贵金属催化剂容易被硫、氮组分中毒而失活，故只能用于无硫、无氮或微量硫、微量氮的原料中。贵金属组分的反应活性与非金属组分反应活性的对比见表 3-21。

表 3-21　贵金属组分反应活性与非贵金属组分反应活性的对比

反应活性	无 H_2S 存在下
芳烃饱和性	Pt>Pd>Ni-W-Ni-Mo>Co-Mo>Co-W
异构化活性	Pt，Pd>Ni-W>Ni-Mo>Co-Mo>Co-W
加氢裂化活性	Pt，Pd>Ni-Mo>Ni-W>Co-Mo>Co-W

(3) 助剂

为了改善加氢精制催化剂某一方面的性能，如活性、选择性、寿命、热稳定性或强度等，常常添加一些助剂。常用的助剂有 P_2O_5、SiO_2、B_2O_3、TiO_2等。

2. 加氢精制催化剂的制备

加氢精制催化剂常用的制备方法有沉淀法、混合法、浸渍法等。

目前，加氢精制催化剂普遍采用浸渍法生产。浸渍法是将载体在含有活性组分的溶液中浸泡(称为浸渍)，浸渍后，经干燥、焙烧制得催化剂。现在我国炼油企业应用最多的 FH 系列和 RN 系列加氢精制催化剂都采用浸渍法制备。RN-1 催化剂是馏分油加氢精制催化剂，其工业生产原则流程图如图 3-28 所示。

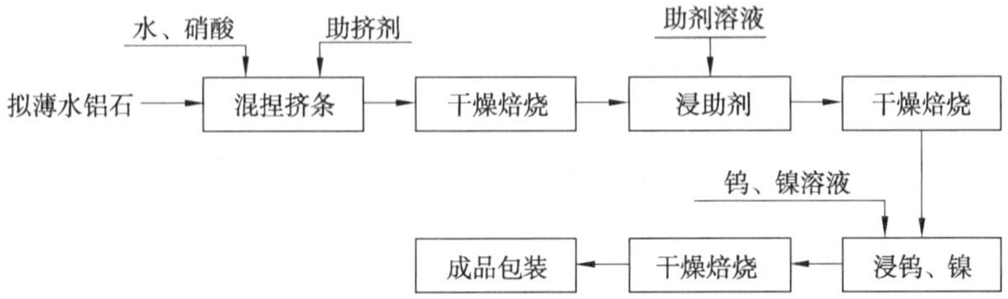

图 3-28 RN-1 催化剂工业生产的原则流程图

3. 加氢精制催化剂的选择

催化剂在很大程度上决定着催化加氢工艺的水平及经济效益，因此，在催化过程中正确选用催化剂显得特别重要。加氢精制催化剂选用的依据是原料性质和产品质量要求。

选择加氢精制催化剂的主要性能首先应考虑活性高、选择性好、稳定性好和寿命长等。加氢精制催化剂的活性常用一定工艺条件下的杂质脱除率表示，脱除率高的催化剂，表明活性高。

$$\text{脱硫率}=(1-\text{生成油硫含量}/\text{原料油硫含量})\times100\%$$

$$\text{脱氮率}=(1-\text{生成油氮含量}/\text{原料油氮含量})\times100\%$$

活性的另一个表示方法是达到目的产品要求(硫含量、氮含量等)所需工艺条件，条件缓和(反应温度低、压力低或空速高)则活性好。

选择性好的催化剂，就是希望副反应少，如烷烃裂解少，则产品收率高，同时副反应少，化学氢耗也低，而氢耗在加氢装置的操作费用中占有相当比例。

催化剂的稳定性常用达到精制要求时单位时间所需温升表示。稳定性好则温升小，装置可长时间稳定操作。

催化剂寿命是一个重要指标，与加工成本紧密相连。在实际生产中常以在此时间内每千克催化剂处理的原料数量表示催化剂寿命，其单位为 m^3/kg 或 t/kg。催化剂寿命足够长，最好与相关加工过程相匹配，使之可以同时更换催化剂和检修。催化剂寿命根据活性变化可分为诱导期、稳定期和衰老期三个阶段。

催化剂强度关系到装置能否长期稳定运转，也是一个重要指标。加氢精制催化剂的强度一般应大于 100N/cm。

催化剂应具有良好的再生性能，一般应可再生 1~2 次。此外，在催化剂性能相同的情况下，还应考虑价格、密度等因素。

4. 加氢精制催化剂的分类

(1) 轻质油加氢精制催化剂

轻质油加氢精制催化剂的主要作用是重整原料预加氢，目的是除去重整原料中的S、N、As、Hg、Pb和Cu等杂质，以满足重整催化剂对原料杂质的要求。要求催化剂在重整氢压下，具有良好的脱硫、脱氮、脱砷活性，同时避免开环、芳烃饱和、裂解等副反应。目前国内重整预加氢工业装置使用的催化剂有RS-1、FDA-4A、481-3等，这些催化剂在反应压力1.0~2.5MPa、反应温度250~300℃、体积空速3.0~10.0h^{-1}、氢油体积比50~200的条件下，可将重整原料的硫、氮脱至1μg/g以下，砷脱至1μg/kg以下。

焦化汽油和热裂化汽油的质量较差，硫、氮及烯烃含量较高，安定性差，辛烷值低，通过加氢精制，可以改善油品质量，作为汽油调合组分、重整原料或乙烯裂解原料。工业上可使用重整预加氢催化剂，也有采用FH-5、RN-1等催化剂。操作条件比重整预加氢苛刻，在反应压力2.0~3.5MPa、反应温度260~340℃、体积空速1.0~3.0h^{-1}、氢油体积比200~800的条件下，焦化汽油和热裂化汽油的脱硫率和脱氮率均可达95%以上，砷、铅等金属几乎可以完全脱除。

(2) 柴油馏分加氢精制催化剂

柴油加氢精制主要是对焦化柴油和催化裂化柴油等二次加工柴油进行加氢精制。二次加工柴油的质量较差，其硫、氮含量较高，且含有大量烯烃和芳烃，十六烷值低，安定性差。柴油加氢精制的目的是脱除柴油中的硫、氮等杂质，饱和烯烃和饱和芳烃，生产清洁的柴油燃料。我国柴油加氢精制使用较多的催化剂有RN-10、RN-1、FH-5、FH-98、FH-5A、RN-10B等。

(3) 直馏煤油加氢精制催化剂

直馏煤油加氢精制，其目的是脱除煤油中的硫和氮，并饱和部分芳烃，改善其燃烧性能，提高油品的热稳定性，降低酸度，生产合格的喷气燃料或灯用煤油。要求催化剂具有优良的加氢脱硫、脱氮活性，同时具有优良的芳烃饱和性能。工业上使用的催化剂有481系列催化剂、FH-98、RN-1、RN-10等加氢催化剂，如481-3，在4.0~4.9MPa、250~290℃、1.2~1.7h^{-1}条件下对胜利喷气燃料、伊朗喷气燃料、仪征灯煤加氢，可生产合格产品。胜利灯煤由RN-1催化剂加氢精制，在3.92~4.06MPa、312~313℃、1.55h^{-1}时，可将硫由1000μg/g脱至0.3μg/g，硫醇从12.1μg/g脱至<1μg/g，无烟火焰高度由22mm提高到26mm。

(4) 选择性加氢催化剂

催化重整生成油富含芳烃和溶剂油馏分，但含有的少量烯烃会使芳烃产品的溴值、腐蚀和颜色不合格，必须除去。过去工业常规脱除烯烃的方法是芳烃白土吸附、抽余油加氢精制。这种分别处理的方法工艺流程复杂，能耗较高，废白土污染环境。中国石化大连石油化工研究院(FRIPP)开发的HDO-18选择性加氢催化剂，2003年在中国石化茂名石化分公司实现工业化，取代了传统的芳烃白土吸附、抽余油加氢精制工艺，产品质量合格，芳烃损失小于0.5个百分点。该催化剂是以氧化铝为载体的贵金属钯催化剂，既能选择性加速烯烃饱和反应，又能有效地抑制加氢裂化反应和芳烃饱和反应。

(二) 加氢裂化催化剂

加氢裂化的作用是在氢压下把低质量大分子的原料油转化为洁净的小分子产品。该过程涉及加氢精制和加氢裂化两大类反应。

加氢裂化过程的主要反应包括裂化、加氢、异构化、环化以及脱硫、脱氮、脱氧和脱金属等。由于脱硫、脱氮和脱氧反应后分别生成相应的烃和 H_2S、NH_3、H_2O 而易脱除，因此加氢裂化产品无须另行精制。

加氢裂化催化剂是由加氢活性组分和酸性载体组成的典型双功能催化剂。活性金属组分提供加氢和脱氢功能，酸性中心提供裂化和异构化功能，两种功能在催化反应中协同作用，各司其职。加氢组分主要是ⅥB 族和Ⅷ族金属元素(Ni，Co，Mo 和 W)的氧化物、硫化物或金属(Pt 和 Pd)。常用的载体是无定形硅酸铝、硅酸镁和各种分子筛，近年来主要用各种分子筛作为载体。根据产品的需要，改变催化剂加氢组分和酸性载体的配比关系，可以得到不同加氢/脱氢活性和裂化活性的催化剂。

一般需要根据原料性质、生产目的等实际情况选择催化剂。在一段加氢裂化工艺流程中，若要生产中间馏分油，要求催化剂对多环芳烃有较高的加氢活性，对原料油中的含氮、硫等有机化合物有较好的抗毒性和中等裂化活性。而对于两段加氢裂化工艺，旨在最大限度地生产汽油和中间馏分油，所用原料较重并且硫、氮含量高，其第一段加氢的目的是为第二段加氢裂化制备原料，此时要求第一段催化剂要有脱硫、脱氮活性；第二段催化剂必须是由酸性载体制成的具有强的裂化和异构活性的催化剂。当加氢裂化的目的是获取喷气燃料时，则要求催化剂具有较高的脱芳烃活性。

对于上述各种催化剂，都要求催化剂具有较高的稳定性、再生性和抗毒性。

1. 加氢裂化催化剂的组成及作用

加氢裂化催化剂与加氢精制催化剂的不同在于加氢裂化催化剂是由加氢组分和裂化(酸性)组分组成的典型双功能催化剂，不但要具有加氢精制催化剂的加氢活性，还需具有裂解、异构化活性。

(1) 金属组分

适宜作加氢裂化催化剂加氢活性组分的ⅥB 族和Ⅷ族中的金属元素有贵金属 Pt、Pd，非贵金属 W、Mo、Cr、Co、Ni 和 Fe 等金属及其氧化物或硫化物。一般认为，活性物种为 WS_2、MoS_2、Pt 和 Pd 等，而 Ni 和 Co 作为助剂。金属或金属硫化物在活性上有差别，各种金属间匹配也有不同活性，大致顺序为：贵金属>过渡金属硫化物>贵金属硫化物。虽然贵金属加氢和脱氢活性高，却容易因氮化物存在而中毒，因此，在加氢裂化中使用 Pt 和 Pd 等贵金属催化剂时，常需要对原料进行预处理，预先将氮含量脱除到一定水平。

研究表明，ⅥB 族和Ⅷ族金属组分相互组合后的活性要比单独组分的加氢活性好得多，各种组分组合后加氢活性顺序为：Ni-W>Ni-Mo>Co-Mo>Co-W。对于加氢脱氮、加氢脱金属和加氢异构化反应，上述加氢活性顺序不变，但是对于加氢脱硫反应，Co-Mo 加氢活性则最高。活性组分间的组合也存在最佳原子比，在最佳原子比下，催化剂可以得到最好的加氢脱氮、加氢脱硫、加氢裂化和异构化活性。

对于不同的加氢裂化催化剂，其酸性组分、加氢活性组分最佳原子比不一定相同。催化剂中各个活性组分如何搭配组合，不仅要考虑加氢组分，也要考虑最佳原子比以及催化剂整体的制备成本。

(2) 裂化组分

催化剂的裂化功能主要由酸中心提供，一般认为裂化反应通过酸催化实现。而裂化性能则取决于催化剂本身的性质，如酸量、酸强度和比表面积。加氢裂化催化剂的载体有酸性和弱酸性两种。酸性载体为硅酸铝、硅酸镁、分子筛等；弱酸性载体为氧化铝和活性炭等。酸性载体可以提供酸中心，提高催化剂的机械强度、热稳定性和抗毒性能，增加催化剂比表面积并提供合适的孔隙结构，促进活性组分分散以及减少组分用量，降低成本。

(3) 助剂

目前用于加氢裂化催化剂并起重要作用的助剂元素为氟、磷、硼等。其作用如下：

① 氟：被广泛用作加氢催化剂助剂。氟可取代氧化铝的表面羟基，从而减少催化剂的L酸量，增加B酸量，提高催化剂的活性和抗氮能力。氟含量较高时，可以降低催化剂的等电点，减弱多聚钨(钼)盐在载体表面的吸附，最终有利于改善加氢组分在载体上的负载，提高催化剂的加氢活性。研究结果显示，当氟含量为1.5%和2.3%时，催化剂的裂化和加氢活性组分分别达到极大值。

② 磷：可同 Al_2O_3 相互作用，在催化剂表面生成 $AlPO_4$ 减少强酸中心数，增加中强酸中心数，从而增强催化剂的抗积炭性能。同时，磷也能改善加氢组分在催化剂表面的分散性，抑制催化剂中 $Ni-Al_2O_3$ 尖晶石的形成，最终提高催化剂的加氢性能。

③ 硼：可取代催化剂表面的Al。由于B—OH的酸强度高于Al—OH，可调变L酸的部分B酸，有利于降低催化剂的失活速率；同时B酸也能改善活性金属组分的分散，提高催化剂载体表面的Ni(Co)-Mo(W)-O中心数，最终提高催化剂的加氢功能。

2. 加氢裂化催化剂的选择

各种加氢裂化催化剂根据原料及产品的需要，对构成其加氢和裂化功能的两种组分进行适当的选择和匹配。

不同原料的产品对催化剂性质的要求见表3-22。

表3-22 原料和产品对催化剂性质要求

原料	产品	酸性	加氢活性	表面积	孔隙率
粗汽油	液化气	强	中等	大	低~中等
粗柴油	汽油	中等	强	大	中等~大
蜡油	喷气燃料、柴油、石油化工原料	中弱	强	大	中等~大
脱沥青油	高黏度指数润滑油	中弱	强	中等	大
蜡油、渣油	脱硫、脱金属、脱氮	弱	强	中等	大

3. 加氢裂化催化剂产品种类

根据主要目的产品馏分轻重，加氢裂化催化剂可以分为轻油型、中油型、高中油型和重油型四大类。

(1) 用于灵活生产石脑油和中间馏分油的中油型加氢裂化催化剂

这一类催化剂的代表品种为FRIPP开发的3976、FC-12、FC-32催化剂。该类催化剂具有优异的抗氮性能，抗氮能力明显高于同类参比催化剂，可以加大精制反应器空速，提高装置处理能力，增大操作弹性。采用3976催化剂具有很高的生产灵活性，可灵活生产石脑油和中间馏分油。

(2) 主要用于生产重石脑油的轻油型加氢裂化催化剂

该类催化剂已发展至第四代，分别是3825、3905、3955和FC-24。

FC-24催化剂是FRIPP近年开发的高选择性轻油型加氢裂化催化剂，具有裂化活性高、重石脑油选择性好、抗氮性能强、加氢性能好、对原料适应性强等特点。可用于馏分油加氢裂化，最大量生产重石脑油、轻石脑油和加氢尾油等化工原料，这些原料可作为催化重整生产芳烃和水蒸气裂解生产乙烯的优质原料。与国外参比催化剂对比结果表明，在相同原料油及运转条件下，FC-24 催化剂不仅重石脑油收率提高 2%~3%，而且氢耗降低，达到了当前国际同类催化剂先进水平。

(3) 用于最大量生产中间馏分油的高中油型加氢裂化催化剂

该工艺是为适应提高柴汽比和柴油产品质量而开发的，其配套的催化剂已发展至第三代，分别是 3901、3974、FC-14 和 FC-28。

这类催化剂适用于减压馏分油(如 VGO，VGO 与 CGO 的混合油)加氢裂化以及劣质柴油加氢改质异构降凝，以最大量生产中间馏分油，尤其是优质低凝柴油。在相同条件下与典型无定形催化剂相比，FC-14 催化剂的中油选择性不低于无定形催化剂，而活性明显提高，单程通过时所需反应温度可降低 10~15℃，全循环时所需反应温度可降低 20~30℃，同时中间馏分油产品质量也得到明显提高。另外，FC-14 催化剂用于直馏和/或二次加工劣质柴油高压或中压加氢改质异构降凝，柴油馏分产品不仅收率高，十六烷值提高幅度大，凝点和冷滤点明显降低，而且密度、T_{95} 等指标也得到明显改善。

(4) 用于单段加氢裂化工艺的催化剂

单段加氢裂化工艺，只有裂化反应器，该装置空速大，一般为 0.9~1.0h^{-1}，反应温度为 390~410℃；而一段串联加氢裂化工艺，精制反应器与裂化反应器分开，总空速为 0.54~0.7h^{-1}，反应温度低，约为 360~395℃，催化剂使用周期长。单段加氢裂化工艺要求催化剂耐氮、耐硫性能好，加氢性能和中油选择性好。

该催化剂直接装填于传统的加氢脱硫装置上，在完成加氢脱硫、加氢脱氮的同时，进行一部分选择性开环，降低进料中环烷烃及芳烃的总含量，达到大幅度提高柴油的十六烷值、降低尾油 *BMCI* 值(芳烃指数)的目的。由于国内催化裂化在二次加工中的比例较大，因此，这类催化剂在国内应用得也较多，典型的催化剂有 RIPP 开发的 RT-1、RIC-1 以及 FRIPP 开发的 MCI 及 FC-14 等。

(5) 单段双剂加氢改质催化剂

应用于该过程的催化剂是一些传统的加氢裂化催化剂，主要用于生产低硫、低芳烃的清洁燃料和低 *BMCI* 值的蒸汽裂解原料等。这类催化剂的特点主要体现在裂化组分上，主要作用是在一定程度上降低进料中的芳烃含量，增加链烷烃含量，从而提高劣质进料的品质。Akzo、UOP、RIPP、FRIPP、Criterion 和 Chevron 公司等都开发了用于单段双剂中的加氢改质催化剂。

(6) 用于中压加氢裂化和中压加氢改质工艺的催化剂

加氢裂化的转化效果不仅与工艺条件密切相关，更与所选择的催化剂密切相关。具有高加氢活性的加氢处理和加氢裂化催化剂，可有效弥补压力降低对反应性能的影响。在此背景下，UOP、Akzo、Chevron、Shell、RIPP、IFP 和 FRIPP 等公司或研究机构均开发了具有较高转化活性的加氢裂化技术及相应的催化剂。

(7) 缓和加氢裂化催化剂

缓和加氢裂化转化率低，一般为 20%~50%，尾油是优质的催化裂化原料、乙烯原料和燃料油。这种工艺曾用来解决乙烯原料多样化的问题，但现在已较少使用，典型的催化剂有 FRIPP 开发的 3882。

（8）用于生产润滑油的加氢裂化及其加氢改质催化剂

为了节能，广泛使用多级油，APIⅠ类基础油已不能满足生产高档润滑油的要求。通常把加氢裂化生产的润滑油基础油经加氢异构、再经加氢处理，生产 APIⅡ类和Ⅲ类润滑油基础油，这两类油要求饱和烃>90%，芳烃、硫、氮含量低，使润滑油保持良好的氧化安定性和热稳定性，且不易与添加剂等发生反应。工业上应用较多的是 Chevron 公司的 ICR-220；FRIPP 也推出了 3975 和 FHDA-1 等牌号专用催化剂。

（三）润滑油加氢处理催化剂

润滑油料通过加氢处理，可以使不符合润滑油性能要求的组分转化为所期待的理想组分，以获得高收率、高黏度指数的润滑油基础油。加氢处理生产高黏度指数润滑油的原料是蜡油和脱沥青油。主要反应如下：稠环芳烃加氢生成稠环环烷烃；稠环环烷烃部分加氢并开环生成带长侧链的单环环烷烃；正构烷烃或分支程度低的异构烷烃加氢异构化成为分支程度高的异构烷烃；加氢脱硫、脱氮、脱金属等反应，尽量减少裂化反应，以避免润滑油收率下降，油品质量变差。

从以上润滑油加氢精制过程反应可以看出，润滑油原料需要经过加氢、开环、异构化等一系列的步骤才能把非理想组分转化为理想组分，这就要求催化剂既要有加氢活性，又要有裂化活性，并且两者必须相适应。催化剂中加氢组分是周期表上第ⅥB族的 Cr、Mo、W 和第Ⅷ族的 Fe、Co、Ni 的氧化物或硫化物，裂化活性主要决定于担体，如 Al_2O_3、硅酸铝（$Al_2O_3 \cdot SiO_2$）以及各种分子筛。常用的催化剂是 Ni-Mo-Al_2O_3 和 Co-Mo-Al_2O_3，从发展趋势看，前者用得越来越多，后者逐渐减少。燃料加氢裂化所用的催化剂也用于润滑油的加氢裂化，但是更倾向于为润滑油加氢裂化制造专用催化剂。

三、加氢催化剂的使用

（一）催化剂的装填

1. 催化剂的检查及过筛

催化剂装填前应认真检查，核对催化剂的牌号、检验合格证和验收手续，检查催化剂的包装状况及受潮和污染情况，以便合理制定开工方案。催化剂在运输和装卸过程中会有一些破碎，再生后的催化剂破碎更多些，还有铁锈、焦粉等杂质，为防止床层压力降增加，保证运转过程中气液分配合理，必须过筛。

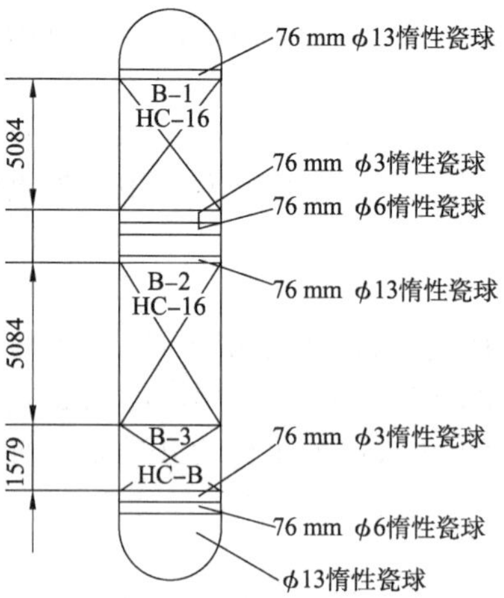

图 3-29　R-102B 加氢裂化催化剂参考图

2. 催化剂的装填方法

（1）普通装填

催化剂的装填是用装填设备进行的，该设备由装料斗、下接金属直管和帆布软管三部分组成。装填时将催化剂装在料斗内，通过闸阀控制催化剂的流量，使催化剂均匀铺在反应器内，并视情况移动装填设备，缩短帆布软管，直至装填完毕。以 R-102B 加氢裂化催化剂为例，其装填参考图见图 3-29。

反应器底部装填耐高温、低表面积的惰性实心瓷球，一般选用惰性氧化铝球。瓷球一般装三层，下一层瓷球的直径比上一层大一倍，两层填料尺寸相差过大，上层颗粒会堵塞到下层颗粒之间，使压力降增加。最低层瓷球装到高于反应器出口的集合管，其他两层装10cm左右。反应器顶部一般装一层6mm或12mm的瓷球。在反应器内，可用瓷球将催化剂分成数个床层，不同床层可进行不同的装填，或装填不同的催化剂，床层间可打冷氢或引入冷的原料，进行取热。

（2）密相装填

密相装填主要用于条形催化剂，也可用于球形催化剂。密相装填是利用专用密实装填器，在非净化压缩空气的推动下使催化剂每个粒子均匀分散在床层截面的恰当位置。常用的密相装填器有UOP密相装填系统和Chevron COP装填系统。密相装填时，用适当流速的气体将催化剂颗粒引导至催化剂床层表面，使催化剂颗粒定向排列，同时控制催化剂的装填速度和高度，使催化剂装填密实，增加装填密度。表3-23是润滑油加氢装置两种装填方法的对比结果。

表3-23　润滑油加氢装置两种装填方法的对比结果

项　　目	普通装填	密相装填
催化剂装填量/kg	16103	18371
进料量/(m^3/d)	318	318
平均反应温度/℃	360	349
催化剂装填量增加/%		14.1

可以看出，密相装填的催化剂装量增加，平均反应温度降低。密相装填由于催化剂堆积紧密，所以开工初期反应器压降略大于普通装填，但随着运转时间的延长，普通装填易出现催化剂条断裂、部分床层塌陷、温度热点等现象，其压降上升的速度快于密相装填。

（3）分级装填

在劣质原料的加工过程（如渣油加氢处理）中，要同时除去金属、含硫化合物、含氮化合物等，需要在同一反应器内装填不同催化性能、不同活性、不同尺寸（或部分相同）的催化剂，从而达到单一催化剂所不能达到的结果。由于不同催化剂的催化性能不同，不同反应物的反应活性不同，故在催化剂装填时可采用分级（分层）装填技术。如渣油固定床加氢催化剂的分级装填示例见表3-24。

表3-24　渣油固定床加氢催化剂的分级装填

催化剂名称	主要作用	装填位置
保护剂（惰性材料）	脱颗粒物和盐	顶部
脱金属剂（1）	脱铁、钙和钠	上部（或第一反应器）
脱金属剂（2）	脱钒和镍	中上部（或第一反应器下部）
脱硫脱金属剂	脱硫、金属和残炭	中部（或第二反应器）
脱硫脱氮转化剂	深度脱硫、脱氮、缓和加氢裂化	下部（或第三反应器）

为防止小颗粒催化剂紧贴在支撑网上造成结焦，在某些床层之间还要装填一些支撑剂。

（二）催化剂的开工方法

开工方法和步骤对催化剂的活性、选择性和寿命都有很大的影响。催化加氢催化剂的开工方法包括催化剂的干燥、预湿和预硫化三个步骤。

1. 催化剂的干燥

催化加氢催化剂以多孔性物质为载体，吸水性很强，一般可达3%~5%。潮湿的催化剂与热油气接触，水分快速汽化，下行的水汽被下部冷的催化剂冷凝吸附，放出大量的热，容易导致催化剂破碎。水分反复进行汽化-冷凝过程，还可能影响预硫化效果，降低催化剂活性。所以，开工时对催化剂进行干燥非常必要。

催化加氢催化剂必须在N_2气氛下干燥，升温过程采用程序升温。具体步骤如下：装置气密，再经氮气置换合格后，循环氢压缩机开最大量进行氮气循环，以15~20℃/h升温至120℃，恒温脱水，升温期间，每30min收集高压分离器排出的水；恒温时间大于2h，120℃恒温结束后，反应器入口温度升至180℃，任一点床层温度小于220℃，180℃恒温脱水时间大于4h，至分离器低点每小时的出水量小于催化剂藏量的0.01%，便可停止加热和氮气循环，然后抽真空，进一步脱水，再用氮气升压。

2. 催化剂预湿

催化剂预湿已成为加氢催化剂开工的必须步骤。预湿是在催化剂未与氢气接触前，用含硫油润湿。其作用是防止活性金属氧化物被氢气还原，造成硫化困难，防止出现“干区”，降低催化剂活性。

3. 催化剂预硫化

预硫化是加氢催化剂开工的关键步骤，几乎所有加氢催化剂都使用预硫化技术。加氢催化剂的Mo、Co、Ni、W等金属组分，使用前都是以氧化物状态分散在载体表面。因为金属硫化物容易燃烧，难于运输和储存，所以加氢催化剂在进炼油厂时，其金属组分大多以氧化物形式存在，加氢活性较低，只有转化成硫化物形态，才具有高的加氢活性、选择性和稳定性。在加氢运转过程中，虽由于原料油中含有硫化物，可通过反应转变成硫化态，但往往由于在反应条件下，原料油含硫过低，硫化不完全而导致一部分金属被还原，使催化剂活性达不到正常水平。故目前这类加氢催化剂多采用预硫化方法，将金属氧化物在进油反应前转化为硫化态。

按介质相态，加氢催化剂的预硫化可分为有气相预硫化和液相预硫化两类。气相预硫化亦称干法预硫化，即在循环氢气存在下，注入硫化剂进行硫化；液相预硫化亦称湿法预硫化，即在循环氢气存在下，以低氮煤油或轻柴油为硫化油，携带硫化剂注入反应系统进行硫化。

按预硫化位置，又可分为器内预硫化和器外预硫化两种工艺。器内预硫化是先将氧化态的催化剂装填到加氢反应器中，在一定温度下同时通入氢气和硫化剂或氢气和含有硫化剂的原料油进行硫化，使加氢活性金属转化为硫化态。器外预硫化是将氧化态催化剂先与硫化剂结合，再装填入反应器，通入氢气或氢气和原料油，随后升温即可完成硫化活化的方法。

影响预硫化效果的主要因素为预硫化温度和H_2S浓度，另外，硫化时间和H_2S分压也有一定影响。

注硫温度主要取决于硫化剂的分解温度。如采用CS_2为硫化剂，由于CS_2与氢开始反应生成H_2S的温度为175℃，因此注入CS_2的温度应在175℃以下。温度控制过程中还应当注意高温下催化剂金属氧化物被氢气还原。如Ketjen公司推荐使用Mo-Ni系列催化剂硫化剂注入温度为150℃，就是为了防止高温下催化剂金属氧化物在氢气气氛下被还原。催化剂的低温硫化有较好的脱氮效果，但最终温度应高于硫化剂的分解温度。

硫化过程主要经过230℃和370℃两次恒温阶段。当反应器催化剂床层被 H_2S 穿透前，应严格控制床层温度不能超过230℃，否则一部分氧化态金属组分会被氢气还原成低价金属氧化物或金属元素，致使硫化不完全。再则还原反应与硫化反应将使催化剂颗粒产生内应力，导致催化剂的机械强度降低。同时，还原金属对油具有强烈的吸附作用，在正常生产期间会加速裂解反应，造成催化剂大量积炭，活性迅速下降。因此，必须严格控制整个预硫化过程的升温速度。硫化最终温度一般为360~370℃。

循环氢中 H_2S 浓度增高，硫化反应速率加快，当 H_2S 浓度增加到一定程度之后，硫化反应速率就不再增加。因为硫化反应是强放热反应，当 H_2S 浓度增加时，硫化反应迅速，在短时间内放出大量的热，易使催化剂床层"飞温"，使催化剂因局部过热而烧结；另外，H_2S 浓度过高，可与催化剂形成高含硫化合物。同时在实际硫化过程中，受反应系统材质抗 H_2S 腐蚀性能的限制，不可能采用过高的 H_2S 浓度。一般预硫化期间，循环氢中 H_2S 体积分数限制在<1.0%。H_2S 浓度过低时，催化剂硫化不完全。

4. 催化剂钝化

催化剂硫化完后，裂化催化剂(特别是高分子筛含量的裂化催化剂)具有较高的加氢裂解活性，在设计进料以前，进馏分较轻、饱和烃含量较高的低氮油和在裂化反应器出口注无水液氨或三丁胺(TBA)，可抑制催化剂初活性，防止和避免设计进料过程中出现反应温度飞升难于控制的局面，确保人身和设备安全，避免催化剂损坏。以低氮油开工和在裂化反应器出口注无水液氨(或TBA)统称为催化剂钝化过程。

非贵金属催化剂注入的无水液氨(或TBA)被具有较强吸附能力的硫化催化剂所吸附，随着运转时间延长，反应温度升高，催化剂吸附的氨会逐渐解吸，催化剂活性又会逐渐得以恢复。无水液氨注入量根据催化剂装量和分子筛含量多少确定，注入量少，不足以完全抑制催化剂活性；注入量多，会延长催化剂活性正常发挥的时间。一般而言，无水液氨的注入量为加氢裂化催化剂的8%~15%。

在贵金属催化剂注入无水液氨(或TBA)，主要针对异构脱蜡催化剂，用于中和对异构化没有选择性的强酸中心，避免催化剂活性过高所造成的不必要裂解，降低润滑油基础油的收率和黏度。一般而言，异构脱蜡催化剂的钝化应在<178℃完成，否则，催化剂活性将下降。

对无定形硅铝为载体的加氢裂化催化剂，由于对温度的敏感性相对较差，加氢裂化催化剂的活性相对较低，为了减少钝化时间，节省开工费用，可考虑在催化剂硫化结束后，用正常设计进料直接钝化。

(三)催化剂失活与再生

催化加氢反应过程中，催化剂的活性总是随着反应时间的增加而逐渐衰退。这种失活可以通过提高反应温度来弥补。但由于最高操作温度受催化剂选择性和反应器最高允许使用温度的制约，当活性下降到一定程度而无法继续用提高温度来补偿时，就需要再生以恢复其活性。

为了阻止加氢催化剂的催化活性下降，必须对催化活性下降的原因进行具体分析，如果催化剂催化活性下降是由于接触毒物所引起，必须通过采取相应措施予以排除，如通过加强原料的质量控制、限制毒物在原料中的最大含量、原料进行预加氢和催化剂进行预硫化等。

此外，有些毒物(如氮化物)在加氢催化剂表面是可逆中毒，可以通过提高反应温度、提高氢分压和使用低氮原料进行解吸。如果催化剂的催化活性下降是由于封闭毒物引起，就只有采用氧化再生的办法烧掉积炭，恢复催化剂活性。

1. 催化剂失活

加氢裂化反应涉及 C—S、C—N、C—O、C—C 键断裂，双键加氢饱和及异构化等多种反应，多种因素会导致催化剂暂时或永久性失活。失活原因主要有：焦炭生成和重金属沉积，造成催化剂孔结构堵塞和覆盖活性中心；活性中心吸附原料中的毒物；活性金属组分迁移或聚集；相组成的变化；活性中心数减少；载体烧结；沸石结构塌陷与崩溃等。

(1) 结焦

结焦涉及各类加氢催化剂失活。烯烃齐聚生成环烷烃、环烷烃脱氢生成芳烃、芳烃烷基化生成烷基芳烃、芳烃聚合生成稠环芳烃、稠环芳烃脱氢即生成 H/C(原子比)= 0.5~1.0 的焦炭；裂解产物或裂解生成的中间产物二次反应聚合可生成 H/C(原子比)= 0.4~0.6 的焦炭，此种焦多发生在酸度高、大孔沸石的晶形加氢裂化催化剂上，这些毒物称为封闭毒物。在生产实践中，加氢催化剂表面的积炭主要是封闭毒物。新鲜焦炭比老化焦炭氢含量高。焦炭有不溶性的假石墨型和有机溶剂可溶性的纤维状炭。一般认为，沸石上的结焦为择形结焦，一是活性中心由于吸附、结焦被覆盖而中毒；二是孔被堵塞，活性中心不能接近反应物。

(2) 中毒

催化剂的中毒可分为酸中心中毒和加氢中心中毒。

① 酸中心中毒：主要指碱性物质的化学吸附。氮化物加氢、氢解生成氨，使催化剂酸性中心受到抑制，裂化活性降低。气相中的 NH_3 和 H_2S 在反应条件下还会生成 $(NH_4)_2S$，使 H_2S 浓度降低。加工低硫高氮原料时，如不及时补硫，也会造成催化剂活性下降。

② 加氢中心中毒：杂质和重金属沉积在催化剂表面和孔内，导致催化剂孔口堵塞和催化活性位被破坏及在贵金属(Pt 和 Pd)和 Ni 上的化学吸附均可导致加氢活性中心中毒。

石墨、氧化铝、硫酸铝、硅凝胶等灰分物质，堵塞催化剂孔口，覆盖活性中心，当再生温度过高时与载体发生固相反应，可造成催化剂永久失活。

重金属 Fe、Ni、V、Hg、Pb、Ca、As 等以可溶性有机金属化合物形式存在于原料中，其含量因原油产地不同而不同，上游加工的添加物，如消泡剂 Si、防腐剂 P、脱盐剂 Na 及油品储运带来的金属污染物 Fe 都能沉积在催化剂表面和孔内，最终导致催化剂孔口堵塞和活性中心中毒而失活。

(3) 烧结——金属聚集、分散变差

分散的金属原子慢慢移动聚集在一起形成较大晶粒的过程称为烧结。烧结完全取决于温度和时间，有少量蒸汽存在时可加速进行。

2. 加氢催化剂的再生

失活催化剂活性恢复的过程称为催化剂再生。一般将杂质和重金属沉积在催化剂表面和孔内，导致催化剂孔口堵塞、催化活性位被破坏和金属聚集、晶体长大、形态变化及沸石结构破坏而引起的催化剂失活，称为永久性失活，通过再生的方法很难恢复其活性。

如果催化剂失活是由封闭毒物所引起的，就只有通过氧气烧炭的再生方法恢复催化剂活性。

再生是恢复失活催化剂活性的一种手段，可用再生效率表示催化剂再生的程度：

$$再生效率=\frac{失活催化剂积炭量-再生催化剂积炭量}{失活催化剂积炭量}\times 100\%$$

失活催化剂再生效率的高低，并不一定完全表示催化剂活性恢复的多少，可以用活性恢复度表示失活催化剂恢复的程度。由于不同的生产装置生产不同的目的产品，对催化剂活性的要求不一样，所以表示活性恢复度的方式也不一样，如：

加氢脱硫装置的失活催化剂活性恢复度可以表示为：

$$活性恢复度=\frac{再生催化剂脱硫率}{新鲜催化剂脱硫率}\times 100\%$$

生产重整原料的加氢裂化装置失活催化剂活性恢复度可以表示为：

$$活性恢复度=\frac{再生催化剂重石脑油产率}{新鲜催化剂重石脑油产率}\times 100\%$$

以催化剂允许工作温度范围表示失活催化剂活性恢复度为：

$$活性恢复度=\frac{(t_f-t_i)-n}{t_f-t_i}\times 100\%$$

式中 t_f——新鲜催化剂终了反应温度，℃；

t_i——新鲜催化剂起始反应温度，℃；

n——起始反应温度上升值，℃。

加氢催化剂的再生，就是用含氧气体对催化剂上的积炭进行氧化燃烧，将其从催化剂上烧掉，这个过程称为氧化烧焦。通过氮气+含氧气体(一般为空气)反应而除去的过程称为氮气氧化再生(或氮气氧化烧焦)，简称氮气再生。通过水蒸气+含氧气体(一般为空气)反应而除去的过程称为水蒸气氧化再生(或水蒸气氧化烧焦)，简称水蒸气再生。

催化剂器内(或器外)氧化再生后，由于催化剂的活性组分——金属硫化物也发生氧化反应，变成相应的氧化物，因此，氧化再生后催化剂仍需要硫化方能继续使用。

表 3-25 列出了实际生产装置加氢精制催化剂总寿命和再生次数。

表 3-25　加氢精制催化剂寿命和再生次数

原料油	周期寿命/(m^3油/kg 催化剂)		再生次数	总寿命/(m^3油/kg 催化剂)	统计装置数据/套
	平均	范围			
直馏粗汽油	68	8.8~175	5	334	13
直馏粗柴油	29	17.5~49	3.5	195	5
催化轻循环油	28.4		3	85.1	1
减压蜡油	24.2	21~27.3	2	52.5	2
焦化粗汽油	11.2	3.8~17.5	2.5	28.0	3
渣油(低金属)	15.7			15.7	
渣油(100~150μg/g 金属)	4.2			4.2	

从 20 世纪 70 年代后期开始，各种各样的催化剂服务逐渐增多，首当其冲的就是催化剂器外再生服务的迅速发展，目前已成为西方国家的标准工业操作，主要是由于器外再生在安全、时间和活性等许多方面都较器内再生更具优势。

四、废催化剂的处置

加氢催化剂经过数次再生后，活性不能满足工艺要求，就要作为废催化剂处置。在条件许可的情况下可降级使用，即用于其他对催化剂活性要求较低的加工过程，若不能降级使用则要废弃。废加氢催化剂含有较高的金属组分，有很高的回收利用价值，用化学处理法可较方便地回收催化剂中的 Mo、W、Ni、Co、Al 等金属。随着加氢技术的快速发展，国内废加氢催化剂将逐年增多，应建立专业回收企业。如果不能再回收利用，可以进行填埋处理，废加氢催化剂属于危险废物，需要进行必要的处理，如固化处理后再进场填埋，或直接进行沉井填埋。近年来，一些发达国家对危险废物普遍采用固化处理技术，这是一种将危险废物转化为非危险废物的最佳处理方法。

五、加氢催化剂发展展望

由于经济、环保的要求，制备活性好、选择性高和稳定性好的催化剂，是催化剂行业不断追求的目标。经过长期的发展，传统的加氢工艺及其催化剂制备技术基本趋于成熟，已有催化材料的性能进一步提升的空间也有限。未来，为了进一步提升加氢装置的技术经济性，适应原油质量劣质化的要求，需要开发新的加氢处理工艺及其配套的催化剂。与此同时，在催化剂制造过程中，要更加重视先进工程技术的应用，为实现高性能加氢催化剂产品的规模化、连续化、自动化和清洁化生产提供有力的支持。

（一）加氢预处理催化剂

针对不同的加氢预处理过程，可以根据原料来源与性质，以及过程的目标(是着重加氢脱硫，还是加氢脱氮)等进行催化剂的优化设计，如优选金属组分及含量、不同组分间最佳配比、合适的孔结构、酸度、助剂种类和含量等。此外，进一步优化制备工艺也是改进先进催化剂性能的重要途径。因此，加氢预处理催化剂向着如下方向发展。

① 采用复合载体。如在 Al_2O_3 中加入 TiO_2、ZrO_2、SiO_2、沸石、活性炭、海泡石或膨润土等，改善金属活性中心的分散状态，减少金属与载体间的相互作用，避免生成镍(钴)铝尖晶石，减少结焦，延长使用周期。

② 使用高催化活性的金属、添加新助剂。诸如 Ti、Ru、La、Rh 等活性金属，加强解离氢的能力，促进 Mo(W)还原，并形成更多的不饱和配位中心。

③ 使用新型催化材料。如金属碳化物、金属氮化物、超导性材料如 $M_2Mo_3S_8$ 杂多酸化合物、负载型非晶态金属和纳米晶合金。

④ 改进制备方法和硫化还原条件，改善催化剂孔结构和金属分散度，降低制造成本。适当集中的孔结构不仅有利于金属的分散，且使反应物及生成物易于扩散。加入适宜的助剂能促进金属分散，减少尖晶石的生成，且易硫化还原，生成更多的不饱和配位活性中心。选择适宜的硫化条件则可减少金属聚集，生成所需形态的 WS_2 和 MoS_2。

（二）加氢裂化催化剂

加氢裂化催化剂兼具加氢和裂解功能，是一种典型的双功能催化剂。最早的用于加氢裂化催化剂的裂化活性组分为氧化铝及无定形硅铝组分。分子筛的问世带来了裂化活性组分的变革。改性分子筛已成为加氢裂化催化剂的主要活性组分。分子筛加氢裂化催化剂的活性、选择性和稳定性等均已超过了无定形加氢裂化催化剂，是当今世界炼油厂加氢裂化装置采用的主导催化剂。

近年来，一些新型的结构功能材料被用于改进加氢裂化催化剂的性能。分子筛方面有新型结构的分子筛、介孔分子筛、杂原子分子筛、中孔硅铝分子筛、可变价元素杂原子分子筛、超细粒分子筛、层柱分子筛等。其他材料有层柱黏土、层间化合物、层柱金属氧化物、杂多酸、固体超强酸、固体碱、非晶态合金、金属超微粒子、钨钼的氮化物、碳化物等。新型材料的开发和应用，已成为加氢裂化催化剂研究的重要领域，以 MCM-22 为代表的具有 MWW 拓扑结构的分子筛在加氢裂化等方面已经展现出相当好的应用前景。金属组分方面的主要工作是寻求新的金属组分和深入研究助剂的作用。

第五节　其他炼油催化剂

一、制氢催化剂

随着含硫原油和重质原油加工比例增大，环保法规对燃料油含硫的要求越来越严格。炼油企业为改善产品质量，广泛应用加氢工艺。因此，对氢气的需求量越来越多，对氢气品质的要求也增高，原来重整副产的氢气已远不能满足生产要求，日益增多的加氢装置使用氢气越来越依靠转化制氢工艺。在加氢装置生产成本中，氢气约占成本的50%~55%，制氢装置的地位日显重要。

烃类蒸汽转化制氢工艺是轻烃在催化剂作用下，与水蒸气反应生成氢气的过程。原料包括天然气、油田气、炼油厂焦化干气、加氢裂化和催化重整副产的液化石油气、石脑油、重整抽余油等。生产工序由轻烃蒸汽转化、一氧化碳变换、脱二氧化碳和甲烷化五个基本单元组成。制出氢气纯度在96%以上。

轻烃蒸汽转化制氢过程使用多种催化剂，包括加氢脱硫剂、氧化锌或氧化锰脱硫剂、蒸汽转化剂、中温/低温变换剂、甲烷化剂等，催化剂性能对制氢装置的投资和经济性影响很大。转化催化剂是转化制氢生产效率的主要影响因素之一，除要求催化剂活性好之外，还要求高的热稳定性、水热稳定性和机械强度及强的抗杂质能力和抗积炭能力等性能。

烃类蒸汽转化催化剂主要包括两种成分，即活性组分和承担活性组分的耐热载体(或称担体)，此外还有少量助催化剂以及扩孔剂、润滑剂等。

转化催化剂的主活性金属通常为镍，添加稀土金属、钾、钙等助剂，载体一般为 $\alpha-Al_2O_3$、$MgSO_4-Al_2O_3$、$Ca(AlO_2)_2-Al_2O_3$、Al_2O_3 和 MgO 等。在工业转化炉内，甲烷蒸汽转化催化反应受内扩散严重阻滞，甲烷反应速度几乎与催化剂的几何外表面成正比，所以转化催化剂的外形通常为拉西环形(环形)。我国已开发生产出五筋车轮形、七筋车轮形，催化剂表面利用率可比拉西环形提高一倍。目前常用的轻油转化催化剂有 Z402、Z403H、Z404、Z405G、Z409 等，炼厂气转化催化剂有 Z301。

二、醚化催化剂

醚化催化剂用于甲醇和异丁烯反应合成甲基叔丁基醚(MTBE)。MTBE 是一种高辛烷值调和组分，因具有与汽油的互溶性好、毒性低等一系列优点而得到广泛应用。特别是推广无铅汽油、使用清洁燃料以来，醚类对清洁空气做出的贡献备受关注。

能与汽油掺和的醚类主要是 MTBE，其他还有乙基叔丁基醚(ETBE)、甲基叔戊基醚(TAME)和二异丙基醚(DIPE)等。甲基叔丁基醚为无色、无腐蚀作用的液体，有轻微臭味，能与汽油互溶而不分层，在汽油中有自供氧效应，可促进汽油完全燃烧，提高发动机的热效率。

合成 MTBE 所用原料是炼厂气中的异丁烯和化工原料甲醇，催化剂主要有固体无机酸、固体超强酸、离子交换树脂和分子筛系列。目前工业普遍采用的催化剂是大孔强酸经磺化处理的阳离子交换树脂，一般为粒径 0.3~1.2mm 的小球。该类催化剂应用广泛，国外常用的有 Amberlyst-15、Bowex50 等；国内常用 S 型大孔磺酸树脂等，均以苯乙烯和二乙烯苯为单体，在特殊致孔剂作用下悬浮共聚先获得主体，然后通过磺化反应得到具有大孔网状结构且带有磺酸基团的高分子聚合物。其优点是活性比较高，正常情况下催化剂寿命可达两年或两年以上；缺点是在放热反应中温度过高(超过 90℃)，易产生磺酸基团脱落，导致活性下降，且齐聚副反应加快，导致催化剂寿命缩短。另外，装填困难，且易破碎，使反应体积利用不够充分。

与之相比，分子筛催化剂是一种较为理想的绿色环保型催化剂，有取代树脂催化剂的可能。但目前对分子筛催化剂的醚化反应研究还处于初级阶段，催化剂的活性还不够高，需对分子筛作进一步的改性研究。

双功能催化剂的研究也受到人们的重视，它可以进一步简化流程。

三、烷基化催化剂

所谓烷基化是指在酸性催化剂存在下，异丁烷和烯烃进行化学加成反应，生产高辛烷值汽油组分——烷基化油的工艺过程。

烷基化油的主要成分是异辛烷，不仅辛烷值高，而且具有理想的挥发性和清洁的燃烧性，是航空汽油和车用汽油的理想调合组分。近年来，随着清洁汽油燃料的需求量不断增加，烷基化工艺得到了较快发展。

烷基化过程所使用的催化剂有液体酸和固体酸。目前应用广泛的液体酸催化剂主要有硫酸和氢氟酸。为了避免 H_2SO_4或 HF 等液体酸烷基化催化剂对环境及生产操作人员带来的危害，研究人员正致力于固体酸烷基化催化剂的研究和开发。

固体酸催化剂主要有金属卤化物、分子筛、超强酸和杂多酸。美国 UOP 公司宣称，其开发的 Alkylene 工艺，用固体酸取代传统的硫酸和氢氟酸作为烷基化过程的催化剂取得了满意效果。

四、叠合催化剂

叠合反应是两个或两个以上的烯烃分子在一定温度和压力下，结合成较大烯烃分子的反应，也就是说产物仍然是烯烃。在炼油厂，叠合则是以催化裂化、热裂化、焦化以及减黏裂化等装置的副产物液态烃中的烯烃为原料，通过烯烃的叠合反应，生产高辛烷值汽油调合组分(叠合汽油)或石油化工原料。

应用最广泛的叠合反应催化剂是固体磷酸催化剂(简称 SPA 催化剂)。将硅藻土用磷酸溶液浸渍，再经成型后在 300~400℃下焙烧而成。外观是灰白色的，常制成 3mm×10mm 的圆柱体和小球。

近年来，我国已研究开发了新的叠合催化剂，即硅铝小球催化剂。其活性、稳定性、强度、寿命等都有较大的提高，叠合反应条件也变得缓和，目前较多使用在选择性叠合工艺中。

五、异构化催化剂

异构化过程是将轻质正构烷烃转变为相应的异构烷烃的过程。具有分支结构的异构烷烃，抗爆性能好、辛烷值高，因此异构化过程可以用于生产高辛烷值汽油组分——异构化油。

烷烃异构化过程所使用的催化剂品种很多，目前主要使用的是酸性傅瑞德尔-克拉夫茨（Friedel-Crafts）型催化剂（简称傅氏催化剂）和双功能型催化剂两大类型。

傅氏催化剂主要由 $AlCl_3$、$AlBr_3$ 等 AlX_3 和助催化剂 HCl 等 HX 组成。这类催化剂在 20~120℃的低温下有很高的活性，在化学平衡上对异构烷烃的生成有利。但 $AlCl_3$ 在反应温度下极易升华，而且在液体烃中有较大溶解度，因而容易被带出反应器，在冷却器中凝固并腐蚀设备。在工业应用中，应采取有效措施将 $AlCl_3$ 固定下来。

双功能催化剂是将 Ni、Pt、Pd 等有加氢活性的金属担载在 Al_2O_3、$SiO_2-Al_2O_3$、$Al_2O_3-B_2O_3$ 或泡沸石等有固体酸性的载体上，形成酸性中心和具有加氢活性的金属中心。目前双功能型催化剂广泛应用在氢气压力下进行烷烃异构化的临氢异构化方法上。国外普遍使用的 C_5/C_6 烷烃异构化催化剂都是贵金属双功能型催化剂。按操作温度的不同可分为中温型（反应温度在 210~280℃）和低温型（反应温度在 150℃以下）两种。异构化反应是放热反应，温度越高对反应越不利。

习　　题

一、判断题

1. 分子筛具有均匀的微孔结构，能对大小不同的流体分子起到筛分作用。（　　）
2. 分子筛的孔径要远远大于一般分子的直径。（　　）
3. 沸石分子筛有天然产的和人工合成的两大类。（　　）
4. 各种分子筛的区别，首先是晶体结构的不同。（　　）
5. X 型沸石和 Y 型沸石的区别在于硅铝比不同。（　　）
6. 没有催化剂存在时也能发生氢转移反应。（　　）
7. 正碳离子的稳定性顺序为：伯正碳离子 > 仲正碳离子 > 叔正碳离子。（　　）
8. 较小的正碳离子与质子相似，可按马耳可夫定律加到烯烃的双键上去，生成较大的正碳离子。（　　）
9. 正碳离子可失去质子，还给催化剂，本身变成烷烃，使反应中断。（　　）
10. 确定催化裂化装置处理能力的关键常常是再生系统的烧焦能力。（　　）
11. 硅酸就是硅溶胶。（　　）
12. 老化的目的是为了使硅溶胶变成硅凝胶。（　　）
13. 分子筛裂化催化剂中的水分能大大提高催化剂的活性，因此，水分越多越好。（　　）
14. 对高铝分子筛微球催化剂和半合成分子筛裂化催化剂来说，其反应性能包括初活性和蒸汽稳定性两个指标。（　　）

15. 用于流化床的微球催化剂应满足下述条件：易流化；气流夹带损失小；反应与传热面积大。（　　）

16. 流化床用的催化剂，其机械强度是用磨损指数表示的。（　　）

17. 磨损指数越大，意味着催化剂的机械强度越好。（　　）

18. 对分子筛催化剂采用微型反应器来评价其活性。（　　）

19. 微反活性也能评价在生产过程中催化剂的活性。（　　）

20. 裂化催化剂的选择性常用“汽油产率/焦炭产率”或“汽油产率/转化率”的比值来表示。（　　）

21. 重金属在催化剂表面上沉积不会影响催化剂的活性和选择性。（　　）

22. 催化裂化原料中的重金属主要有铁、铜、镍和钒。（　　）

23. 催化剂的污染程度还可以用生氢因素或裂化气中的 H_2/CH_4 比值来表示。（　　）

24. 裂化催化剂失活的主要原因是水热失活。（　　）

25. 裂化催化剂的再生性能是指其表面积炭是否容易烧掉。（　　）

26. 催化重整的主要目的是生产高辛烷值汽油和芳香烃。（　　）

27. 在重整催化剂上的主要化学反应为芳构化反应。（　　）

28. 重整催化剂对原料油杂质含量没有要求。（　　）

29. 重整催化剂是一种双功能催化剂，既具有促进加氢/脱氢作用的金属功能，同时具有促进裂化、异构化反应的酸性功能。（　　）

30. 在重整催化剂中加入第二种金属是为了抵抗铂晶粒的长大。（　　）

31. 在重整催化剂中加入第三种金属是为了防止铂晶粒长大及减少氢解作用。（　　）

32. 重整催化剂的酸性主要由载体和卤素共同承担。（　　）

33. 重整催化剂的载体一般由 $\alpha\text{-}Al_2O_3$ 组成。（　　）

34. 铂铼催化剂主要用于移动床连续重整装置。（　　）

35. 铂锡重整催化剂主要用于半再生固定床重整装置。（　　）

36. 重整催化剂活性的高低可以用芳烃转化率和汽油辛烷值来评价。（　　）

37. 重整催化剂的选择性是指促进生成芳烃或提高汽油辛烷值的各种化学反应能力的大小。（　　）

38. 在装填催化剂时，要防止空气从下而上穿过催化剂床层。（　　）

39. 催化重整开工前，重整临氢系统没必要干燥。（　　）

40. 在重整装置运转中不必控制催化剂的水氯平衡。（　　）

41. 为了抑制重整催化剂表面积炭，重整催化剂在临氢条件下操作。（　　）

42. 加氢精制的目的是除去油品中硫、氮、氧及金属等杂质，有时也饱和烯烃和芳烃，以改善油品的使用性能，减少有害物质对环境的污染，或避免下游加工催化剂中毒失活。（　　）

43. 加氢催化剂的活性组分不同的非贵金属组分和贵金属组分的搭配，取决于原料性质和要求达到的主要目的。（　　）

44. 加氢催化剂常用的助剂有 P_2O_5、SiO_2、B_2O_3、TiO_2 等。（　　）

45. 加氢精制催化剂选择的依据是原料性质和产品质量要求。（　　）

46. 加氢精制催化剂的活性常用一定工艺条件下的杂质脱除率表示。（　　）

47. 加氢催化剂的稳定性常用达到精制要求时单位时间所需温升表示。(　　)

48. 在实际生产中，催化剂寿命以单位时间内每千克催化剂处理的原料数量表示。(　　)

49. 轻质油加氢精制催化剂的主要作用是重整原料预加氢，目的是除去重整原料中的硫、氮、砷、汞、铅和铜等杂质，以满足重整催化剂对原料杂质的要求。(　　)

50. 加氢裂化催化剂是由加氢组分和裂化组分组成的典型双功能催化剂。(　　)

51. 醚化催化剂用于甲醇和异丁烯反应合成甲基叔丁基醚。(　　)

52. 烷基化油的主要成分是异辛烷，是航空汽油和车用汽油的理想调和组分。(　　)

53. 烷基化过程所使用的催化剂有液体酸和固体酸。(　　)

54. 叠合反应过程中使用广泛的催化剂是固体磷酸催化剂。(　　)

55. 异构化过程可以用于生产高辛烷值汽油组分。(　　)

二、选择题

1. 最初使用的裂化催化剂是(　　)。

A. 硅酸铝　　B. 高岭土

C. 全合成分子筛催化剂　　D. 半合成分子筛催化剂

2. 对裂化催化剂，比较理想的表面结构是(　　)。

A. 小孔低比表面积结构　　B. 小孔高比表面积结构

C. 大孔低比表面积结构　　D. 大孔高比表面积结构

3. 所谓氢转移反应是环烷烃或环烷-芳烃放出氢使(　　)饱和而自身逐渐变成稠环芳烃。

A. 炔烃　　B. 二烯烃　　C. 芳烃　　D. 烯烃

4. (　　)是造成催化裂化汽油饱和度高、烯烃少的主要原因。

A. 异构化反应　　B. 氢转移反应　　C. 芳构化反应　　D. 裂化反应

5. 在催化裂化时，多环芳烃主要发生(　　)变成稠环芳烃，最后成为焦炭，同时放出氢使烯烃饱和。

A. 裂解反应　　B. 异构化反应　　C. 叠合反应　　D. 缩合反应

6. 在流化床中，为了减少磨损，尽可能使用(　　)并具有一定粒度分布的催化剂，以便达到良好的流化状态。

A. 叶片形　　B. 条形　　C. 微球形　　D. 环形

7. 分子筛催化剂的活性组分是(　　)。

A. 分子筛　　B. 硅酸铝　　C. 氧化铝　　D. 天然白土

8. 在非烃类化合物中，加氢反应最困难的是(　　)。

A. 含硫化合物　　B. 含氮化合物　　C. 含氧化合物　　D. 重金属

9. 以下用于半再生固定床反应器中的催化剂是(　　)。

A. 铂锡催化剂　　B. 铂铱催化剂　　C. 铂铼催化剂　　D. 铂催化剂

10. 用于重整催化剂的载体是(　　)。

A. 白土　　B. γ-Al_2O_3　　C. α-Al_2O_3　　D. β-Al_2O_3

11. 催化剂再生烧焦是从(　　)开始。

A. 低温、高氧　　B. 高温、高氧　　C. 低温、低氧　　D. 高温、低氧

12. 加氢处理催化剂中的活性金属组分一般为(　　)的金属。

A. VA 族和Ⅷ族　B. VA 族和Ⅶ族　C. ⅥA 族和Ⅶ族　D. ⅥB 族和Ⅷ族

13. 催化加氢过程辅助催化剂主要包括(　　)。

A. 加氢保护剂和 Al_2O_3载体　B. 活性支撑剂和 Al_2O_3载体

C. 加氢保护剂　D. 加氢保护剂和活性支撑剂

14. 关于加氢裂化双功能催化剂的载体与金属组分的作用，下述说法不对的是(　　)。

A. 载体主要提供酸性功能

B. 金属组分是加氢活性的主要来源

C. 含非贵属组分的催化剂多以硫化态使用

D. 含贵属组分的催化剂既可以硫化态使用，也可以金属状态使用

15. 关于加氢处理催化剂的载体及其作用，下列叙述不正确的是(　　)。

A. 提供适宜反应与扩散所需的孔结构

B. 担载分散金属均匀的有效表面积和一定的酸性

C. 可以改善催化剂的热稳定性

D. 加氢处理催化剂载体目前使用最广泛的是沸石分子筛

16. 重整催化剂中氯的作用是促进(　　)作用。

A. 环化　B. 异构化　C. 脱氧

17. 重整催化剂再生时是用(　　)来作载体。

A. 蒸汽　B. 氮气　C. 氢气

18. 可以提高加氢催化剂反应活性，降低反应苛刻度的操作是(　　)。

A. 注急冷氢　B. 提高反应温度　C. 提高循环氢量　D. 预硫化

19. 加氢催化剂在使用条件下，要求其金属组分以(　　)形式存在。

A. 氧化态　B. 还原态　C. 硫化态　D. 酸性态

20. 加氢装置催化剂预硫化时，在高分脱出的水主要是(　　)。

A. 硫化反应生成水　B. 空冷前注入水

C. 原料带水　D. 渗透水

21. 下列选项中，关于催化剂水热稳定性，阐述完整的是(　　)。

A. 指催化剂耐高温和水蒸气老化联合作用的能力

B. 指催化剂耐水蒸气老化作用的能力

C. 指催化剂耐高温老化作用的能力

D. 指在使用条件下保持其活性的能力

22. 催化裂化催化剂的活性主要来源是催化剂中的(　　)。

A. Al_2O_3　B. Na_2O　C. CuO　D. Fe_2O_3

23. 下列选项中，关于催化裂化新鲜催化剂的化学组成，叙述不正确的是(　　)。

A. 催化剂中少量结构水的存在，对于形成质子酸活性中心很重要

B. 催化剂中的 Na_2O 是催化剂必要组成，含量高低对催化剂性质影响不大

C. 催化剂中的 Fe_2O_3在高温下分解并沉积在催化剂上，累积到一定程度会引起催化剂中毒

D. 催化剂中的 SO_4^{2-}危害较大，应尽量降低这种杂质的含量

24. 催化裂化催化剂活性太高，会导致柴油产率(　　)。

A. 上升　　B. 不变　　C. 下降　　D. 无法确定

25. 催化裂化催化剂活性太高，会导致焦炭产率(　　)。

A. 上升　　B. 不变　　C. 下降　　D. 无法确定

26. 催化剂活性太高，会导致气体产率(　　)。

A. 上升　　B. 不变　　C. 下降　　D. 无法确定

27. 催化裂化催化剂重金属污染的明显特性是(　　)。

A. 焦炭产率增大　　B. 液体产品产率下降

C. 氢气产率增加　　D. 气体中 C_3、C_4产率降低

三、简答题

1. 什么是催化裂化？对催化裂化催化剂的性能要求是什么？
2. 分子筛的化学组成是什么？常见的分子筛有哪些？
3. 分子筛催化剂中基质的主要作用是什么？
4. 催化裂化催化剂的抗磨损强度的评价指标是什么？
5. 为了保证催化剂良好的流化状态，对筛分组成的要求是什么？
6. 影响催化剂性能的重金属有哪些？重金属催化剂的污染程度用什么来表示？
7. 催化裂化催化剂失活的主要原因有哪些？
8. 催化裂化催化剂助剂有哪些？
9. 什么是催化重整？重整催化剂上主要发生哪些化学反应？
10. 重整催化剂的双功能指的是什么？
11. 在固定床半再生重整装置上常用的催化剂是什么？在移动床连续再生重整装置上的常用催化剂是什么？
12. 对于不同的催化重整装置，稳定性的要求有什么不同？
13. 简述重整催化剂失活的原因及再生过程。
14. 为什么要对重整催化剂进行还原和预硫化？
15. 什么是水氯平衡？为何要保持重整催化剂上的水氯平衡？
16. 加氢处理过程中发生的主要化学反应有哪些？
17. 烃类加氢反应主要涉及哪两类反应？选择加氢精制催化剂应首先考虑哪些因素？
18. 加氢裂化催化剂裂化组分的作用是什么？在加氢裂化催化剂制造过程中使用哪些载体？
19. 催化剂的装填方法有哪些？
20. 催化剂预硫化前为什么要进行催化剂干燥脱水？干燥过程的介质为什么用氮气而不用氢气？
21. 为什么催化剂要进行预硫化？在硫化氢未穿透之前，床层温度为什么不能高于 230℃？
22. 催化剂注氨钝化的目的何在？对催化剂性能有何影响？

第四章　石油化工催化剂

20 世纪 50 年代以来，由于中东石油资源的开发，石油化学工业迅猛发展。石油化工催化剂为石油化学工业进入大发展时期进行了技术准备，石油化学工业和高分子材料工业的兴起都是由于催化剂和相应工艺的出现。

石油化工生产是以石油炼制过程产生的各种石油馏分和炼厂气，以及油田气、天然气等为原料，生产基本有机化工原料(如乙烯、丙烯、丁二烯、苯、甲苯、二甲苯和甲醇)、塑料、合成纤维、合成橡胶、合成洗涤剂、溶剂、涂料、农药、燃料、医药等与国计民生密切相关的重要产品。

“三烯三苯加甲醇”的进一步加工，几乎所有过程均要采用至少一种催化剂。在当今生产工艺日趋成熟的情况下，石油化工生产过程中催化剂技术的进展强烈地影响着生产效益。从某种意义上讲，石油化工催化技术的进步或多或少依赖于催化剂技术的进步。

石油化工生产用催化剂主要有乙烯及其衍生物生产用催化剂、丙烯及其衍生物生产用催化剂、碳四馏分及其衍生物生产用催化剂、轻芳烃及其初级衍生物生产用催化剂和甲醇及其初级衍生物生产用催化剂。如选择性加氢除炔催化剂、环氧乙烷催化剂和醋酸乙烯催化剂、丙烯腈催化剂、马来酸酐催化剂、甲苯歧化催化剂和烷基转移催化剂等。

第一节　乙烯及其衍生物生产用催化剂

一、碳二馏分选择性加氢除炔

烃类原料裂解制乙烯是石油化工生产中最重要的过程。在早期的裂解工艺中，主要以乙烷为原料。随着对石化产品需求的不断增加，原料规格发生了较大变化，如采用石脑油、柴油、重油等作为裂解原料，伴随的结果是乙烯的选择性随原料组分变重而下降。为了提高乙烯的选择性，常采用高温短停留时间的运转模式，高温裂解最大的问题就是二烯烃和炔属化合物含量随温度上升而增加。少量乙炔、丙炔和丙二烯的存在严重地影响乙烯、丙烯的质量。乙炔的存在还将影响合成催化剂寿命，恶化乙烯聚合物性能，若积累过多还具有爆炸的危险。丙炔和丙二烯的存在，将影响丙烯聚合反应的顺利进行。所以，将炔类化合物从烯烃中除去就成了石化生产必须解决的问题。

工业脱炔的主要方法是选择性催化加氢和溶剂吸收法。催化加氢法是将裂解气中的乙炔加氢成为乙烯；溶剂法是采用特定的溶剂选择性将裂解气中少量乙炔或丙炔和丙二烯吸收到溶剂中，达到净化的目的，同时也相应回收一定量的乙炔。两种方法各有优缺点。一般在不需要回收乙炔时，都采用催化加氢法脱除乙炔；丙炔和丙二烯的脱除方法主要是催化加氢法。

选择性加氢是提纯裂解烯烃最重要的方法之一，相对其他工艺，其工艺较简单，投资较少，操作费用较低，效果好。选择加氢除炔烃是在催化剂存在下，选择适当的压力及反应温度进行的。在乙烯生产过程中，加氢除炔烃又可分为前加氢和后加氢两种。前加氢是在气体分离之前将裂解气脱除二氧化碳、硫化氢等酸性气体后进行加氢。这时加氢反应器入口的气体中除含乙烯、丙烯外，还含有甲烷、乙烷、丙烷以及大量过剩氢气，可见加氢用氢气由裂解气中带入，不需外加，因此，前加氢又叫自给加氢。后加氢是将裂解气中的氢、甲烷等轻质馏分分离后，对 C_2馏分、C_3馏分分别进行加氢。这时，烯烃浓度已达 80%~90%，所需氢气由外部供给。

前加氢与后加氢各有其优缺点，目前更多厂家采用后加氢方案。

（一）加氢除炔烃的主要化学反应

主反应：

$$C_2H_2+H_2 \xrightarrow{k_1} C_2H_4$$

副反应：

$$C_2H_2+2H_2 \xrightarrow{k_2} C_2H_6$$

$$C_2H_4+H_2 \xrightarrow{k_1} C_2H_6$$

$$mC_2H_2+nC_6H_{12} \longrightarrow \text{低聚物}$$

除上述副反应外，乙炔和乙烯在较高温度下还会发生裂解反应生成碳和氢气。

（二）加氢除炔烃催化剂主要组成

1. 金属组分

炔烃加氢时既需要很高的加氢速度，又具有很高的选择性；既要求很快脱除炔烃，使乙炔含量降至≤10μg/g，又要避免乙烯发生加氢而生成无用的乙烷，同时还要避免乙炔发生聚合副反应。

加氢反应催化剂常是过渡金属元素及其化合物，其中以周期表中的Ⅷ族、ⅠB 族的 Cu、ⅦB 族的 Re 及ⅥB 族的 Mo、W 等最为常用。

一些金属的选择性炔烃加氢顺序为：

$$Os、Ir、Pt<Rh、Ru<Fe、Co、Ni<Pd$$

其次序基本上和反应产物烯烃从表面上脱离的难易程度相同。而炔烃在各类金属上的聚合活性为：

$$Cu>Ni、Co、Fe>Rh、Pd>Pt、Ir$$

综合以上因素，除炔加氢催化剂的活性组分，最优先考虑的是 Pd，其次是 Ni。Pd 催化剂的另一特点是随着反应进行，乙炔浓度很低时，炔烃加氢选择性也不会随转化率的增加而变低。

如 C_2馏分气相加氢除乙炔催化剂的 Pd 含量一般为 0.01%~0.1%（质），最适宜的钯含量是 0.01%~0.05%（质）。随着钯含量的增加，活性增大，但选择性降低，加速周期寿命变化不大。钯含量为 0.035%的催化剂已有足够的加氢活性和良好的选择性。已用于工业生产使用的 ICI-38-1 催化剂的钯含量为 0.04%，其物理性质见表 4-1。

表 4-1 ICI-38-1 催化剂的物理性质

项　目	数　值	项　目	数　值
钯含量/%	0.04	比孔容积/（3mL/g）	0.304
比表面积/（m^2/g）	18	平均孔径/nm	16.9
真密度/（g/mL）	1.53	堆积密度/（g/mL）	1.05

注：催化剂载体为 α-Al_2O_3。

2. 催化剂载体

工业应用的乙炔选择性加氢催化剂大多是以 $\alpha\text{-}Al_2O_3$ 为载体的钯催化剂。目前，C_2 选择性加氢催化剂载体使用的氧化铝有球形、条形、齿轮形及三叶形等形状。其中，球形氧化铝作为催化剂载体时，由于以点相互接触，堆砌均匀，减小了床层阻力，大大提高了传质和催化效果。因此，球形氧化铝在石油化工领域中的加氢精制、选择性加氢以及精细化工中的加氢反应等过程中应用非常广泛。

$\alpha\text{-}Al_2O_3$ 载体具有小表面积、大孔径、强度好、耐热性好等特点。球形载体无棱角，耐磨性好，在反应器中充填均匀、制备工艺也简单。石油裂化气选择加氢除炔催化剂的比表面积为 $50\sim80m^2/g$、平均孔径为 15~20nm 较适宜。

3. 助剂

由于 Pd 本身也具有弱酸性，亦可引发不饱和烃的齐聚反应，因此，需要助催化剂提高选择性，以降低绿油生成量。现常用的助催化剂有 Ag、Au、K 和 Li 等。这些助催化剂中，有些虽然能提高 Pd 催化剂的活性，却以牺牲选择性为代价；有些可能提高选择性或减少绿油生成量，却以降低活性为代价。目前工业应用比较广泛的是 Pd-Ag 催化剂和 Pd-Bi 催化剂。

（三）加氢除炔烃催化剂使用技术

1. 影响催化剂使用的主要因素

（1）反应温度

由于乙炔加氢反应是放热反应，所以反应温度对催化剂活性和选择性影响较大。加氢反应温度一般为 50~160℃。

（2）乙炔含量

馏分中一般含有 0.2%~2.0%的乙炔，加氢后尾气中乙炔含量要求低于 5×10^{-6}。乙炔浓度高，反应热量大，床层温度上升，因此需将部分产品循环，稀释入口气体。此外，乙炔浓度高，催化剂负荷增大，就需适当降低空速。

（3）氢分压

乙炔加氢的主、副反应是由于催化剂表面吸附氢和烃类而进行的，因此催化剂加氢活性和选择性与表面吸附 H_2 量有关。常温下，1 体积的 Pd 能溶解 700 倍体积以上的 H_2，而且随着氢分压的升高而增加。氢分压高，虽然催化剂活性高，但乙烯随加氢而损失；氢分压低，产生聚合物多，故一般采用氢炔比为 1.5~5。

（4）空速

空速加大，单位体积催化剂生产能力随之增加，但空速过大会缩短接触时间。要完全脱除乙炔就需相应提高温度，但不利于催化剂的选择性。所以，空速的选择取决于反应温度、乙炔浓度及催化剂活性。

（5）原料气中的杂质

原料气所含杂质如硫化物、CO、O_2 等也会影响加氢反应，硫化物应控制在 6×10^{-6} 以下，含量过高会引起催化剂中毒。CO 是乙炔选择加氢的重要缓和剂，其根据是 Pd 对乙炔的吸附性最强，CO 其次，而对乙烯的吸附最弱。当催化剂表面未被乙炔全覆盖时，CO 可优先吸附，而将乙烯排斥在活性位置以外，从而提高催化剂选择性。但催化剂吸附过量的 CO 时也会使催化剂中毒，这种中毒现象是暂时性的，只要停止通入含 CO 的气体，催化剂活性就会慢慢恢复，通常控制原料气中 CO 含量为 50×10^{-6}以下。氧的存在能促进乙炔聚合，因此须控制在 1×10^{-6}以下。

2. 催化剂的使用技术与操作

（1）催化剂的装填

生产乙烯装置中，常用两台反应器，一台运行，一台备用。两台均为固定床反应器，反应器底部和顶部装惰性瓷球，中间装催化剂。

（2）催化剂活化和再生

由于 H_2S、CO、CO_2等物质介入会导致催化剂中毒，应将该反应器从流程中切换下来进行活化处理，即 N_2气吹扫、120～150℃氢气恒温 12～16h，降温及 N_2置换至常温并保压备用。

同样，再生也要启用备用反应器，再生反应器用 N_2置换反应气体，同时进行预热，然后用空气–蒸汽使催化剂再生。

（3）催化剂的安全使用及保护

催化剂使用初期，活性较高，宜在较低温度下操作。操作中不宜大幅度提温，以避免副反应发生，同时对延长催化剂寿命有利。氢炔比不得频繁、随意增减，以防止加氢操作失控，特别要防止氢气过量引起床层"飞温"。同时乙烯厂因大量氢气直接进入反应器而发生爆炸事故亦值得警惕。

（四）加氢除炔烃催化剂展望

目前，C_2馏分选择性加氢催化剂的开发方向之一是蛋壳型催化剂，即将活性组分 Pd 分布在载体表面壳层，尽量减少深入到载体内部的 Pd，增加 Pd 的有效利用率。如卫国宾等以 Al_2O_3为载体，采用化学镀法制备了 Pd 负载型 C_2馏分选择性加氢催化剂，与浸渍法制备的催化剂相比，Pd 层更薄，Pd 的利用率提高，表现出更好的 C_2加氢反应活性和乙烯选择性。

C_2馏分选择性加氢催化剂的开发方向之二，是通过添加其他组分对 Pd 基催化剂进行改性，以达到提高乙烯选择性、减少绿油生成量和延长催化剂运行周期的目的。研究表明，这种改性催化剂在活性、选择性、稳定性等方面都显示出了较好的性能。

C_2馏分选择性加氢工艺需要不断研究开发乙烯选择性更高、处理能力更大（空速大）、绿油生成量更低的催化剂，以满足现有乙烯装置改扩建的需要。为降低催化剂成本，开发出高活性、高乙烯选择性、高空速、低绿油生成量、再生性能更好的非贵金属催化剂具有现实意义。

二、环氧乙烷催化剂

环氧乙烷（简称 EO）又称氧化乙烯，常温下为无色有醚味的气体，低温时为无色易流动液体，能与水以及许多有机溶剂以任意比例互溶，沸点 10.5℃，熔点－111.3℃，自燃点 429℃。环氧乙烷易燃、易爆、有毒，与空气能形成爆炸性混合物，爆炸极限为 3%～80%（体）。

环氧乙烷是重要的石油化工产品，在乙烯系列产品中其产量一般仅次于聚乙烯和苯乙烯而居第三位。主要用于生产乙二醇，占全球环氧乙烷总消费量的 60%，也是生产聚酯纤维和薄膜的原料。环氧乙烷还有许多重要衍生物，这些衍生物对许多工业，特别对轻纺工业来说是极为重要的产品和加工助剂，也是进一步合成其他产品的中间体。由于环氧乙烷用途广泛，1960 年以来，环氧乙烷的市场需要量逐年增长。

环氧乙烷的生产方法有氯醇法和氧化法。氯醇法是生产环氧乙烷的最早期方法，首先氯与水反应生成次氯酸，接着乙烯与次氯酸反应生成氯乙醇，最后氯乙烷与弱碱反应生成环氧乙烷。由于此法存在着许多问题，第一消耗大量碱和氯，第二排水污染严重，第三设备腐蚀严重等，所以此方法现已不在工业上应用。下面重点介绍乙烯直接氧化法，该方法是在银催化剂作用下，经气相高温直接将乙烯氧化生成环氧乙烷。

(一) 主要化学反应

主反应：

$$CH_2—CH_2+\frac{1}{2}O_2(\text{空气})\xrightarrow[220\sim280℃]{Ag}\underset{\diagdown\ O\ \diagup}{CH_2——CH_2}\ +106.8kJ/mol$$

副反应：

$$CH_2=CH_2+3O_2\longrightarrow 2CO_2+2H_2O+1421.8kJ/mol$$

$$\underset{\diagdown\ O\ \diagup}{CH_2——CH_2}\ +2.5O_2\longrightarrow 2CO_2+2H_2O+1314.7kJ/mol$$

$$CH_2=CH_2+0.5O_2\longrightarrow CH_3CHO$$

$$CH_2=CH_2+O_2\longrightarrow 2HCHO$$

从以上反应可以看出，完全氧化副反应的发生，不仅使生成环氧乙烷的选择性下降，且完全氧化副反应的反应热是主反应的十倍以上。当催化剂选择性下降后，移热速率不相应加快，反应温度就会迅速提高，甚至发生“飞温”。所以在工业装置生产中，关键在于提高催化剂的选择性，抑制完全氧化副反应的发生。

(二) 反应机理

P. A. Kilty 等根据氧在银催化剂表面吸附、乙烯和吸附氧的作用以及选择性氧化反应，提出了氧在银催化剂表面上存在两种化学吸附态，即原子吸附态和分子吸附态。

$$O_2+4Ag(\text{相邻})\longrightarrow 2O^{2-}(\text{吸附态})+4Ag^+$$

$$6Ag^++6O^{2-}(\text{吸附态})+4C_2H_4\longrightarrow 2CO_2+6Ag+2H_2O$$

在较高温度下，在不相邻的银原子上也可产生氧解离形成的原子态吸附，但这种吸附需较高的活化能，因此不易形成。

$$O_2+4Ag(\text{不相邻})\longrightarrow 2O^{2-}(\text{吸附态})+4Ag^+$$

在没有四个相邻的银原子簇吸附位时，可发生氧的分子态吸附。

$$O_2+Ag\longrightarrow Ag-O^{2-}(\text{吸附态})$$

$$C_2H_4+4Ag—O^{2-}(\text{吸附态})\longrightarrow C_2H_4O+Ag—O^-(\text{吸附态})$$

$$C_2H_4+6Ag—O^{2-}(\text{吸附态})\longrightarrow 2CO_2+6Ag+2H_2O$$

总反应式：

$$7C_2H_4+6Ag—O^{2-}(\text{吸附态})\longrightarrow 6C_2H_4O+2CO_2+6Ag+2H_2O$$

(三) 环氧乙烷催化剂的基本组成

环氧乙烷催化剂包含四个基本组成部分：金属银活性组分；载体；对增加活性、选择性、延长寿命有促进作用的助催化剂；抑制完全氧化而又不明显降低环氧乙烷生成速度的抑制剂。

1. 活性组分

大多数金属和金属氧化物催化剂，对乙烯环氧化反应的选择性均很差，氧化结果主要生成二氧化碳和水。只有金属“银”例外，银是乙烯氧化的极好催化剂，所有实用环氧乙烷催化剂都以银为基础，其含量在9%~15%。研究表明，当银含量大于24.4%时，随着银含量的提高，其颗粒度也增加；当银粒为0.1μm时，该催化剂的稳定性和选择性最好。目前工业用催化剂的平均银粒在0.05~1μm之间。

2. 催化剂载体

针对乙烯氧化反应放热量大、反应存在平行副反应和连串副反应的竞争等特点，一般采用低比表面积、大孔径、无孔隙或粗孔隙型、传热性能良好、热稳定性高的α-Al_2O_3或含少量的SiO_2和α-Al_2O_3的惰性物质为载体。国际商品银催化剂一般都用纯Al_2O_3为载体。

目前工业用银催化剂的载体比表面积一般在0.3~2.0m^2/g之间，形状大多为拉西环，也有马鞍形和七孔圆柱形等。形状不同，催化剂的选择性也不同。

除了使用氧化铝作载体外，还可使用碳化硅和氧化硅作载体，但都不如氧化铝使用普遍。

3. 助催化剂

在反应过程中，银催化剂易发生熔结和烧结现象，致使其活性迅速下降，寿命很短。助催化剂的加入可对银粒起分散作用并防止烧结，有利于提高催化剂的稳定性和活性，延长催化剂的使用寿命。另外，还能加速环氧化速率，降低反应温度。通常将碱金属Ca、K、Na、Li和Ba、Ti、Sn、Sb及稀土金属作为助催化剂，Ba是应用最普遍的助催化剂之一。

生产实践证明，助催化剂含量应适宜，用量过多，催化剂的活性反而下降。碱金属助催化剂的添加量一般为2%(质)左右，且两种或两种以上碱金属、碱土金属的添加效果优于单一碱金属的添加效果。

4. 抑制剂

在乙烯环氧化反应过程中，常伴随着乙烯原料和产物环氧乙烷的完全氧化。工业上通常采用在银催化剂中加入抑制剂，如非金属氯、溴、硫和铁等的化合物，能强烈抑制二氧化碳和水的生成，避免深度氧化。虽然抑制剂的加入使催化剂活性有所降低，但选择性有很大提高。在原料气中添加抑制剂物质也能起到同样的效果和作用。以往工艺均采用二氯乙烷作为抑制剂，目前大多改为一氯乙烷，与二氯乙烷相比，一氯乙烷具有加入量大、易于控制、毒性较小、在系统内形成氯化物杂质较少等优点，对设备尤其是不锈钢的长期使用有利，而且添加工艺更为简单，不需泵或载气加以运输。

(四) 环氧乙烷催化剂的使用技术与操作

1. 催化剂的装填与卸出

在催化剂装填前，需对反应器进行清理和泄漏检查。对反应器进行打砂合格后方可进行催化剂的装填。

催化剂的装填既可以保证催化剂床层气流分布均匀，也可以降低床层阻力，有效发挥催化剂的效能。

(1) 装弹簧

用Shell公司设计的专用工具从列管下面装入弹簧，要求弹簧的下端距反应管下管口的距离为250mm。

(2) 催化剂装填

利用 Shell 公司专利商提供的振动筛设备装填催化剂。这种方法有利于除去催化剂表面上残留的粉尘及可能有的杂物。此外,每根装填催化剂管子的压差比较均匀,减少压差的调整时间。

(3) 测空高、吹扫

空高指催化剂上端与反应器上管板的垂直距离。每根列管装填好催化剂后都要求测空高,以判断列管中催化剂有无架桥现象。

上述工作完成后,用专用测量仪器测量压差和热电偶管催化剂的装填及调整,如果测量压差超出误差范围之外,则对催化剂卸出后重新装填。热电偶管的催化剂用手工装填。最后在催化剂的上层加惰性瓷球至上管板处。

催化剂卸出:卸弹簧,采用经严格脱脂处理的专用工具卸弹簧。

卸催化剂前,在反应器下部搭个平台,用不锈钢丝从反应管下部向上把卸下的催化剂收集在平台上。

2. 催化剂再生

随时间的增加,由于银晶粒逐渐长大及原料杂质对催化剂中毒作用等因素,银催化剂活性和选择性逐渐下降,下降到一定程度则需要再生。

催化剂再生主要有两种方法:第一种是用碱金属助催化剂溶液浸渍充满催化剂的反应器,补充催化剂流失的碱金属;第二种是在反应器前加一个内含碱金属助催化剂床层,在反应过程中,由反应气把挥发的碱金属均匀、逐步地补充给催化剂。根据专利报道,这两种方法均能对使用了 4~8 年的旧催化剂起到较明显的再生作用。EO 选择性可提到 5%~8%,但再生后催化剂的稳定性均未提及,工业上应用的实例也未见报道。

德国 BASF 公司把使用 4 年的催化剂用含铯盐的甲醇溶液、含肼的甲醇溶液和胺络合剂组成的溶液浸渍再生,其结果见表 4-2。

表 4-2 BASF 公司催化剂再生结果

样品	Cs 含量/%(质)	再生添加剂浓度/%(质)		氧的转化率 50%	
		还原剂	络合物	温度/℃	选择性/%
新鲜催化剂	0.0145	—	—	218	81.5
催化剂使用后 4 年	0.0140	—	—	247	76.7
再生催化剂	0.0215		2-甲基丁烷 4.0	249	77.2
再生催化剂	0.0215	肼 1.0	—	248	77.8
再生催化剂	0.0215	肼 1.0	2-氨基丁烷 4.0	247	79.8

从表 4-2 可以看出,一般可使催化剂的选择性比再生前提高 1%~2%。

3. 催化剂的安全使用与保护

乙烯和氧直接氧化制环氧乙烷过程中,原料乙烯和氧可形成爆炸性混合物,其中含反应生成物环氧乙烷时,危险性增大。工业上采用的致稳气氮或甲烷对原料气组成可起到稀释作用,使循环气组成保持在爆炸范围之外,但爆炸范围可随循环气压力、反应温度而变化,特别是催化剂使用到后期,银粉剥落,反应温度上升,操作控制条件有利于循环反应气组成与爆炸范围靠近,催化剂的安全性更为突出。

在整个催化剂的操作过程中，各环氧乙烷制造商根据长期的生产实践经验，针对催化剂的安全生产和保护制定了一系列措施，其关键是强化对催化剂的管理。其中包括低温开车法、反应器优化操作、原料气中杂质的控制、防止催化剂中进入污染物或中毒物、减少非计划停车等。

（五）环氧乙烷催化剂展望

目前，国内银催化剂市场出现两种趋势：一是国内新建环氧乙烷生产装置和产能急剧增加，银催化剂使用量大幅度增长；二是新建环氧乙烷装置大部分采用高选择性银催化剂。为降低生产成本，大部分原采用高活性催化剂的环氧乙烷装置通过 CO_2 脱除系统改造，改用中等或高选择性催化剂。传统的高活性银催化剂市场进一步萎缩并最终退出市场。所以，加快中等或高选择性银催化剂的研制、提高银催化剂的产能成为急待解决的问题。

银催化剂改进的方向主要集中在以下三方面：

① 对载体进行改进。通过对 $\alpha-Al_2O_3$ 载体进行修饰，银催化剂的活性、选择性和稳定性都可以得到改进；为了进一步降低反应管压力损失，载体的形状也由球形发展为瓷环形、矩鞍形、拉西环形或多孔柱形；载体的组成也开始由传统的 $\alpha-Al_2O_3$ 向 $\alpha-Al_2O_3$ 复合载体转变，造孔剂也由活性炭、石油焦等转向有机聚合物。

② 对助剂的改进。继续研究不同的助剂（包括阴离子和阳离子）对催化剂性能的影响，进一步抑制副反应的发生，提高催化剂的选择性和稳定性。

③ 改进催化剂的制备技术，实现催化剂生产的连续化、规模化、自动化和绿色化。如以粉体连续混合及捏合取代间歇式粉体混合及捏合，实现粉体掺混与捏合的一体化；以封闭式连续浸渍、活化取代间歇式浸渍、活化，提高银的利用率，降低银的损耗；以新的活化尾气处理技术取代传统尾气处理技术，实现尾气排放绿色化；以连续焙烧取代间歇焙烧，实现载体焙烧的连续化等。

④ 改进反应工艺。近年来，银催化剂的性能不断提高，但装置的改进总是落后于催化剂改进的速度，工艺的改进也落后于催化剂改进的速度，在开发高性能催化剂的同时，应该研究与之配套的工艺参数，使催化剂的性能得到充分释放，要为装置提供与催化剂性能相配套的开车方案和运行方案，使催化剂能够在高水平状态运行更长的时间。如果沿用传统的开车方案、运行方案，一是催化剂的优良性能得不到释放，二是会产生意想不到的问题，如飞温、催化剂寿命缩短等。

三、醋酸乙烯催化剂

醋酸乙烯又称醋酸乙烯酯（EVA），其化学名为乙酸乙烯酯，是一种无色透明的可燃性液体，具有醚的特殊气味，沸点 72.5℃，不溶于脂肪烃，微溶于水，易与醇、醚、乙醛、乙酸等互溶。在空气中的爆炸极限为 2.65%~38%（体），可与水、甲醇、异丙醇、环己烷等形成共沸物。醋酸乙烯是饱和酸和不饱和醇的简单酯，其化学结构的特点是含有不饱和双键，因而具有加成反应和聚合反应的能力。

醋酸乙烯酯是重要的石油化工中间产品，主要用途是制造醋酸乙烯聚合物和共聚物，用于油漆、胶黏剂、纺织业及造纸业等。聚醋酸乙烯酯水解制成的聚乙烯醇除大量用作纺织品上浆料和黏合剂外，还用来生产维尼纶纤维。

目前世界上生产醋酸乙烯的方法主要是乙炔法和乙烯法。

（一）醋酸乙烯的生产方法

1. 乙炔法

20世纪60年代以前，工业上采用乙炔与乙酸为原料，醋酸锌作催化剂，170~250℃下反应生产醋酸乙烯。

$$CH\equiv CH+CH_3COOH\longrightarrow CH_3COOCH=CH_2$$

此法具有操作方便、收率高等优点，但由于乙炔原料容易爆炸，而且成本较高，限制了该法的发展。

2. 乙烯法

（1）液相法

以乙烯、乙酸和氧气为原料，氯化钯与氯化铜复合物为催化剂，并加入碱金属盐或碱土金属盐如乙酸钠、乙酸锂、乙酸钙等为促进剂，加热加压，在液相中反应生成醋酸乙烯。

该法生成的副产物多，分离困难。而且采用氯化钯催化剂，原料中还有乙酸，对设备和管道的腐蚀相当严重，需要使用大量的金属钛等耐腐蚀材料。

（2）气相法

原料是乙烯、乙酸和氧气，催化剂Pd-Au、Pd-Pt，载体主要为SiO_2和Al_2O_3。乙烯气相法的产品质量高、副反应少、成本低，对设备和管道的腐蚀性小，目前已成为生产醋酸乙烯最经济合理的先进工艺。

（二）乙烯气相氧化制醋酸乙烯催化剂

1. 化学反应

主反应：

$$CH_2=CH_2+CH_3COOH+\frac{1}{2}O_2\longrightarrow CH_3COOCH=CH_2+H_2O$$

副反应：最主要的副反应是乙烯深度氧化。

$$CH_2=CH_2+3O_2\longrightarrow 2CO_2+2H_2O$$

此外，反应还生成微量的乙醛、醋酸乙酯、醋酸甲酯及高聚物等。

2. 工艺流程

乙烯气相氧化法包括固定床和流化床两种工艺。

（1）固定床工艺

使用蛋壳型催化剂，即活性组分主要集中于载体的外壳。制备步骤包括：用Pd和Au溶液浸渍载体，用碱沉淀Pd和Au，用还原剂还原Pd和Au，水洗、干燥，最后用碱金属溶液浸渍、干燥。该工艺乙烯单程转化率为8%~10%，醋酸单程转化率为8%~20%。

（2）流化床工艺

使用蛋白型催化剂，即活性组分主要集中于外壳和内层之间。操作过程如下：将乙烯、醋酸（气相）加入到流化床反应器中、氧气通过另外的管道进入反应器，乙烯/醋酸和氧气在反应器内混合，同时在催化剂作用下生成醋酸乙烯。该工艺克服了固定床中催化剂累积失活、受热不均、氧含量限制等缺点。

3. 乙烯气相氧化制醋酸乙烯催化剂的主要组成

① 钯。钯的含量及其在载体表面的分散度对催化剂活性有很大影响。一般来说，催化剂活性随钯含量的增加而提高，但考虑到钯是贵金属和资源缺少，权衡催化剂成本以及考虑

高活性下的反应热除去问题，需将钯含量控制在一定范围之内，通常为0.5%左右。

载体表面钯的分散度对活性影响与通常的规律相反，高分散度钯的活性很低。当钯分散度减小时，其活性迅速增加，经过最大值而后减少。这是由于载体表面有醋酸和水的吸附层存在，分散度过高的钯被醋酸和水的吸附层覆盖而不易与气态反应物乙烯和氧接触，使其活性下降。

② 金。只含金的催化剂没有活性，而不含金的钯催化剂活性也不高。金的作用是防止钯的氧化物凝聚，使金属钯在载体上有良好的分布状态。当钯含量在一定范围时内，催化剂活性随金含量的增加而提高，一般此催化剂中金含量为0.25%(质)左右。

一般来说，Pd、Au大部分是载于多孔载体的近外表面部分，外表面负载的Pd、Au比深入内部的Pd、Au多得多时，催化剂活性高，反应气体与催化剂活性组分的接触面积大。

③ 助催化剂。钾和其他金属盐类是促进乙烯气相氧化制醋酸乙烯的助催化剂。催化剂不含这类助催化剂时活性很低。其中碱金属醋酸盐比其他金属醋酸盐活性更高。一般情况下，增加醋酸钾(或钠)的含量有利于提高催化剂活性，而且醋酸钾含量对活性增大的影响还与钯含量有关，钯含量较低时，其促进作用相应较小。

醋酸钠在反应时较醋酸钾更易流失而影响催化剂寿命。醋酸钾的作用是：在反应中，钾以缔合方式离解醋酸，促进从吸附醋酸上脱氢并减弱醋酸钯中的Pd—O键。所以，钾盐的引入更有利于醋酸乙烯的生成，抑制深度氧化，提高反应选择性。其含量为2.3%~5.0%(质)。

④ 催化剂载体。硅胶、氧化铝、硅酸铝、活性炭、尖晶石及离子交换树脂等都可用作催化剂载体，但工业化催化剂主要采用硅胶及氧化铝。据报道，醋酸和水均能与载体(硅胶或氧化铝)发生反应，而且醋酸比水更易和载体反应，氧或乙烯和载体之间则不发生反应。另外，硅胶的耐酸稳定性较氧化铝更好，所以使用Al_2O_3作载体一般经过特殊处理，因普通Al_2O_3不耐醋酸腐蚀。由于载体起着分散钯和改变醋酸和水吸附性的作用，所以载体的孔结构对催化剂活性有一定影响。

（三）乙烯气相氧化制醋酸乙烯催化剂的使用技术与操作指南

1. 催化剂的装填与卸出

在装填催化剂前，要确认反应器内清洁无异物，内壁干燥无垢；反应器下部格栅、金属网平整无破损，格栅围边与管板紧贴。

装填催化剂时，将反应器上花板分成若干个小区域，铺上塑料布或棉布。为了防护格栅金属网的不平衡，每根反应管底部先装填5cm高的氧化铝球；再用专用的催化剂装填工具将催化剂加入整个反应管，每包装填一根反应管，如果发现一包催化剂不能在一根反应管内装完，则应抽出重新装填；装填完毕后，用专用测量棒测定所有装填高度并做好记录，对超出规定装填高度的反应管，用真空泵抽出重新装填。

催化剂卸出前，首先反应器夹套保温，保持反应器温度高于环境温度5~10℃，以防止反应器内壁上空气冷凝水析出沾湿催化剂，然后隔离反应器进出管，确认循环系统已泄压，打开反应器人孔，用干燥空气置换，并用作通风源；反应器内测氧合格，进行反应器内部检查，准备卸出催化剂。

催化剂卸出的具体步骤：先拆反应器上部格栅；反应器底部铺设镂空板，便于人站立及催化剂下落；拆反应器下部格栅和配套丝网；开启振动式催化剂取出设备，在输送机出口收集催化剂并装桶密封；在反应器上下用灯光源检查催化剂卸出情况，标记出未卸尽催化剂列管，对应下部，用钢丝进行疏通，反复检查、疏通，直至确实催化剂及惰性瓷球全部卸尽为止；反应器上下催化剂全部清理完毕后，反应器内上下及列管用纯水冲洗干净，晾干。

2. 催化剂的开工方法

开工分三个阶段进行。第一阶段为驯化期，用较缓和的起始条件和缓慢的升温速度，时间约 10 天，温度 140~146℃，氧浓度 3.8%~3.7%，助催化剂醋酸钾则在 120h 后加入；第二阶段，通过提温和提氧浓度逐步提高产量，此阶段温度 146~158℃，氧浓度 4.7%~5.0%；第三阶段正常运行，反应温度 163~167℃，氧浓度 5.0%~5.2%。

3. 催化剂再生

促使催化剂失活的原因很多，有醋酸钾流失、活性组分钯、金的流失及晶粒长大和氯等杂质的影响等。对因催化剂表面聚集物以及硫、氯、乙炔、一氧化碳等物质而导致的催化剂失活，常常可以再生，其步骤包括：

① 用含 1%~4%的盐酸及 0.05%~0.5%的除氧剂(含肼及甲基肼)洗涤、浸渍催化剂，以除去结构松散的金属、载体细粒及可溶性的金属杂质；

② 部分干燥洗涤过的催化剂，使其含水量降为饱和度的 65%~95%；

③ 用氯气和部分干燥过的催化剂发生作用；

④ 用湿空气处理氯化过的催化剂，以除去过量的氯；

⑤ 用碱性还原剂溶液甲醛、甲醇、碱金属氯化物将催化剂中的金属氯化物还原成金属；

⑥ 用碱金属化合物(醋酸钾、醋酸钠、磷酸钠、碳酸钠及其混合物)溶液洗涤还原过的催化剂，以除去残存的还原性溶液及可溶的氯化合物；

⑦ 干燥已洗涤、还原的金属催化剂。

对钯、金粒子发生凝聚、活性中心减少等因素造成的催化剂失活，则为永久性失活，难以再生。

对于醋酸钾的逐渐流失导致活性下降，在工厂实际运行中以补加醋酸钾的方式来弥补。

4. 催化剂的安全使用与保护

催化剂为颗粒状，忌碰撞、摩擦，以免浸渍上去的钯、金失活，影响催化剂质量。在装卸催化剂时，难免有粉尘存在，对人体会有一定影响，最好戴上口罩。成品催化剂宜防潮，防剧烈振动，并以密封包装为好。

在使用过程中，应尽可能避免多次开、停车。同时要严格控制原料气中氯、氨、硫、炔烃化合物含量，以防止催化剂中毒。醋酸钾的补加也应适量，因为过多醋酸钾吸附在催化剂表面，会覆盖催化剂钯的活性中心，使活性下降。

(四) 乙烯气相氧化制醋酸乙烯催化剂展望

乙烯气相法制备醋酸乙烯方面，目前关于催化剂的大部分专利采用球形载体，而采用异形载体较少。其主要原因是目前的球形催化剂制备工艺已相当成熟，而异形化载体受种类限制。从国外专利来看，柱状是醋酸乙烯催化剂异形化的首选形状；从国内同类反应器来看，柱状也最具有开发潜力。但是，异形化催化剂与工业应用尚存差距。如果载体尺寸过大，催化剂装填困难，催化剂床层架桥现象严重；而载体尺寸过小，催化剂床层压力降变大，对催化反应不利。异形醋酸乙烯催化剂具有相当大的开发空间，也是立足于现有装置大幅度提高醋酸乙烯产量的最可能途径之一。

针对高油价和资源短缺的现实，为了降低成本，提高产品的竞争力，在建或计划建造醋酸乙烯生产装置应向规模化方向发展。采用清洁友好的新工艺、新技术来提升醋酸乙烯技术应是主要发展方向。对于新建醋酸乙烯生产装置，应开发大型化、规模化、低能耗、少污染的技术。要开发多种原料路线及多种技术路线生产醋酸乙烯，应对未来资源如石油短缺的问题。另外，随着碳一化学的发展，当产品成本低于乙烯法时，由合成气出发联产醋酸、醋酸乙烯的羰基合成法将实现工业化，并有望成为今后醋酸乙烯新的技术路线。

第二节　丙烯及其衍生物生产用催化剂

丙烯主要来自炼厂气回收和石油烃类裂解制乙烯联产所得。近年来，由于裂解装置建设较快，丙烯产量相应提高较快，和世界市场一样，我国丙烯的发展速度也逐渐超过了乙烯。

丙烯主要用于制聚丙烯、丙烯腈、环氧丙烷、异丙酮和异丙苯等产品。此外，丙烯烃聚合或氧化后可作添加剂以改善汽油的辛烷值。

一、丙烯氧化生产丙烯酸催化剂

丙烯酸为不饱和脂肪酸。丙烯酸及其酯类主要用在合成树脂、合成纤维、合成橡胶、涂料、胶乳、黏合剂和造纸等工业部门。

丙烯酸的生产方法早期有氯乙醇法和丙烯腈水解法。由于这两种方法成本较高且有一定的毒性，目前已被丙烯氧化法所取代。

丙烯氧化生成丙烯酸有一步法和两步法之分。一步法具有反应装置简单、工艺流程短、只需一种催化剂的特点，因而投资少。但一步法的缺点是把两种不同反应放在一种催化剂上进行，强制一种催化剂去适应两个不同反应的要求，影响了催化剂作用的有效发挥，导致丙烯酸收率低；把两步反应变为一步反应，反应热增加，要降低反应热，只能降低原料丙烯的浓度，因而生产能力降低；催化剂寿命短，导致经济上不合理。所以目前主要采用两步法，第一步生产丙烯醛，第二步生产丙烯酸，这样有助于优化催化剂组成和采用条件，提高催化剂的选择性。

（一）丙烯酸的生产原理

第一步生产丙烯醛：

$$CH_2=CHCH_3+O_2 \longrightarrow H_2C=CHCHO+H_2O+340.8kJ/mol$$

第二步生产丙烯酸：

$$CH_2=CHCHO+0.5O_2 \longrightarrow H_2C=CHCOOH+254.2kJ/mol$$

由反应式可知，反应属强放热反应，及时有效地移除反应放出的热量是反应过程的突出问题。除主反应外，还有大量的副反应发生，其主要副产品有丙酮、CO_2、少量乙醛、醋酸等。因此，提高反应选择性和主产物的收率非常重要。要达到这一目的，必须在反应过程中使用高选择性的催化剂。

（二）生产丙烯酸催化剂

1. 生产丙烯醛催化剂

早期丙烯氧化制丙烯醛的催化剂采用氧化亚铜，其丙烯转化率仅为15%。目前丙烯氧化制丙烯醛所用催化剂大多为 Mo-Bi 体系，主要以钼酸盐的形式表现出催化活性，而组成催化剂的基本元素是 Mo、Bi、Fe、Co 等。作为助催化剂的元素很多，但各种催化剂均具以下三个共同点：

① Bi 原子含量低，一般 Mo 与 Bi 原子比为(12：1)~(12：2)；

② 在大多数催化剂中添加 Fe、Ni、W、Sn、Sb、Sr、Mn、Si、P 等元素可提高催化剂活性；

③ 在催化剂中添加少量碱金属及 Te 等元素，可提高丙烯醛的选择性。

2. 烯醛氧化制丙烯酸催化剂

早期催化剂基本以 Co-Mo 氧化物为主，目前均为 Mo-V 催化剂，最初钼钒型催化剂两种元素的原子比为 1：1。经深入研究，不但钒含量可大大减少，而且加入助催化剂，如 W、Cr、Fe、Cu 等，有助于提高催化剂活性和选择性。

载体的选择性对丙烯酸的选择性有较大影响，较好的载体有羰基化硅、硅石与 α-Al_2O_3。

(三) 催化剂的使用技术与操作指南

1. 催化剂的装填

一段和二段反应器均为固定床列管反应器，装填过程与一般列管反应器无多大区别。但根据该反应采用高丙烯浓度的特点，一段反应器分五层装填，各层的数量和种类各不相同。二段反应器分四段装填，与一段反应器不同的是它设有急冷瓷环段。两段反应器最上部的惰性小球以装至与列管上沿平为限。这种装置的目的是使丙烯和空气进入反应器后能从上至下依次产生浓度梯度分布，避免因为在反应器上部反应过于激烈，热点温度上移产生“飞温”，使催化剂层烧结。

2. 催化剂使用的开工方法

丙烯氧化是强放热反应，催化剂床层极易发生“飞温”，例如当丙烯/增湿空气比例失调时也会出现“飞温”，从而导致催化剂失活。

催化剂需三星期 70%负荷下钝化后才能投入正常运转。操作过程中应谨慎调节热点温度，提温之后需稳定较长一段时间；谨慎提负荷；稳定操作，尽量减少床层大幅度波动。对各反应区热电偶测量温度进行趋势管理，以确保床层其他区域纵向反应正常，同时对同层热电偶测量位进行比较值的趋势管理，以确保横向反应散热情况正常。

3. 催化剂再生

催化剂失活原因有结焦、活性组分钼的流失以及“飞温”引起的催化剂永久性失活。对结焦催化剂的烧焦主要采用干空气吹扫的方法，并分三个阶段：360℃干空气吹 3 天；400℃约半天；450℃吹扫到 CO_2 含量降到 0.2%，共 8 天。对氧化钼在高温下与水汽结合，以 $MoO_3 \cdot nH_2O$ 的形式升华而造成的催化剂活性下降，可以通过 380~540℃高温，在一还原性氛围中加热一定时间，通过热扩散将催化剂体内钼迁移到催化剂表面达到再生目的。

4. 催化剂安全使用及保护

首先是对原料丙烯及循环尾气的要求。原料丙烯除要求达到一定纯度外，对 C_4 含量也有严格要求，含量超标将直接影响催化剂寿命。循环尾气酸含量最好控制在 0.3%以下，否则会使催化剂活性下降；废气总量控制在 20%~80%，否则氧量不足，同样会使催化剂活性和寿命下降。另外，丙烯和氧的含量比一定要控制在操作范围内，尤其要防止操作点进入爆炸区和窒息区。

当流量值发生异常或紧急停车时，须自动关闭所有进料阀门，并向气体混合器内充入氮气，以强制停止反应保护催化剂不受损害。

(四) 丙烯氧化生产丙烯酸催化剂展望

丙烯氧化制丙烯酸催化剂中，丙烯一步氧化法制丙烯酸催化剂有利于降低设备投资，但丙烯酸收率偏低，目前的研究仅能在一定程度上提高收率，不适于工业应用。两步氧化法制丙烯酸催化剂在反应机理、元素组成、晶形结构、制备工艺和成型方式等均得到了研究，丙烯酸收率高，稳定性良好。今后还应开发高丙烯空速催化剂，以进一步提高现有丙烯酸装置产能。

二、丙烯氨氧化生产丙烯腈催化剂

烃类的氨氧化是指用空气或氧气对烃类及氨进行共氧化生成腈或有机氮化物的过程。烃类可以是烷烃、环烷烃、烯烃、芳烃等，最有工业价值的是丙烯氨氧化。在烯丙基氧化过程中，丙烯氨氧化制丙烯腈(AN)可以作为此类过程的典型实例。

丙烯腈是重要的有机化工产品，在丙烯系列产品中居第二位，仅次于聚丙烯。在常温常压下丙烯腈是无色液体，味甜，微臭，有毒，沸点77.3℃，相对密度0.8006。丙烯腈室内允许浓度为0.002mg/L，在空气中爆炸极限(体积分数)为3.05%~17.5%，与水、苯、四氯化碳、甲醇、异丙醇等可形成二元共沸物。丙烯腈分子中含有 C═C 双键和 C≡N 氰基，化学性质活泼，能发生自聚生成聚丙烯腈。除自聚外，丙烯腈还能与苯乙烯、丁二烯、醋酸乙烯、氯乙烯、丙烯酰胺等中的一种或几种发生共聚反应，由此可制得各种合成纤维、合成橡胶、合成树脂、涂料和黏合剂等。

丙烯腈是三大合成的重要单体，目前主要用它生产聚丙烯腈纤维(商品名叫腈纶)。其次用于生产ABS树脂(丙烯腈-丁二烯-苯乙烯的共聚物)和丁腈橡胶(丙烯腈-丁二烯共聚物)。丙烯腈水解所得的丙烯酸是合成丙烯酸树脂的单体。丙烯腈电解加氢，偶联制得的己二腈是生产尼龙-66的原料。

(一) 生产方法及原理

1. 生产方法简介

20世纪60年代以前，丙烯腈的生产采用环氧乙烷、乙醛、乙炔等为原料和HCN反应制得。但氢氰酸有剧毒，生产成本高，限制了丙烯腈的发展。

1960年美国Standard石油公司(Sohio，现BP公司)开发成功丙烯氨氧化一步合成丙烯腈新工艺，又称Sohio法。由于丙烯价廉易得，又不需剧毒的HCN，从此丙烯腈的生产发生了根本的变化。迄今为止，丙烯腈的工业生产都以此法进行。经过各国50多年的努力，丙烯氨氧化制丙烯腈工艺路线已发展成5种，其中美国Sohio公司技术最先进，现已成为生产丙烯腈的最重要方法，全球丙烯腈总产量的90%是用本法生产。中国也引进了Sohio技术。

近年来，丙烷氨氧化生产丙烯腈的研究也取得长足进展，现已处于中试阶段。这一方面是由于丙烷的价格仅为丙烯的一半，另一方面也为惰性的丙烷开拓了新的应用领域。但就目前的技术水平来看，固定资产投资大，转化率低(67%)，选择性不高(60%)，还难以和丙烯氨氧化法相竞争，但其前景看好。根据美国斯坦福研究所180kt/a丙烯腈概念设计，以丙烷为原料生产丙烯腈的成本只是丙烯的64%。研究开发的催化剂主要有V-Sb-Al-O、V-Sb-W-Al-O、Ga-Sb-Al-O、V-Bi-Mo-O等。

2. 反应原理

丙烯氨氧化过程中，除生成主产物丙烯腈外，还有多种副产物生成。

主反应： $CH=CH-CH_3+NH_3+3/2O_2 \longrightarrow CH_2=CH-CN+3H_2O+519kJ/mol$

副反应： $CH_2=CHCH_3+3NH_3+3O_2 \longrightarrow 3HCN+6H_2O+941kJ/mol$ （1）

氢氰酸的生成量约占丙烯腈质量的1/6。

$$CH_2=CHCH_3+3/2NH_3+3/2O_2 \longrightarrow 3/2CH_3CN+3H_2O+522kJ/mol \quad (2)$$

乙腈的生成量约占丙烯腈质量的1/7。

$$CH_2=CHCH_3+O_2 \longrightarrow CH_2=CHCHO+H_2O+351kJ/mol \quad (3)$$

丙烯醛的生成量约占丙烯腈质量的1/100。

$$CH_2=CHCH_3+9/2O_2 \longrightarrow 3CO_2+3H_2O+1925kJ/mol \quad (4)$$

二氧化碳的生成量约占丙烯腈质量的1/4，是产量最大的副产物。

此外还有生成乙醛、丙酮、丙腈、丙烯酸和乙酸等副反应。上述副反应都是强放热反应，尤其是深度氧化反应。副产物的生成，不仅浪费了原料，而且使产物组成复杂化，给分离和精制带来困难，并影响产品质量。为了减少副反应，提高目的产物收率，除考虑工艺流程合理和设备强化外，关键在于选择适宜的催化剂。

(二)丙烯氨氧化生产丙烯腈催化剂

1. 钼系催化剂

钼系催化剂的结构可用$[RO_4(H_2XO_4)_n(H_2O)_n]$表示，其中R为P、As、Si、Ti、Mn、Cr、Th、La、Ce等，X为Mo、W、V等。

Mo系催化剂由Sohio公司开发。工业最早使用的是P-Mo-Bi-O(C-A)催化剂，代表组成为$P_6Bi_9Mo_{12}O_{52}$。活性组分为MoO_3，单纯的MoO_3虽然对丙烯氨氧化制丙烯腈有一定的活性，但选择性很差，收率只有6%~15%。单纯的Bi_2O_3则对丙烯腈的生成无催化活性，而MoO_3和Bi_2O_3组合后的催化剂具有较好的活性和选择性，通常含Mo12%左右，含Bi2%左右。

为了改善催化剂的活性和选择性，加入P、Fe、Ce、Co、Ni、K等作助催化剂，Co、Ni可抑制丙烯醛、乙醛等副反应的生成，K的加入可改变催化剂表面酸度，抑制深度氧化。

2. 锑系催化剂

Sb系催化剂在1960年代中期用于工业生产，有Sb-U-O和Sb-Fe-O等。初期使用的Sb-U-O催化剂活性很好，丙烯转化率和丙烯腈收率都较高，但由于具有放射性，废催化剂处理困难，已不采用。Sb-Fe-O催化剂由日本化学公司开发成功，牌号为NB-733A和NB-733B催化剂。活性组分为Sb、Fe，锑、铁催化剂中的$X-Fe_2O_3$将引起烯烃的深度氧化，$FeSbO_4$是烯烃选择性氧化的活性结构，而在这种催化剂中Sb^{5+}与Sb^{3+}间的循环是催化剂活性的关键。工业运转结果表明，丙烯腈收率达75%左右，副产物乙腈生成量甚少，价格也比较便宜。但这种催化剂在低氧反应条件下容易被还原而使性能变差，为克服催化剂易还原的缺点，可向催化剂中添加V、Mo、W等元素。添加电负性大的元素，如B、P、Te等元素，可提高催化剂的选择性。为消除催化剂表面不均匀的白晶粒，可添加Mg、Al等元素。

中国自行开发的Sb系催化剂MB-82和MB-86催化剂已达到国际先进水平。

3. 载体

无论钼系和锑系催化剂，除需要活性组分外，还需要载体，这一方面是为了提高催化剂强度，另一方面是分散活性组分并降低其用量。根据采用的反应器不同，对载体的要求也不相同。

流化床对催化剂强度和耐磨性能要求很高，一般采用粗孔微球硅胶作载体，活性组分和载体比为 1∶1(质量比)，喷雾干燥成型制得。

固定床反应器传热效果比流化床差，因此对催化剂载体的导热性能要求较高，一般采用导热性能良好、比表面积低、无微孔结构的惰性物质作载体，如刚玉、碳化硅和石英砂等，用喷涂法或浸渍法制得。

(三) 催化剂的使用技术与操作指南

1. 催化剂的装卸

丙烯腈生产采用流化床反应器，催化剂的装卸过程是与开停工同步进行的，下面的过程适用于国内所有的丙烯腈生产工厂。

(1) 催化剂装填

催化剂从运输桶输入催化剂料斗和补充催化剂料斗，采用蒸汽喷射泵抽真空，将催化剂从桶中通过输送软管吸入催化剂料斗。在吸料过程中必须注意：向催化剂料斗吸入催化剂时，严禁吸入其他杂物；吸入速度、催化剂料斗真空度必须严格按要求控制，防止催化剂跑损。

(2) 催化剂装入反应器

向反应器系统送入热空气，升温至进行热紧，热紧之后确认反应器内部及出口管道的温度均在 200℃以上时，可以准备由催化剂料斗向反应器输送催化剂。

(3) 卸出催化剂

依次切除丙烯、氨进料阀，同时开启与分布器相连的氮气管线阀，向丙烯、氨分布器通氮防止分布器被催化剂堵塞。反应器继续通空气降温。

当床层温度降到 200℃以下时，开催化剂输送管线上阀门，使催化剂通过蒸汽喷射泵吸入料斗。

2. 催化剂使用的开工方法

(1) 反应器升温

在输送催化剂期间，反应器的温度将下降，在氨投入反应器时，反应器各点温度须加热到 380~400℃，在这期间反应器压力必须调节以保持反应器中一定的线速。

当反应器温度达到 100℃时，应完成下列工作：在丙烯和氨进料阀保持关闭的情况下调整流量控制器零点；打开反应器紧急氮气吹扫手控制阀；氧分析仪应进行零点和量程调整，并置于高量程 0~25%档，反应器出料到分析仪的气流应给上。

(2) 开车投料

打开到丙烯、氨分布器的氮气吹扫，减少到反应器的空气流量至设计值的 30%，并同时将反应器压力降低，以便增加线速。

在流量控制下开始将氨通到反应器，平滑而迅速地按开车程序增加氨投料量。开始反应时，反应器出料中的氧含量将下降，而反应温度将升高。

3. 催化剂再生

催化剂在使用过程中，因活性组分流失、活性组分价态变化和操作条件的影响，使催化剂的活性下降。如表 4-3 所示，催化剂失活的原因之一是其组分流失引起的。在催化剂长期使用之后其表面的孔结构发生很大的变化，如表 4-4 所示。

表 4-3　催化剂中的氧化物含量

催化剂类型		氧化物含量/%(质)						催化剂中氧化物总含量/%(质)
		MoO_3	Bi_2O_3	Fe_2O_3	CoO	NiO	K_2O	
新鲜催化剂		20.00	5.93	2.30	1.17	1.97	0.85	32.22
失活催化剂	反应管上部	12.93	4.10	2.57	1.35	2.57	0.12	23.70
	反应管下部	16.98	4.20	2.42	1.28	2.13	0.90	27.91
再生催化剂		18.29	5.92	3.12	1.07	1.91	0.76	31.07

表 4-4　催化剂的表面和孔结构的变化

催化剂类型	孔容/(mL/g)	比表面积/(m^2/g)	孔隙率/%	孔半径/nm
新鲜催化剂	0.1347	6.61	30.70	509
再生催化剂	0.1409	5.10	31.71	691
失活催化剂				
反应管上部	0.1482	3.58	32.39	1001
反应管下部	0.1747	3.70	36.36	1220

失活催化剂的 Mo、Bi、K 等组分的流失比较显著时，补加一定量的催化剂组分元素后，其丙烯腈的收率可接近新鲜催化剂的水平。因其表面活性组分不同程度被还原所致失活，采用高温氧化法使其表面被还原的活性组分得以还原，就可以使催化剂活性得以恢复。由于表面结构的改变导致催化剂失活的再生方法如下：将失活的丙烯腈催化剂进行粉碎后，选取一定粒度，补加硅溶胶并滚球成型，成型的同时可补加某些流失组分，再将其高温氧化处理，如表 4-5 所示。

表 4-5　工业催化剂再生后的性能

催化剂	反应温度/℃	丙烯转化率/%	收率/%					
			CO_2	丙烯	乙醛	丙烯醛	丙烯腈	乙腈
新鲜样	457	93.85	4.24	6.15	0.05	3.42	78.68	1.62
失活样	457	78.60	12.42	21.37	0.04	2.55	54.68	3.17
再生样	452	92.04	4.36	7.96	0.06	2.29	77.21	2.13

4. 催化剂的安全使用与保护

催化剂使用过程中出现催化剂跑损过多现象，常见原因为：旋风分离器料腿被堵塞；反应器线速过高；反应器冷却水管泄漏。需现场操作人员对故障原因作分析判断，采取相应的措施。其次是催化剂被还原。反应器内空气需要量的增加或反应器温度不稳定，可能表明催化剂已被还原或催化剂表面已积炭。伴随这个状况的是丙烯转化率或丙烯腈的单程收率逐渐降低。从反应器取出催化剂样品可以观察到催化剂几乎是黑色。此时可通过减少氨和丙烯的进料量或提高空气的进料量使催化剂再生，也可以用在一定温度下通氨的方法处理再生。

(四) 丙烯氨氧化生产丙烯腈催化剂展望

在未来 5~10 年，丙烯氨氧化仍将是生产丙烯腈的主要工艺，催化剂的研究开发也仍是丙烯氨氧化工艺的核心；丙烯腈国际市场的竞争日益激烈，为了在激烈竞争中求得生存，各丙烯腈工厂必然要加强对现有装置的技术改造，在改造中增加技术内涵，实现增加产量，降低能耗物耗，以达到降低成本的目的；随着各国环保意识的加强，丙烯腈生产对环境的污染问题已经提到日程上来，必将开发出低污染或无污染的丙烯腈新工艺；各主要丙烯腈技术开发商都以自己的催化剂技术为核心，开发成套丙烯腈生产工艺；在丙烷氨氧化技术开发上将进一步提高催化剂的选择性和收率，以争取能够达到较丙烯原料路线大幅度降低成本的目标。

根据未来5~10年丙烯腈生产技术的发展特点及丙烯腈技术发展的现状，相关的科学研究应考虑从两条路线出发：第一条是传统的化石原料路线，重点仍然是丙烯氨氧化技术的研究开发；第二条是可再生的生物质原料路线，重点是探索利用生物甘油制丙烯腈的催化材料及工艺技术的开发。

三、丙烯羰基合成制备丁辛醇催化剂

由于丁醇和辛醇可以在同一装置中用羰基合成法生产，故习惯称为丁辛醇。丁醇为无色透明的油状液体，有微臭，可与水形成共沸物，沸点117.7℃；辛醇是无色透明的油状液体，有特臭，与水形成共沸物，沸点185℃。二者均有中等毒性。

丁醇主要作为树脂、涂料和黏结剂的溶剂和增塑剂的原料(如邻苯二甲酸二丁酯)，还可作选矿用的消泡剂、洗涤剂、脱水剂和合成香料的原料。

辛醇可直接作为有机溶剂用于油漆、涂料、照相、造纸和纺织、轻工等行业，但其最重要的用途是与邻苯二甲酸酐酯化反应得到邻苯二甲酸酐二辛酯(DOP)。DOP是聚氯乙烯的重要增塑剂，用量相当大。

(一) 丁辛醇的生产方法

1. 发酵法

发酵法是粮食或其他淀粉质农副产品，经水解得到发酵液，然后在丙酮-丁醇菌作用下，经发酵制得丁醇、丙酮及乙醇的混合物，通常的比例为6：3：1，再经精馏得到相应产品。

该法设备简单、投资少，但消耗粮食多，生产能力小，发展受到限制。

从长远看，发酵法的生存取决于其原料与丙烯的相对价格以及生物工程的发展程度。

2. 乙醛缩合法

乙醛缩合法是乙醛在碱性条件下进行缩合和脱水生成丁烯醛(巴豆醛)，丁烯醛加氢制得丁醇；经选择加氢得到丁醛，丁醛经醇醛缩合、加氢制得2-乙基己醇(辛醇)。

此法操作压力低，无异构物产生，但流程长、步骤多，设备腐蚀严重，生产成本较高，目前采用厂家较少。

3. 羰基合成法

羰基合成法是当今最主要的丁辛醇生产技术。工艺过程包括：丙烯氢甲酰化反应，粗醛精制得到正丁醛和异丁醛，正丁醛和异丁醛加氢得到产品正丁醇和异丁醇；正丁醛经缩合、加氢得到产品辛醇。丙烯羰基合成法又分为高压法、中压法和低压法。

① 高压法(20~30MPa)：由于选择性较差、副产品(丙烷和高沸物)多，投资和操作费用大，维修量大，已被以铑为催化剂的低压羰基合成技术所取代。

② 中压法：消耗最低，正异醛比最高，技术水平最高，但因其技术转让晚，目前世界上采用该技术的装置能力仅占世界羰基合成能力的9%。

③ 低压法(100~120℃，1.6~2.0MPa)：选择性高，反应速度快，产品收率高，原料消耗少，投资和维修费用低，催化剂用量省，操作容易，腐蚀性小，环境污染小，故近年来以显著的优势迅速发展，在世界羰基合成工业中占领先地位，各国拟建和建成的丁辛醇装置绝大部分是采用低压法。目前，低压法主要有戴维(Davy UCC Johnson Matthey)技术、三菱化成(MCC)技术、戴雷普法(Reppe)技术、伊士曼(Eastman)技术等。目前，我国丁醇生产80%采用羰基合成法，其余采用粮食发酵法。辛醇生产厂4家，均采用低压法生产。

丙烯羰基合成生产丁辛醇生产过程包括羰基合成和醛类加氢两部分。

(二) 丙烯羰基合成制丁辛醇的生产原理

1. 羰基合成的化学过程

主反应：

$$CH_3CH=CH_2+CO+H_2 \longrightarrow CH_3CH_2CH_2CHO+123.8kJ/mol$$

主要平行副反应：

$$CH_3CH=CH_2+CO+H_2 \longrightarrow (CH_3)_2CHCHO+130kJ/mol$$

$$CH_3CH=CH_2+H_2 \longrightarrow CH_3CH_2CH_3+124.5kJ/mol$$

主要连串副反应：

$$CH_3CH_2CH_2CHO+H_2 \longrightarrow CH_3CH_2CH_2CH_2OH+61.6kJ/mol$$

$$CH_3CH_2CH_2CHO+CO+H_2 \longrightarrow CH_3CH_2CH_2CH_2COOH$$

另外，生成的醛还可以发生缩合反应，生成二聚物、三聚物及四聚物等。

以上反应均为放热反应，反应热效应较大，主、副反应的平衡常数也较大，在热力学上都非常有利，且副反应比主反应更有利。因此，要使主反应占有优势，获得高的选择性，关键就在于选择适宜的催化剂和控制适宜的反应条件。

(三) 羰基合成的催化剂

元素周期表中第Ⅷ族元素钴、铑、钌、铱、铂、铁、锇等金属的羰基配位络合物对丙烯的羰基合成反应有催化作用。其相对活性为：

$$Rh>Co>Ir, \quad Ru>Os>Pt>Pd>Fe>Ni$$

工业上经常采用的丙烯羰基合成催化剂有羰基钴和羰基铑催化剂。

1. 羰基钴和膦羰基钴催化剂

各种形态的钴如粉状金属钴、氧化钴、氢氧化钴和钴盐均可使用，以油溶性钴盐和水溶性钴盐用得最多，例如环烷酸钴、油酸钴、硬脂酸钴和醋酸钴等。但羰基钴催化剂热稳定性差、容易分解析出钴而失去活性，近年来发展受到限制。大多数采用钴系高压装置改为低压铑法装置。

膦羰基钴催化剂是用三烷基膦或其他膦化物取代氢羰基钴中的羰基配位基。一方面可增强催化剂的热稳定性，提高直链正构醛的选择性；同时还具有加氢活性佳、醛缩合及醇醛缩合等连串副反应减少等优点，但适应性差。

2. 膦羰基铑催化剂

1970年代采用油溶性三苯基膦(TPP)配体改性的铑为催化剂，1980年代初采用铑/TPP为催化剂。UCC/KPT后来又开发的C_3吸附回收液相工艺，采用的是铑/亚磷酸盐络合环氧化物催化剂，其活性比铑/TPP 高。目前国外丙烯氢甲酰化反应仍广泛采用油溶铑膦工艺。

国内丁辛醇技术研究开发中，重点在于催化剂的研究开发。中国石化北京化工研究院研制成功了丙烯低压羰基合成铑膦络合催化剂、合成气净化催化剂和丙烯净化催化剂，均在大庆分公司和齐鲁分公司的装置上使用多年，达到了国外同类催化剂水平。

膦羰基铑催化剂是以铑原子为中心，三苯基膦和一氧化碳作配位体的络合物。该催化剂具有活性高、选择性好、副反应少、醛的正/异构比例高等特点。在反应过程中，起活性作用的是一种催化剂复合物，该活性复合物是由催化剂母体在含有过量的三苯基膦溶剂中，和一氧化碳及氢接触形成的。其中三苯基膦主要作用在于保护稀有贵金属铑，改进正/异醛的比例。随着三苯基膦浓度的增加，正/异醛比例呈线性升高。生产中，一般控制反应液相中三苯基膦的质量分数在8%~12%。

3. 羰基合成铑催化剂使用技术与操作指南

以 UCC/Davy 低压气相法合成为例，介绍如下。

(1) 催化剂的装填与卸出

氢甲酰化催化剂要先配制后再装入。配制时，首先向催化剂混合槽充填80%液位的无铁丁醛，升温到 50℃，将 ROPAC 或三苯基膦加入催化剂料斗内，经螺旋输送器送入混合槽。

启动搅拌器搅拌 10min，使其充分溶解，再启动低压催化剂泵，将含催化剂的丁醛液体送入一台羰基合成反应器，分几批充填完一台反应器后，再充填其他反应器(如果有多台反应器，一般是两台反应器)，最后用丁醛冲洗混合槽和泵、设备管线到反应器。配制设备完全是不锈钢材质，配制过程中采用氮封。

催化剂的补加除采用高压泵将配制的液体送入反应器外，其他情况与此相同。

(2) 催化剂使用的开工方法

反应器充填完催化剂，用氮气升压到 0.9MPa，升温到 90℃时投入丙烯，反应器压力达到 1.3MPa 时，开始投合成气。反应器运行一段时间后，若催化剂活性下降，丙烯分压升高，或丁醛正异构比下降，要补充铑催化剂或三苯基膦，其补充量为首次充填量的 20%。

(3) 催化剂的失活与再生

羰基铑膦络合催化剂的永久性毒物包括有机硫、无机硫、氯化氢、有机氯化物及氰化氢等。也有些物质与催化剂络合物结合不太牢固，引起催化剂的暂时性失活，如乙炔、丙炔、氧、丁二烯、丙二烯、戊二烯等，这些物质都能与丙烯争夺催化剂的活性位，抑制丙烯与 CO、H_2在催化剂晶格上发生羰基合成反应。此外，合成气和原料丙烯中的氨、胺、铁、镍等也影响催化剂活性。

除以上原因导致催化剂失活之外，还有铑催化剂内部失活，即具有完全活性的铑催化剂在氢甲酰化条件下转化为 Rh_3和 Rh_4簇合物的过程。Rh_3和 Rh_4簇合物的活性仅为单原子铑络合物活性的 30%或更低。部分单原子铑络合物，在反应条件下缓慢聚合成三原子铑或四原子铑的络合物，称为铑原子间的“搭桥”作用。当铑催化剂发生“搭桥”作用后，铑催化剂溶液的颜色会由最初的淡黄色变为深棕色。

铑催化剂内部失活主要原因是：催化剂溶液中三苯基膦含量过低；反应温度高；降膜蒸发温度高，局部过热；反应溶液中铑含量高；铑催化剂溶液在一氧化碳、氢气存在的情况下保存或升温。

铑膦络合催化剂经长期运行，由于毒物、抑制剂或“搭桥”作用等使催化剂活性逐渐降低。当催化剂活性下降到一定程度时，必须将催化剂排出进行再生活化，使失活催化剂的活性恢复到比活性在75%以上再重装回装置内使用。经多次再生循环，不能恢复活性的催化剂需进行铑回收，重新制成新鲜催化剂再回到系统里循环使用。

羰基合成用铑催化剂的再生方法有蒸馏法、萃取法、吸附分离法、浸没燃烧法和灰化燃烧法等。

(四) 醛类的气相加氢

1. 反应原理

醛类在催化剂作用下，可加氢还原得到醇。因此，由羰基合成得到的丁醛及由丁醛缩合反应生成的辛烯醛，通过加氢而生成丁醇和辛醇。

其主反应为：

$$CH_3CH_2CH_2CHO+H_2 \longrightarrow CH_3CH_2CH_2CH_2OH$$

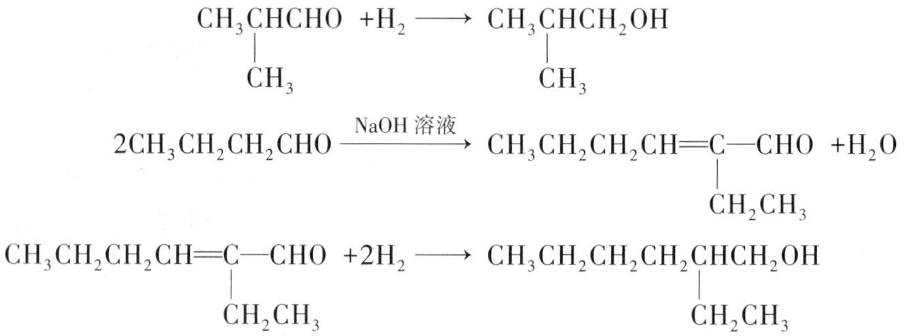

加氢还原反应为放热反应，反应条件随着催化剂种类的不同而有所不同。在进行上述反应的同时还会发生一些副反应，如：

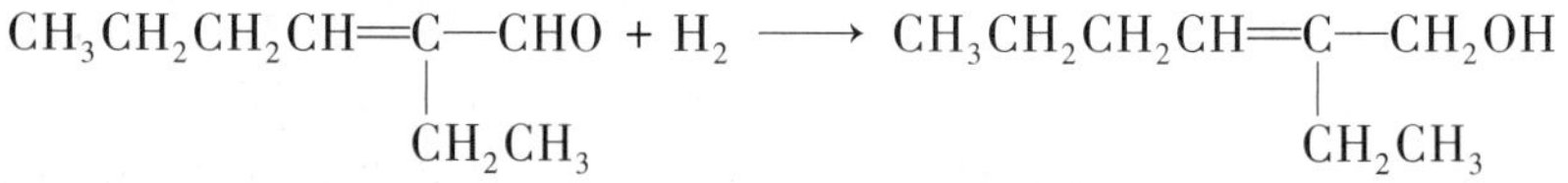

为减少副反应的发生，加氢过程需采用适宜的催化剂。

2. 醛类加氢催化剂

加氢催化剂有多种，所用催化剂不同，其操作条件也不同。采用镍基催化剂为液相加氢，压力3.9MPa，温度100~170℃；采用铜基催化剂为气相加氢，压力0.6MPa，温度约为60℃。后者具有一定的先进性。铜基催化剂的主要成分为CuO和ZnO，真正起催化作用的是还原态Zn和Cu。该催化剂的优点在于副反应少，生产能力大，加氢选择性好；不足之处在于机械性能差，如有液体进入易破碎等。

3. 醛类加氢催化剂的使用技术与操作指南

(1) 催化剂的装卸

使用铜基催化剂作为醛加氢催化剂，在卸出催化剂前要进行氧化过程。步骤大致如下：转化器与系统隔离后，使转化器放空，用氮气吹入转化器，直至把氢气吹净。在转化器微正压氮保护下，补入1.3MPa压力的蒸汽，再加入空气，温度低于270℃，使催化剂表面有机物烧掉。继续通入空气12h，然后停通空气，降温才能卸下催化剂，否则还原的催化剂会自燃。

（2）催化剂的还原

新装填的铜基催化剂需经过活化即还原处理才有活性。当催化剂维持在170~230℃范围内，循环气中H_2含量达8%情况下进行还原。还原是强放热反应，所以严防温度超温。当收集槽中排出的还原水和理论排水量接近时，继续还原2~3h，即可准备投产。

（3）催化剂的再生

为了再生而进行氧化过程时，这个氧化过程比上述催化剂卸出时的氧化温度要高，氧化反应更剧烈。蒸汽引入转化器流程，以25℃/h的速率升温，当床层温度超过165℃，把蒸汽引入床层逐渐增加蒸汽流量，升温达425℃。在床层温度330~360℃时就向床层引入空气，并使氧含量为0.8%~1.0%。在这个过程中，氧和氢发生化合反应生成水，沉积在催化剂表面的有机物被氧化为二氧化碳，同时催化剂一价铜被氧化为氧化铜。当床层出现峰值温度后又返回到330~360℃，并且转化器进出口氧含量不变时，说明氧化处理已完成。

（五）丙烯羰基合成制备丁辛醇催化剂展望

丁辛醇装置发展的根本变化为催化剂的演变，氢甲酰化催化剂已经历了四代的变革，目前90%以上使用第三代铑/膦催化剂。研究工作主要集中在两方面：①通过改进配体以获得稳定性更好、活性更高的膦/铑催化剂；②革新催化剂的分离回收工艺。

但是，以三苯基膦为配体的铑基催化剂有一定的局限性。近年来羰基化技术发展集中在改进现有铑基催化剂性能和消耗，以及开发使用高效非铑催化剂的羰基合成技术两方面。

第三节　碳四馏分主要初级衍生物生产用催化剂

随着石化行业的快速发展，尤其是乙烯产量的不断提高，副产品C_4馏分的量也在不断增加。特别是近年来大型乙烯装置投产，裂解C_4馏分量成倍增长。因此，如何利用C_4馏分，已经成为化工厂和炼油厂经济效益的一个重要因素。

烃类裂解制乙烯过程可得联产C_4馏分，如丁二烯、异丁烯、正丁烯和丁烷。丁二烯是生产合成橡胶、合成树脂的重要单体，如与苯乙烯共聚生产丁苯橡胶、与丙烯腈共聚生产丁腈橡胶、自聚生产顺丁橡胶、与苯乙烯和丙烯腈三元共聚生产ABS树脂等；异丁烯是生产丁基橡胶的主要原料，也可以生产异戊橡胶，还可以生产甲基叔丁基醚、甲基丙烯酸甲酯及叔丁醇、仲丁醇等；正丁烯近年来开始用于工程塑料（聚1-丁烯树脂），尤其是以1-丁烯作为线性低密度聚乙烯（LLDPE）的共聚单体，其需求量越来越大，正丁烯还可以作为生产顺丁烯二酸酐的原料；丁烷主要作为工业和民用燃料，正丁烷作为生产顺丁烯二酸酐的原料也很有前途。

C_4烃的主要衍生物产品有烷基化汽油、甲基叔丁基醚、烷基酚、仲丁醇、甲乙酮、环丁砜、顺丁烯二酸酐等。本节主要介绍顺丁烯二酸酐生产用催化剂。

一、顺丁烯二酸酐主要性质和用途

顺丁烯二酸酐（MA）又名马来酸酐，简称顺酐。为无色针状或粒状、有强烈刺激气味晶体，熔点53.1℃，易升华，可溶于乙醇、乙醚和丙酮，在苯、甲苯和氯仿中有一定溶解度，难溶于石油醚和四氯化碳。顺酐与热水作用发生水解生成顺丁烯二酸。

顺酐是一种重要的有机化工原料和精细化工产品，是目前世界上仅次于苯酐和醋酐的第三大酸酐。主要用于生产不饱和聚酯树脂、醇酸树脂，另外还用于农药、医药、涂料、油墨、润滑油添加剂、造纸化学品、纺织品整理剂、食品添加剂以及表面活性剂等领域。以顺酐为原料可以生产1,4-丁二醇(BOD)、γ-丁内酯(GBL)、四氢呋喃(THF)、马来酸、富马酸和四氢酸酐等一系列重要的有机化学品和精细化学品，开发利用前景十分广阔。

二、顺丁烯二酸酐的生产技术

顺酐的生产方法有苯氧化法、C_4烯烃氧化法和正丁烷氧化法，各种工艺路线均以其独特优势在技术开发和工业应用。

(一) 苯氧化法

苯蒸气和空气(或氧气)，反应温度保持400～500℃，反应压力为0.1～0.2MPa，采用V_2O_5-MoO_3为主体，加入适量的P_2O_5、Na_2O、K_2O及TiO_2等为助催化剂，以α-Al_2O_3、SiC和TiO_2等为载体的催化剂，气相氧化反应生成顺酐。

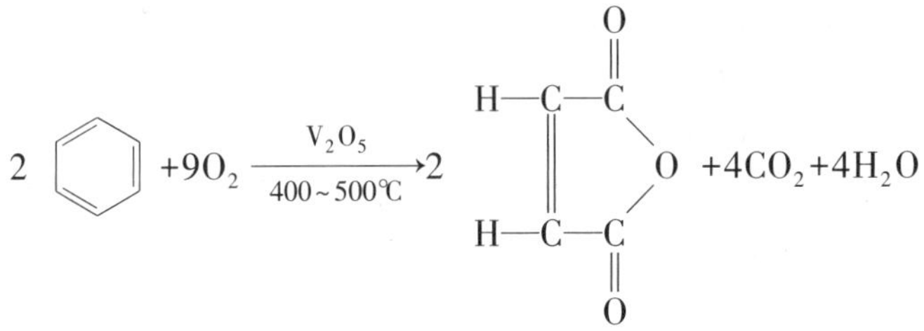

其中以Halcon-SD法最为典型。苯氧化法生产历史悠久，工艺技术成熟，产率高，我国至今仍有30%～40%的顺酐采用此法生产。但因苯环上2个碳原子被消耗氧化成二氧化碳，致使苯的利用率较低，同时对环境污染严重，目前在其他国家新上的顺酐生产装置上应用日趋减少，其技术现在逐步被淘汰。

(二) C_4混合烯烃氧化法

实质是丁二烯、丁烯馏分的氧化法。工业上采用裂解C_4馏分及萃取丁二烯后C_4馏分(即丁烯-丁烷馏分)和空气(或氧气)，在V_2O_5-P_2O_5系催化剂作用下经气相氧化反应生成顺酐，其中正丁烯在反应过程中先脱氢生成丁二烯，再氧化生成顺酐。反应器分为固定床和流化床。此法由于副产物较多(包括CO、CO_2和H_2O，少量乙醛、乙酸、丙烯醛和呋喃等)、脱氢属于吸热反应，因此发展前途不容乐观，已不再作为主要制备顺酐的工艺路线。

(三) 正丁烷氧化法

该工艺是以正丁烷为原料，采用VPO系催化剂，在空气(或氧气)作用下发生气相氧化反应生成顺酐。该工艺自1974年由美国孟山都公司实现工业化以来得到迅速的发展。国外以正丁烷为原料生产顺酐的比较典型、成熟和先进的工艺技术路线有美国Lummus公司和意大利Alusuisle公司联合开发的正丁烷流化床溶剂吸收工艺，即ALMA工艺；英国BP公司开发的正丁烷流化床水吸收工艺，即BP工艺；美国SD公司开发的正丁烷固定床水吸收工艺，即SD工艺等。与固定床工艺相比，流化床工艺具有投资小、进料浓度高、操作稳定、反应温度均匀等特点，居于主导地位。

由于正丁烷是C4馏分中最廉价又易得的原料，毒性小，环境污染少，加之催化剂寿命长，可显著提高MA的选择性等优点，被认为是绿色催化技术。

自1980年代以来，世界范围的MA工业的发展全部集中在正丁烷制MA工业路线。目前全球顺酐生产能力约80%采用此法，而且有不断增加的趋势。我国适时引进了多套万吨级正丁烷氧化制顺丁烯二酸酐生产装置，使顺丁烯二酸酐工艺生产步入正常发展的轨道。目前，除了中国石油兰州石化公司引进Huntsman溶剂吸收与精制工艺、新疆吐哈油田引进Conser后处理工艺的正丁烷固定床溶剂吸收与山东东营胜利油田石化公司采用ALMA工艺正丁烷流化床溶剂吸收外，其他大部分仍采用苯法固定床工艺制备顺酐，所用催化剂均依赖于进口，整体水平较低。本节重点介绍正丁烷氧化制顺丁烯二酸酐法所用催化剂。

三、正丁烷氧化制顺丁烯二酸酐的反应原理

主反应：

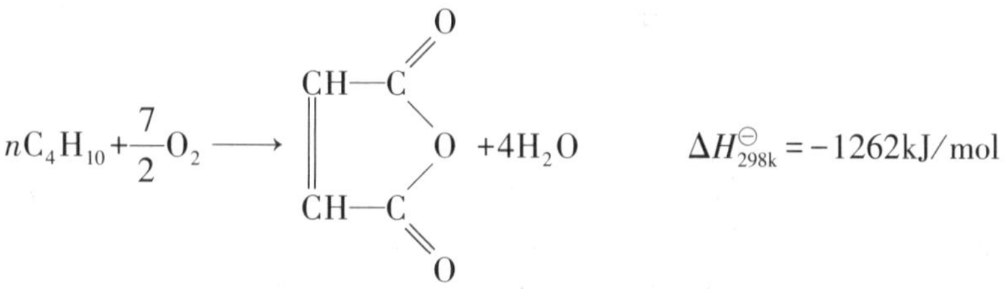

主要副反应是原料正丁烷和产物顺酐的深度氧化产生CO和CO_2，反应方程式为：

$$nC_4H_{10}+\frac{11}{2}O_2 \longrightarrow 2CO+2CO_2+5H_2O \qquad \Delta H^{\ominus}_{298k}=-2092kJ/mol$$

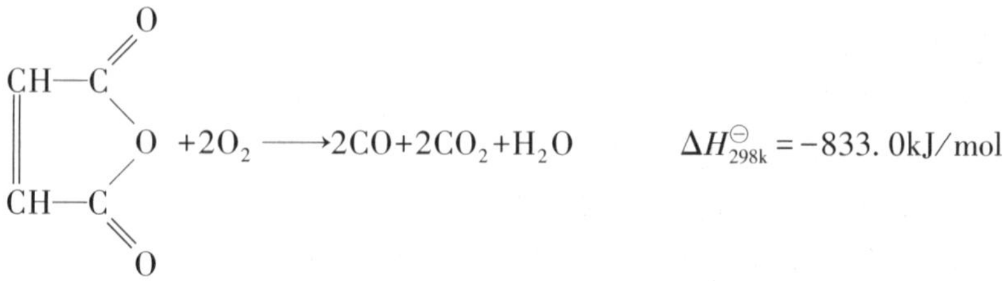

正丁烷氧化法的主、副反应都是强放热反应，在反应过程中及时移除反应热十分关键。

四、正丁烷氧化制顺丁烯二酸酐用催化剂

正丁烷氧化制备顺酐催化剂最主要就是钒-磷-氧(V-P-O)系催化剂，主要活性组分是V_2O_5-P_2O_5。P的存在会显著提高V_2O_5的脱氢活性，实验表明V_2O_5/P_2O_5比在0.5~1.0之间，最佳比在0.833附近，V_2O_5上呋喃转化为顺酐的分步反应选择性较高。此外催化剂的表面酸碱中心也会对脱氢和氧化步骤产生影响，过强的酸碱中心的存在甚至还会引起裂化副反应，因此需要添加适量的助催化剂进行调整，以提高顺酐的产率。

能提高催化剂活性的助剂元素或化合物顺序为：

$$Zr>Ce>La\approx Fe>Nb>Ti\approx Co\approx Cu>Ca>Si>W>Ge>K>(VO)_2P_2O_7$$

能提高催化剂选择性的助剂元素或化合物顺序为：

$$Nb>Co>Ce>Cu>Fe>La>Ge>Zr>Ti>Mo>Si>Ca>Ni>W>(VO)_2P_2O_7>K$$

正丁烷氧化固定床催化剂其形状对反应也有较大的影响。常用的是条状或片状，但环形具有更好的传质传热效果和更高的选择性。而且环形催化剂在床层中固定间隙较多，在高空速下操作不会因床层阻力过高而难以运行，这一点对固定床极为有利。还可用三叶草形。

流化床和移动床用催化剂除具有良好活性和选择性外，颗粒大小与分布对其反应也关系

密切。颗粒尺寸大小不仅对流化质量有影响，还影响反应效果，平均粒径在75μm、粒度范围在20~200μm，其中小于平均粒径的细粒子占70%以上的粒度分布，流化质量和催化反应效果是最佳的。在流化床和移动床反应中，提高催化剂的耐磨强度同样很重要。通常采用的方法是将催化剂活性组分浸渍在多孔流化床载体内表面的浸渍法；选择一种耐磨性材料将催化剂颗粒包裹在其中的包裹法；将催化剂镶嵌在一种疏松但却耐磨的基质材料中的嵌入法，也可使用硅溶胶作黏结剂。

国内研制的正丁烷氧化制顺酐固定床催化剂为V-P-O系并添加某种溶剂，外观为ϕ5mm×5mm、内径为1.5mm的环状体，压碎强度不小于0.35MPa；在空速为1000~2400h^{-1}、正丁烷浓度为1.0%~1.6%(体)、熔盐温度为390~430℃、正常热点温度为130~470℃的反应条件下，正丁烷单程转化率不小于81.0%，顺酐质量收率不小于90%，其价格较进口的便宜30%~50%。目前，国内仍然没有自主研发的可实际用于工业流化床使用的催化剂。

正丁烷移动床氧化制顺酐工艺的关键是催化剂。该催化剂具有防止性能衰退的专用涂层，这种活性催化剂的氧化硅涂层防护技术可使催化剂更能耐受反应条件而不损害其选择性。若没有这种特殊的涂层，催化剂就易于崩解。据称其助剂是由硅和另一种元素(可以是铟、锑或钯)所构成。

五、正丁烷氧化制顺丁烯二酸酐催化剂的使用技术与操作指南

(一) 催化剂的使用技术

固定床催化剂的装填通常包括：反应器的清洗；催化剂装填反应器列管时，从底部起依次为弹簧、预热载体(如瓷环或玻璃球)、催化剂、上部再放预热载体及弹簧；装填催化剂要及时调整层高，防止架桥，并测压力降，其平均值在±5%为好。

催化剂的卸出必须用惰性气体将催化剂冷却，最好降至常温，然后装入铁桶。

流化床催化剂装填较固定床容易得多，且可自动加料。通常是将催化剂盛在反应段中，以ALMA工艺为例，一个专用的催化剂处理系统可用于催化剂的装填，并给反应器补充催化剂，也可以收集和除去废催化剂，过细粒子由旋风分离器排出。一套30kt/a装置一次催化剂投放量约7.6t。

流化床开工有一个专用的加热炉用于最初的试运转。原料加热到70℃，气化后从反应器下部进入，而空气则从反应器底部进入。反应热由床内异型盘管撤除，并产生高压蒸汽。在操作中应防止气体返混和短路现象发生，反应器床层温度控制需通过管束水流来实现。

(二) 催化剂失活与再生

在正丁烷氧化制顺酐过程中，正丁烷原料中的杂质(如噻吩、二硫化碳)含量皆影响钒催化剂的活性，为此要求正丁烷原料的纯度应不小于98%，噻吩含量不大于100×10^{-6}，二硫化碳不大于5×10^{-6}，要求所用空气不含硫及有机物。

无论是固定床还是流化床工艺，正丁烷的氧化和钒催化剂在高、低价之间的反复变化都在同一个反应器内进行。1987年美国孟山都公司与杜邦公司合作，移植了催化裂化反应-再生装置的提升管、流化床技术开发了正丁烷提升管氧化-再生工艺，称为正丁烷移动床工艺。此工艺采用将正丁烷和氧分别通入一个反应器和再生器内，避免了氧气(空气)与正丁烷的直接接触。

在正丁烷提升管氧化-再生工艺中，正丁烷氧化反应发生在反应段(提升管)中，催化剂粒度一般为20~300μm微球；在没有气相氧的情况下连续不断地将正丁烷选择氧化为顺酐。而被还原的失活钒催化剂经过分离解析器，进入流化床再生段吸氧再生作为载氧剂，循环返回反应段。在反应段生成的顺酐随着反应流出气体在离开分离解析器后，得到回收并进行精制。

(三) 催化剂的安全使用及保护

催化剂使用过程中，需要控制原料中的毒物含量，其中主要是噻吩含量和二硫化碳含量。生产过程中应尽量减少停车次数，因为多次开停车会造成催化剂工作状态的失调。催化剂在装填和运输过程中必须避免剧烈震动，同时还必须防潮。钒是有毒物质，在催化剂装卸时，操作人员必须戴上口罩。

六、正丁烷氧化制顺丁烯二酸酐展望

尽管国际上正丁烷法顺酐工艺将继续取代苯法工艺，但由于资源拥有量和价格不同，在许多地区和国家苯法顺酐生产工艺在相当长时间内仍将存在，并且具有一定竞争力。

鉴于我国目前的经济发展水平及顺酐工业发展现状，应立足于苯法生产，不断增加科技投入，改进和完善并提高苯法顺酐工艺技术水平，降低消耗和污染，提高竞争力。目前，催化剂的研究向着高负荷、高收率方向发展，为提高苯进料量，催化剂的研究重点是解决催化活性和选择性的矛盾，既要保证苯的转化率，还需要保证顺酐收率，这就需要发展两段床催化剂来推动顺酐装置的高负荷。

从顺酐技术发展趋势看，苯法必将逐渐被正丁烷法取代。故而，做好苯法向正丁烷法转变的技术准备是十分紧迫和必要的。国外苯法向正丁烷法转化过程中，主要是将苯法固定床反应器中的催化剂转化成为正丁烷法催化剂，并更换进料设备，调整操作参数。

第四节　芳烃及其衍生物生产用催化剂

近四十年来，苯、甲苯、二甲苯的应用范围已从原来的炸药、医药、染料、农药等传统化学工业迅速扩大到高分子材料、合成橡胶、合成纤维、合成洗涤剂、表面活性剂、涂料、增塑剂等新型工业。C_9及C_{10}等重芳烃是生产石油芳烃过程中数量可观的产品或联产品。经分离后，有些重芳烃，如偏三甲苯、均三甲苯、甲乙苯及均四甲苯等具有特定的分子结构，已成为精细化工产品的宝贵资源。在生产高温树脂、特种涂料、增塑剂、固化剂等精细化工产品中，充分显示了重芳烃独特的使用性能，广泛应用于医药、染料、合成材料以及国防和宇航工业等尖端科技部门。

本节主要介绍轻质芳烃及其衍生物生产用催化剂。

一、乙苯脱氢催化剂

苯乙烯又名乙烯基苯，系无色至黄色油状液体，具有高折射性和特殊芳香气味，中等毒性。沸点为145℃，凝点-30.4℃，难溶于水，能溶于甲醇、乙酸、二硫化碳及乙醚等有机溶剂。

苯乙烯在高温下容易裂解和燃烧，生成苯、甲苯、甲烷、乙烷、碳、一氧化碳、二氧化碳和氢气等。苯乙烯蒸气与空气能形成爆炸混合物，其爆炸范围为1.10%~6.01%。

苯乙烯最大用途是生产聚苯乙烯，另外苯乙烯与丁二烯、丙烯腈共聚可生产ABS工程塑料；与丙烯腈共聚可得SAN，是无色透明的热塑性树脂；与丁二烯共聚可生成丁苯乳胶或合成丁苯橡胶（SBR）；与马来酸酐无规共聚得新型热塑性工程SMA。此外，苯乙烯还广泛用于制药、涂料、纺织等工业。

（一）催化反应

主反应：

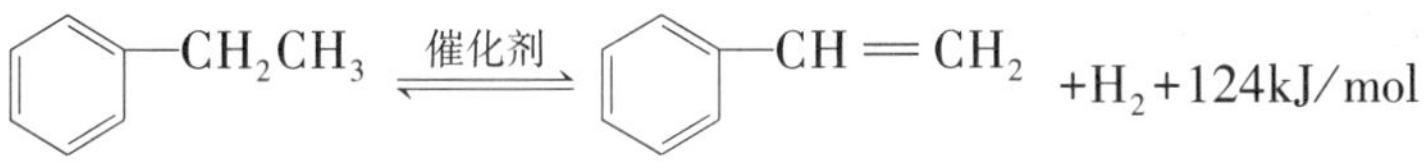

副反应：生成苯、甲苯、甲烷、乙烷、烯烃、焦油等副产物。

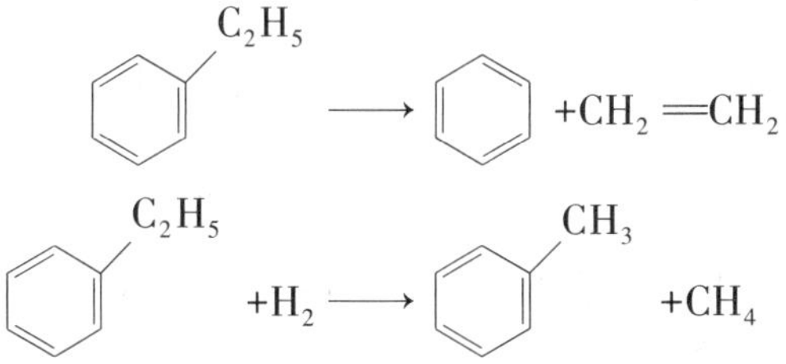

$$C_6H_5CH_2CH_3+H_2O \longrightarrow C_6H_5CH_3+CO+H_2$$

$$C_6H_5CH_3+H_2O \longrightarrow C_6H_6+CO+H_2$$

$$C_6H_5CH_2CH_3+16H_2O \longrightarrow 8CO_2+21H_2$$

为减少催化剂上的积炭，需在反应器进料中加入高温水蒸气，从而发生下述反应：

$$C+2H_2O \longrightarrow CO_2+2H_2$$

除苯和甲苯外，还有少量的二苯乙烯、联苯、萘和蒽在高沸点焦油产品中被发现。最后，作为热裂解产物的积炭将沉积在催化剂表面。

（二）乙苯脱氢生成苯乙烯催化剂

乙苯脱氢反应中，可以使用多种不同体系的催化剂，例如铁系、锌系催化剂。锌系催化剂由于机械强度差、选择性差，最终过渡到铁系催化剂。

目前工业上使用的乙苯脱氢催化剂主要为含多种助剂的铁系催化剂，铁含量一般在70%~90%。常用的助剂为碱金属或碱土金属氧化物，其中钾助剂的效果尤为显著。通常以K_2O、KOH、K_2CO_3、$K_4P_2O_7$、$K_2Cr_2O_4$作钾助剂，含量为9.5%~12%。研究表明，脱氢催化剂仅在部分Fe^{3+}还原成Fe^{2+}时才具有活性，而K的存在有利于Fe^{2+}的出现。此外还含有Cr、Ce、Mo、V、Zn、Ca、Mg、Cu、W等组分。少量的Cr_2O_3（约2.5%）作助剂可防止催化剂烧结和表面积的损失，但随着全球环保意识的加强，各国逐步淘汰了含Cr量较大的Fe-K-Cr系脱氢催化剂，采用含有少量的Ce、Mo、Ca、Mg等铁系催化剂，该类催化剂因具有高选择性而被广泛用于绝热型反应器。

工业使用的乙苯脱氢制苯乙烯典型催化剂的化学基本组成见表4-6，典型催化剂的基本物理性质见表4-7。

表 4-6 乙苯脱氢制苯乙烯典型催化剂的基本组成

催化剂	基本组成	开发年份	开发商
G-64I	Fe_2O_3-K_2CO_3-Ce_2O_3-MoO_3	1981	UCI
G-84C	Fe_2O_3-K_2O-Ce_2O_3-MoO_3-MgO-CaO	1988	SC Group
S6-30	Fe_2O_3-K_2O-Ce_2O_3-MoO_3-MgO-CaO	1995	BASF

表 4-7 乙苯脱氢制苯乙烯典型催化剂的基本性质

项　　目	GS-08 催化剂	引进催化剂
外观	红褐色圆柱体	红褐色圆柱体
粒径/mm	3 ±0. 1	3 ±0. 1
长度/mm	5~8	4~6
松装堆积密度/(g/mL)	1. 20 ±0. 05	1. 30 ±0. 05
抗压碎强度/(N/mm)	≥20. 0	≥20. 0
比表面积/(m^2/g)	3 ±1	3 ±1
沸水试验	合格	合格
冷水试验	合格	合格

到目前为止，虽然乙苯脱氢催化剂的开发已取得了巨大进展，但仍然存在单程转化率低的缺点。美国 UOP 公司开发的 Styro-Plus 工艺的核心是引入空气使乙苯脱氢生成的氢进一步氧化生成水，从而破坏脱氢反应的平衡，使更多的乙苯进行脱氢反应，由此大幅度提高了单程转化率，达 82. 5%(原来为 60%~70%)。

中国的乙苯脱氢催化剂，以开发单位划分主要有四大系列：LH(兰州化学工业公司)、GS(上海石油化工研究院)、XH(厦门大学与上海高桥石油化工公司化工厂合作)、DC(中国科学院大连化物所)。其中 LH 系列有近年新开发的 LH 365 型催化剂以 Fe-K-Mo-Mg 为主要组分，适宜于低温、低水油比条件下的负压绝热工业装置和等温常压工业装置内使用。GS 系列催化剂分为高钾型和低钾型两种。XH 系列乙苯脱氢催化剂为 Fe-K-Ce 系，Ce 能改进催化剂表面电子和晶格氧的传送，强化脱氢活性。XH-11 型催化剂有铬结构助催化剂，XH210 型无铬但添加了氧化钙，XH-02 型也无铬但添加了氧化镁，镁离子半径更加相近，更容易因形成复合氧化物而发挥结构助催化剂作用。

(三) 催化剂的使用技术与操作指南

1. 脱氢催化剂的装填与卸出

装填催化剂前，确保反应器干燥、干净。利用布袋装填催化剂，保证催化剂从布袋底部到床层表面的自由落差不得超过 30cm。装填人员不要直接站在催化剂上，而要用木板把人的重量均匀地分开。装填完毕后，要清除所有掉进反应器夹层中的催化剂或其他杂物。

脱氢催化剂的拆卸须将反应系统冷却到环境温度，并用氮气吹扫后方可打开反应器，卸掉每个反应器的入孔盖，在反应器底部的两个催化剂卸出口的一个上安置一台卸料风机或输送机。移开管嘴顶部的盲板法兰，在卸料口上接一个闸阀，以便控制催化剂从反应器中流出的速度。

2. 催化剂的开工方法

开车前的准备工作包括：检查设备、管线，确保管线密封、开关状态正确无误。开车步骤必须严格遵守，做到先提蒸汽流量，再提乙苯流量，保持汽烃比(物质的量比)在16∶1。流量的提升必须做到逐步提高，少量多次。常压、半负荷运行72h后，开启压缩机，转入负压操作，再次提高蒸汽、乙苯流量，直到设定值。

3. 乙苯脱氢催化剂的失活与再生

(1) 乙苯脱氢催化剂的失活

在工业运转中，乙苯脱氢用氧化铁系催化剂的使用寿命为1~2年。随着工业装置的运行，催化剂的活性和选择性都会慢慢地下降。该催化剂活性下降的根本原因是其中钾组分的迁移和流失，此外氯中毒、积炭和烧结也会使催化剂活性下降。

① 钾的流失：乙苯脱氢用氧化铁系催化剂的催化活性与其活性组分γ-Fe_2O_3的含量成正比，但如果没有助催化剂K_2O，活性组分γ-Fe_2O_3在高温下易变成更加稳定的晶相Fe_3O_4，从而使催化剂活性下降。所以结构型助催化剂K^+的加入，既提高了催化剂的活性中心数目，也抑制了乙苯脱氢过程中苯的生成。氧化钾在水蒸气存在时所具有的消除积炭作用，使乙苯脱氢催化剂具有自身再生能力。

然而一些含有钾助剂的乙苯脱氢用氧化铁系催化剂在使用过程中，其钾组分容易发生迁移和流失，引起催化剂脱氢活性下降，削弱催化剂自身消除积炭的能力，从而引起催化剂表面积炭，还增加了苯的生成量。乙苯脱氢用氧化铁系催化剂中钾的流失和迁移主要分两个方面进行：一是催化剂中的一部分钾会因其可溶性而随水蒸气迁向颗粒外面于反应器的出口处富集，以碳酸钾或碳酸氢钾的雪花状晶体出现；二是大部分钾向催化剂颗粒的中心附近迁移。测试表明，颗粒中心部分由于钾的富集使钾含量过高，也只有很低的活性。

近几年来，随着国产乙苯脱氢催化剂研制及生产水平的提高，此种催化剂中的铁、钾等组分的流失问题已逐渐得到了改善。

② 积炭：在乙苯脱氢过程中副反应生成的焦油在催化剂上积炭引起催化剂活性下降。为了减少积炭副反应的发生，需在反应进料中加入水蒸气。水蒸气一方面可使反应原料加热到所需的温度补充热量，以免由于反应吸热而降温；另一方面与催化剂上析出的焦炭发生水煤气反应以消除生成的积炭，维持应有的活性。

③ 氯化物的作用：乙苯脱氢原料中，只要含有机氯达$(3\sim5)\times10^{-6}$就可使催化剂的活性剧烈下降。氯易和催化剂中的钾组分生成氯化钾，氯化钾在高温下易挥发，从而导致催化剂中钾组分的流失。故氯对乙苯脱氢用氧化铁系催化剂来说是一种永久性毒物。

(2) 乙苯脱氢催化剂的再生

由于乙苯脱氢用氧化铁系催化剂的活性下降，主要是由于该催化剂在使用过程中钾组分的流失和迁移引起的，因此通过向反应器进料中加入钾的化合物可以补偿一部分流失的钾，并使催化剂恢复一部分活性；但是由于不能阻止钾组分向催化剂颗粒内部的迁移，所以这种方法不能完全恢复催化剂损失的活性。所以一般不采用再生的方法，必须更换新催化剂。

乙苯脱氢催化剂积炭后可通过烧炭再生。积炭量3.9%的GS-08型国产催化剂的烧炭再生过程如下：

用混有少量空气的水蒸气通过催化剂床层，氧气与炭反应生成二氧化碳，水蒸气用来调节温度。如果催化剂床层温升太快，应增加水蒸气量并减少空气量。随着炭被烧掉，催化剂床层温度逐渐下降，直至稳定，此时表明烧炭完全。表4-8为不同GS型催化剂活性对比。1#样为新鲜催化剂，2#样为工业上使用了2年后的催化剂，3#样为用后的催化剂从反应器中在氮气保护下取出，再在工业运行的温度(600℃)下于空气中煅烧4h后的样品。

表4-8 乙苯脱氢不同催化剂活性对比

催化剂样品	反应温度/℃	转化率/%	选择性/%	产率/%	抗压碎力/N
1#新鲜样	620	76.48	95.23	72.83	122
2#用后样	620	73.85	95.00	70.50	110
3#再生样	620	76.22	95.10	72.49	121

从表中数据可以看出，用后2年的催化剂活性和选择性下降，产率也有所下降，但经较高温度下的煅烧再生后基本恢复了原有的活性。

4. 催化剂的安全使用与保护

由于催化剂含有K_2O成分，所以在生产、运输、装填及使用过程中应尽可能避免接触水。避免吸入、吸收催化剂或接触皮肤、眼睛，防止对操作人员的健康造成损害。

失落和泄漏的处理方法：用真空抽吸的方法收集失落的物料，将其装入容器中，密封保存。进行清理的人员必须戴防护设施。

(四) 乙苯脱氢生成苯乙烯催化剂展望

目前，乙苯脱氢生产苯乙烯技术已经相当成熟，今后，乙苯脱氢催化剂应围绕节能降耗，在降低原材料的消耗和提高效能上做文章。新一代催化剂的发展方向应为“三高三低一慢一长”。“三高”指高活性、高选择性、高空速；“三低”指催化剂使用水平低、使用温度低、能耗物耗低；“一慢”指失活速率慢；“一长”指使用寿命长，确保30个月，力争36个月。要根据不同装置的特点和企业的要求，开发差别化的催化剂。要借助基础研究，加大创新力度，缩短催化剂开发周期。另外，要探索催化剂制备规律，对催化剂制造过程进行研究、改进和优化，以全面提升催化剂制备水平。

随着苯乙烯消费市场的规模不断扩大和社会对节能降耗需求的不断提升，要求延缓催化剂在苛刻条件下的失活速率，降低催化剂在整个操作周期的反应温度，提高催化剂的稳定性。因此，今后还需在以下几方面进行研究：

① 寻求合适的催化剂制备方法，使钾在催化剂颗粒内形成梯度分布，这样一方面可使钾在催化剂表面发挥其传递电子的能力，另一方面可延缓钾在反应条件下向催化剂颗粒中心内部聚集；

② 寻找适当的过渡金属氧化物助剂，增强Fe—O键的结合力，提高催化剂的抗还原能力，保持催化剂在反应条件下Fe^{3+}与Fe^{2+}的比值，防止Fe^{3+}的过度还原；

③ 研究催化剂的再生性能，在较低温度下，使催化剂完全或部分再生；

④ 研究乙苯脱氢催化剂表面的积炭性能，搞清积炭在反应条件下的作用；

⑤ 寻求更有效的原位表征测试方法，揭示在反应条件下真实的催化剂活性相，进一步探讨不同工况下催化剂失活的根本原因和失活机理。

二、芳烃转化催化剂

(一) 甲苯歧化与烷基转移制二甲苯和苯

芳烃是现代石油化工三大合成材料(合成纤维、合成树脂及合成橡胶)的基本原料之一，相比之下，甲苯和碳九芳烃的用途不如苯及二甲苯广泛。随着三大合成材料的发展，对苯和二甲苯的需求量增长很快，而甲苯则绝大部分用作汽油、溶剂和染料，用作其他化工原料的场合则不太多。碳九芳烃虽然也用于耐热性涂料和树脂等方面，但用量却比甲苯少得多。

为解决苯和二甲苯的供需平衡并考虑到甲苯的综合利用，对甲苯化工利用的主要趋向是研究开发甲苯制苯和二甲苯的新工艺，以此替代投资和耗能较高的旧工艺，如以蒸汽脱甲基法代替临氢脱甲基法制苯，以新的歧化、甲基化工艺选择性合成对二甲苯等；研究甲苯代替苯或二甲苯为原料直接合成有机产品(如甲苯合成苯乙烯、苯酚、对苯二甲酸等)的新方法；探索在染料、医药、农药和树脂等工业中的新应用方向。

甲苯歧化与烷基转移工艺可以把甲苯或甲苯与碳九芳烃转化为苯和二甲苯。目前中国甲苯歧化生产装置共有 16 套，主要集中在中国石油和中国石化，规模最大的是大连福佳大化石化有限公司的 1.70kt/a 项目。

依据“炼化一体化”战略，工业生产过程中苯和二甲苯的生产，尤其是二甲苯(PX)主要是通过芳烃联合装置生产，涉及催化重整、甲苯歧化和烷基转移、二甲苯异构化、吸附分离等单元技术。如镇海炼化芳烃项目联合装置由 1Mt/a Ⅲ套连续重整装置、1.2Mt/a Ⅳ套连续重整装置、700kt/a 芳烃抽提装置、450kt/a 苯抽提装置、650kt/a PX 装置和 1Mt/a 甲苯歧化与烷基转移装置组成。

(二) 催化反应

甲苯歧化反应：

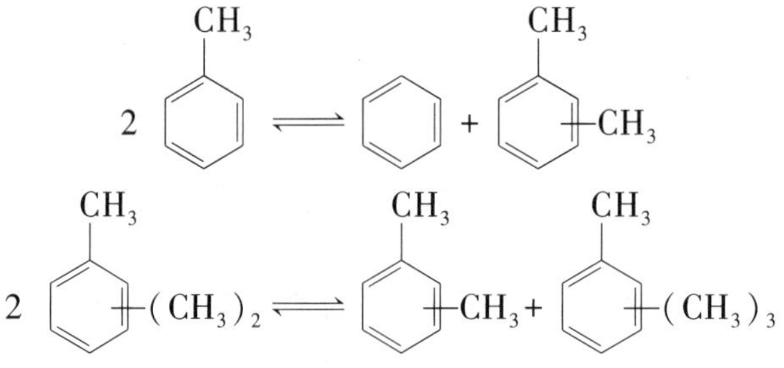

烷基转移反应：

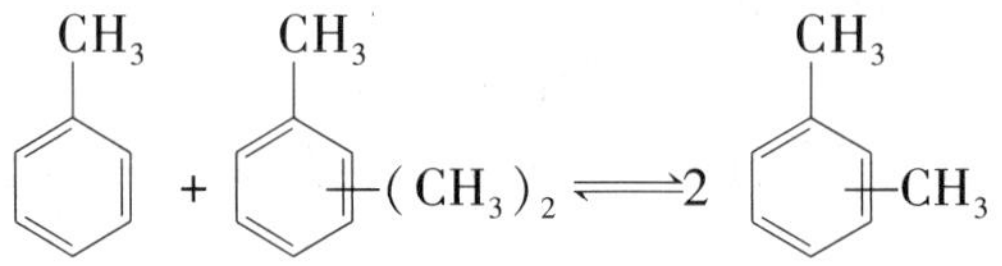

除以上反应外，在临氢条件下，还会伴随发生烷基芳烃的加氢脱烷基等副反应，生成低级烷烃。

(三) 甲苯歧化催化剂

1. 金属氯化物催化剂

这类催化剂主要有 $AlBr_3$-HBr、$AlCl_3$-HCl、BF_3-HF 等。反应是在较低温度(100℃)液相中进行。氢卤酸属质子酸，主要用以改变卤化物的酸性，起到共催化作用，这类催化剂的作用按配位化合物机理进行。由于液相法产品均为混合二甲苯，分离混合二甲苯装置和异构化装置复杂且庞大，所以这种方法在工业上应用不多。

2. 无定形固体酸催化剂

主要有 SiO_2-Al_2O_3、B_2O_3-Al_2O_3以及氟化物改性的 SiO_2-Al_2O_3、Al_2O_3等，气固相反应，活性较高，但选择性较差、寿命短，无法工业化。

3. 沸石分子筛固体酸催化剂

主要有Y-沸石、丝光沸石、ZSM-5和β-沸石等。气固相反应，经磷、镁或磷镁改性的ZSM-5沸石的甲苯歧化，已实现工业化。

目前中国工业用甲苯歧化催化剂都是以沸石(Y型沸石、丝光沸石、ZSM-5型沸石)为活性组分的催化剂。催化剂已全面实现了国产化，并有出口。1972~1993年间中国石化上海石油化工研究院开发成功的ZA系列催化剂都是以高硅丝光沸石为主体，不含助催化剂；1994~1998年间开发成功的HAT系列催化剂是在ZA催化剂的基础上添加了助催化剂。HAT系列催化剂具有低氢烃比、高空速、高转化率、高选择性、稳定性好的特点，并具有使重芳烃转化为轻质芳烃的功能，因而可使用含较高C_{10}A芳烃的原料，拓宽了原料的使用范围，减少了副产物重芳烃的排放量，增加了苯和二甲苯的产量，适应绿色化学发展需求。

2015年7月，由上海石化院自主研发的HAT-300最新一代甲苯歧化催化剂通过小试技术评议。随后，在不到一年时间里完成新型分子筛扩试生产、催化剂放大生产和装置改造等。2016年8月顺利完成催化剂生产和催化剂装填。2016年9月在中国石化天津分公司750kt/a甲苯歧化装置上成功应用。HAT-300催化剂活性和选择性高，对更高空速、更低氢烃比工况具有良好的适应性，原料中低价值的重质芳烃含量有较大幅度的提高，并保持优良的转化率和选择性。催化剂性能达到同类技术先进水平。

国内外固定床丝光沸石甲苯歧化催化剂的发展，是从低空速向高空速($0.5h^{-1}$→$1.7h^{-1}$)，从低转化率向高转化率(35.5%→48.0%)；原料甲苯含量由高向低，C_9A含量由低向高，C_{10}A含量由低向高发展过程。某些工业用国产甲苯歧化催化剂的化学组成及物理性能见表4-9。

表4-9 工业用甲苯歧化催化剂的化学组成及物理性能

项目	DFC-1催化剂	ZA-90催化剂	项目	DFC-1催化剂	ZA-90催化剂
Na_2O/%	0.039		形状尺寸/mm	φ(1.8~2.4)×(2~20)	φ(1.6~1.8)×(3~20)
SiO_2/%	67.8	55~65			
Al_2O_3/%	17.4	34~41	物相组成	丝光沸石	丝光沸石+Al_2O_3
NH_3/%	<0.01	其他<0.01	比表面积/(m^2/g)	533	300~400
Fe_2O_3/%	0.20		堆积密度/(g/cm^3)	0.8	0.70±0.05
			径向压碎强度/(N/cm)	160	>100

(四) 催化反应机理

酸性催化剂能够提供H^+，促使形成碳正离子，促进反应进行。碳正离子的进一步反应，烷基芳烃碳正离子上的烷基转移到另一个烷基芳烃分子上去，变成烷基数比原来少一个的芳烃，而后者脱去质子生成烷基数比原来多一个的芳烃。

(五) 催化剂使用技术与操作指南

1. 催化剂装卸

催化剂装填前，需用压缩空气或仪表风对反应器进行置换，达到人员进入容器要求；打开反应器上盖，进入反应器内部监查和安装内件，清除杂物，列出催化剂的支撑材料和堆放在反应器外面的任何反应器内件的清单；备好装填催化剂时需用的安全设施、照明和软梯等各种器材。

催化剂装填时，应首先在歧化反应器底部铺上三层不同直径的瓷球，作为催化剂的支撑材料，装填瓷球的实际量由催化剂供货单位现场人员决定；然后通过漏斗和帆布筒装填催化剂，每装完催化剂质量的10%~20%后，应暂停装填，找平催化剂床层；催化剂全部装填完毕，测量催化剂装填高度，计算催化剂装填密度。

催化剂装填完成后，按要求从小到大铺上三层不同直径的瓷球，按清单及有关图纸装上分配器等反应器内构件，进行反应器系统复位；最后，对反应器系统进行气密与置换，以N_2正压保护，等待开车。

2. 催化剂使用的开工方法

采用丝光沸石催化剂，其开工方法比较简单。先进行氮气置换、氢气置换和气密试验，建立氢循环，反应器升温，催化剂脱水；然后，投入甲苯原料；再调整空速、原料甲苯与原料与催化剂比例等，使反应达到预定的转化率。

3. 甲苯歧化催化剂的失活与再生

(1) 甲苯歧化催化剂的失活

① 水的作用：水可以使催化剂的酸强度降低，酸中心数减少，从而降低催化剂的活性。早期的丝光沸石催化剂当水含量为15×10^{-6}时，甲苯转化率就明显下降。因此，一般工艺要求原料含水量在10×10^{-6}以下。近期开发的高硅丝光沸石所组成的催化剂对水的忍耐能力有所提高，例如硅铝比为48的脱铝丝光沸石组成的催化剂，可以允许原料甲苯含水量高达$(50\sim250)\times10^{-6}$，但是含大量水蒸气的原料甲苯通入反应器中，1h后该催化剂的甲苯转化率急剧下降，20h后催化剂活性基本消失，且再生后的催化剂活性恢复很差。所以，甲苯歧化原料水含量的控制，对延长催化剂的运转周期及寿命是十分重要的。

② 茚满(二氢化茚)等的作用：双环化合物茚满是甲苯歧化催化剂的毒物，对催化活性的影响很大。当反应器进料中茚满含量增加0.5%时，要获得同样的转化率，反应温度需提高10℃以上；如果茚满在进料中达2%时，即使提高温度也难以获得40%的转化率。有人认为茚满在甲苯歧化条件下大部分发生了裂解、加氢反应，生成了相对分子质量较小的产物；只有极少部分缩合反应生成稠环芳烃以结焦形式覆盖在催化剂上从而影响了催化剂的活性；而催化剂氧化烧焦再生后活性基本可以得到恢复。因此认为茚满不是甲苯歧化催化剂的永久性毒物。

此外，H_2S对甲苯歧化反应的转化率也有影响，是临时性中毒。

③ 积炭失活：甲苯歧化装置随着运转时间的延长催化剂积炭量增加，导致催化剂活性下降，而积炭速率与反应时间、反应温度、氢烃比和反应物料或生成物中的重组分含量有关。积炭速率随着反应时间的延长而减小；反应温度越高，副反应越大，积炭速率越快；氢烃比越低越容易积炭；反应物料或生成物中重组分越多，积炭速率越快；积炭还与沸石种类有关，ZSM-5具有独特结构，所以由ZSM-5沸石组成的催化剂结焦较慢。

(2) 甲苯歧化催化剂的再生

甲苯歧化催化剂在工业使用中，随着运转时间的延长，催化剂活性降低。转化率逐渐下降时，工厂实际操作中会采取逐步提高反应温度的措施弥补催化剂活性的下降。当反应温度提高到该催化剂的极限温度而转化率仍达不到规定指标时，应考虑催化剂的再生。

工业上大都采用原位烧焦方法再生。催化剂不卸出，原位放在反应器内控制再生温度和压力，通入低氧含量的氮气流烧焦再生。具体步骤如下：

① 芳烃脱附：甲苯歧化催化剂在长期的运转过程中，催化剂表面上吸附了大量的芳烃。当催化剂进行再生时，停止了甲苯和C_9芳烃进料终止甲苯歧化反应后，应在原位反应温度、压力条件下，通入氢气循环一段时间(一般约需2h以上)，以便让吸附于催化剂上的芳烃脱附，然后泄压、降温，使芳烃尽量从催化剂上脱附完全。

② 氮气置换：将反应系统与原料系统、产品分离系统隔离，然后用氮气进行置换，使可燃性气体含量低于爆炸极限。

③ 氮气循环升温：当反应系统用氮气置换合格后，开始氮气循环并升压至0.3～1.0MPa，同时将催化剂床层的温度升至预定的投氧烧焦温度进行投氧烧焦。

④ 投氧烧焦：当反应器入口温度升至预定值后，先恒温一段时间，使催化剂床层温度基本稳定后即可投氧烧焦。投氧时，氧的浓度从低到高逐步提高。氧的来源可以是工业氧气或者是空气，整个投氧烧焦过程采用程序升温的办法和逐步改变氧含量的办法分阶段进行烧焦。

⑤ 烧焦终止：当反应器入口温度升至预定的最高值时，入口氧含量达到预定的最高值，而且反应器出入口温差基本为零，出入口氧浓度基本相等，出入口二氧化碳浓度基本相等，表明烧焦已结束。此时可停止通入再生用的氧气，停止补充氮气，继续氮气循环降温。

4. 催化剂的安全使用及保护

(1) 包装、储运

铁桶包装，存放于通风干燥处，储运中谨防散包，避免受潮。

(2) 使用中注意事项

催化剂的装填、开工和运转按照专利商提供的方法进行。反应原料应符合规格，C_9A、$C_{10}A$含量过高，水、茚满等杂质过高会缩短运转周期。如循环氢中断后，需立即切断甲苯和C_9A进料，避免催化剂迅速失活。反应温度、空速和转化率过高，氢烃比过低也会加速催化剂失活。如原料供应不足或市场销售不畅，需要降低空速时，应降低反应温度使转化率在原定水平或在较低转化率下运转，这有利于延长运转周期。

5. 废催化剂处理

未反应过的或再生过的催化剂无毒、无味、无燃烧爆炸危险，可作填坑、铺路之用。已使用过，但未经再生的催化剂应按国家有关三废处理条例处理。

(六) 芳烃转化催化剂展望

甲苯歧化与烷基转移技术的发展核心除了工艺的发展之外，还有就是催化剂随着化纤工业的快速发展，市场对二甲苯尤其是对二甲苯的需求大增，相关企业纷纷进行扩能。扩能方式包括在原有芳烃联合装置上进行扩能改造，或新建大型联合装置。在受限于现有反应器规模及氢气供给量前提下，对现有芳烃联合装置改造主要通过提高进料空速，同时降低氢烃分子比来实现，在技术上要求催化剂适用于高速、低轻烃比反应工况。因此，开发新一代的高空速、低氢烃比甲苯歧化与烷基转移催化剂，是市场的迫切要求。此外，为适应未来原油重质化的趋势及缓解芳烃产品供需矛盾，开发多处理重质芳烃以增产二甲苯的催化剂及工艺也是发展方向之一。

三、二甲苯异构化催化剂

C_8芳烃通常是指二甲苯的三个异构体(邻、间和对二甲苯)和乙苯的混合物，在不同来

源的 C_8芳烃中，它们的含量并不一样，但无论是哪种方法得到的 C_8芳烃，均以间二甲苯的含量最多，通常是邻二甲苯和对二甲苯两者的总和。

含量最多的间二甲苯，直接作为原料使用用量极少，邻二甲苯目前是生产苯酐的主要原料，对二甲苯的需求最大，它是生产聚酯纤维工程塑料不可缺少的原料。为了实现二甲苯异构体的供需平衡，增产对二甲苯和邻二甲苯，最有效的方法是通过异构化反应，将间二甲苯转化为对二甲苯和邻二甲苯。

工业上采用的二甲苯临氢异构化工艺技术有临氢异构化和非临氢异构化两种类型。

临氢异构化采用氢气保护异构化催化剂活性，副反应少，对二甲苯转化率高，催化剂使用周期长，但需用氢气及氢压缩机，动力消耗相应较高。

临氢异构又可分为采用贵金属催化剂和非贵金属催化剂两种。采用贵金属催化剂时，乙苯也参与异构化，因此 C_8芳烃总收率高，并能最大限度生产二甲苯。贵金属催化剂虽然成本高，但可省去乙苯分离费用，是广泛采用的路线。

非贵金属催化剂临氢异构的特点是催化剂比较便宜，只有贵金属催化剂的 20%，氢气消耗也只有贵金属催化剂的 1/8~1/4，芳烃产率为 96%~99%，但乙苯不参与异构化反应。

非临氢异构化催化剂一般采用 $SiO_2-Al_2O_3$等，价格便宜，反应压力低，设备简单，操作安全，但乙苯不参与反应，需事先加以分离，催化剂再生频繁。

（一）催化反应

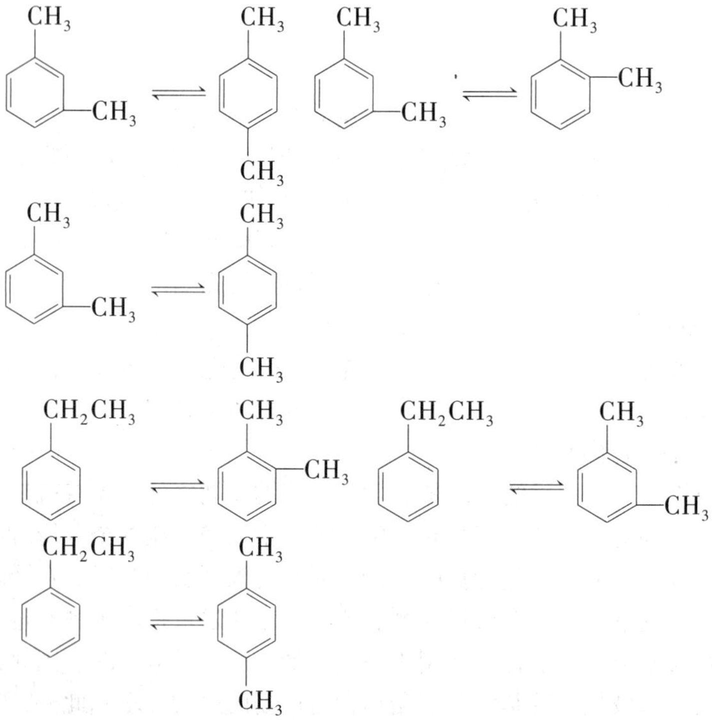

（二）催化剂

主要有无定形 $SiO_2-Al_2O_3$催化剂、负载型铂催化剂、ZSM 分子筛催化剂和 $HF-BF_3$催化剂等。

1. 无定形 $SiO_2-Al_2O_3$催化剂

无加氢、脱氢功能，不能使乙苯异构化，故乙苯应先分离除去，否则会发生歧化和裂解等反应而使乙苯损失。为提高其酸性，可加入有机氧化物、氯化氢和水蒸气等。反应一般在350~500℃、常压下进行，为抑制歧化和生焦等副反应发生，在原料中加入水蒸气。此类催化剂价廉，操作方便，但选择性较差、结焦快，需频繁再生。

2. 铂/酸性载体催化剂

已用的有 $Pt/SiO_2-Al_2O_3$、Pt/Al_2O_3和铂/沸石等催化剂。这类催化剂既有加氢、脱氢功能，又具有异构化功能，故不仅能使二甲苯之间异构化，也可使乙苯异构化为二甲苯，并具有较好的活性和选择性，所得产物二甲苯异构体的组成接近热力学平衡值。选择适宜的氢压和温度能促使乙苯的异构化并提高转化率，通常于400~500℃和0.98~2.45MPa氢压下异构化反应。

3. ZSM 分子筛催化剂

已用的有 ZSM-4 和经 Ni 交换的 Ni-HZSM-5 催化剂，它们的异构化活性都很高。以 ZSM-4 为催化剂时，可在低温液相进行异构化，产物二甲苯组成接近热力学平衡值，副产物仅 0.5%(质)左右，但其不能使乙苯异构化。用 Ni 改性后的 Ni-HZSM-5 催化剂，在临氢条件下对乙苯异构化具有较好的活性，乙苯转化率达 34.9%，二甲苯组成接近平衡值，二甲苯收率达 99.6%(质)。

4. $HF-BF_3$催化剂

该催化剂用于间二甲苯为原料的异构化过程，具有较高的活性和选择性，转化率为40%左右，产物二甲苯异构体组成接近热力学平衡值，C_8芳烃的单程收率达 99.6%(质)，副产物单程收率仅 0.37%(质)。此类催化剂还具有异构化温度低、不用氢气等优点，但 $HF-BF_3$在水分存在下具有强腐蚀性，故原料必须经过分子筛仔细干燥并除氧。

(三) 异构化催化剂的使用技术

以贵金属催化剂为例，异构化催化剂的使用包括装填、清扫、脱水、还原、再生等。

1. 装填

异构化反应器为径向反应器，整个床层分为主床层、密封层和坍落层。

2. 清扫

当废催化剂卸出后，用含一定量氧气的氮气进行清扫，直至烃类及 HCl 为 0，之后再用刷子和吸尘器除去反应器壁的颗粒粉尘，直至有金属光泽出现为止。

3. 脱水

新鲜催化剂为氧化态型。需要用还原介质氢气将氧化铂还原成金属铂才有活性。为防止催化剂的吸附水在还原过程中晶粒长大，影响活性，还原前还必须进行脱水干燥。

4. 还原

干燥结束降至常温，先用氮气置换至氧含量小于 0.5%，再用 H_2置换至氮气含量小于 0.5%，即可升温进行催化剂还原。还原介质是高纯度不含 HCl 的 H_2。

5. 催化剂失活与再生

(1) 催化剂失活

二甲苯异构化催化剂的失活除了积炭外，主要是中毒失活，毒物有 CO、H_2S 和 As、Fe、Pb、Cr 等重金属。此外，原料中有机氯化物能分解生成 HCl，若有 NH_3存在，会反应生成 NH_4Cl 晶体堵塞管线。HCl 还能提高催化剂酸性，促进裂解反应，影响催化剂的选择性。有机氮进入异构化反应器，在氢压下转化为 NH_3，NH_3能中和催化剂的酸性中心，使异构化活性下降。反应系统中水含量高，会导致催化剂铂晶粒长大，影响活性。所以，原料油进入反应器之前要进行加氢精制，避免金属杂质及有毒物质超标。若原料油及补充氢皆来自催化重整，因有害物通常比较低，无需精制就可使用。

(2) 催化剂再生

因积炭失活的二甲苯异构化催化剂的再生可采用原位再生法，采用低氧浓度的氮气和空气混合后，在不同的温度下分段烧焦。再生时需控制床层出口与进口温差不超过 10℃。燃烧层最高温度不超过 150℃，直至尾气中无 CO_2为止。再生好的催化剂通氢气还原，以进行下周期的运转。

(四) 二甲苯异构化催化剂展望

随着全球对二甲苯需求量的不断增加，采用二甲苯异构化工艺由混合 C_8芳烃最大量生产单一二甲苯产品具有较广阔的工业应用前景。因此，研究高性能的二甲苯异构化催化剂，对提升整个芳烃产业的技术水平将发挥举足轻重的作用，尤其是乙苯转化为二甲苯型催化剂的开发。随着新催化材料的开发及催化剂制备技术的不断进步，二甲苯异构化催化剂的综合性能开发还有较大提升空间，应重点围绕以下四个方面进行突破：

① 运用物理和化学原理，设计开发新型结构的分子筛。如 ITQ 和 EUO 等系列分子筛，使其具有适宜于二甲苯异构化反应的酸中心和孔结构，既提高催化剂的活性，又提高分子筛的择形选择性。

② 加强对分子筛的改性研究。其目的是开发新型分子筛，如 Sachtler 等人将丝光沸石用醋酸镁进行改性，催化剂上的镁含量约 1.0%左右，用含贫 PX 的非平衡混合 C_8作为反应进料，相比未经改性的沸石催化剂，在产物中 PX 平衡值相当的情况下，改性丝光沸石催化剂的 C_8损失低于参比剂。

③ 对金属 Pt 的负载位置和分散度进行优化。藉此提高利用率，能够使催化剂的异构化活性最大程度地接近热力学平衡值，抑制造成 C_8芳烃损失的副反应的发生，且具有较高的乙苯转化能力，从而提高二甲苯异构化催化剂的活性及稳定性，延长催化剂的使用寿命，同时提高产品的收率和装置的经济效益。

④ 改进催化剂制备工艺。如切成等粒度颗粒、合成前驱物、离子改性、改变金属负载方式和选择新的溶剂等，提高生产自动化水平和降低物耗能耗，同时加强资源的综合利用率，减少废弃物排放，实现催化剂制备过程的绿色化。

四、对二甲苯氧化生成对苯二甲酸

对苯二甲酸最重要的用途就是生产聚对苯二甲酸乙二酯树脂(简称聚酯树脂，简写为 PET)，进而制造聚酯纤维、聚酯薄膜及多种塑料制品等，此外，还可用作染料中间体和绝缘体以及家禽饲料添加剂等。

最初生产对苯二甲酸采用对二甲苯硝酸氧化法，由于此方法设备腐蚀严重，产品精制困难，而且流程长，难以连续化生产，因此在 20 世纪 60 年代后期终止生产。目前，工业上对苯二甲酸的生产路线主要是对二甲苯高温氧化法、分段氧化法以及低温氧化法。

(一) 反应原理

主反应：

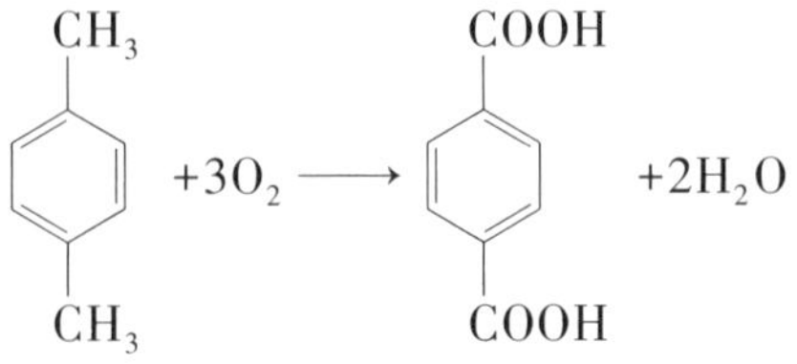

经过以下反应步骤：

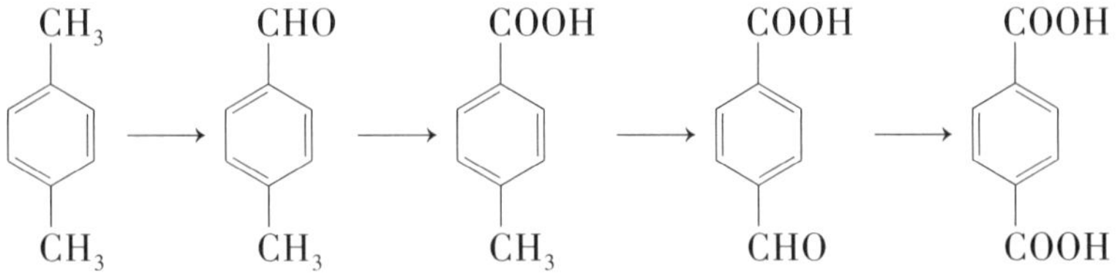

副反应：原料对二甲苯和溶剂醋酸都容易发生深度氧化，同时氧化不完全的中间产物或带入的一些杂质都会产生一些副反应。这些副产物虽数量不多，但品种繁多，已检出的副产物多达 30 种左右，统称为杂质。见表 4-10。

表 4-10 粗对苯二甲酸残液组成

组分名称	含量/%	组分名称	含量/%
对苯二甲酸	27.48	醋酸	27.3
间苯二甲酸	4.67	醋酸钴	1.83
邻苯二甲酸	1.67	醋酸锰	5.11
对羟基苯甲酸	3.11	水	2.53
对羧基甲醛	0.25	其他	6.54
苯甲酸	19.43		

(二) 对二甲苯氧化制对苯二甲酸催化剂

Co-Br 和 Mn-Br 都会使对二甲苯氧化为对苯二甲酸，Co-Br 的活性高于 Mn-Br，但它们的活性都不如 Co-Mn-Br 三元组分的活性。

Co-Mn-Br 三元组分催化剂中，其活性组分是 Co 和 Mn，但是仅靠 Co、Mn 的作用并不能使两个甲基完全氧化为羧基，因为对二甲苯的第二个甲基很难氧化。以溴化物如溴化铵、四溴乙烷、溴化钾为助催化剂，其有助于对二甲苯的第二个甲基进一步氧化。溴化物的主要作用是利用溴自由基的强烈吸氢作用，形成活泼自由基而引发自由基氧化反应。尽管 HBr、NaBr、CoBr 等均可作为对二甲苯氧化促进剂，但工业上通常使用四溴乙烷，这是因为四溴乙烷中的溴含量高，且溶于反应液中。

反应介质通常用醋酸，其作用是使对二甲苯在反应体系中有效分散，溶出杂质和有利于体系的传质和传热，并溶解氧化过程的中间产物，如甲基苯甲酸等。促进对二甲苯进一步深度氧化为对苯二甲酸。同时醋酸又是质子供予者，可保持对二甲苯氧化过程中体系的活性。

(三) 催化剂的使用技术与操作指南

1. 催化剂的装填

配制好的催化剂由泵压至氧化进料混合槽。反应氧化过程中由于氧化配料系统催化剂浓度采用在线仪表控制，故配制中 Co^{2+}、Mn^{2+}及 Br^-离子浓度在较长时间内都比较稳定。

2. 催化剂使用开工方法

开车时，反应器用蒸汽预热至 160℃，并用惰性气体冲压至 2.1MPa。将进料混合物槽内物料(包括二级离心滤液醋酸、干燥洗涤塔醋酸、从溶剂脱水塔出来的脱水溶剂以及母液循环系统运行时生成的循环液等四种物料混合物)加入反应器中，在开车加入器中预热。然后将醋酸溶剂由泵通过换热器加热到约 204℃，再加入反应物中，催化剂和促进剂从开车催化剂进料槽压入溶剂中。当空气引入高温的开车进料物中就会引进氧化反应，之后就开始连续进料。当进料和空气的流率缓慢地增大至预定条件，并且反应器液位到预定位置时，便将反应物抽出第一结晶器。

装置停车时，残留在系统中的物料可用 5%NaOH 溶液洗涤，使物料溶解，其中包括容器内搅拌器液位下的对苯二甲酸浆液以及附在搅拌轴与器壁上的对苯二甲酸结垢。

3. 催化剂回收

对大型氧化装置来说，可以增设催化剂回收装置，比较经济稳定的是用水萃取氧化装置排出的残渣中的醋酸钴、醋酸锰及溴，然后分解浓缩，作再生催化剂重复使用，通常回收率可达 80%。

4. 催化剂的安全使用与保护

醋酸钴是一种结晶粉末，虽然能大部分为人体所排泄，但也有部分分布到人体各器官残留下来，其允许浓度为 0.1×10^{-6}，因而接触时应戴好防尘面罩。

吸入醋酸锰粉末，将导致中枢神经系统慢性神经症，接触时同时应戴好防尘面罩。四溴乙烷蒸气毒性很强，必须避免长期处于这种蒸气中。

当系统短时间或局部停车时，在 36h 内必须保温保压，并有一定料位，以防结垢堵塞。如超过 36h，则应将反应器及结晶器内料退完，并用酸洗 1~2 次，下次开车时重新配料。

(四) 对二甲苯氧化生成对苯二甲酸催化剂展望

现有对苯二甲酸生产工艺采用高活性、高选择性的均相氧化催化剂，并与先进的设计和生产技术一起，成为一种成熟的石化产品生产工艺。但由于对苯二甲酸生产正面临着大型化时代，且对环境影响方面有更高的要求，因此对苯二甲酸生产技术的发展趋势并不局限在现有催化剂性能的改进和节约用量上，而是要从绿色工艺角度出发，开发对环境更加友好的新工艺与催化剂体系，例如非卤素助剂和非醋酸溶剂的催化体系。尽管目前这些技术在工业化过程中仍存在不足之处，但却是催化剂的发展方向，因而加快新催化剂体系及相关工艺的开发势在必行。

五、苯酐催化剂

(一) 苯酐的生产方法

1. 生产苯酐的原料

直至 20 世纪 60 年代，生产苯酐的唯一原料是萘，萘来自煤焦油，故原料来源受到一定限制。随着石油化工的发展，来自石油的石油萘、邻二甲苯都可用作苯酐的原料。特别是邻二甲苯，由于价格较低、容易运输、氧化选择性高及所得产品纯度较高等特点，目前有 80%以上的苯酐采用邻二甲苯为原料生产。

2. 苯酐的生产方法

（1）气相氧化法

① 以萘为原料的萘氧化法：

主反应：

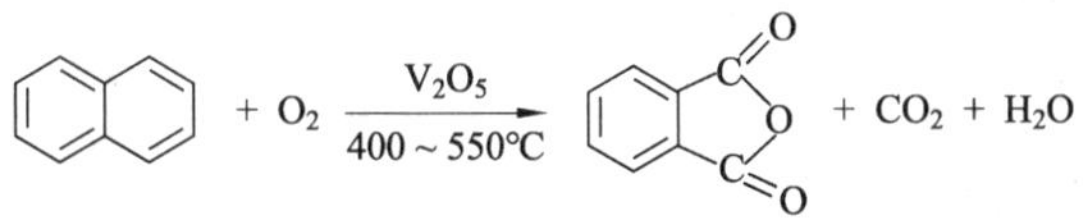

副反应：萘氧化为萘醌、顺酐以及深度氧化为 CO_2 和 H_2O。

② 以邻二甲苯为原料的邻二甲苯氧化法：

主反应：

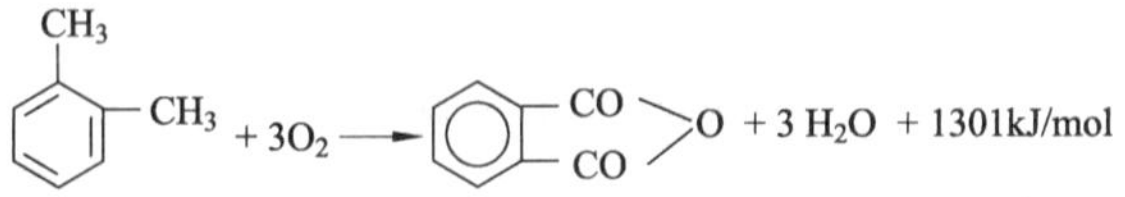

副反应：

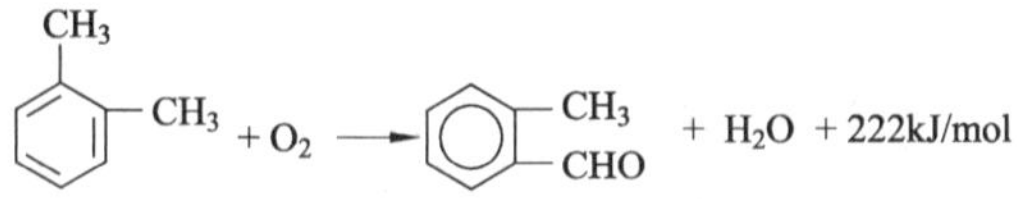

除以上副反应外，邻二甲苯还被氧化为顺酐、苯酞及深度氧化为 CO_2 和 H_2O。

（2）液相氧化法

液相法是以邻二甲苯为原料、醋酸为溶剂、醋酸钴为催化剂、溴化钾为助催化剂，用多级反应器在150~250℃、0.1~1.0MPa条件下进行反应制得苯酐后，经结晶、脱水，连续蒸馏提纯苯酐产品。该方法的优点是反应温度低、副反应少、操作平稳；缺点是对普通材质腐蚀严重、设备需用不锈钢，设备投资及催化剂费用都较大。

（二）邻二甲苯气相氧化制苯酐催化剂

1. 催化反应机理

目前可以接受的反应机理是一种“Redox”机理，即在催化剂的作用下反应物R间接地与氧反应而变成产物。

① 还原态催化剂与气相中的氧反应，还原态催化剂被氧化；

$$2Cat+O_2 \longrightarrow 2Cat-O$$

② 氧化态催化剂与反应产物反应生成产物，氧化态催化剂被还原：

$$Cat-O+R \longrightarrow R-O+Cat$$

2. 邻二甲苯气相氧化制苯酐催化剂

活性组分主要是 V_2O_5，即主催化剂；载体主要是 TiO_2。助催化剂是K、Na、Rb、Cs、Nb、Sb、P、Mo的氧化物或盐类。

邻二甲苯气相氧化剂苯酐催化剂主要有两种类型：一是熔融 V_2O_5 涂于惰性非孔型载体（SiC）上；二是 V_2O_5 与碱金属的硫酸盐（如 K_2SO_4）作助催化剂一起载在粉状的SiC或 TiO_2 上再压片。

相对于其他载体而言，从催化活性和选择性来看，以 TiO_2 为载体得到的催化剂效果相对较好。各种研究表明：催化活性位于V_2O_5表面；当V_2O_5的含量低于2%时，它以单层形式覆盖于锐钛矿型TiO_2；单层V_2O_5对邻二甲苯氧化制苯酐的选择性高；最合适的载体是比表面积在$10m^2/g$、具有特定孔分布的锐钛矿型TiO_2。

添加少量助催化剂到V_2O_5/TiO_2系列催化剂中可以提高产率，抑制副反应，同时增加TiO_2晶形的稳定性，保持良好的催化活性。

随着邻二甲苯氧化工艺的改进，开发了一种薄层催化剂，就是把活性组分的悬浮液喷涂在非孔型惰性载体上。包括以下两种类型：

① V_2O_5(6%)、K_2O(2%)、SO_3(2%)、Sb_2O_3(6%)，载体为TiO_2(K_2SO_4是助催化剂，原料气中需加入SO_2)。

② V_2O_5(5%~7%)、WO_3(0.06%~0.1%)、P_2O_5(0.2%~0.6%)、Al_2O_3(0.1%~0.3%)、Me_2O_3(0.0001%~0.05%)、TiO_2(92%~96%)(活性组分涂在载体SiC上，原料气中不需加入SO_2)。

70%以上的邻二甲苯气相氧化制苯酐的生产装置均适用这两类催化剂，但这种催化剂的缺点是原料气浓度正处在爆炸极限之内，生产厂尽管采取各种预防措施，但仍有爆炸危险。

(三)邻二甲苯制苯酐催化剂的使用技术与操作指南

1. 催化剂的装填

根据一般固定床催化剂的装填方法，可先在管子底部加入弹簧，再加入瓷环等惰性物质，然后再加入催化剂，最后加入瓷环。催化剂装填过程中应注意：防止架桥等催化剂在管内分布不均的情况发生；防止催化剂破损；催化剂装填完毕后，应测压力降，在一定范围内方为合格。

2. 催化剂使用的开工方法

催化剂装填完后，需经高温煅烧和预处理两个阶段。

(1) 催化剂的高温煅烧阶段

新催化剂出厂时其颗粒外表包裹一层有机物质，此时的催化剂基本属于钝态。不具备足够的活性表面，在初次投料前，须将装入反应器的新催化剂用热空气以5~8℃/h的速度加热到400℃左右，在此温度下恒温一定时间，同时要连续地向反应器中通入一定量的空气。催化剂经高温煅烧后被激活。经过煅烧，使催化剂中残留的有机物被烧掉，从而形成涂层中的微孔，大大增加了活性表面积。同时大部分钒盐分解为V_2O_5，而形成活性单分子层覆盖在TiO_2载体上，此时催化剂的选择性最好。

(2) 催化剂的预处理阶段

在一定时间内(通常为10~60d)，负荷逐渐由低到高直至最大，但无论何种型号的催化剂，其初次投料负荷不应超过$40g/m^3$(通常值为$30g/m^3$)。因为邻二甲苯与空气混合物的爆炸下限为$44g/m^3$，如果催化剂因某种原因失活而使反应无法进行，$40g/m^3$以上的负荷会有爆炸的危险。再加上此时催化剂极为敏感活跃，负荷过高会产生“飞温”现象。在逐渐提高负荷的同时，盐浴温度逐渐降低到正常值。

3. 催化剂的失活与再生

为保持催化剂的活性和选择性，最初的方法是在反应物料加入一定量的硫化合物(如SO_2)。其缺点是硫化物若未经处理排入大气会造成环境污染，而处理费用通常很昂贵。因此BASF公司开发了一种新的催化剂再生法，具体方法如下：

60g 催化剂在工艺条件下运行 460d 后，停止进邻二甲苯，将 SO_2 与空气以 1∶5 的比例通过催化剂层，熔盐温度为 394℃，保持 32h。然后再进邻二甲苯，两天后重复一次 32h 的 SO_2 处理过程。此时的熔盐温度可降为 378℃，苯酐收率达 110%，苯酞含量少于 0.03%。9 个月后苯酐的收率仍为 110%，苯酞含量少于 0.03%。

4. 催化剂的安全使用与保护

催化剂使用大致分为诱导期、稳定期和衰退期三个阶段。在诱导期内应严格实施对催化剂的高温活化、低负荷诱导操作，使催化剂的性能得以发挥，活性趋于稳定。在稳定期内，应注意原料、工艺、操作条件对催化剂性能的影响，尽量减少非正常开停车次数，以使装置在满负荷下安全、高效地运行。

催化剂在装填前有一段储藏期。储藏催化剂的地点应保持干燥，不受其他化学物质干扰。在催化剂装填时，因钒是有毒物质，故装填催化剂的人员必须戴口罩，以防职业伤害。

（四）邻二甲苯气相氧化制苯酐催化剂展望

目前，邻二甲苯气相氧化制苯酐催化剂向着高负荷、高收率方向发展。为提高邻二甲苯进料量，催化剂的研究重点是解决催化活性和选择性的矛盾，既要保证邻二甲苯的转化率，还需有可观的苯酐收率。另外，在高负荷下反应，降低催化剂的反应盐浴温度也是重要方面，降低盐温，既有利于增加混合气进料中邻二甲苯浓度，也符合工业装置安全操作的要求。

习　　题

一、判断题

1. 烃类原料裂解制乙烯是低温短停留时间的运转模式。(　　)
2. 工业脱炔的主要方法是选择性催化加氢和溶剂吸收法。(　　)
3. 加氢除炔烃催化剂的金属组分主要是过渡金属元素及其化合物。(　　)
4. 加氢除炔催化剂的载体是 γ-Al_2O_3。(　　)
5. 加氢除炔催化剂使用初期活性较高，宜在较低温度下操作。(　　)
6. 环氧乙烷催化剂的活性组分是银，银含量越高越好。(　　)
7. 环氧乙烷催化剂的载体是低比表面积、大孔径、无孔隙或粗孔隙型、传热性能良好、热稳定性高的 α-Al_2O_3。(　　)
8. 环氧乙烷催化剂中加入抑制剂的主要作用是抑制环氧乙烷深度氧化生成二氧化碳和水。(　　)
9. 在环氧乙烷催化剂中，加入抑制剂后，使催化剂的活性降低，选择性也降低。(　　)
10. 乙烯气相氧化制醋酸乙烯催化剂的主要组成是金属钯，再没有其他组分。(　　)
11. 乙烯气相氧化制醋酸乙烯催化剂中，只含金的催化剂的活性也很高。(　　)
12. 乙烯气相氧化制醋酸乙烯的催化剂中，金属金的加入主要是为了防止钯的氧化物凝聚。(　　)
13. 钾和其他金属盐类是促进乙烯气相氧化制醋酸乙烯的助催化剂。(　　)
14. 制醋酸乙烯的催化剂的载体是硅胶及氧化铝。(　　)

15. 制醋酸乙烯的催化剂的载体起着改变醋酸和水吸附性的作用。(　　)

16. 促进制醋酸乙烯催化剂的原因很多，有醋酸钾流失、活性组分钯、金的流失及晶粒长大和氯等杂质的影响。(　　)

17. 对于醋酸钾的流失导致活性下降，在工厂实际运行中以补加醋酸钾的方式来弥补。(　　)

18. 丙烯氧化制丙烯酸有一步法和两步法，目前主要采用两步法。(　　)

19. 目前丙烯氧化制丙烯醛所用催化剂大多为 Mo-Bi 体系。(　　)

20. 丙烯醛氧化制丙烯酸催化剂目前均为 Mo-V 为主。(　　)

21. 丙烯氨氧化制丙烯腈的催化剂是钼系和锑系。(　　)

22. 单纯的 Bi_2O_3 对丙烯腈的生成有很高的催化活性，而单纯的 MoO_3 无催化活性。(　　)

23. 在丙烯氨氧化钼系催化剂中，加入钾可以改变催化剂表面酸度和抑制深度氧化。(　　)

24. 在丙烯氨氧化制丙烯腈的生产过程中，不管采用何种反应器，对载体的要求都相同。(　　)

25. 若用流化床生产丙烯腈，一般采用粗孔微球硅胶作载体，活性组分和载体的比为 1∶1(质量比)，喷雾干燥成型制得。(　　)

26. 丙烯腈的生产采用流化床反应器时，卸催化剂时，依次切除丙烯、氨进料阀，同时开启与分布器相连的氮气管线阀，向丙烯、氨分布器通入氮气，防止分布器被催化剂堵塞。(　　)

27. 羰基合成催化剂以油溶性钴盐和水溶性钴盐用得最多。(　　)

28. 羰基铑膦络合催化剂的永久性毒物有有机硫、无机硫、氯化氢、有机氯化物及氰化物。(　　)

29. 羰基合成丁辛醇用铑催化剂的再生方法有蒸馏法、萃取法、吸附分离法、浸没燃烧法和灰化燃烧法。(　　)

30. 醛类气相加氢生成醇的催化剂主要是镍催化剂。(　　)

31. 醛类加氢制醇的催化剂采用铜基的优点是副反应少、生产能力大、加氢选择性好，不足之处是机械性能差。(　　)

32. 醛类加氢制醇的铜基催化剂，在卸出之前要进行氧化过程。(　　)

33. 新装填的铜基催化剂不需要经过活化就可以使用。(　　)

34. 丁二烯是生产合成橡胶、合成树脂的重要单体。(　　)

35. 顺酐的生产方法有苯氧化法、C_4 烯烃氧化法和正丁烷氧化法。(　　)

36. 正丁烷氧化制备顺酐催化剂最主要就是钒磷氧系催化剂。(　　)

37. 正丁烷氧化制顺酐催化剂的卸出必须用惰性气体将催化剂冷却，最好降至常温，然后装入铁桶。(　　)

38. 在正丁烷制顺酐的过程中，要求原料正丁烷的纯度应不小于 98%。(　　)

39. 正丁烷制顺酐过程中所用的空气不含硫及有机物。(　　)

40. 无论是固定床还是流化床工艺，正丁烷的氧化和钒催化剂在高、低价之间的反复变

化都在同一个反应器内进行。(　　)

41. 正丁烷氧化制顺酐催化剂在使用过程中需要控制原料中噻吩和二氧化碳含量。(　　)

42. C_9和C_{10}等重芳烃是生产石油芳烃过程中数量可观的产品或联产品。(　　)

43. 苯乙烯的最大用途是生产聚苯乙烯。(　　)

44. 苯乙烯与丁二烯、丙烯腈共聚可生产 ABS 工程塑料。(　　)

45. 苯乙烯与丙烯腈共聚可得无色透明的热塑性树脂 SAN。(　　)

46. 苯乙烯与马来酸酐无规共聚得新型热塑性工程塑料 SMA。(　　)

47. 乙苯脱氢生成苯乙烯催化剂中的锌系催化剂机械强度较好，选择性强。(　　)

48. 目前工业上使用的乙苯脱氢催化剂主要为含多种助剂的铁系催化剂，铁含量一般在70%~90%。(　　)

49. 乙苯脱氢铁系催化剂中常用的助剂为碱金属或碱土金属氧化物，其中钾助剂的效果尤为显著。(　　)

50. 乙苯脱氢铁系催化剂中只有Fe^{3+}才具有活性。(　　)

51. 乙苯脱氢用氧化铁系催化剂的催化活性与其活性组分γ-Fe_2O_3的含量成反比。(　　)

52. 乙苯脱氢用的氧化铁系催化剂活性下降的根本原因是其中钾组分的迁移和流失，此外氯中毒、积炭和烧结也会使催化剂活性下降。(　　)

53. 甲苯歧化催化剂的无定形固体酸催化剂活性高，选择性也高。(　　)

54. 甲苯歧化催化剂的金属氯化物催化剂的作用机理是按络合物机理进行的。(　　)

55. 目前中国工业用甲苯歧化催化剂都是以沸石为活性组分的催化剂。(　　)

56. 若原料中含有水，可以使甲苯歧化催化剂的酸度降低，酸中心数减少，从而降低催化剂的活性。(　　)

57. 双环化合物茚满是甲苯歧化催化剂的毒物，对催化剂活性的影响很大。(　　)

58. 硫化氢对甲苯歧化催化剂的中毒是暂时性中毒。(　　)

59. 工业上对甲苯歧化催化剂的再生采用原位烧焦方法再生。(　　)

60. 工业上采用的二甲苯临氢异构化工业技术有临氢异构化和不临氢异构化两种类型。(　　)

61. 临氢异构可分为采用贵金属催化剂和非贵金属催化剂两种。(　　)

62. 贵金属临氢异构催化剂成本高，C_8芳烃收率低。(　　)

63. 非贵金属临氢异构催化剂的特点是催化剂便宜。(　　)

64. 二甲苯非临氢异构催化剂一般采用SiO_2-Al_2O_3等，价格便宜，反应压力低，乙苯不参与反应。(　　)

65. 铂/酸性载体催化剂既具有加氢、脱氢功能，又具有异构化功能。(　　)

66. 对二甲苯氧化制对苯二甲酸过程中，对二甲苯的第二个甲基很难氧化。(　　)

67. 为了使对二甲苯中的第二个甲基氧化，在催化剂中加入溴化铵、四溴乙烷、溴化钾为助催化剂。(　　)

二、简答题

1. 加氢除炔催化剂的主要组分是什么？加氢催化剂中的载体为何选择α-Al_2O_3，而不用

γ-Al_2O_3？

2. 写出用银催化乙烯氧化合成环氧乙烷的反应方程式，并说明如何提高环氧乙烷的选择性？

3. 乙烯气相氧化制醋酸乙烯催化剂的主要组成是什么？使用该催化剂应注意哪些事项？

4. 乙烯氧氯化生产氯乙烯包括哪几步？

5. 丙烯氨氧化生成丙烯腈的催化剂有哪几类？

6. 正丁烷氧化制备顺酐的催化剂的活性组分是什么？

7. 写出邻二甲苯氧化制苯酐的反应方程式，通常所使用催化剂的组成是什么？

8. 二甲苯临氢异构化选用 Pt 系催化剂时，能否将乙苯异构化？若可以，试写出相应的异构化反应方程式。

9. 写出甲苯歧化的反应方程式。实现该反应通常采用哪三种类型的催化剂？

第五章　其他催化剂

第一节　合成氨工业催化剂

合成氨工业对于世界农业生产的发展，乃至对于整个人类物质文明的进步，都具有重大意义。氨是世界上最大的工业合成化学品之一，其85%用来制化学肥料，其余作为生产其他化工产品的原料，主要用来制造炸药和各种化学纤维及塑料。氨的其他工业用途也十分广泛，例如氨可作为制冰、空调、冷藏等系统的致冷剂。

自合成氨铁系催化剂发现和应用以来，才实现了用工业方法从空气中固定氮气，进而廉价制得了氨。此后各种催化剂的研究和发展与合成氨工艺过程的完善相辅相成，起着重要作用。至今，现代化大型氨厂中几乎所有工序都采用催化剂。

工业氨由氮气和氢气合成。氮气从空气中获取，氢气从含氢的水或烃(天然气、石脑油、重油)等中获取。各种工业合成氨工艺路线的不同，本质在于其制氢路线的区别，其中，由水电解法、水煤气法或重油部分氧化法制氢是非催化过程。由于这些方法成本高，所以自天然气或石脑油水蒸气转换催化剂开发成功后，世界现代大型氨厂多数采用技术先进、经济合理的烃类水蒸气转化法。该方法整个过程由加氢、脱硫、转换、变换、甲烷化及氨合成等工序构成，所有工序都使用催化剂。

目前氨生产工艺过程中的催化剂主要有原料净化催化剂、烃类蒸汽转化催化剂、甲烷化催化剂、CO 变换催化剂和合成氨催化剂。

一、原料净化催化剂

合成氨原料气中普遍存在着硫化氢(H_2S)和有机硫(RSH、RSR 等)，少数气体中还含有二氧化硫(SO_2)和三氧化硫(SO_3)。

硫是许多工业催化剂的毒物，其主要中毒原因：一是硫与催化剂活性中心发生有害的化学吸附；二是催化剂活性组分与硫反应而失活。在合成氨原料气中，硫化物的存在不但会使催化剂中毒，而且会增加气体对金属设备的腐蚀。除此之外，在空气气提过程中 H_2S 被氧化成硫黄，硫黄的析出会堵塞设备和填料。在合成氨生产过程中，由于工艺流程和所使用的催化剂不同，所以对原料气脱硫的要求亦不同。

(一) 加氢转化催化剂

加氢转化催化剂的作用在于使烃类原料中所含的有机硫化合物产生氢解反应，转化成易于脱除的无机硫(主要是硫化氢)，以便进一步除去。其主要组成是 γ-Al_2O_3 担载 Co 和 MoO_3，加氢原理和使用方法与第三章中的加氢精制催化剂类似。

(二) 氧化锌脱硫剂

氧化锌脱硫剂是一种转化-吸收型的固体脱硫剂。主要成分为 ZnO，其余为 Al_2O_3，还有的加入 CuO、MoO_3、TiO_2、MnO_2、MgO 等促进剂和钒土水泥等黏结剂。ZnO 能与 H_2S 反应生成难于解离的 ZnS，也能吸收一般的有机硫化物。ZnO 与各种硫化物的反应方程式如下：

$$ZnO+H_2S=ZnS+H_2O \qquad \Delta H_{298}^{\ominus}=-76.62kJ/mol$$

$$ZnO+COS=ZnS+CO_2 \qquad \Delta H_{298}^{\ominus}=-126.4kJ/mol$$

$$ZnO+C_2H_5SH=ZnS+C_2H_4+H_2O \qquad \Delta H_{298}^{\ominus}=-0.58kJ/mol$$

$$ZnO+C_2H_5SH+H_2=ZnS+C_2H_6+H_2O \qquad \Delta H_{298}^{\ominus}=-137.83kJ/mol$$

$$2ZnO+CS_2=2ZnS+CO_2 \qquad \Delta H_{298}^{\ominus}=-283.95kJ/mol$$

净化气总硫可降至 0.3×10^{-6}以下，硫容量可达 10%~25%以上。，但它不能再生，一般用于精脱硫过程。

氧化锌脱硫剂在不同的场合下，使用方法不同，见表 5-1。

表 5-1 氧化锌脱硫剂的使用场合

原料气	脱硫方法
只含少量 H_2S 及 RSH 的天然气	在 300~400℃下单独用氧化锌脱硫
含 RSR、C_4H_4S 等复杂有机硫化合物的天然气、油田气、炼厂气、焦炉气及轻油	先经钴钼或铁钼加氢转化催化剂，将其氢解成 H_2S 后再用氧化锌脱除
有机硫较高($>200\times10^{-6}$)的轻油	先加氢转化成 H_2S，用汽提除去，再用加氢转化及氧化锌精脱
有机硫含量较高的天然气、油田气等气态烃	湿法脱除大部分 H_2S，再用铁钼加氢转化，锰矿除去大部分 H_2S，最后用氧化锌精脱
采用活性炭脱除天然气中硫化物	在入转化炉前于室温或 300℃串接氧化锌进行精脱
用于保护低变时	置于低变炉之前，或在低变炉顶部装填一定数量的氧化锌脱硫剂

装填氧化锌脱硫剂的脱硫槽要具有足够的线速度和适宜的床层高度。脱硫剂装填量主要取决于原料含硫量和脱硫剂的使用寿命。

(三) 氧化铁脱硫剂

氧化铁法脱硫是一种古老的脱硫方法，近年来有许多改进，脱硫从常温扩大到中温和高温领域。在合成氨工业中，仅限于常温脱硫和中温脱硫。表 5-2 给出了各种氧化铁脱硫的特点。

表 5-2 各种氧化铁脱硫法特点

项目	常温脱硫	中温脱硫	中温铁碱法	高温脱硫
脱硫剂	$Fe(OH)_3$	Fe_2O_3	Fe_2O_3、Na_2CO_3	Fe
使用温度/℃	25~35	350~400	150~280	>500
脱除对象	H_2S，RSH	H_2S，RSH，COS，CS_2		H_2S
生成物	$Fe_2S_3\cdot H_2O$	FeS，FeS_2	Na_2SO_4	FeS，FeS_2

(四) 铁锰脱硫剂

铁锰脱硫剂是以 Fe_2O_3和 MnO_2为主要组分，并含有 ZnO、MgO、CuO 等促进剂的具有转化吸收型的双功能脱硫剂。可以同时脱除 H_2S 和各种有机硫(除噻吩外)。使用前要用还原介质进行还原，Fe_2O_3和MnO_2分别被还原成具有脱硫活性的Fe_3O_4和MnO。

$$3Fe_2O_3+H_2 = 2Fe_3O_4+H_2O$$

$$MnO_2+H_2 = MnO+H_2O$$

在铁锰脱硫剂上，RSH、RSR、COS和CS_2等有机硫化合物可进行氢解反应生成H_2S，RSH和RSR亦可能发生热解反应而生成H_2S和烯烃。

氢解或热解所生成的H_2S可被脱硫剂的主要组分吸收，其主要反应为：

$$3H_2S+Fe_3O_4+H_2 = 3FeS+4H_2O$$

$$H_2S+MnO = MnS+H_2O$$

$$H_2S+ZnO = ZnS+H_2O$$

RSH和RSR亦可直接被Fe_3O_4或MnO吸收成FeS或MnS而被脱除。

铁锰脱硫剂在装填前要筛去粉尘，脱硫槽底部充填拟ϕ15~20mm氧化铝球，其上放几层金属筛网，网上装填脱硫剂，脱硫剂顶部再安放一层筛网，上用150mm厚、ϕ15~20mm的氧化铝球压住，最上为筛板。脱硫剂卸出管应从下筛网之上伸出槽外，以便卸出废脱硫剂。装填时脱硫剂自由落下高度应小于600mm，可通过捆槽与布袋溜装。

铁锰硫剂在350℃时就有很高的脱硫活性。使用脱硫剂时，若要脱除硫醚，需将温度提高到380~400℃，并需配加2%~4%的氢，气体中含少量氢能增强脱硫剂的脱硫活性；氧是铁锰精脱硫剂的主要毒物，因此铁锰脱硫剂还原结束后严禁含氧气体带入脱硫塔，原料气中要求O_2含量低于0.1%，否则MnO会氧化成MnO_2而失去脱硫活性；H_2O含量小于或等于0.4%，其量增加会降低脱硫活性。工厂停车后，必须用原料气保持脱硫塔正压，以免进入空气，否则会使铁锰脱硫剂严重失活。

（五）活性炭脱硫剂

活性炭脱除H_2S是借助氨的催化作用，使H_2S与被化学吸附在活性炭表面上的氧相互反应而生成元素硫。

$$H_2S+0.5O_2 = H_2O+S$$

为使反应在一般温度下具有足够的速度，氧的加入量应为化学计量的150%，或脱硫后残氧尚有0.1%。在干燥的气体中脱硫效果差，要求相对湿度>70%，必要时应适当补充水分。水汽在活性炭孔壁上凝结，有利于H_2S和RSH的吸附。微量的氨还能明显地提高脱硫效率和硫容。

活性炭脱除有机硫存在吸附、氧化和催化三种方法。吸附法对噻吩最有效，CS_2次之，COS最差，用于天然气及焦炉气中脱除有机硫。氧化法是在氨存在下添加氧使COS转化为元素硫和硫酸铵。

$$COS+0.5O_2 = CO_2+S$$

$$COS+2O_2+2NH_3+H_2O = (NH_4)_2SO_4+CO_2$$

催化法是用浸渍铁、铜、铬等盐类的活性炭先使有机硫转化为H_2S，然后被活性炭吸附。浸渍金属盐类后吸附容量明显增大。

活性炭使用一定时间后，会失去脱硫能力，其孔隙中聚集了硫及硫的含氧酸盐。除去上述物质以恢复活性炭的脱硫性能，叫作活性炭的再生。目前使用最广泛的是热蒸汽再生法，一般可再生5~10次。

二、烃类蒸汽转化催化剂

(一) 烃类蒸汽转化反应

在烃类转化制合成气工艺中，气态烃一般包括天然气、油田伴生气、焦炉气和炼厂尾气等。各种气态烃的主要成分是甲烷，通常还有少量的乙烷、丙烷、丁烷等烷烃和一氧化碳、二氧化碳及氢气等组分。液态烃的组成比较复杂，通常含有几十种不同的单体烃类。气态烃在一段蒸汽转化炉中，进行的主要反应为：

$$CH_4+H_2O=CO+3H_2 \qquad \Delta H_{298}^{\ominus}=206.3kJ/mol$$

$$CH_4+2H_2O=CO_2+4H_2 \qquad \Delta H_{298}^{\ominus}=165.3kJ/mol$$

$$CO+H_2O=CO_2+H_2 \qquad \Delta H_{298}^{\ominus}=-41.2kJ/mol$$

$$CO_2+CH_4=2CO+2H_2 \qquad \Delta H_{298}^{\ominus}=247.3kJ/mol$$

液态烃蒸汽转化通常采用干点小于220℃的石脑油馏分，其组成可用通式 C_nH_m 来表示，n 一般为7左右。液态烃在一段蒸汽转化炉内的反应主要如下：

$$C_nH_m+nH_2O \longrightarrow nCO+\left(n+\frac{m}{2}\right)H_2$$

$$CO+3H_2=CH_4+H_2O \qquad \Delta H_{298}^{\ominus}=-206kJ/mol$$

$$CO+H_2O=CO_2+H_2 \qquad \Delta H_{298}^{\ominus}=-41.2kJ/mol$$

气态烃或液态烃经一段蒸汽转化后，其气体中尚含有一定量的残留甲烷，需在二段转化炉中加入工艺空气后使其完全转化，在二段转化炉内的炉顶部孔中主要进行氢、CO、CH_4与氧的燃烧反应。

在二段炉的催化剂床层内进行的反应主要是甲烷蒸汽转化反应及变换反应：

$$CH_4+H_2O=CO+3H_2 \qquad \Delta H_{298}^{\ominus}=206.3kJ/mol$$

$$CH_4+CO_2=2CO+2H_2 \qquad \Delta H_{298}^{\ominus}=247.3kJ/mol$$

$$CO+H_2O=CO_2+H_2 \qquad \Delta H_{298}^{\ominus}=-41.2kJ/mol$$

(二) 烃类蒸汽转化催化剂

针对不同的烃类原料，转化催化剂可分为：以甲烷为主的天然气与油田伴生气用的天然气一段转化催化剂；含有少量烯烃转化用的炼厂气一段转化催化剂；以石脑油为原料的轻油转化用一段转化催化剂、二段转化催化剂及预转化(富甲烷)催化剂。

研究表明，Ⅷ族元素对烃类转化反应均有催化活性，对甲烷和乙烷蒸汽转化的活性大小顺序为：

Rh、Ru>Ni>Ir>Pd、Pt>Co、Fe

工业装置使用的催化剂均以镍为活性组分，大多采用浸渍法制备，其氧化镍含量一般为10%~25%(质)。但预转化催化剂含镍高达50%以上，有时配以少量的其他活性组分。

为了调整转化催化剂表面的固体酸碱度以及减少高级烃的裂解析炭，加入助催化剂碱金属或碱土金属氧化物(如 K_2O、CaO、MgO)。最具代表性的加钾碱的催化剂 IC46-1 催化剂含 Ni16.5%、K_2O7%，以 $CaAl_2O_4$为载体。

为提高转化催化剂的抗结炭性能，常添加稀土氧化物作助催化剂。稀土氧化物可提高催化剂镍的分散度，改善其耐热性和抗毒性能，延长使用寿命；增加催化剂表面的碱度约三分之一和对水蒸气的吸附能力3~6倍；减少析炭并提高转化催化剂的抗析炭性能；使转化催化剂的开始还原温度下降30~60℃，大大改善了转化催化剂低温时的还原性能。

由于转化催化剂的操作温度较高，且需长期暴露在高水蒸气分压之下，因此要求转化催化剂的载体在工业使用条件下结构稳定，耐热性好，机械强度高。通常采用$\alpha-Al_2O_3$、$CaO-Al_2O_3$、$MgO-Al_2O_3$和$ZrO_2-Al_2O_3$等低比表面积的耐火材料为载体。

（三）烃类蒸汽转化催化剂的使用

1. 蒸汽转化催化剂的失活与再生

引起蒸汽转化催化剂活性下降的原因主要是积炭、中毒及烧结，此外转化催化剂还原不彻底或还原后又被逐渐钝化也会引起催化剂活性下降。随着催化剂活性下降，通常工业上采取逐渐小幅度升高出口温度以维持正常的生产。当温度不能再提高时，则不得不更换催化剂。

导致催化剂失活的原因不同，采用的再生方法也不同。析炭严重时，烧炭再生前必须切除原料后用水蒸气烧炭，不宜采用空气烧炭，但必要时可在蒸汽中配入少量空气进行烧炭；对于可逆性硫中毒采用解析再生；氯中毒的转化催化剂的再生过程包括蒸汽纯化和还原两个过程。

2. 蒸汽转化催化剂的装填

一段转化催化剂被装填在数百根垂直悬挂的转化管中，管底部设有托盘或筛板。装填时应以保证工艺气体能均匀分配到各转化管为根本目的。理想的装填状况是在每根炉管内装入相同体积、相同高度、相同重量的催化剂。但是，相同数量的转化催化剂在炉管内疏松装填或紧密装填时，其相应堆密度可相差10%左右，即其装填高度、空隙率相差较大，这显然会影响运转中气流分布，所以在装填时应尽力做到装填均匀。否则，由此带来的分布不均匀将成为系统隐患，在运转时无法消除其影响。

装催化剂之前要过筛、检查管内状况，且要分层装填和分层检查。装填方法分为湿法和干法。湿法带来问题比较多，一般采用干法装填。

二段转化炉为竖井式炉，直径大，操作人员可以进入二段炉内工作。在检查完炉拱并清除炉内全部杂质及粉尘后，应按设计要求，预计装填量及二段炉尺寸计算，并在二段炉内壁上标计出刚玉球或带孔砖、耐热催化剂、转化催化剂、垫底刚玉球各层的装填高度，然后从下而上逐层装填，直到预定高度。

3. 蒸汽转化催化剂的还原

镍的氧化物是没有催化转化活性的，而通常转化催化剂大都是以氧化态提供的，所以在使用前必须进行活化。还原活化的目的，一方面是把氧化镍还原为有活性的金属镍，另一方面是为了脱除催化剂中所含的少量毒物(如硫化物等)。

三、甲烷化催化剂

合成氨催化剂一般要求原料气中CO和CO_2的总浓度小于10×10^{-6}，过量部分要除去，否则催化剂会因CO中毒而快速失活。所以甲烷化是位于低变后的原料气净化步骤，是合成原料气中少量的碳氧化物在甲烷化催化剂作用下与氢反应，转化成易于除去的水与惰性的甲烷。甲烷化反应为强放热可逆反应，其反应如下：

$$CO+3H_2=CH_4+H_2O \qquad \Delta H_{298}^{\ominus}=-206.3kJ/mol$$

$$CO_2+4H_2=CH_4+2H_2O \qquad \Delta H_{298}^{\ominus}=-163.3kJ/mol$$

除以上两个反应外，还伴有水气变换和CO歧化反应。当原料气含微量O_2时，也能在催化剂作用下与氢反应生成水。

工业甲烷化要求催化剂的活性高、强度高、热稳定性好和抗析碳能力强，就活性组分而言，对CO甲烷化具有活性的元素对CO_2甲烷化也同样有活性。不同元素的活性顺序为：Ni>Co>Fe>Cu>Mn>Cr>V。从性能和经济性方面考虑，工业上一般以Ni为活性组分，活性良好的催化剂镍晶粒应小于10nm。载体具有使镍高度分散、晶粒变细、抗老化和抗析碳等作用，一般采用大孔γ-Al_2O_3。助催化剂可提高镍的活性、延长寿命和增加抗析碳能力，常用稀土-氧化镁、氧化钛、氧化铬等。制备不当时，镍组分易与载体形成镍铝尖晶石而大大降低催化剂的活性，故近年多采用浸渍法生产甲烷化催化剂。为使催化剂有足够的强度，需高温焙烧，为提高活性将催化剂制成环状。

甲烷化生产使用镍催化剂，生产前要还原为金属镍，还原气要求($CO+CO_2$)≤1%。还原生成的金属镍在180℃以下时与CO生成羰基镍，对金属镍具有毒性，因此当停车检修温度降至180℃时必须停用含CO的工艺气而改为N_2(H_2)进行降温置换。

四、CO变换催化剂

由各种原料制得的合成气中含有不同浓度的CO(10%~50%)，而CO会使合成氨催化剂中毒，所以将含有CO的混合气体在催化剂作用下与水蒸气反应，变为易吸收的CO_2，同时得到相应的H_2。CO变换反应为：

$$CO+H_2O=CO_2+H_2 \qquad \Delta H_{298}^{\ominus}=-41.6\text{kJ/mol}$$

CO变换作为一个工业上的生产方法，许多国家为了提高CO变换的反应速度，防止或减少副反应，研究并生产了大量的变换催化剂。按催化剂的化学成分不同可分为Fe-Cr系、Fe-Mg系、Cu-Zn系、Co-Mo系等。

我国研制的CO变换催化剂有Fe-Cr系、Fe-Mo系和Co-Mo耐硫宽温变换催化剂，广泛应用于各种类型的合成氨生产厂。

(一) CO低温变换催化剂

由于金属铜活性高，使之成为特别适用于低温的催化物质。铜基低温变换催化剂于1965年首先在美国应用于合成氨工业。我国于1965年研制生产了B201Cu-Zn-Cr系低温变换催化剂，随后又研制出Cu-Zn-Al系低温变换催化剂。

金属铜微晶是低变催化剂的活性组分。催化剂制造厂通常只供应氧化态产品，用户必须先将催化剂还原，使CuO变为Cu才具有活性。在变换气体中，Cu对N_2、H_2、CO_2没有化学吸附活性，对CO具有化学吸附。低变催化剂中的铜微晶愈小，其比表面积愈大，则活性中心愈多，其活性也愈高。

金属铜微晶在200℃左右使用时会迅速向大晶粒转变，即通常所说的“烧结”。为了提高表面积大的细小铜微晶的热稳定性，需要阻止细分散的铜微晶相互接触，通常添加ZnO、Al_2O_3和Cr_2O_3三种物质。试验证明，这三种物质最适宜作铜微晶在细分散状态的间隔稳定剂，并都可形成高分散度的微晶，比表面积均大，熔点都显著高于铜。

Cu-Zn-Cr系低变催化剂中通常含有少量的Cr^{6+}，还原时间长且还原热效应大，还原期易使床层超温，甚至造成催化剂烧毁事故；加上Cr_2O_3价格比Al_2O_3贵，且对生产操作人员身体有害又污染环境，所以Cu-Zn-Cr催化剂已被淘汰。我国目前开发的产品大多是Cu-

Zn-Al 系低温变换催化剂。

Cu-Zn-Al 系低变催化剂的热稳定性较好。Al_2O_3既能抑制 Cu 微晶烧结，也能抑制 ZnO 微晶烧结，从而稳定了催化剂的内部结构，使其能在少毒的正常工艺条件下高活性长期运转，故在世界各国广泛应用。

低温变换催化剂中的铜和氧化锌易受硫化物和氯化物毒害，而活性铜对氨等毒物也非常敏感。所以在工艺中对硫、氯、氨等毒物的净化要求很高。

（二）CO 中(高)温变换催化剂

20 世纪初开始用 CO 变换反应制取 H_2时，所用催化剂的主要组分为铁和铬的氧化物，通常称为 Fe-Cr 系 CO 变换催化剂。此类催化剂国家标准称为高温变换催化剂。本节仍按国内习惯称为中温变换催化剂(简称中变催化剂)。

中(高)温变换催化剂的主要活性组分是铁的氧化物，出厂时主要以 Fe_2O_3形态存在。使用前需将 Fe_2O_3还原成活化态的 Fe_3O_4。纯的 Fe_3O_4活性温度范围很窄，耐热性差。Cr_2O_3对 CO 变换反应几乎没有活性，但它的加入可提高 Fe_3O_4的分散度，防止铁氧化物的过度还原，增大比表面积，使催化剂的活性增加。Cr_2O_3会与 Fe_3O_4形成固溶体，延缓催化剂因高温烧结而引起的晶粒长大和表面积的减少。但 Cr_2O_3含量超过 14%后，催化剂的总活性和比活性均下降。中国工业用 Fe-Cr 系中(高)温变换催化剂含 $Fe_2O_3$70%~89%，含 $Cr_2O_3$5%~13%。

为提高催化剂性能，某些催化剂中还添加了 K_2O、CaO、MgO 或 Al_2O_3等助剂。钾盐可提高中(高)温变换催化剂的低温活性、抗破碎强度和热稳定性。实验表明，常压下有钾的中(高)温变换催化剂比无钾的催化剂活性和耐热性能要好，但在加压下其活性差别就消失了。

Fe-Cr 系催化剂的活性温度较高，为 350~450℃，抗硫性能却较差，而且铬危害人体健康和污染环境。因此，中国开发了不含 Cr_2O_3或小于 3%的低铬中(高)变换催化剂。目前国产无铬中变催化剂已在小型氨厂得以应用。

（三）CO 宽温(耐硫)变换催化剂

Fe-Cr 系中温变换催化剂活性温度较高(一般高于 300℃)，抗硫性能较差，铬对人体有害。Cu-Zn 系低温变换催化剂低温活性好，但活性温区窄，且对硫等毒物十分敏感。Co-Mo 系变换催化剂的活性温区较宽，一般在 160~500℃，有的催化剂甚至在 120℃就有足够的变换活性，因此该催化剂又称宽温变换催化剂。但作为宽温变换催化剂使用的条件是原料气中必须含有一定量的 H_2S。

Co-Mo 系 CO 变换催化剂需经硫化后才具有催化活性，并具有良好的耐硫性能，故又称为耐硫变换催化剂。此外还能耐少量的氨、HCN 及 C_6H_6等其他毒物。

根据耐硫变换催化剂的组成和性能，此种催化剂可分为两大类：

一类是铝镁尖晶石为载体(Al_2O_3+MgO)的 Co-Mo 系催化剂。应用于以煤和渣油为原料的大型氨厂，使用条件是高压(3.0~8.0MPa)、汽/气比约 1.4。该催化剂结构稳定性好，能耐高水蒸气分压。其活性温区 250~500℃又称耐硫中温变换催化剂，此类催化剂的低温活性不太理想。

另一类是广泛使用的 Co-Mo 负载在 γ-Al_2O_3上，加入碱金属 K 为助催化剂以改善其低温活性。适用于低压(小于 3.0MPa)、低温(160~450℃)工况条件下的中、小型氨厂使用。

MoO_3是宽温变换催化剂的最主要活性组分，含量在 5.5%~13%之间，经硫化成 MoS_2才具有很高的变换活性。CoO 的含量在 1%~4%，能大幅度提高 MoO_3 的变换活性，需硫化成 Co_9S_8 才有较高的活性。碱金属氧化物可明显降低催化剂对噻吩和烯烃加氢等副反应，抑制 CO 甲烷化反应的发生，使变换反应活性温度降低。最常用的和最佳的碱金属组分是 K_2CO_3，其含量在 6%~14%；有的催化剂还含二氧化锰、稀土、氧化镁，或添加硅、钛等元素为助剂；载体以 γ-Al_2O_3 和 $MgAl_2O_4$ 为主，还有 TiO_2-MgO、Al_2O_3-Re_2O_3 等混合载体。外观有球形、条形及三叶草形。

与 Fe-Cr 系和 Cu-Zn 系催化剂相比，宽温变换催化剂具有低温活性好、活性温区宽、耐硫与抗毒性强、强度高、遇水不粉化、寿命长和可再硫化的优点。主要缺点是宽温变换催化剂的硫化过程比较麻烦。

宽温变换催化剂使用一段时间后，由于载体的相变、高温烧结、活性组分的流失、积炭和积污垢以及氧中毒等原因，导致催化剂的活性下降。

由于积炭原因使催化剂活性下降可以用原位烧炭的方法再生；催化剂带水失活的再生方法是，原位先经排水后补加少量中压蒸汽处理，催化剂的活性很快就恢复；对于活性组分的流失可采用补充活性组分再生法，用一种可溶性的钴盐[如 $Co(NO_3)_2\cdot 6H_2O$，$Co(Ac)_2$、$Co(HCOO)_2$ 等]、钼酸铵及选自一种碱金属(如 Na、K、Cs 等)的硝酸盐、碳酸盐、醋酸盐，在氨水溶液或水溶液中，对已失活的废 Co-Mo 系 CO 耐硫变换催化剂采用浸渍法进行分浸或组成混合溶液共浸，然后烘干即得再生催化剂。此过程可在变换炉内原位再生，也可将废催化剂卸出，在炉外进行再生；对于“反硫化”失活的催化剂的再生用原位“再硫化”法进行再生。

五、合成氨催化剂

工业氨合成属气固相催化反应过程。使用以铁为主要组分的氨合成催化剂，反应速度会显著加快。近代工业用氨合成催化剂采用熔铁催化剂，主要成分为 Fe_3O_4，总 Fe 含量为 65%~73%，并以 Al_2O_3、K_2O、CaO 为主要促进剂，三剂的总量约占催化剂总量的 8%；有些合成氨催化剂中还含有第四种助催化剂，如 MgO、CeO_2、BaO 等。

Fe_3O_4 是工业氨合成催化剂的主催化剂，催化剂的活性中心经还原后主要是 α-Fe 构成的。主要作用是化学吸附分子氮，使氮氮三键削弱，以利于加成反应。Al_2O_3 为结构型助催化剂，主要作用是增加 α-Fe 的表面积和减低较高温度(如 500~520℃)下操作时晶粒增大的趋势，从而使表面稳定。K_2O 和 CaO 为电子型助催化剂，K_2O 的促进作用是通过降低表面逸出功来提高铁表面的固有活性，CaO 在催化剂制造的熔融过程中起到助熔剂作用。MgO 的作用类似 CaO，抑制铁晶粒的长大，提高催化剂的热稳定性，并且能有效增大还原后的铁催化剂比表面积。SiO_2 往往被视为催化剂制备原料磁铁矿的杂质而带入催化剂之中，由于它作为一种酸性组分在制备催化剂熔融过程中可中和 K_2O、CaO 等一些碱性促进剂，从而减弱了这些促进剂的作用；它又类似于 Al_2O_3，可起到稳定 α-Fe 晶粒的作用，从而增加催化剂的抗水毒害和耐热性。

工业氨合成催化剂在还原前没有活性，需要经过用氢气或氢/氮混合气将铁的氧化物还原成金属 α-Fe 才具有活性。在这一过程中催化剂的物理化学性质将发生许多重要变化。这些变化将对催化剂性能起重要影响，因此还原过程中的操作条件控制十分重要。

氨合成催化剂一般有较长的使用寿命，在大型氨厂于较为理想的工况下，该催化剂寿命通常可达5~10年。但随着使用时间的增长，氨合成催化剂由于热烧结、中毒、积炭等原因而活性下降。表5-3为在工业合成塔内使用了13个月后的氨合成催化剂物化性能的变化。

表5-3 催化剂使用前后性态变化

试样		表面积/(m^2/g)	氨含量①/%	反应速率常数(k)②	总孔隙率/%	平均孔径/×0.1nm
使用前		13.0	13.1	609.9	32.5	107.0
使用后	上层	9.2	0.1	0.025	37.4	166.0
	中层	10.0	4.6	79.16	35.8	150.0
	下层	13.0	5.9	110.3	35.4	107.0

① 氨含量的试验条件为：p=30.40MPa，空速30000h^{-1}，t=400℃。

② 反应速率常数k，单位为$MPa^{0.5}$/h。

从表5-3中数据可知，催化剂使用后，上层和中层催化剂变化较大：表面积减少，孔隙率增加，平均孔径增大，活性明显下降。说明在使用过程中，可能催化剂操作温度较高，使活性组分α-Fe微晶长大并呈现高温烧结使活性下降，也可能是微量含氧毒物的反复氧化和还原，致使α-Fe晶粒的长大而使活性降低。

在工业生产中，为了防止催化剂中毒而使活性下降，应尽可能减少原料气中的毒物；为防止催化剂高温失活，在催化剂使用初期应维持比该催化剂的最佳反应温度低10~20℃水平的反应温度，以后再逐步缓慢地提高反应温度，才能使催化剂既能维持较长的使用寿命，又能获得较好的应用效果。

六、合成氨催化剂展望

催化剂对于氨的合成反应具有非常高效的转化效率。通过催化剂对于合成氨生产的辅助作用，可以有效实现合成氨生产的高效性，同时降低相关的资源消耗。相关催化剂的研发一直属于国内外研究的重点。

传统的合成氨催化剂是Fe_3O_4型加促进剂型，已经应用了100余年。这期间各国一直研究和改进的是降低合成压力和温度，在传统的催化剂Fe_3O_4中加入约1%的Co，可以提高催化剂的活性、降低合成压力。2000年后，我国已开发出并在生产实际中得到很好应用效果的含Co催化剂A201、HA202等。

浙江工业大学独立自主地开发了高铁比A301系列催化剂。这种催化剂是以FeO为主体，Fe^{2+}/Fe^{3+}为3~9，是新一代熔铁型低温低压氨合成催化剂。其具有低温低压、高活性、出水少、极易还原等特性，其操作过程温度比传统的催化剂低30℃，从而使A301系列的催化剂在我国得到了大力推广，取得了非常好的效果。

最具革命性的变化是美国凯泽格公司推出了以钌(Ru)为基础活性物质的新型催化剂，其活性比铁系催化剂高好几倍，可以在很低的压力下操作(10MPa下)。

钌(Ru)基催化剂(A304系列)在我国得到了工业化生产，目前还在推广阶段。

总体而言，现阶段对于合成氨催化剂主要实现了新型铁基催化和钌基催化两种方式的实际使用。新型催化剂降低了操作压力和温度，是以后合成氨工作者的首选。且新型的催化剂已经工业化，预计将会给合成氨带来重大的革命性变化。

第二节 合成甲醇催化剂

甲醇又名木醇或木精，为无色、稍带乙醇香气的挥发性液体，有剧毒，易燃烧。甲醇是仅次于合成氨的化工产品，是碳一化学的基础物质。甲醇是重要的有机化工原料和溶剂，在三大合成材料、农药、医药、染料、香料和油漆等工业中是不可缺少的原料和溶剂。随着世界能源的紧张，甲醇作为一种代用清洁燃料已经引起世界各国的重视。近年来，作为能源用途的甲醇耗量已有显著增长，由此促使了甲醇工业的大发展。另外，甲醇是较好的人工合成蛋白和直接合成醋酸的原料。

一、化学反应原理

CO、CO_2和H_2在加压和催化剂存在下反应生成甲醇和一系列副反应。

主反应：

$$CO+2H_2 \longrightarrow CH_3OH \qquad \Delta H_{298}^{\ominus}=-90.64kJ/mol$$

$$CO_2+3H_2 \longrightarrow CH_3OH+H_2O \qquad \Delta H_{298}^{\ominus}=-49.47kJ/mol$$

副反应：

$$CO+3H_2 \longrightarrow CH_4+H_2O$$

$$2CO+4H_2 \longrightarrow C_2H_5OH+H_2O$$

$$2CO+4H_2 \longrightarrow CH_3OCH_3+H_2O$$

CO 和 H_2生成甲醇的反应是体积缩小的强放热反应，其反应热不仅与反应温度有关，而且与反应压力有关。合成甲醇反应是一个多相催化反应过程，反应速度不仅与反应条件有关，而且还与催化剂有关。所以必须选择一种既具有高选择性，又具有较好活性的催化剂，同时要控制适当的温度和压力，使反应向有利于甲醇合成的方向移动。

二、甲醇合成催化剂

甲醇催化剂的研发是甲醇合成工业的基石，从组成上可以分为锌铬系催化剂、铜基催化剂、非铜基催化剂和液相催化剂四类。

1. 锌铬系催化剂

锌铬(ZnO/Cr_2O_3)系催化剂是最早研制的甲醇合成催化剂。它是一种高压固体催化剂，由德国 BASF 公司于 1923 年首先开发研制成功。Zn-Cr 催化剂的特点是耐热性能好，能忍受温差在 100℃以上的过热过程；对硫不敏感，机械强度高，使用寿命长，耐毒性，使用范围宽，操作控制容易；与铜基催化剂相比较，其活性低、选择性低、精馏困难(产品中杂质复杂)。由于在这类催化剂中 Cr_2O_3的质量分数高达 10%，故成为铬的重要污染源之一，目前该类催化剂已逐步被淘汰。

2. 铜基催化剂

铜基催化剂是一种低温低压催化剂，由英国 ICI 公司和德国 Luigi 公司先后研制成功。主要分为三大类：第一类为铜锌铬系催化剂，由铜、锌、铬的氧化物组成，添加少量其他元素，如铜、锌、铬、锰等；第二类为铜锌铝系催化剂；第三类是以铜、锌为基质，添加铬、铝以外的第三、四组分的催化剂，这类催化剂的活性与铜锌铝系相近。铜基催化剂与锌铬系催化剂相比，具有催化剂活性高、选择性好、使用温度低等优点，但其耐高温性差，对硫敏感，且单程转化率低。

目前工业上合成甲醇主要使用铜基催化剂，其发展到今天，已经形成以低温、低压、高活性、高选择性和节能环保为研究目标。铜基催化剂有 Cu-Zn-Al、Cu-Zn-Al-V、Cu-Zn-Cr、Cu-Zn-Al-K 和 Cu-Zr 等多种类型以及一些改性品种，我国目前具有广泛代表性的是 Cu-Zn-Al($CuO/ZnO/Al_2O_3$) 和 Cu-Zn-Al-V 两个系列。

20 世纪 60 年代末，中国自行开发的合成氨中压联醇工艺广泛采用 C207 型联醇催化剂。该催化剂含 CuO38%~42%、ZnO38%~43%、$Al_2O_3$5%~6%。

3. 非铜基催化剂

在非铜基催化剂中，据认为有发展前途的是以贵金属为活性组分的催化剂，例如铂系、钯系、铒系催化剂。日本公害资源研究所开发出一种适用于煤制合成气为原料的钯系催化剂，由硅、镁、氧和氖四种组分组成的带云母作载体，合成反应速度比以硅胶为载体的钯催化剂快 2~4 倍。与铜基催化剂相比，选择性和催化活性并没有显著提高，且价格较贵。

4. 液相催化剂

液相甲醇合成法正日益受到重视，据估计，就合成气生产甲醇而言，液相合成路线比气相合成路线在经济上节约 20%。1986 年以来，美国、荷兰和意大利的一些公司先后成功地研制出低温低压的液相合成甲醇催化剂，同时申请了专利。这些催化剂体系一般由过渡金属的阳离子盐和碱金属(碱土金属)的醇盐(如 NaOMe、KOBu)及溶剂(或稀释剂和甲醇、甲酸甲酯)组成，在很低的反应温度和很低的反应压力条件下显现出很好的反应活性，对甲醇的选择性也较高。

现行甲醇合成工艺有高压法(21~35MPa，340~420℃)、中压法(10~27MPa，235~315℃)、低压法(5~10MPa，230~275℃)和中压联醇法(10~13MPa，250~270℃)。除高压法使用锌铬系催化剂，其余各工艺使用略有差异的铜基甲醇合成催化剂。

三、甲醇合成催化剂的制备方法

目前铜基甲醇合成催化剂主要制备方法有沉淀法、球磨法、复频超声法、火焰燃烧法、真空冷冻干燥法、碳纳米管促进法等，表 5-4 列出了这几种方法的优缺点。

表 5-4 几种甲醇合成催化剂制备方法的对比

制备方法	优　点	缺　点
沉淀法	颗粒达到纳米级，混合均匀	耐热性和抗毒性较差
球磨法	分子间作用增强，具有大的比表面积	需要对 Cu 和 ZnO 进行高强度机械混合
复频超声法	可改变催化剂前体的物相，分散均匀、催化剂粒径小、协同作用强	操作较为复杂，且产物纯度不高
火焰燃烧法	易形成良好结构，如高比表面积	仪器相当复杂，不能普遍使用
真空冷冻干燥法	用叔丁醇替代水，加快干燥速度	微量水会导致铜盐升华
碳纳米管促进法	碳纳米管对氢气吸附活化性能优异，提高催化活性	需要制备符合特定条件的碳纳米管，有局限性

由于沉淀法操作过程简单，制得的催化剂性能优越，铜基甲醇催化剂的工业生产均采用沉淀法。

四、甲醇合成催化剂的应用技术

(一) 催化剂装填

由于反应器形式和内部结构不同，催化剂的装填方法会有所不同，但都可以采用撒布法装填。对于管式反应器也可以采用逐根管装填。撒布法装填相对较快，逐管法要确保装填质量，不“架桥”，装填时间较长。催化剂可按常规方法装填，装填过程中应注意下列几点：

① 催化剂强度较差，运输途中应避免摔滚和碰撞；

② 装填前，催化剂应轻轻过筛，除去粉末与碎片；

③ 采用撒布法装填，尽可能降低催化剂自由下落高度；

④ 不要在阴雨天装填，以免催化剂吸潮而降低活性。催化剂装填后应立即上盖密封，进行升温还原，否则应很好地将合成塔封闭起来，防止受潮或其他有害物污染。实践表明，催化剂在空气中存放一段时间后，由于吸附水分及晶态变化等原因，使催化剂活性下降。

⑤ 操作人员进入合成塔内装填时，必须戴好防尘面具。严禁直接踩在催化剂上，可在催化剂上铺上木板，操作人员站在木板上，防止催化剂踩碎。

⑥ 装填时防止催化剂颗粒落入塔周环隙、温度计套管与中心管等处。

(二) 催化剂活化

铜基催化剂出厂时以氧化物的形式存在，还原后才具有活性。催化剂还原的好坏，直接影响催化剂的使用性能和产品质量。因此，选用正确的还原方法，严格控制还原条件和还原速度是决定催化剂性能好坏的关键之一。

还原气中含有 H_2或 H_2+CO，还原过程的主要反应为：

$$CuO+H_2 \longrightarrow Cu+H_2O \qquad \Delta H_{298}^{\ominus}=-86.6kJ/mol$$

$$CuO+CO \longrightarrow Cu+CO_2 \qquad \Delta H_{298}^{\ominus}=-127.6kJ/mol$$

从上述反应可以看出，还原过程均是强放热反应。在联醇工艺中，采用精炼气还原时，当氧化铜还原到一定程度，在催化剂表面上还有合成甲醇的反应，其也是一个强放热反应。若不能严格控制还原反应速度和迅速移除反应热，就有可能使催化剂局部过热或烧坏。

还原的关键是控制还原速度，还原速度快慢与还原温度、氢含量、压力和空速等因素有关。还原过程要求升温平衡、出水均匀、防止升温和出水过快，否则会影响催化剂活性、强度和寿命，严重时还会烧毁整炉催化剂。因此，为了控制好还原条件，就必须选择一种合理的还原方法。不同的铜基催化剂，由于其组成、制备工艺、使用范围不同，还原方法和升温还原程序也会有所不同，所以每次新装催化剂都必须制定严密的升温还原方案。

(三) 甲醇催化剂失活与再生

1. 甲醇催化剂失活

(1)烧结失活

对于合成甲醇催化剂来说，铜晶烧结是使催化剂失活的主要原因之一。铜基甲醇催化剂活性温区较窄，一般在 220~280℃，且铜基催化剂还原和甲醇合成反应是一个强放热反应，在实际工业运行中因合成塔结构等原因，铜基甲醇催化剂经常会超出其最佳使用范围。甲醇催化剂长期处于高温下操作将加速铜晶的长大和活性表面的丧失，促使催化剂老化失活，同时催化剂的选择性也下降，影响甲醇产品的质量。除此之外，还与原料气中的 CO 和 CO_2含量有关。

（2）催化剂中毒

甲醇催化剂对硫十分敏感，当甲醇催化剂吸硫量达到3.0%~3.5%时，该催化剂的活性就基本丧失，需要更换。硫对甲醇催化剂的毒害是累积性的、永久性的。氯对甲醇催化剂的毒害程度比硫还厉害，其毒害是永久性的，因此要求甲醇合成原料气中的氯含量必须保持在0.01mL/m^3。在催化剂制备时带入的硝酸铁和原料气中的CO对管道和设备的腐蚀形成羰基铁会使催化剂中毒。碱金属钾的存在也会使催化剂的选择性下降。原料中砷含量增加，会导致铜微晶长大，比表面积下降，使甲醇催化剂活性下降。

（3）积炭与结蜡

甲醇合成催化剂上的积炭与原料气的组成有关，原料气中$H_2-CO_2/CO-CO_2$一般为2.05~2.15。其值太低时，副反应增加，引起积炭反应，从而使甲醇催化剂的活性表面积减少，催化活性下降。

甲醇催化剂上结蜡的原因是多方面的，既与催化剂的组成和性能有关，也与合成气的组成及工艺操作条件有关。合成反应温度过高，副反应加快，烷烃生成量增加；新鲜气中CO过高，合成空速大，使气体在催化剂上接触时间太短，达到一定程度，烷烃生成量就有明显增加；开停车处理不当，催化剂在210℃以下与原料气接触时，将使石蜡类烷烃的生成显著增加；生产中少量有机酸对设备的腐蚀，进而生成羰基铁积累在铜催化剂表面上，导致其活性下降，促使烷烃的生成，出现明显结蜡现象；催化剂制造、储运、充装过程，使铁、钴、镍等混入催化剂中，生产过程可使CO发生解离吸附而促进烷烃的生成；当催化剂中含有SiO_2或其他酸性氧化物时，则会促进石蜡的生成；原料气中存在水蒸气时，在含有铁的催化剂上与一氧化碳可发生如下反应：

$$CO+H_2O \longrightarrow (—CH_2—)+CO_2$$

形成的石蜡不仅会堵塞催化剂表面上的气体通道，降低一氧化碳转化率，而且会冷却凝固在水冷器高压管内壁上，增大冷却器阻力，影响甲醇的冷却效率。结蜡严重时需停车专门处理蜡状物，影响装置的正常生产。另外，C_{16}以上烷烃在常温下不溶于甲醇和水，会在液体中析出结晶或使溶液变浑浊，使甲醇质量下降，造成精甲醇消耗增大、收率下降。

（4）催化剂本身的问题及反应器的匹配

催化剂的本体杂质，如碱金属盐、铅、铁等杂质皆会直接危害催化剂的活性，另外一些杂质像铁、镍、钴等重金属还会引发副反应，影响甲醇产品的质量。

国外甲醇合成催化剂使用寿命较长，效率高，除了催化性能较好外，原料合成气的净化条件较好使催化剂不易中毒；另外一个重要原因是采用了与甲醇合成催化剂特性相匹配的、先进的甲醇合成塔，提高了催化剂的生产强度。而国内有些厂用散热差的氨合成塔作甲醇合成塔使用，严重影响了甲醇催化剂的使用性能。

2. 甲醇催化剂的再生

目前，在甲醇的生产过程中，工厂一般不考虑再生，也不进行失活甲醇催化剂的再生工作，仅将其回收利用。但甲醇催化剂耐热性差，对硫、氯、铁和镍等杂质非常敏感，易于失活，若能对催化剂进行再生，不仅可有效利用资源，还可降低工厂生产甲醇的成本。

（四）停车

短期或长期停车，不需打开合成塔时，都应用氮气置换系统，待置换出系统中的CO等气体后，保持正压，防止空气漏入。如无氮气时，可将原料气循环直至无CO时保压。需打开合成塔卸出催化剂时，应先降温钝化，才能卸出催化剂。

使用中无特殊情况一般不要随意钝化催化剂，钝化将损失部分催化剂活性，钝化后的催化剂开车方法与新催化剂相同。

五、甲醇合成催化剂展望

将合成气转化成液态燃料甲醇，可以很好地解决我国能源问题。该方法的金属催化剂中Cu基和Fe基催化剂有着很好的工业化前景，还有其他的非铜基催化剂的主要成分是锌、锗、钴、钯、铑、钼等。实现合成气高效转化为清洁能源，催化剂依旧起着关键作用。

目前合成气制甲醇的方法中采用的金属催化剂为铜基催化剂，其中的铜锌基催化剂由于具有技术成熟、高活性、副产物少、使用条件温和、成本低等优点至今仍然被广泛应用和研究。但该催化剂的耐热性差，机械强度差，对原料中的杂质(硫、卤素等)极为敏感，需要复杂的分离净化装置，从而提高了合成成本，限制了使用寿命。另外在实际工业过程中，合成气的单程转化率只有30%~35%，大的循环比造成压缩机功耗的增加，氢碳比远远高于化学计量比。这些问题涉及铜基催化剂研究的各个方面，其中，催化剂的制备方法、活性中心和催化反应动力学等方面已经成为重点研究的突破口。

为了克服上述缺点，科研工作者开发出了具有低温(90~180℃)、高活性、高选择性、无过热问题的液相催化剂体系，使甲醇反应在大于90%的高单程转化率和高选择性状态下反应。这些液相催化剂一般都是由过渡金属的阳离子盐和碱金属的醇盐或溶剂组成。例如Mahajian等报道研究的一种新型镍系催化剂，甲醇合成反应可在较为温和的条件下进行，甲醇的选择性可达到95%以上，合成气的单程转化率可达到90%以上。但目前在工业上应用液相甲醇合成催化剂还不完善，还需要进一步研究。

可以预见，今后具有低温节能、活性好、选择性高、成本低、热稳定性高、机械强度好、副反应物低和环境友好的合成气制备甲醇的催化剂将会被开发出来并应用于工业化生产，非铜基催化剂仍然具有重要的意义。

第三节 环境治理催化剂

工业生产，特别是化学工业、石油炼制工业、动力生产工业和交通运输业与环境问题有着密切关系。地球环境(大气、土壤和水源)已受到严重污染，必须加强治理，这已成为各国政府、社会民众和生产企业的共识，而且许多有远见的公司正在致力于使生产过程变得更清洁、更安全和更有效。

事实证明，在治理环境污染时，环保催化剂及催化剂技术有着重要作用。如今，经催化转化器净化的汽车尾气已能达到CO、HC、NO_x的超低值排放甚至零排放；有机废气实行催化燃烧能降低NO_x的生成率达98%以上，其中的有机物几乎能达到100%的净化率；对于难以降解的含有高浓度有机物的废水，通过湿式氧化催化剂的作用，再配合生物处理法，可达标排放。

一、汽车尾气净化催化剂

汽车是现代文明的标志，但随着汽车工业的迅猛发展，汽车给人们生活带来便利的同时，尾气也成为城市中最主要的大气污染源。目前，全球城市废气的80%~90%由机动车排放，汽车排放的有害成分主要有CO、HC、NO_x、SO_2和含有炭粒、硫化物和铅化物的微粒(PM)等。碳氢化合物中以苯、芳烃、烯烃的危害性最大。NO_x是最主要的污染物，对人体的危害程度最大，特别是在一定的气象条件下，受强烈的紫外线照射后，产生一系列复杂的光化学反应，生成新的二次污染物——光化学烟雾，造成公害，威胁人类生命。汽车尾气所带来的空气污染已成为人类生存迫切需要解决的问题。目前，各国纷纷制定严格的汽车污染法律法规，以期达到加强管理、控制污染的目的。

目前，降低汽车尾气污染的方法主要分为机内净化和机外净化。

机内净化主要是提高燃料质量和改善燃料在发动机内的燃烧条件，尽可能减少污染物的生成，对降低排气污染起到较大作用。但是效果有限，且不同程度地给汽车的动力性和经济性带来负面影响。

机外净化主要是在发动机外部安装催化净化设备对排放气体进行净化治理，其技术的关键是研制性能优良的催化剂。

(一) 汽车尾气净化催化剂技术发展过程

由于汽车内燃机的特殊工作条件和工作状况，如突然启动、加速、停车时经常伴随着气体流量、组成和温度等参数大幅度变化，加上汽车行驶时的震动及排气量较大，要求用于汽车尾气净化的催化剂，除具备一般废气净化催化剂的特点外，还必须具备以下性质：

① 催化剂性能必须适于在内燃机旁安装的各种条件，必须适应于经常的、大幅度的气体流量、组成和温度的变化；

② 催化剂必须具有足够的机械强度，以防由于反应器随汽车行驶的震动和催化剂忽冷忽热而破碎，使催化剂活性下降和堵塞等；

③ 催化剂的活性温区要宽[同时在高温(800~1000℃)和在低温(150~200℃)下具有足够的活性]；

④ 催化剂活性要高、用量要少，相应的反应器体积要小、质量要轻，便于安装在合适的位置；

⑤ 催化剂必须具有合适的孔结构和颗粒结构，使尾气流过时的阻力最小；

⑥ 催化剂最好是三效的，能同时净化处理一氧化碳(CO)、碳氢化合物(HC)、氮氧化合物(NO_x)三种物质。

汽车尾气净化催化剂研究开始于20世纪20年代，美国通用汽车公司在1927年曾使用过防毒面具使用的Hspcalite催化剂($MnO_2$60%、CuO40%)，它可使发动机排出的CO完全氧化成CO_2。但由于磨损、吸潮和SO_2与铜、锰作用使催化剂中毒，故无使用价值。

到目前为止，汽车尾气净化催化剂大致经历了四个阶段，见表5-5。

表5-5 汽车尾气净化催化剂的发展历程

阶段	年代	催化剂	主要特点
第一阶段	20世纪70年代	铂(Pt)、钯(Pd)氧化型催化剂	仅对CO、HC有催化作用，其与空气泵同时使用，鼓入空气使CO和HC在氧化气氛中被高效催化剂氧化成二氧化碳和水蒸气

续表

阶段	年代	催化剂	主要特点
第二阶段	20世纪70年代末	氧化-还原双段催化系统	先用氧化型催化剂使CO和HC氧化成无害的二氧化碳和水蒸气，然后再用还原型催化剂使NO_x还原成N_2或分解成N_2和O_2排出。由于转化器结构复杂，操作麻烦，NO_x被还原后可能被再次氧化，故不久即被淘汰
第三阶段	20世纪80年代	三元催化剂(TWC)系统	主要成分是铂(Pt)、铑(Rh)等贵金属。通过TWC加上氧传感器闭路循环反馈系统控制空燃比(A/F：空气与燃料质量比)在理论值附近，实现同时对CO、HC和NO_x的高效催化净化。是目前的热点和主流产品
第四阶段	20世纪90年代初	①单金属钯的TWC催化剂 ②稀土金属氧化物、过渡金属氧化物以及碱土金属氧化物复合型催化剂	①用价格相对低廉的钯部分或全部代替价格昂贵且资源储量日趋减少的铂和铑，减少成本，改善其性能 ②用稀土和钯的氧化物混合作用替代贵金属，如钙钛矿型(ABO_3)、尖晶石型(A_2BO_4)等复合氧化物催化剂。2005年研制出非贵金属稀土三效催化剂，其使用寿命可长达8×10^4km。 但两者处于研发阶段，未能实现产业化
	新型汽车尾气净化催化剂	低温等离子体技术	①西方国家在1980年代开展的研究，并申请了专利。国内1990年代初期开始研究，但进展较快。近年来，将低温等离子体技术用于汽车尾气净化处理的研究非常活跃，优点突出，效果显著 ②但就目前的研究成果来看，也有许多局限性。低温等离子体技术在汽车尾气净化领域尚未取得突破性进展，离商业化的应用还有一定的距离。然而，对低温等离子体的研究必将成为汽车尾气净化领域的重点发展趋势

(二) 汽车尾气净化催化剂的作用原理

三元催化剂的工作原理是在一定的空燃比(A/F)和排气温度条件下，尾气中残余的氧和有害物质CO、HC和NO_x等同时在催化剂表面进行氧化还原反应，转化为无害的CO_2、H_2O和N_2。反应式如下：

氧化反应：

$$2CO+O_2 \longrightarrow 2CO_2$$
$$2H_2+O_2 \longrightarrow 2H_2O$$
$$4HC+O_2 \longrightarrow 4CO_2+2H_2O$$

还原反应：

$$CO+2NO \longrightarrow 2CO_2+N_2$$
$$2HC+4NO \longrightarrow 2CO_2+2N_2+H_2$$
$$4H_2+2NO \longrightarrow N_2+2H_2O$$

水蒸气转换反应：

$$2HC+2H_2O \longrightarrow 2CO+3H_2$$

水煤气变换反应：

$$CO+H_2O \longrightarrow CO_2+H_2$$

(三) 汽车尾气净化催化剂的组成

1. 活性组分

催化剂活性组分有贵金属、非贵金属以及稀土金属。在三元催化剂中主要是钯、铂和铑三种贵金属，将它们以原子或几个原子组成的原子簇的形式高度分散在氧化铝涂层上，各司其职，相互配合，对尾气起到较好的净化作用。Rh 主要促进 NO_x 的还原，Pd、Pt 主要用来加快 CO 和 HC 转变为 CO_2 和 H_2O。Pd-Pt-Rh 三元催化剂可在较高的操作温度下工作。一辆汽车的催化净化器中铂、铑、钯的典型用量分别为：Pd 为 0~8.28g，Pt 为 2.12~7.53g，Rh 为 0.40~0.70g。各厂家根据技术工艺的不同，贵金属的使用量大有不同。

三种活性组分的单金属和复合金属的活性如下：

氧化 CO、HC：Pt/Rh=Pd/Rh>Pd>Rh>Pt

还原 NO_x：Pt/Rh=Pd/Rh>Rh>Pd>Pt

由于铂和铑比钯价格高，储量和产量都比较少，贵金属钯则相对较多，价格也便宜些，且钯对 CO 和 HC 转化的能力并不逊于铂，为降低催化剂价格，科研人员一直致力于用钯部分或全部取代铂，使催化剂的生产成本下降。

2. 助剂

助剂一般由碱金属、碱土金属和过渡金属等氧化物组成，尽管它们并非活性组分，但可起到辅助催化的作用。近年来选用的助剂材料多为 CeO_2、ZrO_2、La_2O_3、CaO、BaO、SiO_2、ThO_2 等。

3. 载体

汽车尾气催化剂多为负载型催化剂，由于汽车运行工况复杂，对催化剂载体提出了很高的要求。早期的载体是以活性氧化铝、硅氧化镁、硅藻土为原料制得的颗粒物，表面积大，使用方便，但存在压力降和热容大、耐热性差、强度低和易破碎等缺点，故 20 世纪 80 年代后逐渐被蜂窝整体式载体所取代。

4. 涂层

因为载体的比表面积不能满足催化要求，所以通常采用在载体表面涂敷一层高比表面积涂层以增大比表面积。理想的涂层可使催化剂有合适的接触比表面积和孔结构，改善催化剂的活性和选择性，保证助剂活性组分的分散度和均匀性，提高催化剂的热稳定性，同时还可以节省活性组分的用量，降低成本。目前多选用活性 γ-Al_2O_3，用量通常超过 90%，可使催化剂的内表面积提高到 20000m^2/L，大大提高了催化效率。为了提高涂层的抗高温能力，通过添加一些稀土氧化物、过渡族金属氧化物或碱土金属氧化物来实现。

(四) 汽车尾气净化催化剂的发展趋势

随着世界环境保护法规对汽车尾气要求越来越高，中国新排放法规也已颁布并正在实施，尾气限制正向超低排放甚至零排放要求发展。但由于中国三元催化剂研究起步较晚，国产三元催化剂没有大规模的应用。目前广大研究人员已经研究和正在研究的技术有贵金属催化技术、贵金属-非贵金属混合催化技术、纳米稀土材料催化技术、低温等离子体技术、超临界技术等汽车尾气净化处理技术，国产净化催化剂产业前景十分广阔。

加强冷启动排放、载体制备工艺、催化剂储氧能力、催化剂抗中毒能力、催化剂寿命、稀薄燃烧催化剂的研究，以及开发完全用稀土元素或者以稀土为主，与少量贵金属相结合的高效汽车尾气净化催化剂，将是今后汽车尾气净化催化剂的研究重点和发展方向。同时，随着现代催化技术的迅速发展，汽车尾气净化催化剂也从最初昂贵的化学催化剂向催化活性高、专一高效的生物催化剂发展。

二、挥发性有机物(VOC)催化燃烧催化剂

(一) 概述

挥发性有机物(Volatile Organic Compounds，简称 VOC)是机械行业、表面防腐、防锈、石油化工、制药工业、印刷工业、食品工业、制鞋等行业排放废气中的主要构成物，又称有机废气。该类有机物大多具有毒性，并伴有恶臭，有些还是致癌物质，如氯乙烯、苯、多环芳烃、甲醛等。多数挥发性有机物易燃、易爆，给生产企业带来了诸多不安全因素，有些对环境有严重的破坏作用，如氟氯碳化物和氟氯烃对臭氧层有严重的破坏作用。

常见的挥发性有机物见表 5-6。

表 5-6　常见的有机废气组成

化合物类别	常见有机废气中的挥发性有机物
脂肪烃	乙烷、丙烷、丁烷、戊烷、己烷、正己烷
芳香烃	苯、甲苯、二甲苯、异丙苯、苯乙烯
氯代烃	二氯甲烷、三氯甲烷、三氯乙烷、三氯乙烯、二氯乙烯、四氯乙烯、四氯化碳
酮、醛	甲醛、乙醛、丙酮、丁酮、环己酮、甲基异丁基酮
醇、醚、酚	甲醇、异丙醇、异丁醇、异戊二醇、乙醚、甲酚、苯酚、环氧乙烷、环氧丙烷
羧酸及其衍生物	醋酸乙酯、醋酸丁酯、乙酸、丁酸、乙二酸、二甲基甲酰胺、邻苯二甲酸二丁酯、邻苯二甲酸酐
胺、腈	苯胺、三甲胺、丙烯腈、乙腈
其他	氯氟碳化物、氯氟烃、甲基溴

常见有机废气处理方法有冷凝回收法、吸收法、吸附法、直接燃烧法和催化燃烧氧化法。

有机废气可以通过催化燃烧法有效脱除挥发性有机物，反应式如下：

$$C_mH_n+\left(m+\frac{n}{2}\right)O_2 \xrightarrow{\text{催化剂}} mCO_2+\frac{n}{2}H_2O+Q$$

式中，m、n 为整数；Q 为放出的热量。

催化燃烧有机挥发物与直接燃烧相比，氧化温度低，生成的氮氧化物和硫氧化物很少，几乎没有二次污染，而且启动能耗低并能回收部分热能，比直接燃烧法节约运行费用25%~40%。

对挥发性有机物燃烧用催化剂的要求是，在一定燃料和空气比下应具有尽可能低的起燃温度，以及在最低预热温度与最大传质条件下仍能保持完全燃烧。因有些挥发性有机物与氧等组分在一起会发生爆炸，故此工艺要求废气中挥发性有机物组分的浓度必须低于该组分的爆炸范围下限的1/4。

(二) 挥发性有机物燃烧催化剂的组成及性能

催化氧化燃烧法处理有机挥发性气体的催化剂主要有贵金属系列和非贵金属系列两大类。实际使用的贵金属催化剂主要是负载 Pt 和 Pd 的催化剂，或负载 Cu、Co、Mn、Ni、V 等非贵金属氧化物。催化剂载体通常是堇青石($2MgO \cdot 2Al_2O_3 \cdot 5SiO_2$)、SiC、泡沫陶瓷、金属丝网(如 Pt)；形状有球形、条形、环形、网状形和蜂窝状形等，目前应用最广泛的是

蜂窝状载体。

1. 非贵金属氧化物催化剂

常用于挥发性有机物燃烧的催化剂是呈钙钛矿(ABO_3)型结构和尖晶石(AB_2O_4)型结构的非贵金属复合氧化物，主要体系是 Cu-Cr-O、Cu-Mn-O、Cr-Co-O 等，即以 Cu、Cr、Mn、Co 为主要活性组分。非贵金属复合氧化物催化剂对烃类完全氧化活性不及贵金属，但对酮、醛、醇、酯等含氧有机物，以及对胺或酰胺等含氮有机物则活性相近，甚至超过贵金属催化剂。挥发性有机物在非贵金属氧化物催化剂上完全燃烧的活性顺序大致为：

$$Co_3O_4>Cr_2O_3>MnO_2>CuO>Ge_2O_3>NiO>MoO_3>TiO_2$$

2. 贵金属催化剂

贵金属催化剂具有低温高活性和起燃温度低的特点，一旦超过某一温度会使转化率直线上升，只生成 CO_2 和 H_2O，不存在中间产物。对于完全氧化反应，贵金属催化剂的活性顺序为：

$$Ru>Rh>Pd>Ir>Pt$$

但实际使用的贵金属只有铂和钯，它们对不同反应物所呈现的活性有差异。对 CO、CH_4及烯烃的氧化能力钯优于铂；对芳烃的氧化能力，两者则相当；对于 C_3以上的直链烷烃，铂则优于钯。

非贵金属氧化物与贵金属的复合催化剂如($La_{0.6}Sr_{0.4}$)($Fe_{0.29}Mn_{0.2}Pd_{0.01}$)$O_3$负载于金属蜂窝状载体的催化剂活性和稳定性优于 0.5%Pd 负载于金属蜂窝状载体的催化剂。在以钯为活性组分、以 γ-Al_2O_3为载体的催化剂中添加 Sm_2O_3可降低 CO 氧化的反应温度，使 50%和 90%转化率的温度分别下降 50℃和 80℃，并能提高催化剂的热稳定性。贵金属与非贵金属氧化物配合使用是挥发性有机物燃烧催化剂的发展方向。

国内不同型号的有机挥发性气体催化燃烧用催化剂组成及用途情况见表 5-7。

表 5-7 国内 VOC 燃烧用催化剂组成及用途

型号	组成	用途
RS-1	Pt-V_2O_5-MeO/HM 无定形	制药厂等含硫有机废气净化
NZP-3	Pt/NaM 无定形	邻甲苯氧化制苯酐废气净化
YG-2	Pt/Me/Al_2O_3环形	亲水涂层铝箔废气(含乙醇、丁酮)
TC79-2H	Pd-Pt-CeO_2/Al_2O_3蜂窝形	石化污水中废气处理
TFJF	蜂窝形 Pd-Pt/堇青石	汽车尾气净化，如降低柴油机 NO_x 排放
PCN-1	Pt-Pd/HM(沸石)	含氮(胺、酰胺、腈类、硝基物)有机废气净化，如 PU 合成革生产烘道气体净化
PCN-2		
NZP-1	Pt-Mn-Ni/HM(沸石)	涂料工业废气净化
NZP-2	Pt-V_2O_5/NaM	萘法制苯酐尾气净化

通常有机挥发性气体催化燃烧用催化剂中贵金属含量不高，如国产 RS-1 型含硫有机废气净化催化剂以 V_2O_5 为主要活性元素，仅以微量的 Pt 和适量过渡金属氧化物为助催化剂，以改性天然丝光沸石为载体。

VOC 催化燃烧催化剂只能转化低浓度的有机挥发性化合物。当有机挥发性化合物浓度较高时，可用氮气加以稀释后再进行催化燃烧处理。若被处理气体中含硫较多时，催化剂可选用与硫作用相对不活泼的物质为载体，例如 Fe_2O_3、SiO_2、$\alpha-Al_2O_3$ 等载体来负载贵金属。对于不含硫的有机挥发性气体可以采用非贵金属组分，例如 CuO、Co_3O_4 等为活性组分的催化剂。对于含氯的有机挥发性气体，如三氯乙烯，可用 Cr_2O_3 和 $Pt/V_2O_5/TiO_2$ 催化剂。

（三）VOC 催化燃烧催化剂的失活与再生

1. 烧结失活

VOC 催化燃烧催化剂的失活很大程度上与其热烧结失活有关，如 Pt/Al_2O_3，若在 590℃ 以下使用，其寿命可达 3~5 年；而在 780~800℃ 下使用，则该催化剂的寿命通常不到一年。当燃烧催化剂长期在过高的温度下操作使用，其活性组分铂或钯的晶粒就会长大，使催化剂的比表面积下降，活性下降。由于热失活的催化剂其结构遭到了破坏，故其失活是永久性的，无法通过再生来恢复。

2. 中毒失活与再生

除热烧结失活外，VOC 燃烧催化剂失活的主要原因是中毒失活。引起其中毒的物质主要有重金属、砷、有机硅化合物、磷化合物、硫化合物和卤族元素等，它们会与反应物分子竞争吸附催化活性中心而使催化剂活性下降。各种催化剂毒物和覆盖物引起燃烧催化剂失活的类型及相应措施和再生方法见表 5-8。除表中所列之外，水也会引起该催化剂活性下降。

表 5-8　有机废气燃烧催化剂的失活和再生方法

催化剂毒物及覆盖物	失活类型	措施	再生方法
灰尘和铁锈	临时失活	过滤	空气清扫
无机固体颗粒	临时失活	再生处理、预处理	水洗
焦和油雾	临时失活	提高催化剂入口温度	500℃通入空气将炭烧尽
重金属（汞、铅、镉）	永久失活	预处理	化学方法处理
有机硅化合物	永久失活	预处理	化学方法处理
有机磷化合物	永久失活	预处理	化学方法处理
有机金属类化合物	永久失活	预处理	化学方法处理
硫化物（SO_2、H_2S 等）	临时失活	提高催化剂入口温度	
卤元素（Cl_2、HCl、HBr）	永久失活	预处理	

3. 积炭失活与再生

如果挥发性有机废气尚未加热到处理温度就送入催化反应器，就容易造成催化剂失活。因为在这种情况下往往发生不完全氧化反应，在催化剂表面析出高分子物质或造成积炭。一方面会堵塞催化剂孔道使其不能发挥正常作用，另一方面这些沉积物一旦燃烧起来会使催化剂局部过热引起烧结失活，并会损坏反应器。当被处理的挥发性有机化合物中含有油雾或焦炭也会发生催化剂上的积炭失活，这种失活是临时性的。再生方法见表 5-8。

三、发电厂烟道气处理催化剂

发电厂烟道气中含有因燃烧含硫煤或重油产生的 SO_2，以及 SO_2 进一步氧化所形成的 SO_3，一般统称为硫氧化物（SO_x）。SO_2 是污染大气的主要有害物质，也是产生酸雨污染的主要物质。另一种需要处理的是发电厂燃煤或重油燃烧时与空气中的氮形成的氮化物 NO_x。氮氧化物主要以 NO 或 NO_2的形式存在，此外还有少量的 N_2O、N_2O_4和 N_2O_3等。N_2O 为温室效应气体，NO_2的毒性最强。在阳光的作用下，NO_2与烃类作用还可能发生光化学反应，生成醛类和过氧化酰基硝酸酯（PAN）等有害物质，甚至产生光化学烟雾，形成酸雨等。因此，如何控制二氧化硫和氮氧化物的污染已成为世界各国解决大气环境的重要问题。

（一）烟道气脱硫

烟气脱硫的方法有多种，而催化脱硫法是其中较为廉价的一种。一般有催化二氧化硫氧化脱硫法和催化硫化氢、二氧化硫还原脱硫法两大类，包括干法和湿法两种。

1. 催化氧化脱硫法

（1）使用钒催化剂脱除烟气中的二氧化硫

早期的脱硫方法主要是使用钒催化剂将 SO_2 氧化成 SO_3，再用水或稀硫酸吸收。钒催化剂主要以钒的氧化物 V_2O_5为活性组分；以碱金属硫酸盐和焦硫酸盐如 K_2SO_4为助催化剂，或硫酸钠为助催化剂，以硅藻土（含少量铝、钙、镁等的氧化物）为载体。早期使用这种方法催化剂用量大，设备庞大，投资大，所得硫酸浓度低，用途有限。

常规二氧化硫催化氧化制酸工艺要求原料气中的二氧化硫浓度在 5%～12%左右。到目前为止，工业上对低于 5%及高于 18%的含二氧化硫的烟道气，及含硫化氢、氧、水分的冶炼烟气都相继开发了新的工艺流程和一些专用催化剂，国外 SAPNE 工艺中钒催化剂的二氧化硫总转化率已可高达 99.997%。

（2）使用活性炭脱除烟气中的二氧化硫

活性炭净化烟气中的二氧化硫是物理吸附过程，其吸附容量并不高。该方法先用活性炭对 SO_2吸附富集，然后使 SO_2 氧化为 SO_3，再被水吸收生成硫酸脱硫。碘等物质的加入可使二氧化硫的氧化速率大大提高，吸附在活性炭上的硫酸最终用稀硫酸和水洗涤下来。普通活性炭的脱硫率为 50%～70%，而含碘活性炭的脱硫率可大于 90%。这一方法在欧洲电厂使用较为普遍。

（3）使用铝镁铁复合氧化物催化剂脱除烟气中的二氧化硫

铝镁铁复合氧化物催化剂主要脱除低浓度的 SO_2，先把 SO_2氧化为 SO_3，再吸附生成硫酸盐。此催化剂中 Fe^{2+}、Fe^{3+}起催化作用，铝提高材料的耐热性能，延长催化剂的使用寿命。经饱和吸附的铝镁铁复合氧化物可以用氢气或其他气体（CH_4、CO）快速再生，再生的产物主要是高浓度的 SO_2和 H_2S，能方便地回收利用。

（4）使用液相氧化催化剂脱除烟气中的二氧化硫

使用最多的液相氧化催化剂是 Fe^{2+}和 Mn^{2+}。SO_2在液相中被催化氧化，可制取多种副产品，如稀硫酸、石膏、N-P 复合肥料和聚合硫酸铁等，同时还能脱除烟气中的 NO。此方法避免了复杂的吸附脱附步骤，回收工艺简单，脱硫率接近 85%～100%。但此方法得到的副产品硫酸浓度较低，仅 15%～20%，而且催化剂易中毒。

2. 催化还原脱硫法

这是一种新颖的方法，将二氧化硫在还原剂的作用下，直接催化还原成固态硫，既能消除烟气中的二氧化硫污染，又能获得有用的化工产品。

工业采用的还原剂有 H_2、NH_4^+、CO、CH_4等。

如以 H_2为还原剂在 Co-Mo/Al_2O_3催化剂上选择性还原二氧化硫为元素硫的反应为：

$$SO_2+2H_2 \longrightarrow S+2H_2O$$
$$S+H_2 \longrightarrow H_2S$$
$$2H_2S+SO_2 \longrightarrow 3S+2H_2O$$

以 NH_4^+为还原剂实质是基于氨的催化分解生成的 H_2作还原剂。

用 CO 还原 SO_2到单质硫的反应过程为：

$$SO_2+2CO \longrightarrow 2CO_2+\frac{1}{x}S_x$$

$$CO+\frac{1}{x}S_x \longrightarrow COS$$

$$2COS+SO_2 \longrightarrow 2CO_2+\frac{3}{x}S_x$$

式中，x 为 2~8 或更高。

研究所用催化剂有氧化物催化剂、负载型过渡金属催化剂(如 Cu/Al_2O_3、Fe/Al_2O_3、Ni/Al_2O_3、Pd/Al_2O_3)以及 $Fe/Cr_2O_3-Al_2O_3$双层催化剂和 $Fe/SiO_2-Al_2O_3$双层催化剂。因烟气中通常皆存在 CO，来源广，用 CO 作还原剂有广阔的应用前景。

(二) 烟道气脱氮

大气中的 NO_x对人有致毒作用，与血液中血红蛋白亲和力较强，从而使血液输氧能力下降，人体急性中毒后会出现缺氧发绀症状。NO 还会导致中枢神经受损，引起痉挛和麻痹，高浓度急性中毒时，将迅速导致肺部充血和水肿，甚至窒息死亡。

NO_x的危害还在于产生光化学烟雾，刺激人的眼睛，发生红眼病，对人的鼻、咽、喉、气管和肺等呼吸器官也有明显的刺激作用，从而增大呼吸阻力。光化学烟雾对植物的损害十分严重，严重时使农作物减产、树木枯死。自 20 世纪 40 年代在美国洛杉矶市发现光化学烟雾以来，世界上许多大城市相继发生光化学烟雾。20 世纪 70 年代后期，我国兰州西固地区也出现过光化学烟雾。

国外现已开发出多种控制氮氧化物排放的技术，常用的有两种：一是改进燃料燃烧工艺以减少氮氧化物生成；二是脱除燃烧过程中形成的氮氧化物。氮氧化物的发生源、排气组成和含量不同，脱除方法不同，大多数采用催化还原氮氧化合物为无害的氮气和水工艺。

催化还原法脱除氮氧化物可分为选择性催化还原法和非选择性催化还原法，这两种方法都是利用催化剂将氮氧化物催化还原为无害的氮气和水。

1. 非选择性还原法

在进行氮氧化物非选择性催化还原时，通常可采用天然气、氢气或一氧化碳等作为还原剂，在催化剂的作用下，将废气中有害的氮氧化物还原为无害的氮气和水。

(1) 用天然气作还原剂

$$CH_4+4NO_2 \longrightarrow 4NO+CO_2+2H_2O$$
$$CH_4+4NO \longrightarrow 2N_2+CO_2+2H_2O$$
$$CH_4+2O_2 \longrightarrow CO_2+2H_2O$$

上述反应中以 NO_2还原反应进行得最快，而 NO 还原反应是最慢的一个步骤。用天然气作还原剂时，烟气中的残留氧要消耗甲烷还原剂，所以必须控制烟气中的残留氧。

（2）CO作还原剂

用CO作还原剂，可同时脱除NO_x和SO_x、O_2、SO_2和NO，均被CO还原。

$$4CO+2NO_2 \longrightarrow N_2+4CO_2$$

$$2CO+2NO \longrightarrow 2CO_2+N_2$$

$$2CO+O_2 \longrightarrow 2CO_2$$

（3）用氢作还原剂

用氢还原NO可能生成N_2、NH_3和N_2O，但在氧的存在下不可能生成NH_3，且生成的N_2O也仅能在贵金属或钒、锰催化剂上观察到，因此可通过改变催化剂选择性来避免N_2O的生成。由于用氢还原时可能生成爆鸣气，实际上很少使用。

常见的非选择性还原剂有美国Chevron研究公司和日本日立(Hitachi)造船公司开发的铜系催化剂。

综上所述，用天然气、CO、H_2作还原剂时，在使NO_2及NO还原的同时，氧也被还原。因此当燃料气中还原剂含量不足或被处理废气中氧含量过高时，NO不能被充分还原，达不到完全脱除NO_x的目的。为了完全脱除NO_x，应有足够的还原剂能使NO得到充分还原。同时控制烟气中的残留氧含量，以减少还原剂的消耗和反应生成的热量。

2. 选择性还原(SCR)法

选择性催化还原氮氧化物以NH_3为还原剂，在催化剂的作用下可将NO_2和NO还原成N_2和H_2O，主要反应为：

$$6NO+4NH_3 \longrightarrow 5N_2+6H_2O$$

$$6NO_2+8NH_3 \longrightarrow 7N_2+12H_2O$$

在V_2O_5/TiO_2催化剂上用氨选择性地将NO或NO_2还原为N_2和H_2O，残留氧对反应无影响。该法可用于硝酸厂尾气、发电厂烟道气和燃重油锅炉废气处理。

选择性还原所用催化剂早期以贵金属为主，其中Pt优于Pd，一般用0.2%~1.0%的Pt负载于Al_2O_3上，制成片剂、球形、波纹形或蜂窝状。但近年用得比较多的是非贵金属氧化物如TiO_2、V_2O_5、MoO_3或WO_3等组分，负载于富铝红柱石($3Al_2O_3 \cdot 2SiO_2$)的蜂窝状载体上。

用铂催化剂的使用温度为180~290℃，非贵金属氧化物则在230~425℃，若需在360~600℃或更高的温度下操作可使用分子筛催化剂。

现在美国已经有很多公司自己开发生产SCR催化剂，例如Davison公司的Synox技术在300~400℃下采用V_2O_5/TiO_2催化剂，它与一般的选择催化剂还原不同之处在于能防止SO_2氧化成SO_3，具有较高的选择性。

四、废水湿式氧化催化剂

水是人类生产和生活中不可缺少的物质，也是一种不可替代的宝贵资源，又是地球上一切生物赖以生存的物质基础。

水体污染主要来自工业生产废水、生活污水、农业生产污水三个方面。由于工业废水排放量大，污染物种类多，且大都具有有机物浓度高、生物降解性差甚至有生物毒性等特点，因此，国内外对此类高浓度难降解有机废水的综合治理都予以高度重视。

废水处理的方法有多种，传统的水处理工艺是针对原水的浊度和细菌而设计制定的。混凝、沉淀、过滤和氯消毒这一整套常规处理工艺，只能有效地除去水中悬浮物、胶体物质、细菌和大肠杆菌等，而对大量有机污染物特别是溶解性有机物却无能为力。目前，部分成分简单、生物降解性略好、浓度较低的废水都可通过组合传统工艺得到处理，而对于浓度高、难以生物降解的废水治理工作在技术和经济上存在很大困难。

1958 年齐默尔曼发明并取得工业应用的湿式氧化法是处理高浓度、难降解废水的好方法。它是在 150~350℃、0.5~20MPa 的条件下，以空气或纯氧为氧化剂，将有机污染物氧化成无机物或小分子有机物的化学工艺。该法对水中硫化物、酚的去除率为 99.9%和 99.8%；氰的去除率为 65%以上；化学需氧量的去除率为 60%~96%。但这一工艺的缺点是反应温度、压力较高，对反应器材要求高，工程投资大，污水停留处理时间长。

从 20 世纪 70 年代以来，国外发展了湿式催化氧化处理技术，反应条件温和，污水停留处理的时间更短，氧化效率大大提高，并降低了设备的腐蚀，减少了投资和生产成本。湿式氧化处理废水的氧化剂有空气、氧气、臭氧、H_2O_2、NaClO、ClO_2。

铜系废水湿式氧化催化剂是最常用和效果较好的湿式氧化催化剂。可分为均相湿式氧化催化剂和非均相湿式氧化催化剂两种。

1. 均相湿式氧化催化剂

均相湿式氧化催化剂为可溶性的铜盐，以溶解离子的形式混合在废水中使用，最常用的有铜盐如 $CuSO_4$、$Cu(NO_3)_2$、$CuCl_2$等。通常低价盐的活性高于高价盐，如 Cu^+的催化活性比 Cu^{2+}的效果好。

铜系均相湿式氧化催化剂常用于处理含酚废水、造纸黑液，含腈、乙烯、乙二醇或表面活性剂等的工业废水。铜系作为均相湿式氧化催化剂时，铜离子会以 $CuCO_3$、$Cu(OH)_2$形式沉淀出来，造成铜催化组分的流失而失活，在生产过程中，不但需要连续补充少量的铜盐以弥补催化剂损失的活性，而且给处理过的污水带来了二次污染的问题。例如用 $CuSO_4$和 $CuCl_2$催化氧化含醋酸的废水过程中易生成氧化亚铜的沉淀物，从而影响其催化氧化的活性。

2. 非均相湿式氧化催化剂

非均相湿式氧化催化剂主要是以氧化铜或以氧化铜为主的复合氧化物负载在如硅胶、γ-Al_2O_3、α-Al_2O_3、膨润土、分子筛等载体上而制成。铜含量通常在 0.05%~25%左右。

载体可以是 TiO_2-SiO_2、TiO_2-ZrO_2、TiO_2-ZnO、CeO_2-ZrO_2等复合氧化物等，形状通常为球形、圆柱形和蜂窝形。

活性炭除作载体外，还兼有吸收和富集污染物的作用。CeO_2是良好的载体，在湿式氧化条件下非常稳定，与铜活性组分具有良好的协同作用，并可减少活性组分的溶出流失。γ-Al_2O_3是常用的载体，不仅能提供大的比表面积，而且还可以增强活性组分铜的催化能力。

非均相铜系催化剂可处理石油污水中的 COD，还可用来处理含酚废水、偏二甲肼废水或醋酸废水等。非均相湿式氧化铜系催化剂同样存在着铜组分的流失问题，但比起均相湿式氧化铜系催化剂中铜组分流失情况少得多。

铜系湿式氧化催化剂体系中加入 H_2O_2或臭氧作氧化剂来增强催化氧化作用；加入氨生成铜氨络合物以提高铜盐的稳定性和催化活性；加入铁或其他金属粒子以提高催化活性。此类催化剂在酸性环境或偏酸性环境中比非酸性环境中催化活性要高。因此通过调节废水合适的 pH 值可以减少或避免催化剂活性组分的流失和失活问题。

此外，在废水湿式催化氧化过程中，由于反应过程中产生的碳、氮等物质会在催化剂的表面沉积，使催化剂活性中心被覆盖而失活；局部缺氧、催化剂过热也会引起催化剂活性的损失。

习　　题

一、填空题

1. 合成氨原料气中的硫分为无机硫________和有机硫________、________、________、________、________等。

2. 气体脱硫方法按脱硫剂的形态可分为两类，一类是________，一类是________。湿法脱硫可分为_________、________与________三类。

3. 常用的干法脱硫有________法、________法、________法、________法等。

4. 氧化锌脱硫剂以________为主体，其余为________，可加入________、________等以增加脱硫效果。

5. 活性炭脱硫法分为________、________和________。

6. 钴钼催化剂以________为载体，由________和________组成。

7. 目前常用于合成氨原料气精制的方法有________法、________法和________法。

8. 铜洗工艺流程由________和________两部分组成。

9. 甲烷化催化剂中的镍都是以______的形式存在，使用前需还原为活性组分________。

二、判断题

1. 采用钴钼加氢可使天然气、石脑油原料中的有机硫几乎全部转化成硫化氢。(　　)

2. 吸附脱硫是因为活性炭具有很大的比表面积，对所有物质具有较强的吸附能力。(　　)

3. 活性炭对吸附有机硫中的噻吩很有效，而对挥发性大的硫氧化碳的吸附很差。(　　)

4. 活性炭对吸附原料气中氧和氢的吸附强，而对挥发性大的二氧化碳和氨较差。(　　)

5. 甲烷化法是在催化剂镍的作用下用甲烷生产 CO、CO_2而达到气体精制的方法。(　　)

6. 甲烷化过程消耗氢气而生成无用的甲烷。(　　)

7. 甲烷化是甲烷转化的逆反应。(　　)

8. 甲烷化催化剂和甲烷转化催化剂都是以镍作为活性组分，二者没有区别。(　　)

9. 硫、砷、卤素是镍催化剂的毒物。(　　)

10. 工业氨合成属气固相催化反应过程。使用以铁为主要组分的氨合成催化剂，反应速度会显著加快。(　　)

11. 工业氨合成催化剂在还原前没有活性，需要经过用氢气或氢/氮混合气将铁的氧化物还原成金属 α-Fe 才具有活性。(　　)

12. 合成甲醇铜系催化剂出厂时以氧化物的形式存在，还原后才具有活性。催化剂还原的好坏，直接影响催化剂的使用性能和产品质量。(　　)

13. 对于合成甲醇催化剂来说，铜晶烧结是该催化剂失活的主要原因之一。(　　)

14. 甲醇催化剂对硫十分敏感，当甲醇催化剂吸硫量达到 3.0%~3.5%时，该催化剂的活性就基本丧失，需要更换。(　　)

15. 目前，降低汽车尾气污染的方法主要分为机内净化和机外净化。(　　)

三、简答题

1. 化肥工业催化剂中，脱硫剂主要有哪几类？使用脱硫剂的目的是什么？

2. 铁锰脱硫剂主要成分是什么？为什么把它称为转化吸收型双功能脱硫剂？请写出相应的反应方程式。

3. CO 变换的目的是什么？其中温、低温、宽温变换各使用什么系列的催化剂？

4. 合成氨催化剂的主要成分是什么？助催化剂的组成和起到的作用是什么？为什么要选用多组分催化剂？

5. 合成甲醇催化剂失活的原因是什么？

6. 汽车尾气净化催化剂的主要性能要求是什么？其发展过程经历哪四个阶段？其主要组成是什么？

7. 处理有机废气的方法有哪些？

8. 请写出烟道气脱氮所采用的 NH_3 选择性还原法的反应方程式。该方法常使用什么催化剂？

参 考 文 献

[1] 王桂茹．催化剂与催化作用[M]．大连：大连理工大学出版社，2015.
[2] 王尚弟，孙俊全．催化剂工程导论[M].3 版．北京：化学工业出版社，2015.
[3] [美]John S. Magee，Geohhrey E. Dolbear 著．石油加工催化剂[M]．乔柯，戴磊译．北京：石油工业出版社，2010.
[4] 季生福，张谦温，赵彬侠．催化剂基础及应用[M]．北京：化学工业出版社，2011.
[5] 马晶，薛娟琴．工业催化原理及应用[M]．北京：冶金工业出版社，2013.
[6] 朱洪法，刘丽芝．催化剂制备及应用技术[M]．北京：中国石化出版社，2011.
[7] 刘志坚．石油炼制及石油化工催化剂[M]．北京：中国石化出版社，2015.
[8] 唐晓东，王豪．工业催化[M]．北京：化学工业出版社，2010.
[9] 张广林，孙殿成．炼油催化剂[M]．北京：中国石化出版社，2006.
[10] 张云良，李玉龙．工业催化剂制造与应用[M]．北京：化学工业出版社，2008.
[11] 林西平．石油化工催化概论[M]．北京：石油工业出版社，2008.
[12] 李岳君，余立辉．炼油催化剂生产技术[M]．北京：中国石化出版社，2007.
[13] 陈俊武，许友好．催化裂化工艺与工程[M].3 版．北京：中国石化出版社，2015.
[14] 张英聚，张韩．催化裂化装置操作指南[M].2 版．北京：中国石化出版社，2017.
[15] 黄仲涛．工业催化剂手册[M]．北京：化学工业出版社，2004.
[16] 杨宝康，李庆萍，蔡永清．催化裂化装置培训教程[M]．北京：化学工业出版社，2005.
[17] Wars J W. Molecular Sieve Catalsts[J]. Applied Industrial Catalysts，V3. Academic Press，1984.
[18] 李淑培．石油加工工艺学[M]．北京：中国石化出版社，2009.
[19] 沈本贤．石油炼制工艺学[M]．北京：石油工业出版社，2009.
[20] 徐春明，杨朝合．石油炼制工程[M].4 版．北京：石油工业出版社，2009.
[21] 李成栋．催化重整装置操作指南[M]．北京：中国石化出版社，2001.
[22] 中国石油化工集团公司人事部，中国石油天然气集团公司人事服务中心．催化重整操作工[M]．北京：化学工业出版社，2007.
[23] 李成栋．催化重整装置技术问答[M].3 版．北京：中国石化出版社，2010.
[24] 李立权．加氢裂化装置操作指南[M].2 版．北京：中国石化出版社，2016.
[25] 史开洪．加氢精制装置技术问答[M].2 版．北京：中国石化出版社，2007.
[26] 李立权．加氢裂化装置操作指南[M].2 版．北京：中国石化出版社，2016.
[27] 孙锦宜．工业催化剂的失活与再生[M]．北京：化学工业出版社，2006.
[28] 许越．催化剂设计与制备工艺[M]．北京：化学工业出版社，2003.
[29] 向德辉，刘惠云．化肥催化剂实用手册[M]．北京：化学工业出版社，1992.
[30] 郑小明，周仁贤．环境保护中的催化治理技术[M]．北京：化学工业出版社，2003.
[31] 储伟．催化剂工程[M]．成都：四川大学出版社，2007.
[32] Satterfield C N. Heterogeneas Catalysisin in Practice. New york：MeGraw-Hill，Inc.，1980.
[33] 徐海升，钟方，许世业．加氢催化剂预硫化技术进展[J]．石化技术与应用，2017，34(3)：238-242.
[34] 彭雪峰，于海斌，宋国良，等．器外预硫化型加氢催化剂的制备与性能研究[J]．无机盐工业，2019，59(11)：78-81.
[35] 罗耀亚，王森，郭淑佳，等．不同合成方法制备 ZnxCe2-yZryO4/SAPO-34 催化剂及其合成气制低碳烯烃催化性能的研究[J]．燃料化学学报，2020，48(5)：594-600.
[36] 卫国宾，郭彦来，彭晖乐，等．化学镀法制备 Pd 负载型碳二馏分选择加氢催化剂及其催化性能[J]．石油化工，2009，39(8)：818-821.

[37] 朱艺佳，张晓凡．催化裂化催化剂的研究进展[J]．现代盐化工，2018，2：5-6.
[38] 曹东学．催化重整技术的发展趋势及重要举措[J]．当代石油石化，2019，27(10)：1-7.
[39] 齐景丽，张鹏，等．连续重整商业催化剂技术最新进展[J]．化学工业，2019，37(1)：50-53.
[40] 宋祥平．炼油催化剂的现状分析和技术进展[J]．当代化工研究，2019，5：2-3.
[41] 黄贵洪，曾贤君，等．丙烯氧化制丙烯酸催化剂研究进展[J]．工业催化，2017，25(3)：7-10.
[42] 杨海深．合成氨催化剂研究进展[J]．化工设计通讯，2019，45(3)：6-7.
[43] 田瑶瑶，徐锋，等．合成气制甲醇催化剂的探究新进展[J]．山西冶金，2019，4：79-80.
[44] 谭捷．我国对苯二甲酸技术研究进展[J]．乙醛醋酸化工，2016，1：19-22.
[45] 聂文斐，聂雨彬．一种 α-氧化铝催化剂载体的制备方法[P]. CN111185146A，2020.
[46] 臧高山，张大庆．一种铂铼重整催化剂及制备方法[P]. CN106311290B，2019.
[47] 陈真真，张立芬，李勇，等．化学工程，2011，39(11)：92-98.
[48] ASSOC UNIVERSITIES INC. Homogeneous catalyst formulations formethanol production[P]. US：4935395A，1990-06-19.